高等职业教育“十三五”规划教材

“互联网+”新形态信息化教材

工程力学

GONGCHENG LIXUE

主　编／向　洋　皮映星

副主编／王　昊　马相明

融媒体图书使用说明

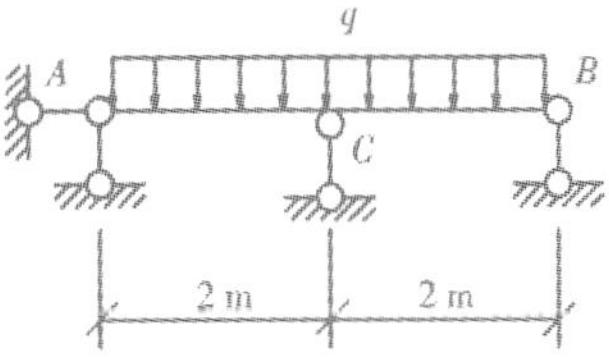

(a)

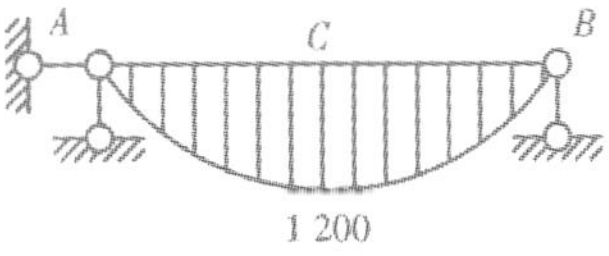

(c)

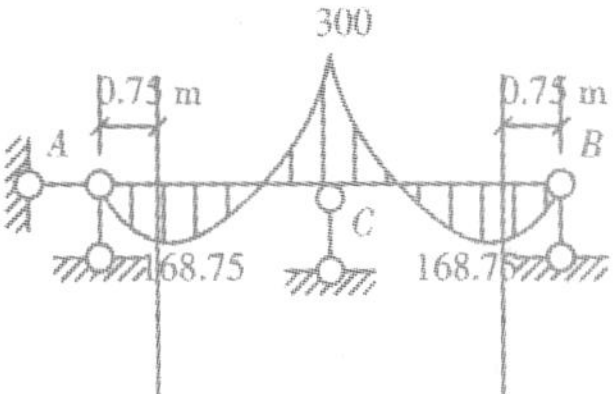

(e)

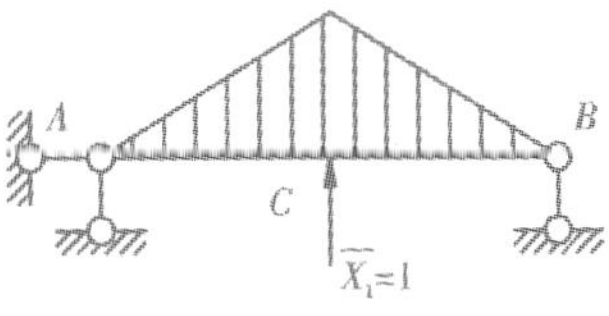

(d)

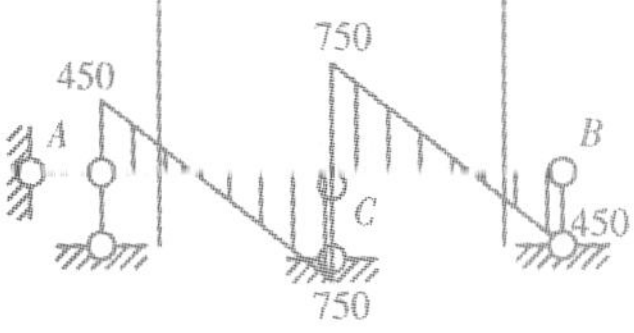

(f)

天津大学出版社
TIANJIN UNIVERSITY PRESS

内容提要

本书根据高职高专职业教育的要求，结合理论力学、材料力学、结构力学和建筑结构构造，按照“取材适宜、由浅入深、联系实际”的原则编写而成，满足建筑工程技术、桥梁隧道、工程造价、工程管理等专业的培养目标及教学改革要求和国家标准。

本书共分为13章，主要内容包括静力学的基本知识、平面力系、静定平面桁架、轴向拉伸和压缩、受弯构件、压杆稳定、平面杆系的几何组成分析、静定结构的内力计算、静定结构的位移计算、力法、位移法、力矩分配法和剪力分配法、影响线等。

本书可作为工程造价、工程管理、项目管理、建筑企业经济管理、建筑装饰工程技术等专业的教学用书，也可供现场技术人员参考使用。

图书在版编目(CIP)数据

工程力学/向洋，皮映星主编. — 天津：天津大学出版社，2020.6（2021.1 重印）

高等职业教育“十三五”规划教材 “互联网+”新形态信息化教材

ISBN 978-7-5618-6684-9

Ⅰ. ①工… Ⅱ. ①向… ②皮… Ⅲ. ①工程力学－高等职业教育－教材 Ⅳ. ①TB12

中国版本图书馆 CIP 数据核字(2020)第113384号

出版发行	天津大学出版社
地　　址	天津市卫津路92号天津大学内(邮编:300072)
电　　话	发行部:022-27403647
网　　址	www. tjupress. com. cn
印　　刷	北京盛通印刷股份有限公司
经　　销	全国各地新华书店
开　　本	185mm×260mm
印　　张	18.25
字　　数	437千
版　　次	2020年6月第1版
印　　次	2021年1月第2次
定　　价	65.00元

前　　言

本书是根据高职高专的人才培养方案(含培养目标、专业教学计划等)、“建筑力学”课程标准进行编写的。全书共分为13章,主要内容包括静力学的基本知识、平面力系、静定平面桁架、轴向拉伸和压缩、受弯构件、压杆稳定、平面杆系的几何组成分析、静定结构的内力计算、静定结构的位移计算、力法、位移法、力矩分配法和剪力分配法、影响线等。在整个教材的编写过程中,编者严格执行《建筑地基基础设计规范》(GB 50007—2011)、《建筑结构荷载规范》(GB 50009—2012)、《混凝土结构设计规范》(GB 50010—2010)、《砌体结构设计规范》(GB 50003—2011)、《高层建筑混凝土结构技术规程》(JGJ 3—2010)等规范、标准,并结合专业特点,注重理论联系实际的原则,力求使建筑工程技术专业的学生在较少学时的情况下,尽可能全面地了解力学的基础知识,为学习专业课打下良好的基础;同时,力求做到选材恰当、内容精练、重点突出、图文并茂、文字通俗易懂。

本书由重庆工程职业技术学院向洋、皮映星任主编,王昊、马相明任副主编。本书的编写分工为:向洋编写绪论及第5、10、12、13章,皮映星编写第3、4、9、11章,王昊编写第1、6、7章,马相明编写第2、8章。马相明负责编写全书的电子资源。全书由向洋统稿和主审。承蒙土木工程学院建筑教研室的全体同人,以及游普元教授、尤小明(正高工、一级注册结构工程师)、夏奎(恒大房地产开发有限公司高工)、彭军等对本书的编写提出许多建议,在此向他们表示衷心的感谢。

本书可作为工程造价、工程管理、项目管理、建筑企业经济管理、建筑装饰工程技术等专业的教学用书,也可供现场技术人员参考使用。

由于编写时间仓促,加之编者水平有限,书中难免有不妥之处,欢迎读者批评指正。

编者

2020年6月

目　录

0 绪论

【学习目标】

1. 能熟练陈述工程力学的研究对象和任务。
2. 能正确陈述建筑结构的分类。
3. 能正确陈述本课程的主要内容。

0.1 工程力学的研究对象和任务

工程中的房屋、桥梁、隧道、水坝等建筑物统称为结构，为了满足结构的安全、适用、耐久性和经济性要求，需要对其进行强度、刚度和稳定性的计算。这一任务由三大力学——理论力学、材料力学和结构力学共同来承担。

工程中常见的建筑物是由基础、墙(或柱)、梁、楼板、楼梯、门窗、屋盖等构件组成的，这些构件在房屋中互相支承、互相扶持，并通过正确的连接组成能够承受和传递各种“作用”的平面或空间体系。这里的“作用”是指施加在结构上的荷载(如恒载、活荷载等)或引起建筑结构外加变形或约束变形的原因(如地震、基础沉降、温度变化等)。前者称为直接作用，后者称为间接作用。

本书更多地研究结构力学。它研究的对象主要是杆件结构，其主要任务是：应用力学的基本原理，分析、研究结构和构件在各种条件下维持平衡所需的条件，内力分布规律，变形以及构件的强度、刚度和稳定性等问题，为结构设计提供计算理论和方法，以正确解决安全适用与经济合理之间的矛盾。

工程力学研究的内容十分丰富，涉及面广。它是一门技术基础课，一方面会用到数学和材料力学等课程的知识，另一方面又为学习建筑结构、桥梁、隧道等课程提供必要的基本理论和计算方法。本书只讨论静定结构和超静定结构在荷载等因素作用下的内力和位移的计算，然后利用材料学的方法按强度条件和刚度条件来选择或验算各杆件的截面尺寸。

0.2 建筑结构的分类

建筑结构常按所用材料和承重结构的类型来分类。建筑结构按所用材料的类型，可分为如下几种类型。

0.2.1 钢筋混凝土结构

钢筋混凝土由钢筋和混凝土两种材料组合而成，它具有强度高及耐久性、可模性、耐火性、抗震性好等优点，因此它的应用非常广泛，几乎任何建筑工程都可采用。但钢筋混凝土结构也有自重大、抗裂性能差、费工、费模板等缺点，这在一定程度上限制了钢筋混凝土结构的使用范围。随着生产和科学技术的发展，钢筋混凝土结构的这些缺点正在逐步得到克服。如采用轻骨料混凝土以减轻结构自重，采用预应力混凝土提高构件的抗裂性，而采用预制钢筋混凝土构件则可克服模板耗费多和工期长等缺点。

0.2.2 砌体结构

砌体是用块材、砂浆砌筑而形成的整体，以砌体作为房屋的主要承重骨架的结构称为砌体结构。砌体结构的优点是可就地取材、造价低、耐久性好、施工工艺简单，因此砌体结构在建筑工程中应用较为广泛。但砌体结构也有施工进度缓慢、自重大、抗拉及抗震性能差等缺点，故一般用于以受压为主的竖向承重结构。

0.2.3 钢结构

钢结构是由钢材制成的结构，其特点是强度高、自重轻、材质均匀、制作简单、施工及运输方便。但钢结构也有容易锈蚀、维修费用高、耐火性能差等缺点，目前主要用于大跨度及高层建筑中，也常用于一些简易或临时性建筑物。

0.2.4 木结构

木结构是全部或大部分用木材作为房屋承重骨架的结构。木结构具有可就地取材、制作简单、便于施工等优点，所以在木材产地采用较多；但木材产量受自然条件限制，加之木材本身易燃、易腐、易遭虫蛀等，因此在重要建筑中较少采用。

0.3 本课程的主要内容

本课程的主要内容包括以下几部分。

0.3.1 静力学部分

静力学部分介绍静力学的基本知识、平面力系的合成与分解、力系的平衡条件以及应用平衡条件求解静定构件的内力。

0.3.2 杆件的内力和变形

杆件的内力和变形介绍杆件（包括静定平面桁架、轴向拉压杆、受弯构件）在各种受力状态下内力的计算，杆件的强度和刚度的计算。

0.3.3 压杆稳定

压杆稳定介绍杆件受压稳定的概念以及稳定计算的基本原理。

0.3.4 结构组成分析

结构组成分析介绍平面几何不变体系的组成规律,应用体系的组成规律来判别结构是否为几何不变体系,确定结构是静定结构还是超静定结构。

0.3.5 静定结构的位移计算

静定结构的位移计算介绍虚功原理、图乘法的应用以及支座移动和温度变化所引起的静定结构位移,并通过这些应用来计算静定结构的位移。

0.3.6 力法、位移法、力矩分配法和剪力分配法

力法、位移法、力矩分配法和剪力分配法介绍这几种方法的原理,并通过这些方法计算超静定结构的内力,绘制相应的内力图。

0.3.7 影响线

影响线介绍影响线的概念,用静力法和机动法作影响线,利用影响线求影响量值和荷载的最不利位置。

1 静力学的基本知识

【学习目标】

1. 能正确陈述力、平衡、刚体、约束等基本概念。

2. 能熟练陈述静力学的四个公理及其推论。

3. 能正确陈述约束、约束反力的分析原则和受力图的绘制步骤。

【学习重点】

1. 力、平衡、刚体、约束等概念。

2. 静力学公理及其推论。

3. 受力图的绘制。

【学习难点】

将静力学公理及其推论灵活运用到受力分析图的绘制中。

1.1 静力学基本概念

1.1.1 什么是力

力是物体间相互的机械作用,这种作用会引起物体的运动状态发生变化或使物体产生变形。对力的研究必须从力的作用效果着手。静力学仅仅研究力对物体运动状态的影响,它主要研究物体(刚体,后面会介绍)在力的作用下的平衡规律。

由于力是物体间相互的机械作用,因此力不能脱离物体而单独存在,物体受到力的作用,一定有另一物体对它施加作用。在研究物体的受力问题时,必须分清谁是施力物体,谁是受力物体。

1.1.2 力的三要素

1. 力的大小

力的大小指物体间相互作用的强弱程度。在国际单位制中,力的大小以牛顿(N)或千牛顿(kN)为单位,1 kN = 1 000 N。

2. 力的方向

力的方向通常包括方位和指向两个含义。例如重力“铅直向下”,“铅直”是指力的方位,“向下”是指力的指向。

3. 力的作用点

力的作用点指力作用在物体上的位置。通常它是一块面积而不是一个点，仅当作用面积很小时可以近似看作一个点。

实践证明，改变力的三要素中的任意一个，都将改变力对物体的作用效果，也就是说，物体之间的这种相互机械作用的效果是由力的大小、方向和作用点来确定的。只有这三个要素唯一地确定下来，力对物体的作用效果才能唯一地确定。

在数学、物理学和力学中，有两种量：标量和矢量。标量指只有大小没有方向的量，如质量、温度、时间等。矢量指既有大小又有方向的量，如位移、速度、加速度、力等。因此，力是一个矢量，可以用一有向线段表示（图 1.1）；线段的长度（按一定比例画）表示力的大小，箭头的指向表示力的方向，线段的起点或终点表示力的作用点，力所顺沿的直线表示力的作用线。本书中矢量用黑斜体字母表示（例如 $\boldsymbol{F}$）。

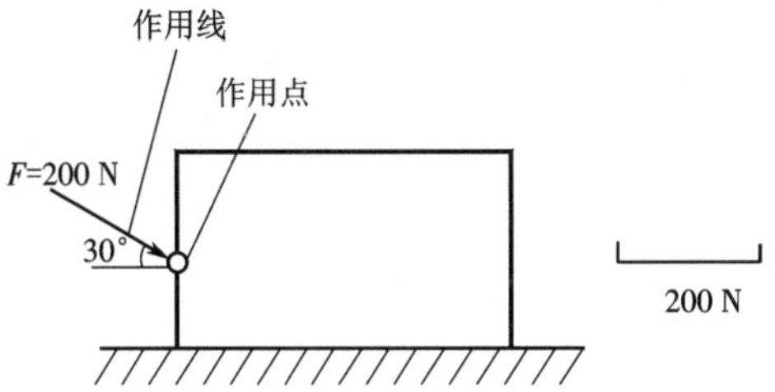

图 1.1

1.1.3 刚体的概念

在任何外力作用下，其形状、大小均保持不变的物体称为刚体。

刚体是一种理想化的力学模型。事实上，在自然界中，任何物体受外力作用都有不同程度的变形，只是有些物体受力后变形很微小，肉眼无法分辨，需用专门的仪器才能测量出来。

研究静力学问题时，由于变形对研究结果的影响甚微，故忽略变形的影响，视物体为刚体，这样能使研究的问题得到简化。

另外，值得注意的是，一个物体能否被视为刚体，不仅取决于变形的大小，而且和问题本身的要求有关。

1.1.4 平衡的概念

物体相对于地球处于静止或匀速直线运动的状态称为平衡。作用于同一物体上使物体处于平衡状态的力系，称为平衡力系。例如梁在自重、楼板重量和柱子支承的情况下（图 1.2）保持静止不动，则该梁处于平衡状态，而梁的自重、楼板重量和柱子的支承反力则是作用在梁上的平衡力系。

平衡是机械运动的一种特殊形式，如果物体受力平衡，则其运动状态不发生变化。

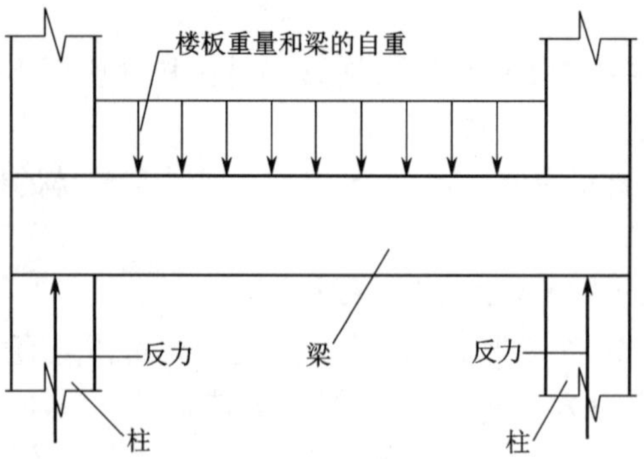

图 1.2

1.2 静力学公理

1.2.1 二力平衡公理

作用在同一刚体上的两个力,使刚体处于平衡状态的必要与充分条件是:这两个力大小相等,方向相反,作用线在同一直线上(简称二力等值、反向、共线)。图 1.3 所示的杆件 AB 受到一对拉力,当 $\boldsymbol{F}_A = -\boldsymbol{F}_B$(负号表示 $\boldsymbol{F}_A$和 $\boldsymbol{F}_B$的方向相反)时,杆件 AB 平衡。

在两个力作用下处于平衡的刚体称为二力体,如果刚体是一个杆件,则称为二力杆件。图 1.3 所示的杆件 AB,若不计自重,就是一个二力杆件。二力杆件上 $\boldsymbol{F}_A$和 $\boldsymbol{F}_B$两个力的作用线必在两个力的作用点连线上,且 $\boldsymbol{F}_A$、$\boldsymbol{F}_B$等值、反向。

注意:二力平衡公理仅适用于刚体。在对物体进行受力分析时,常利用二力杆件的这一受力特点,确定二力杆件所受力的作用线方向。

对于变形体,二力平衡条件只是必要条件,并不是充分条件。例如,满足上述条件的两个力作用在一根绳子上,当这两个力是张力(绳子受拉)时,绳子才能平衡(图 1.4)。如果绳子所受的力是等值、反向、共线的压力,则绳子是不可能平衡的。

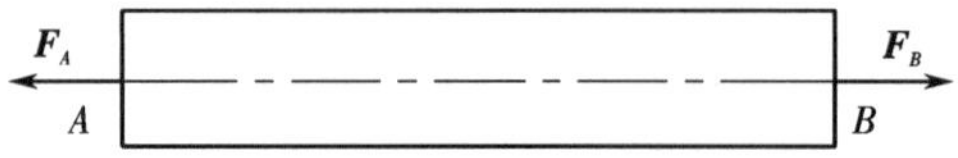

图 1.3

图 1.4

1.2.2 作用力与反作用力公理

若甲物体对乙物体有一个作用力,则同时乙物体对甲物体必有一个反作用力,这两个力大小相等、方向相反,并且沿同一直线相互作用。由于力是物体间相互的机械作用,因而作用力与反作用力必然是同时出现,同时消失。

注意:作用力和反作用力是分别作用在两个物体上的力,任何作用在同一个物体上的两个力都不是作用力和反作用力。

如图 1.5 所示，在光滑的水平面上放置一重量为 $\boldsymbol{G}$ 的球体，球体在重力 $\boldsymbol{G}$ 作用下，给水平支承面一个铅直向下的压力 $\boldsymbol{N}$，同时水平支承面给球体一个向上的支承力 $\boldsymbol{N}'$，力 $\boldsymbol{N}$ 和 $\boldsymbol{N}'$ 就是作用力与反作用力。另外，尽管球体的重力 $\boldsymbol{G}$ 与水平支承面给球体的向上支承力 $\boldsymbol{N}'$ 是大小相等、方向相反、沿着同一直线作用的两个力，但它们是作用在同一物体（球体）上，所以它们不是作用力与反作用力，这点与二力平衡公理不同。在分析作用力与反作用力时，不能同二力平衡公理混淆。

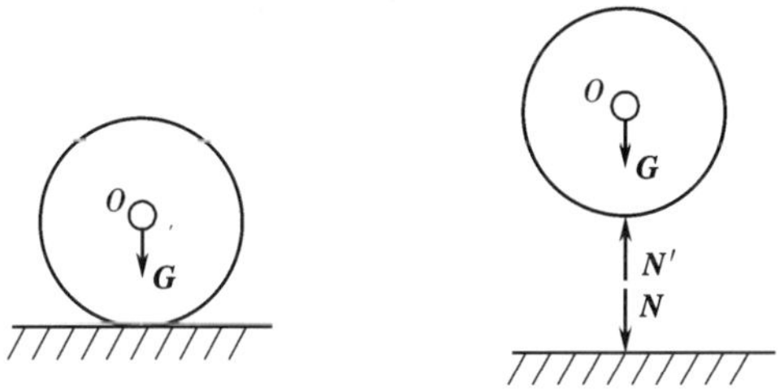

（a）　　（b）

图 1.5

1.2.3　加减平衡力系公理

在作用着已知力系的刚体上，加上或减去任意平衡力系，原力系对刚体的作用效果不变。

这是因为平衡力系对刚体的运动状态没有影响，所以增加或减少任意平衡力系均不会使刚体的运动状态发生改变。

1.2.4　力的平行四边形公理

作用于刚体上同一点的两个力可以合成一个合力，该合力的大小和方向可以由以这两个力为邻边的平行四边形的对角线确定。合力的作用线仍通过二力的汇交点。

如图 1.6 所示，$\boldsymbol{F}_1$ 和 $\boldsymbol{F}_2$ 为作用于刚体上 A 点的两个力，以这两个力为邻边作平行四边形 $ABCD$，则 $\boldsymbol{F}_1$ 与 $\boldsymbol{F}_2$ 的合力 $\boldsymbol{R}$ 的大小、方向可以用平行四边形的对角线 AC 表示，$\boldsymbol{R}$ 的作用线通过两个力的作用点 A。

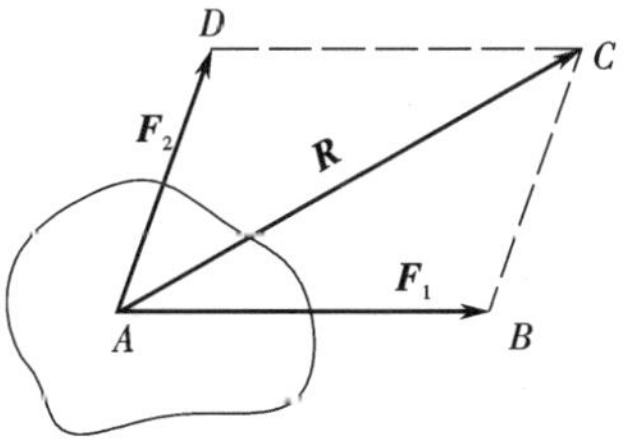

图 1.6

求 $\boldsymbol{F}_1$ 和 $\boldsymbol{F}_2$ 的合力 $\boldsymbol{R}$，还可以用矢量表达式：

$$\boldsymbol{R}=\boldsymbol{F}_1+\boldsymbol{F}_2$$

1.2.5 刚化公理

假设变形体在已知力系作用下维持平衡状态，如将这个已变形但平衡的物体变成刚体（刚化），其平衡不受影响。例如给一橡皮筋一个恒定的拉力，橡皮筋发生变形，只要不再对它施加拉力，它在该恒定的拉力下不会再被拉长，且处于静力平衡状态。此时，如需研究该橡皮筋的静力平衡，则可将该拉长的橡皮筋视为刚体。因为一个物体能否被视为刚体，不仅取决于变形的大小，而且和问题本身的要求有关。

1.2.6 两个推论

根据上述静力学公理，可以得出以下两个重要推论。

1. 力的可传性原理

作用于刚体上的力，其作用点可以沿着作用线移动到该刚体上任意一点，而不改变力对刚体的作用效果。

如图 1.7(a)所示，在一刚体上作用一力 $\boldsymbol{F}$，在力 $\boldsymbol{F}$ 作用线上任取一点 B，并沿力 $\boldsymbol{F}$ 作用线在 B 点加一对平衡力（$\boldsymbol{F}_1$、$\boldsymbol{F}_2$），使 $\boldsymbol{F}_1=-\boldsymbol{F}_2=\boldsymbol{F}$[图 1.7(b)]，由加减平衡力系公理可知，力系 $\boldsymbol{F}_1$、$\boldsymbol{F}_2$、$\boldsymbol{F}$ 对该物体的作用与力 $\boldsymbol{F}$ 单独作用的效果相同。然后减去平衡力系 $\boldsymbol{F}$ 与 $\boldsymbol{F}_2$，于是刚体上就只剩下作用于 B 点的力 $\boldsymbol{F}_1$（$\boldsymbol{F}_1=\boldsymbol{F}$），这就相当于将力 $\boldsymbol{F}$ 的作用点沿作用线由 A 点移到 B 点[图 1.7(c)]。实践证明，这两种情况的作用效果完全相同。

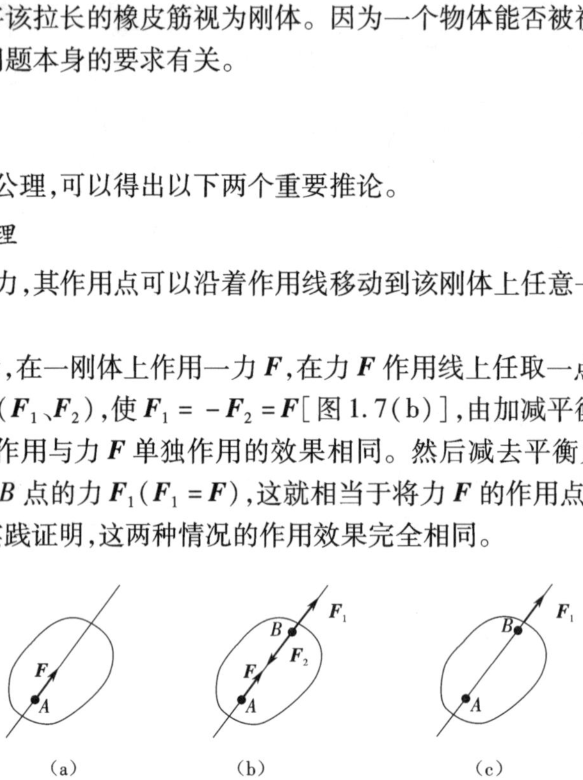

图 1.7

注意：力的可传性原理只适用于刚体，而不适用于变形体。

当研究物体为变形体时，将力的作用点沿着作用线移动，必然使该力对物体的内效应发生改变。如图 1.8(a)所示杆件 AB，在 A、B 两点分别作用有力 $\boldsymbol{F}_1$、$\boldsymbol{F}_2$，$\boldsymbol{F}_1$ 与 $\boldsymbol{F}_2$ 大小相等、方向相反、作用在同一直线上，在 $\boldsymbol{F}_1$、$\boldsymbol{F}_2$ 作用下杆件 AB 处于平衡状态。现利用力的可传性原理，把力 $\boldsymbol{F}_1$ 和 $\boldsymbol{F}_2$ 的作用点沿着作用线移动，使其作用点对调[图 1.8(b)]，杆件仍处于平衡状态，从杆件的运动状态来说，没有发生变化；但杆件的变形却发生了改变，由原来的受拉变为受压。由此可见，力的可传性原理只适用于刚体。

2. 三力平衡汇交原理

若刚体在三个互不平行的力作用下处于平衡，则此三个力的作用线必在同一平面内且汇

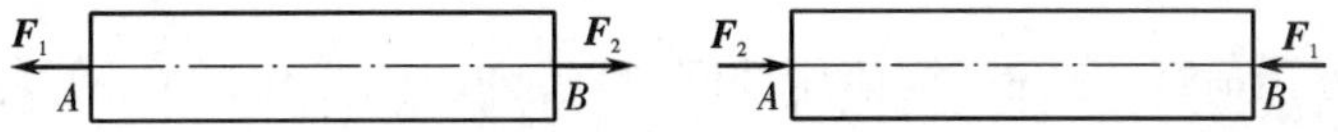

(a)　　(b)

图 1.8

交于一点。

如图 1.9 所示,刚体上作用有三个不平行的力 $\boldsymbol{F}_1$、$\boldsymbol{F}_2$ 和 $\boldsymbol{F}_3$ 而保持平衡。可先根据力的平行四边形公理,将其中任意两个力 $\boldsymbol{F}_1$ 和 $\boldsymbol{F}_2$ 合成一个合力 $\boldsymbol{R}$,于是刚体只受 $\boldsymbol{F}_3$ 和 $\boldsymbol{R}$ 两个力作用,因刚体是平衡的,故 $\boldsymbol{F}_3$ 和 $\boldsymbol{R}$ 必满足二力平衡公理,即 $\boldsymbol{F}_3$ 与 $\boldsymbol{R}$ 的作用线必在同一直线上。因此,作用在刚体上的 $\boldsymbol{F}_1$、$\boldsymbol{F}_2$ 和 $\boldsymbol{F}_3$ 组成平衡力系的条件是三个力的作用线汇交于 O 点。

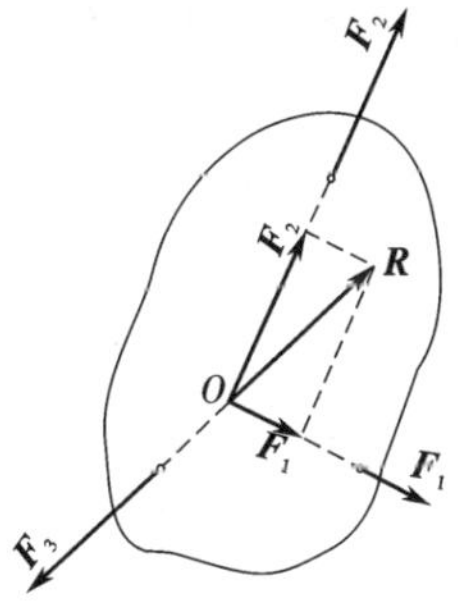

图 1.9

由此可知,刚体受不平行的三力作用而平衡时,如果已知其中两个力的方向,则第三个力的方向就可以按三力平衡汇交原理确定。

1.3　荷载

作用在物体上的力或力系统称为外力,物体所受的外力包括主动力和约束反力两种,其中主动力又称为荷载(即直接作用),如物体的自重、风压力、雪压力等。此外,其他可以使物体产生内力和变形的任何作用,如温度变化、材料收缩、地震冲击等,从广义上讲也称为荷载(即间接作用)。本节只讨论直接作用。

1.3.1　荷载的分类

1.按作用的性质分

1)永久荷载(permanent load)

永久荷载(又称恒荷载)是在结构使用期间,其值不随时间变化,或其变化与平均值相比可以忽略不计,或其变化是单调的并能趋于限值的荷载,也可简单理解为长期作用不变的荷载,如构件自重、设备自重等。永久荷载的大小可根据其形状尺寸、材料密度计算确定。各种常用材料的密度可由《建筑结构荷载规范》(GB 50009—2012)(以下简称《荷载规范》)查得。

2)可变荷载(variable load)

可变荷载(又称活荷载)是在结构使用期间,其值随时间变化,且其变化与平均值相比不可以忽略不计的荷载,也可简单理解为大小和作用位置经常随时间变化的荷载,如楼面上的人群和物品的重量、雪荷载、风荷载、吊车荷载等。《荷载规范》对各种活荷载的标准值(称为标准荷载)都作了规定,计算时可直接查用。

3)偶然荷载(accidental load)

偶然荷载是在结构使用期间不一定出现,一旦出现,其值很大且持续时间很短的荷载,如地震力、爆炸力、撞击力等。

2. 按分布形式分

1)集中荷载(concentrated load)

荷载的分布面积远小于物体受荷的面积时,为简化计算,可近似地将其看成集中作用在一点上,这种荷载称为集中荷载。集中荷载在日常生活和实践中经常遇到,如人站在地板上,人的重量就是集中荷载。集中荷载的单位是牛顿(N)或千牛顿(kN),通常用字母 $\boldsymbol{F}$ 表示(图1.10)。

2)均布荷载(uniformly distributed load)

连续作用且各处大小相等的荷载称为均布荷载。单位面积上承受的均布荷载称为均布面荷载,通常用字母 p 表示(图1.11),单位为牛顿/平方米(N/m^2)或千牛顿/平方米(kN/m^2)。单位长度上承受的均布荷载称为均布线荷载,通常用字母 q 表示(图1.12),单位为牛顿/米(N/m)或千牛顿/米(kN/m)。

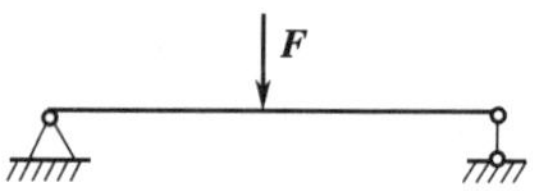

图1.10

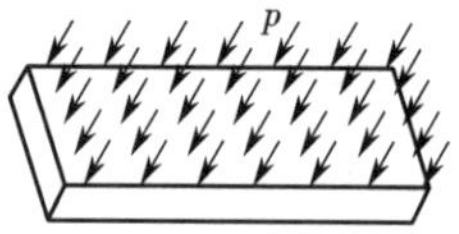

图1.11

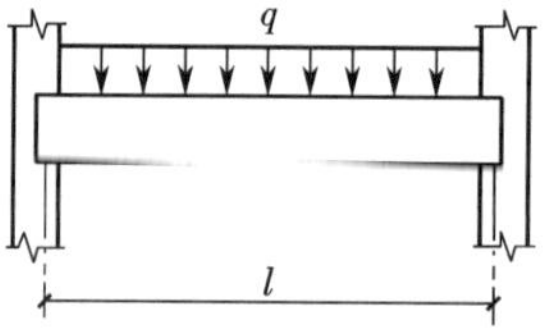

图1.12

3)非均布荷载(non-uniform distributed load)

连续作用且大小各不相等,而是按一定规律变化的荷载称为非均布荷载。例如挡土墙所受土压力作用的大小与土的深度成正比,愈往下,挡土墙所受的土压力愈大,呈三角形分布,故为非均布荷载(图1.13)。

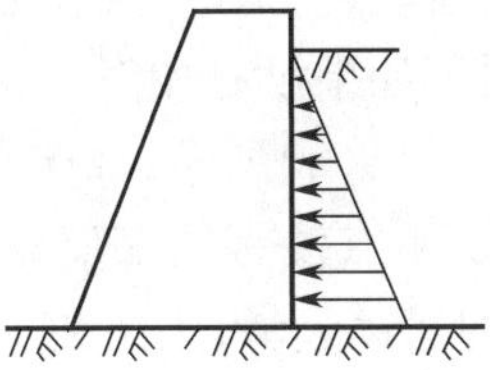

图 1.13

1.3.2 荷载的计算

荷载的计算必须在结构计算之前进行。结构计算就是根据荷载的大小及作用的形式确定构件的内力和尺寸，使设计的构件有足够的强度、刚度和稳定性。因此，荷载的确定是工程设计中很重要的一环，必须慎重、细致地计算荷载。

【例 1.1】某办公楼屋面采用预制板，板长 $l=3.60$ m，板宽 $b=1.20$ m。每块板的自重 $G=11.02$ kN，板的两端搁置在砖墙上。屋面材料做法：二毡三油上铺小石子（0.35 kN/m^2），20 mm 厚水泥砂浆找平层，砂浆的重度 $\gamma=20$ kN/m^3，板底抹灰 20 mm 厚，抹灰重度 $\gamma=17$ kN/m^3。屋面活荷载的标准值为 0.7 kN/m^2（不上人屋面），试计算屋面板的均布线荷载。

解 屋面板单位面积上的永久荷载如下。

二毡三油上铺小石子：0.35 kN/m^2

20 mm 厚水泥砂浆找平层：$0.02\times20=0.40$ kN/m^2

板自重：$\dfrac{11.02}{3.60\times1.20}=2.55$ kN/m^2

20 mm 厚板底抹灰：$0.02\times17=0.34$ kN/m^2

$$p_{恒}=0.35+0.40+2.55+0.34=3.64\ \text{kN/m}^2$$

屋面板单位面积上的总荷载：

$$p_{总}=p_{恒}+p_{活}=3.64+0.7=4.34\ \text{kN/m}^2$$

屋面板单位长度所受的均布线荷载：

$$q_{总}=p_{总}b=4.34\times1.2=5.21\ \text{kN/m}$$

1.4 约束与约束反力

在空间中能自由向任意方向运动的物体称为自由体。如空气中的气球和飞行的飞机就是自由体。某一方向的运动受到限制的物体称为非自由体。图 1.14(a) 中的小球受到绳索的限制，绳索限制小球沿绳轴线向下运动，小球就是非自由体。

使非自由体在某一方向不能自由运动的限制装置称为约束。图 1.14(a) 中的绳索就是小球的约束。由约束引起的沿约束方向阻止物体运动的力称为约束反力。图 1.14(b) 中绳索拉住小球以限制其下落的张力 $\boldsymbol{T}$ 就是约束反力。由于约束反力的作用是阻止物体运动，因此约束反力的方向总是与被约束物体的运动方向或运动趋势的方向相反。

约束反力的产生条件是由物体的运动趋势和约束性能决定的。使物体运动或有运动趋势的力称为主动力。物体在主动力作用下如果没有相对于某个约束的运动趋势,则该约束就不会产生约束反力。如图1.15(a)和图1.16(a)所示,球体在 A 点虽有约束,但球体在约束阻止其运动的方向上并没有运动趋势,所以 A 点没有约束反力。而图1.15(b)和图1.16(b)所示的球体在自重 $\boldsymbol{G}$ 或 $\boldsymbol{F}$ 作用下有向左的运动趋势,因此在 A 点有约束反力。

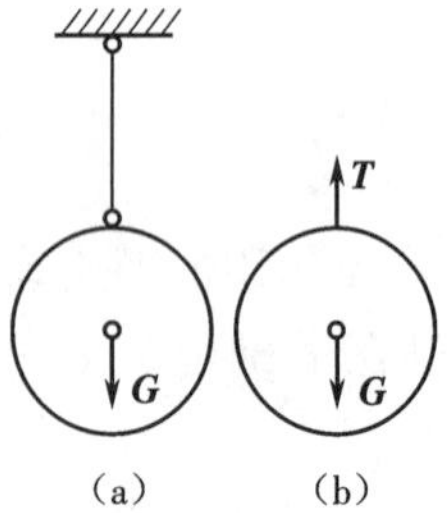

图1.14

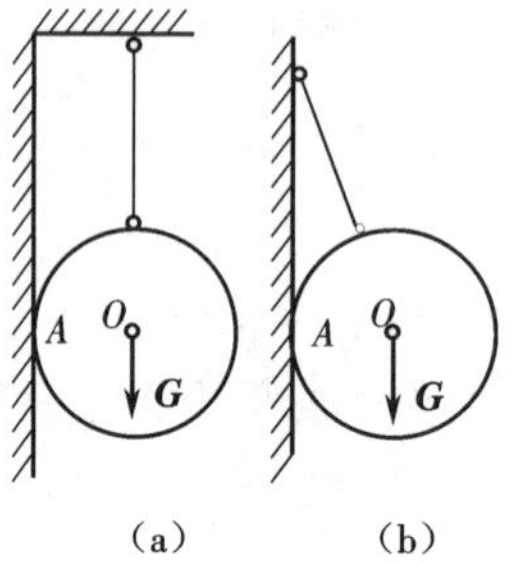

图1.15

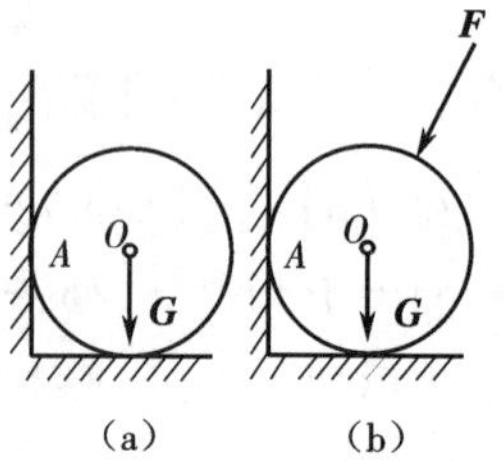

图1.16

约束反力是在主动力影响下产生的,主动力的大小是已知或可测定的,而约束反力的大小通常是未知的。在静力学问题中,主动力和约束反力组成平衡力系,可利用平衡条件求约束反力。

下面介绍工程中常见的几种约束类型及其约束反力。

1.4.1 柔体约束(soft constraint)

由柔软的绳索、链条、皮带等形成的约束称为柔体约束。由于柔体约束只能阻止物体沿着柔体轴线方向离开柔体的运动,所以柔体约束的约束反力是沿着柔体轴线方向并背离物体的。柔体约束反力通常用字母 $\boldsymbol{T}$ 表示。如图1.17(a)所示,绳索 AB、AC 以及 A 点与灯之间的连线均是柔体约束,其对 A 点的约束反力是绳索对 A 点的拉力 $\boldsymbol{T}_B$、$\boldsymbol{T}_C$ 以及灯传给绳子又由绳子传给 A 点的拉力 $\boldsymbol{T}_G$,如图1.17(b)所示。

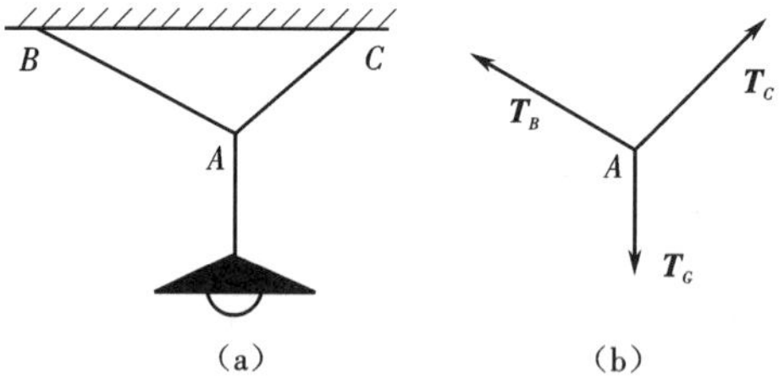

图1.17

1.4.2 光滑接触面约束(smooth contact surface constraint)

两个相互接触的物体,如沿着接触表面切线方向的摩擦力极小,可略去不计,则这种光滑接触面构成的约束称为光滑接触面约束。由于光滑表面只能阻止物体沿接触面法线向光滑面方向运动，所以光滑接触面约束的约束反力的方向是沿着接触面的法线方向并指向物体，作用点为接触点。光滑接触面约束反力通常用字母 $\boldsymbol{N}$ 表示，如图 1.18(a)和图 1.19(a)所示，A、B 接触面为光滑接触面约束，其约束反力沿着接触面的法线方向并指向物体，如图 1.18(b)和图 1.19(b)所示的 $\boldsymbol{N}_A$ 和 $\boldsymbol{N}_B$。

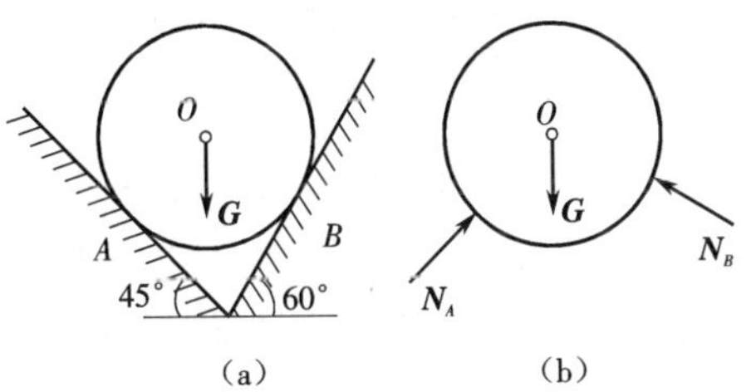

图 1.18

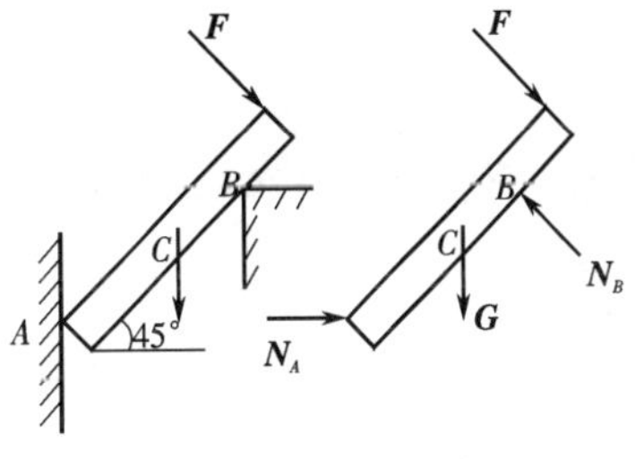

图 1.19

1.4.3 固定铰链支座(fixed hinge support)

固定铰链支座通过将圆柱形销钉 1 插入两个带有圆孔的物体 2、3 上构成，销钉与圆孔表面是光滑的，如图 1.20(a)所示。固定铰链支座约束能限制物体 2 沿销钉半径方向移动，但不能限制被约束物体绕销钉转动。

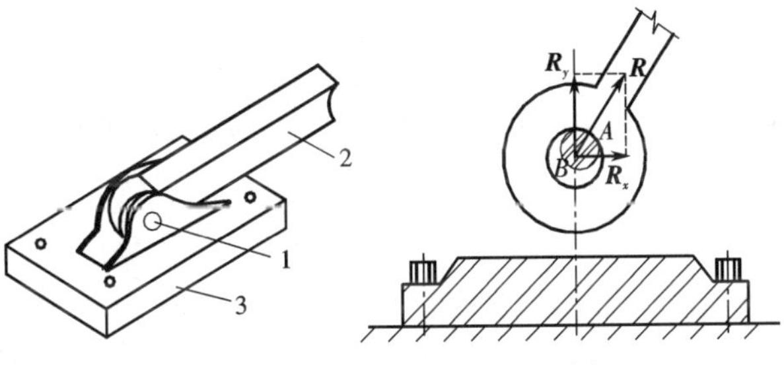

图 1.20

当物体 2 受荷载作用时，销钉孔壁便与销钉上的某点 A 压紧，这样销钉将通过接触点 A 给物体 2 一个约束反力 $\boldsymbol{R}$，$\boldsymbol{R}$ 的作用线必须通过铰心 B 且沿接触处的法线方向[图 1.20(b)]。然而销钉孔和销钉的接触点 A 与受力情况有关，事先无法确定，故 $\boldsymbol{R}$ 的方向也无法确定。在实际应用时，通常用两个互相垂直且通过铰心 B 的分力 $\boldsymbol{R}_x$ 和 $\boldsymbol{R}_y$ 来代替。固定铰链支座约束的简图如图 1.21 所示。

在实际工程中，梁支承在砖墙上，由于支承长度有限，梁在支承处有可能发生微小的转动，所以可将其简化为固定铰链支座。

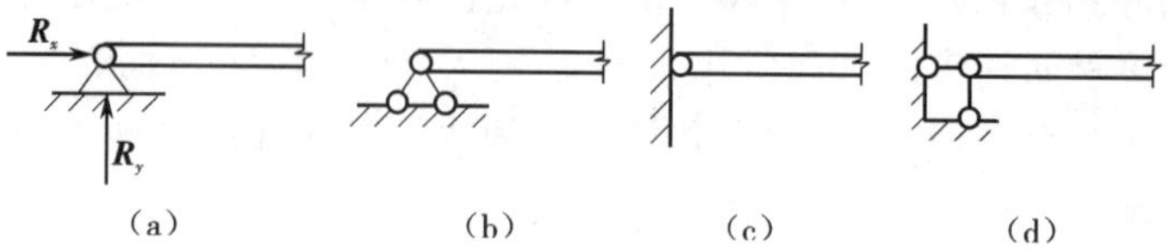

图 1.21

1.4.4 活动铰链支座(hinge support)

将铰链支座安装在带有滚轴的固定支座上,支座在滚轴上可以任意作左右相对运动,如图 1.22(a)所示,这种约束称为活动铰链支座。被约束物体不仅能自由转动,而且可以沿着平行于支座底面的方向任意移动,因此活动铰链支座只能阻止物体沿垂直于支座底面方向的运动。活动铰链支座的约束反力 $\boldsymbol{R}$ 的方向必垂直于支承面,作用线通过铰链中心。活动铰链支座的简图如图 1.22(b)、(c)所示,活动铰链支座可简单表达为一根链杆和两个铰,但是它和链杆有所区别,它对物体的约束方向只能是垂直于支座底面的方向,一般是竖直方向。

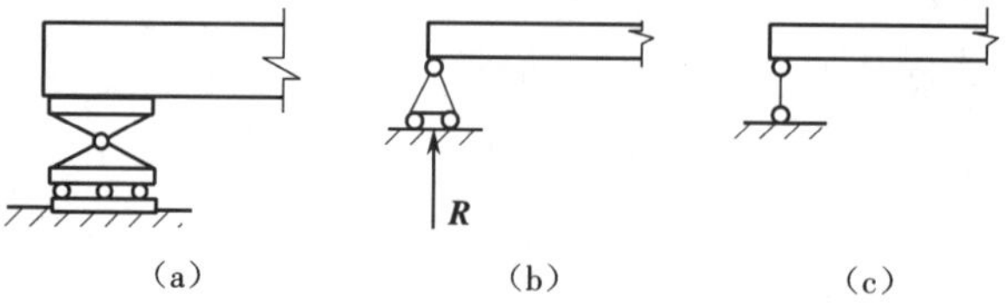

图 1.22

由于活动铰链支座不限制杆件沿轴线方向的伸长或缩短,因此桥梁或屋架等工程结构一端用固定铰链支座,另一端用活动铰链支座,以适应温度变化引起的伸缩变形。

1.4.5 链杆

两端用铰链与物体连接而不计自重的直杆称为链杆。链杆能阻止物体沿链杆轴线方向的运动,不能阻止其他方向的运动,所以链杆的约束效果和活动铰链支座类似。但要分清一点:链杆对物体的约束方向是链杆的轴线方向,而不是垂直于支座底面(可以把活动铰链支座近似看成链杆的特殊情况)。所以,链杆的约束反力 $\boldsymbol{R}$ 的方向是沿着链杆的轴线,而指向则由受力情况决定。链杆的简图如图 1.23 所示。

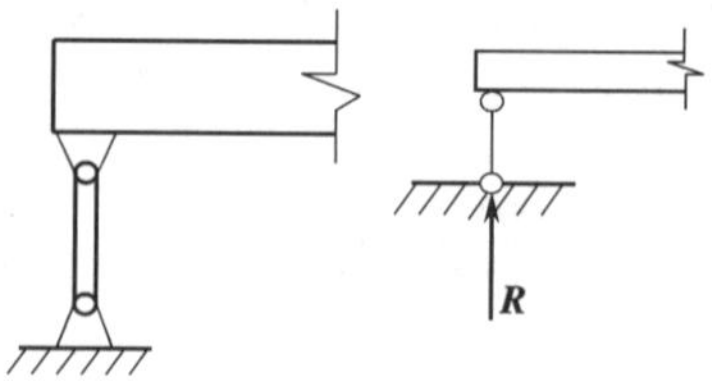

图 1.23

链杆通常又称为二力杆。凡是两端具有光滑铰链,中间不受外力作用,又不计自身重量的刚性杆,都是二力杆。

1.4.6 固定端支座

工程中常将构件牢固地嵌在墙或基础内,使物体不仅不能在任意方向上移动,而且不能自由转动,这种约束称为固定端支座。例如梁端被牢固嵌在墙中[图1.24(a)]时,其支承可视为固定端支座。又如钢筋混凝土柱,插入基础部分较深,且四周又用混凝土与基础浇筑在一起,因此柱的下部嵌固很牢,不能产生转动和任何方向的移动,故可视为固定端支座[图1.24(b)]。固定端支座的简图如图1.24(c)所示。

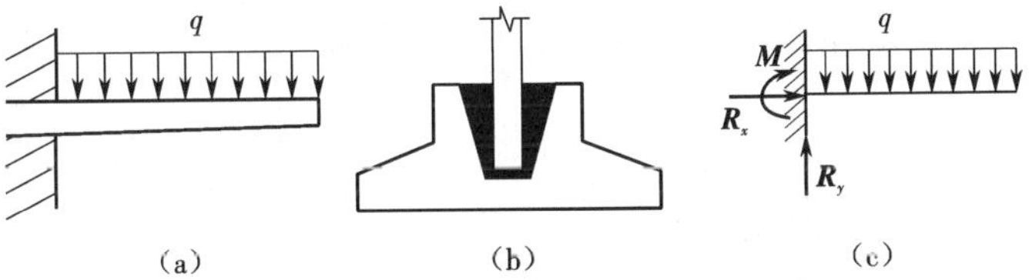

图1.24

固定端支座的约束反力有三个:作用于嵌入处截面形心上的水平约束反力 $\boldsymbol{R}_x$、垂直约束反力 $\boldsymbol{R}_y$ 以及约束反力偶 $\boldsymbol{M}$[图1.24(c)]。

1.5 物体的受力分析和受力图

1.5.1 受力分析的定义

受力分析是将研究对象看作一个孤立的物体并分析它所受各外力的特性。受力分析是进行力学计算的基础。

静力学主要研究受力物体的平衡问题。在考虑物体受力平衡时,必须先弄清物体的受力情况,即分析物体受到哪些力的作用,并确定每个力的作用位置和作用方向。在分析物体的受力情况时,首先要明确哪一个物体(或哪几个物体的组合)为研究对象(即需要研究的物体),再对它进行受力分析。

1.5.2 受力图的绘制

在对物体进行受力分析的过程中,为方便表达,需绘制受力图。受力图的绘制步骤如下。

1.绘制隔离体

绘制受力图的第一步为绘制隔离体。工程结构中,每个构件都与其他构件连在一起,它们之间保持着一定的作用力,为了分析研究对象的受力情况,往往需要把研究对象从与它有联系的物体中分离出来(即解除约束),分离出来的研究对象称为隔离体。

值得注意的是:在受力分析中隔离体的划分跟研究对象密切相关。它可以是单个物体,也可以是多个物体。当对多个物体组成的物体系进行受力分析时,不再考虑物体系中各部分间的作用力和反作用力,仅将该物体系当成一个刚体进行分析。

2. 绘制主动力

画出隔离体图后,需在隔离体图上标出物体的主动力。主动力和约束反力组成了受力物体所受的外力。所以,主动力是指除约束反力以外的外力,例如重力等。一般主动力是已知或可以测定的。

3. 绘制约束反力

主动力绘制完成后,需绘制约束反力。约束反力是指约束对被约束体的反作用力。它通常是未知力,但可根据平衡条件求出。

【例 1.2】重量为 G 的球体置于光滑的斜面上,并用绳子系住,如图 1.25(a)所示,试画出球体的受力图。

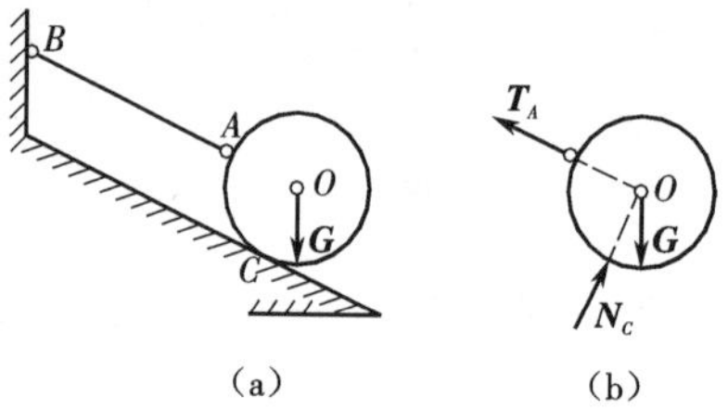

图 1.25

解 (1)以球体为研究对象(即取球体为隔离体),画出隔离体简图。

(2)标出主动力:重力 $\boldsymbol{G}$,作用于重心 O 点,铅直向下。

(3)标出约束反力:绳子对球体的拉力 $\boldsymbol{T}_A$,通过接触点 A 沿绳轴作用,方向背离球体;斜面对球体的支承力 $\boldsymbol{N}_C$,通过点 C,垂直于斜面指向球体,图 1.25(b)就是球体的受力图。因球体受 $\boldsymbol{G}$、$\boldsymbol{N}_C$、$\boldsymbol{T}_A$三力作用而平衡,故 $\boldsymbol{G}$、$\boldsymbol{N}_C$、$\boldsymbol{T}_A$三力作用线必交于点 O。

【例 1.3】梁一端为固定铰链支座,另一端为链杆支座[图 1.26(a)],梁的自重不计,梁上作用斜向集中荷载 $\boldsymbol{F}$,试画出梁的受力图。

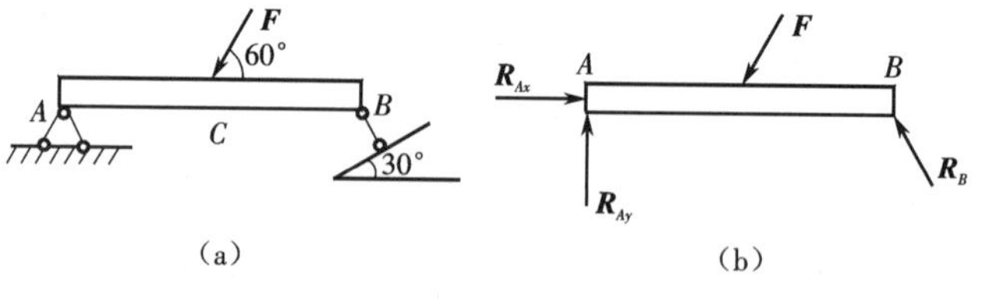

图 1.26

解 以梁为研究对象(即取梁 AB 为隔离体),其上作用的主动力有集中荷载 $\boldsymbol{F}$。固定铰链支座 A 的约束反力 $\boldsymbol{R}_{Ax}$、$\boldsymbol{R}_{Ay}$是两个互相垂直且通过 A 铰链中心的力;链杆支座 B 的约束反力 $\boldsymbol{R}_B$的作用点通过 B 链杆中心,其作用线沿着杆轴。图 1.26(b)是该梁的受力图。

【例 1.4】图 1.27(a)所示为两跨静定梁,C 为铰链,B 为链杆支座,受已知力 $\boldsymbol{F}$ 和 q 作用,

试画出梁 CB、AC 及整体的受力图。

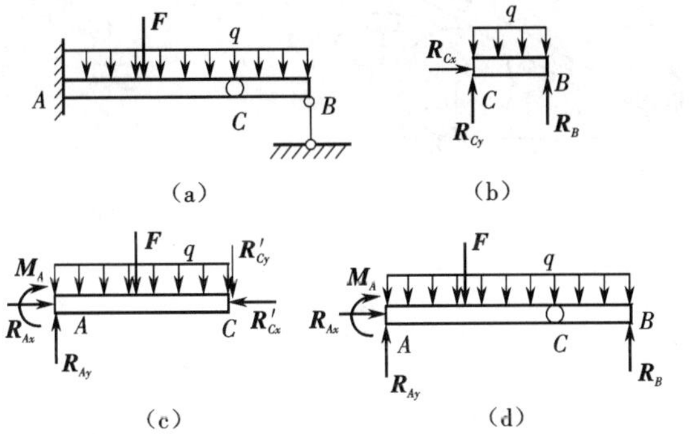

图 1.27

解 先以梁 CB 为研究对象(即取梁 CB 为隔离体),主动力为均布荷载 q,约束反力有铰链的反作用力 $\boldsymbol{R}_{Cx}$、$\boldsymbol{R}_{Cy}$和链杆支座的反作用力 $\boldsymbol{R}_B$,其受力图如图 1.27(b)所示。

再取梁 AC 为研究对象(即取梁 AC 为隔离体),主动力有集中荷载 $\boldsymbol{F}$,均布荷载 q 和 $\boldsymbol{R}'_{Cx}$、$\boldsymbol{R}'_{Cy}$($\boldsymbol{R}'_{Cx}$和 $\boldsymbol{R}'_{Cy}$与梁 CB 上的 $\boldsymbol{R}_{Cx}$和 $\boldsymbol{R}_{Cy}$是两对作用力和反作用力),约束反力有固定支座的反作用力 $\boldsymbol{R}_{Ax}$、$\boldsymbol{R}_{Ay}$和 $\boldsymbol{M}_A$,其受力图如图 1.27(c)所示。

最后取整体为研究对象,主动力有集中荷载 $\boldsymbol{F}$ 和均布荷载 q,约束反力有固定支座的反作用力 $\boldsymbol{R}_{Ax}$、$\boldsymbol{R}_{Ay}$和 $\boldsymbol{M}_A$及链杆支座的反作用力 $\boldsymbol{R}_B$,其受力图如图 1.27(d)所示。

【例 1.5】图 1.28(a)所示的三角形支架 A、B、C 三处均以光滑铰链连接,支架 AB 上放置一重物,重力为 $\boldsymbol{G}$,试画出 AB 杆和 BC 杆的受力图。(杆自重不计)

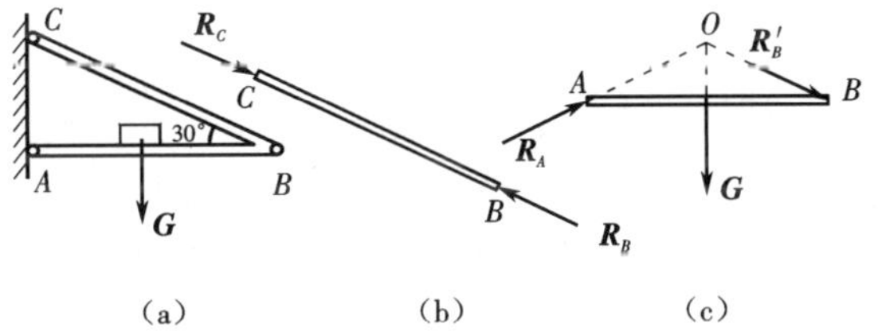

图 1.28

解 先以杆 BC 为研究对象(即取杆 BC 为隔离体),由于杆 BC 两端用铰链连接,又不计自重,显然是二力杆,B、C 端的约束反力分别为 $\boldsymbol{R}_B$和 $\boldsymbol{R}_C$,根据二力平衡公理,此二力必须等值、反向、共线,其受力图如图 1.28(b)所示。

再以杆 AB 为研究对象,主动力为 $\boldsymbol{G}$、$\boldsymbol{R}'_B$($\boldsymbol{R}'_B$与杆 BC 的 $\boldsymbol{R}_B$是作用力与反作用力),约束反力为 $\boldsymbol{R}_A$,根据三力平衡汇交原理,$\boldsymbol{R}_A$、$\boldsymbol{G}$、$\boldsymbol{R}'_B$必汇交于 O 点,其受力图如图 1.28(c)所示。

【例 1.6】物体放置如图 1.29(a)所示,斜杆 AB 不计自重,试分别画出每个物体的受力图。

解 先以重物为研究对象(即取重物为隔离体),主动力为 $\boldsymbol{G}_1$,约束反力是绳索的拉力 $\boldsymbol{T}$,其受力图如图 1.29(b)所示。

再以斜杆 AB 为研究对象,主动力为 $\boldsymbol{T}'$($\boldsymbol{T}'$与重物所受的 $\boldsymbol{T}$ 是作用力与反作用力),约束反

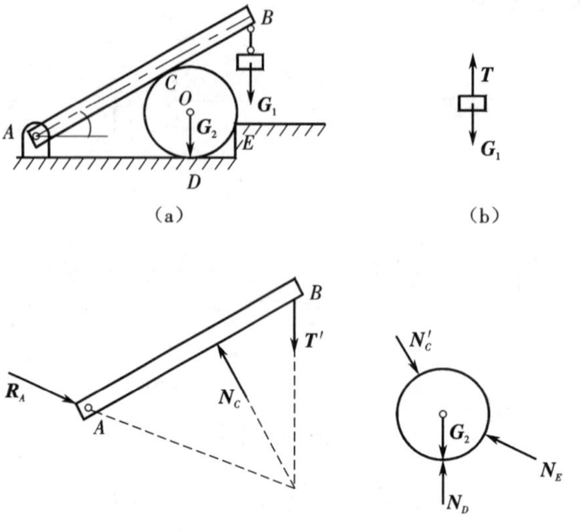

（a） （b）

（c） （d）

图 1.29

力有 $\boldsymbol{N}_C$ 和 $\boldsymbol{R}_A$，斜杆受 $\boldsymbol{T}'$、$\boldsymbol{N}_C$、$\boldsymbol{R}_A$ 作用而平衡，故三力作用线必汇交于一点，其受力图如图 1.29(c)所示。

最后以球为研究对象，主动力是斜杆对球的压力 $\boldsymbol{N}'_C$（$\boldsymbol{N}'_C$ 与斜杆的 $\boldsymbol{N}_C$ 是作用力与反作用力）和球的重力 $\boldsymbol{G}_2$，约束反力有 $\boldsymbol{N}_D$ 和 $\boldsymbol{N}_E$，其受力图如图 1.29(d)所示。

思 考 题

1.1　什么是力？力的作用效果取决于哪些因素？

1.2　两个力等效的条件是什么？图中所示的两个力 $\boldsymbol{F}_1$、$\boldsymbol{F}_2$ 大小相等，方向相同，并且分别作用在物体的 A、B 两点上，这两个力对物体的作用效果是否相等？为什么？

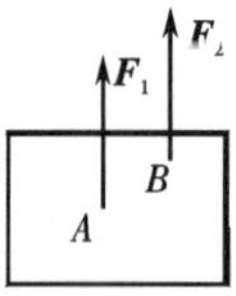

思考题 1.2 图

1.3　“刚体就是硬度很大的物体”这种说法对吗？为什么要引入刚体的概念？

1.4　举例说明二力平衡公理和作用力与反作用力公理有何不同。

1.5　举例说明二力平衡公理为什么只适用于刚体而不适用于变形体。

1.6　刚体受互不平行的三个力作用而保持平衡状态，其中两个力汇交于一点。试问这三个力是否在同一平面内？能否不汇交于同一点？为什么？

1.7　如何区分主动力和约束反力？

习　题

1.1　图中有一重量为 G 的重物由两根绳索悬挂，试分别画出重物和连接点 A 的受力图。

1.2　试画出图中圆球的受力图。

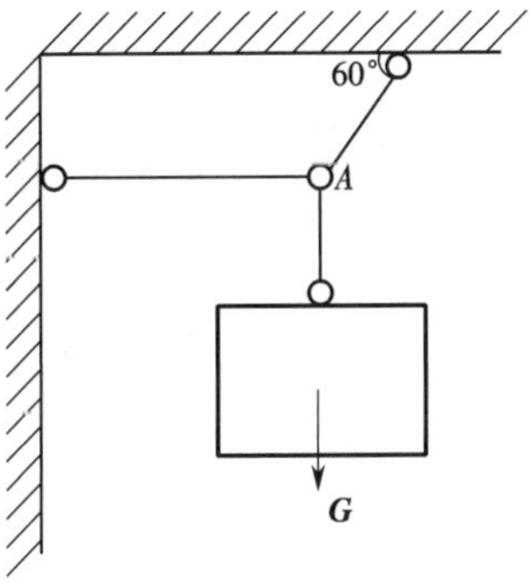

习题 1.1 图

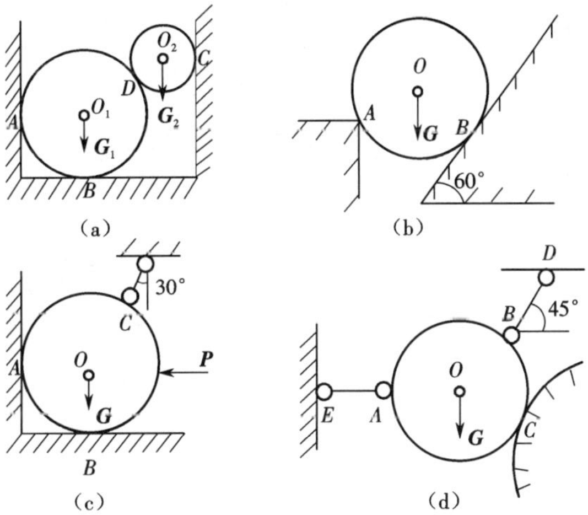

习题 1.2 图

1.3　图中杆 AB 受已知力 $\boldsymbol{F}$ 作用，试画出杆 AB 的受力图（杆自重不计）。

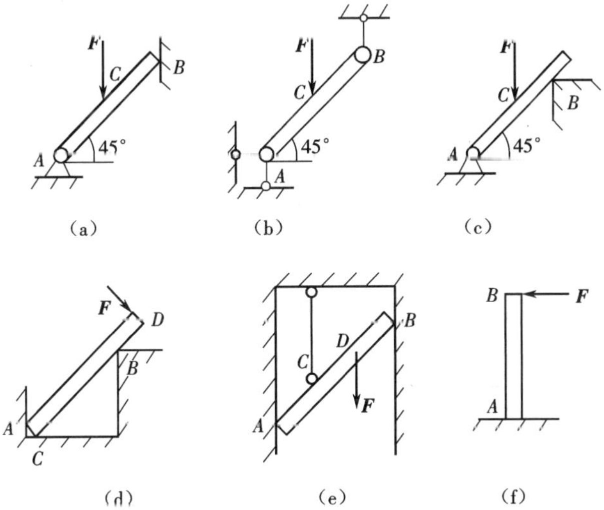

习题 1.3 图

1.4　试画出图中梁 AB 的受力图（梁自重不计）。

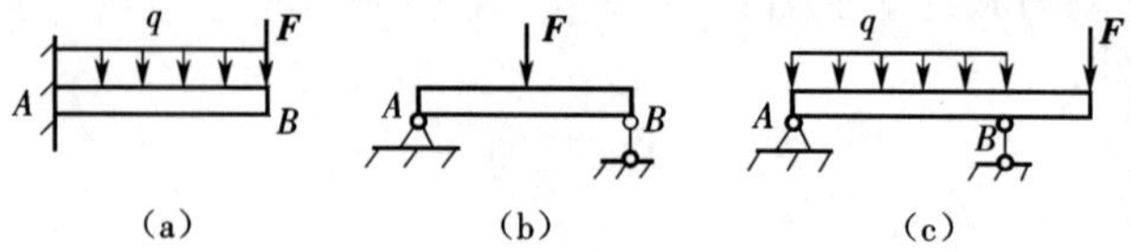

习题 1.4 图

1.5 图中多跨静定梁受荷载 $\boldsymbol{F}_1$ 和 $\boldsymbol{F}_2$ 作用，试画出梁 AB 和 BC 以及整体的受力图(梁自重不计)。

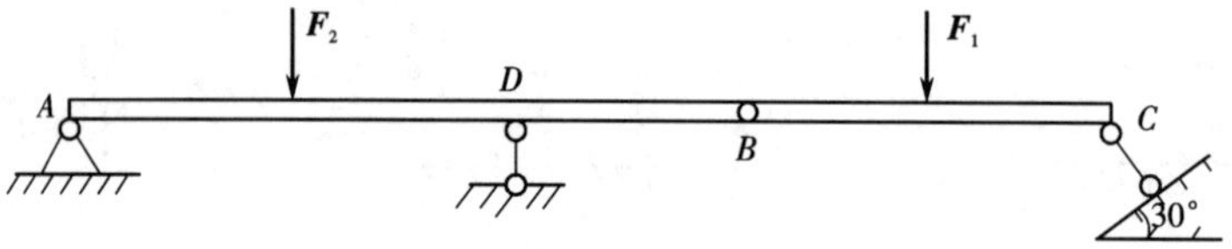

习题 1.5 图

2 平面力系

【学习目标】

1. 能熟练陈述平面一般力系的简化方法。
2. 能正确陈述平面一般力系的平衡条件、平衡方程的三种形式及其限制条件。
3. 能正确利用平面一般力系的平衡方程计算单个物体和简单物体系的平衡问题。
4. 能基本陈述主矢和主矩的概念。
5. 能基本陈述物体系统平衡问题的求解方法和步骤。

【学习重点】

1. 平面一般力系的简化方法和平衡方程的三种形式。
2. 平面一般力系的主矢和主矩。
3. 平面一般力系的平衡方程。

【学习难点】

1. 平面一般力系的简化方法和平衡方程的三种形式。
2. 平面一般力系的主矢和主矩。
3. 应用平面一般力系的平衡方程计算单个物体和简单物体系的平衡问题。
4. 正确分析和求解物体系统的平衡问题。

2.1 平面汇交力系

平面汇交力系是一种最基本的力系，它不仅是研究其他复杂力系的基础，而且在工程中用途比较广泛，图2.1所示屋架节点 C 所受的力、图2.2所示起重机在起吊构件时作用于吊钩上 C 点的力都属于平面汇交力系。

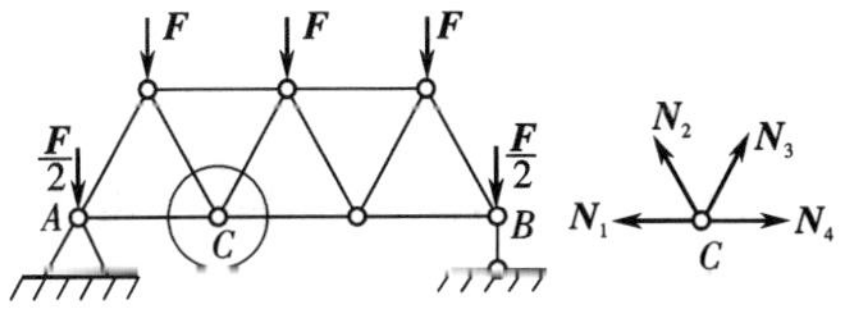

图2.1

(a)屋架受力简图 (b)节点 C 受力图

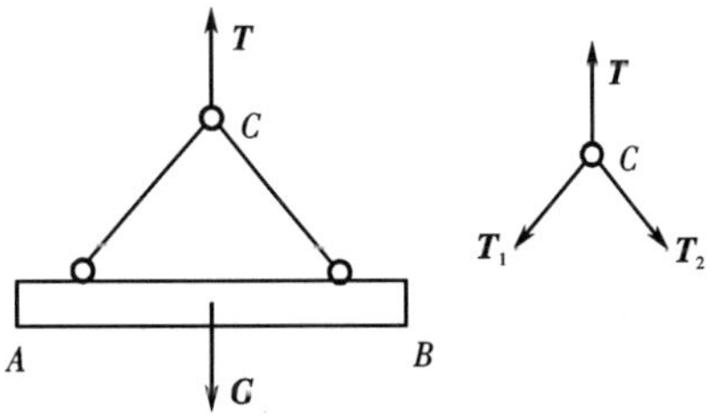

图2.2

(a)起重机受力简图 (b)节点 C 受力图

2.1.1 力的合成与分解

1. 合力与分力的概念

作用于刚体上的力系，如果可以用一个力 $\boldsymbol{R}$ 代替而不改变原力系对刚体的作用效果，则这个力 $\boldsymbol{R}$ 称为原力系的合力，而原力系的各力称为合力 $\boldsymbol{R}$ 的分力。

在力学计算中，有时需要将几个力合成一个合力，这一过程叫作力的合成；有时需要将一个力分解成两个或多个分力，这一过程叫作力的分解。在第 1 章中已经介绍了用平行四边形公理求两个汇交力合力的问题，下面主要讨论将一个力分解成两个或多个分力的问题。

2. 力的分解

作用在刚体上的两个汇交力可以合成一个合力；反之，作用在刚体上的一个力也可以分解为两个分力。

把一个力分解成两个分力，从几何作图的角度来看，就是在已知对角线的情况下作一平行四边形。显然，如果没有任何附加条件，可作出无限个平行四边形（即一个力分解为两个相交的力有无穷多个解），如图 2.3(a)所示。因此，要使问题有唯一的解答，必须有一定的附加条件，如给出两个分力的方向或给出一个分力的大小和方向。

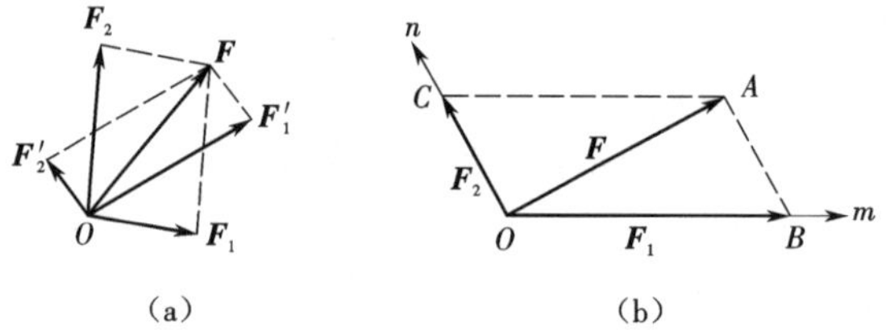

图 2.3

(a)无限个平行四边形　(b)唯一的平行四边形

例如，已知两个分力的方向为 m 和 n[图 2.3(b)]，从已知力 $\boldsymbol{F}$ 的终端 A 作两条与已知方向 m 和 n 平行的直线，这两条直线分别与 Om 和 On 汇交于 B、C 点，形成平行四边形 $OBAC$，从而得 OB 边分力 $\boldsymbol{F}_1$ 和 OC 边分力 $\boldsymbol{F}_2$。

最常用的分解方法是将已知力沿正交的水平方向和铅直方向分解，如图 2.4 所示。

根据三角函数公式可得下列关系：

$$F_1 = F \cdot \cos\alpha$$

$$F_2 = F \cdot \sin\alpha$$

式中：α 为力 $\boldsymbol{F}$ 与 x 方向的夹角。

【例 2.1】一物体放在与水平面成 30°角的斜面上，重力 $G = 30$ kN，试求物体的下滑力及其对斜面的压力(图 2.5)。

解　物体重力 $\boldsymbol{G}$ 的方向是铅直向下的，它沿斜面方向的分力 $\boldsymbol{F}$ 即物体的下滑力，与斜面垂直的分力 $\boldsymbol{N}$ 则是它对斜面的压力。根据力的分解方法，以重力 $\boldsymbol{G}$ 为对角线，以平行于斜面及垂直于斜面的方向为两个邻边，作出力的平行四边形如图 2.5 所示，此平行四边形为一矩

形，由三角函数公式得

$$F = G \cdot \sin 30° = 30 \times \frac{1}{2} = 15\ \text{kN}$$

$$N = G \cdot \cos 30° = 30 \times \frac{\sqrt{3}}{2} = 25.98\ \text{kN}$$

N、**F** 的指向如图 2.5 所示。

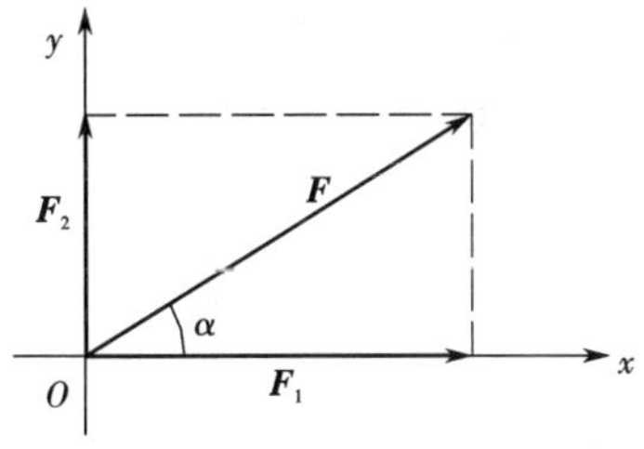

图 2.4

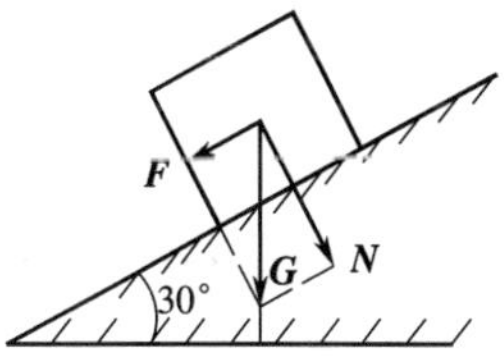

图 2.5

2.1.2 平面汇交力系合成与平衡的几何法

1. 平面汇交力系合成的几何法

1）平面两个汇交力的合成

设在刚体 A 点上作用有两个汇交力 $\boldsymbol{F}_1$ 和 $\boldsymbol{F}_2$［图 2.6(a)］，$\boldsymbol{F}_1$ 水平向右，$\boldsymbol{F}_2$ 与水平方向成 β 角且朝向右上方。试求它们的合力。

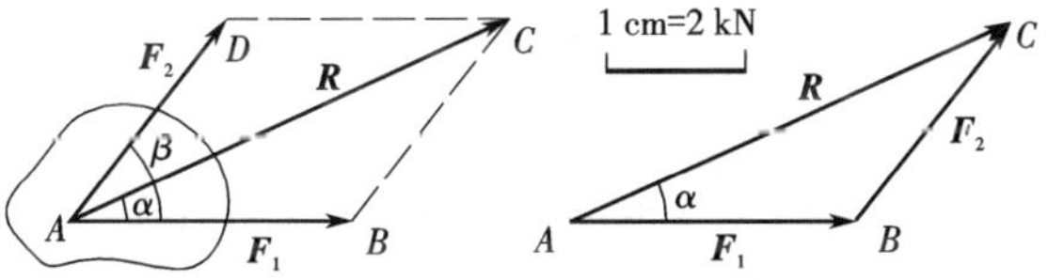

(a) (b)

图 2.6

(a)平行四边形公理 (b)三角形法则

应用前面学过的平行四边形公理，可求得 $\boldsymbol{F}_1$ 和 $\boldsymbol{F}_2$ 的合力：先从两个力的交点 A 出发，按适当的比例（比例可按力的大小自由选定）和正确的方向画出 $\boldsymbol{F}_1$ 和 $\boldsymbol{F}_2$，便可得到相应的平行四边形 $ABCD$，其中对角线 AC 即代表合力 $\boldsymbol{R}$，按比例量出 AC(cm) 即 $\boldsymbol{R}$(kN)，同时可量出合力 $\boldsymbol{R}$ 与水平线的夹角 α(度)。

从上述可看出，在求合力 $\boldsymbol{R}$ 的大小和方向时，不一定要作出整个平行四边形 $ABCD$，因为平行四边形的对边平行且相等，只画出其中的三角形 ABC 或 ACD 便可解决问题。如图 2.6(b) 所示，直接将力 $\boldsymbol{F}_2$ 平行移至 B 点得 BC，再连接起点 A 和终点 C，所得 AC 即代表合力 $\boldsymbol{R}$，合力的方向应由起点 A 指向终点 C，这与平行四边形的结果完全相同，这一力的合成方法称为力的三角形法则。

注意：画力的三角形时一个分力的箭头总是紧接着另一个分力的箭尾，即首尾相接，两个力的先后次序可以任选，但大小、方向不能改变。

【**例 2.2**】试求图 2.7 中水平力 $\boldsymbol{F}$ 和垂直力 $\boldsymbol{N}$ 的合力。

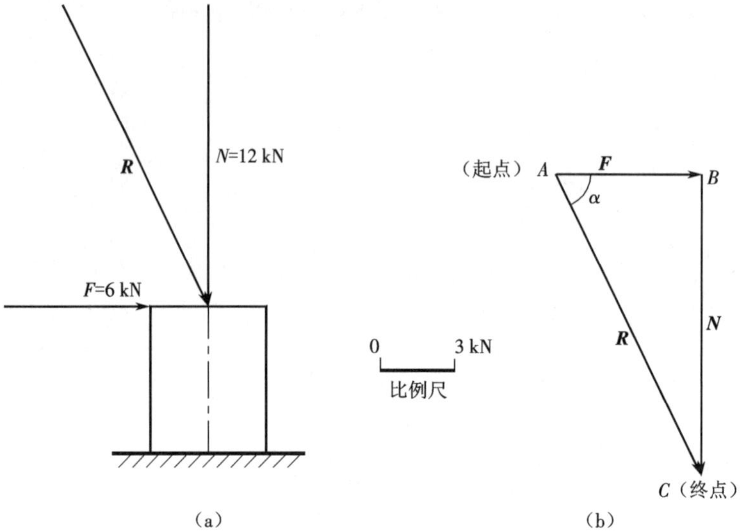

图 2.7

(a)柱顶端受力示意图　(b)用三角形法则求合力

解　这是两个汇交力的合成问题，可用力的三角形法则求合力，步骤如下。

①选比例尺：1 cm = 3 kN。

②从任意点 A 开始，画水平线 $AB = 2$ cm，表示水平力 $\boldsymbol{F}$。

③由 B 点画竖线 $BC = 4$ cm，表示垂直力 $\boldsymbol{N}$。

④连接 A 与 C，即代表合力 $\boldsymbol{R}$ 的大小和方向，合力的方向由起点 A 指向终点 C。

⑤量得 $AC = 4.5$ cm，即合力的大小 $R = 3 \times 4.5 = 13.5$ kN；量得角 $\alpha = 63.5°$，即合力 $\boldsymbol{R}$ 与水平方向的夹角为 63.5°，指向右下方。

⑥把合力 $\boldsymbol{R}$ 标注在图上。

2）平面多个汇交力的合成

在求两个以上力的合力时，可将力的三角形法则推广为力的多边形法则。如墙上的固定环受到一组力 $\boldsymbol{F}_1$、$\boldsymbol{F}_2$、$\boldsymbol{F}_3$、$\boldsymbol{F}_4$ 作用，各力的作用线在同一平面内并汇交于 O 点，见图 2.8(a)。为求汇交力系的合力，可连续应用力的三角形法则，如图 2.8(b)所示。先求 $\boldsymbol{F}_1$ 和 $\boldsymbol{F}_2$ 的合力 $\boldsymbol{R}_1$；再求 $\boldsymbol{R}_1$ 和 $\boldsymbol{F}_3$ 的合力 $\boldsymbol{R}_2$；最后求 $\boldsymbol{R}_2$ 和 $\boldsymbol{F}_4$ 的合力 $\boldsymbol{R}$。显然，$\boldsymbol{R}$ 就是原汇交力系（$\boldsymbol{F}_1$、$\boldsymbol{F}_2$、$\boldsymbol{F}_3$、$\boldsymbol{F}_4$）的合力。

实际作图时，表示力 $\boldsymbol{R}_1$ 和 $\boldsymbol{R}_2$ 的线段可不必画出，只需将力系中的各力首尾相连地依次按比例画出；最后，连接第一个分力的起点和最后一个分力的终点，就可得到力系的合力 $\boldsymbol{R}$，合力 $\boldsymbol{R}$ 的大小根据力的比例量测，合力的方向由起点 A 指向终点 E，如图 2.8(c)所示，合力的作用线通过汇交点。这种求多个汇交力合力的几何方法称为力的多边形法则，封闭折线 $ABCDE$ 称

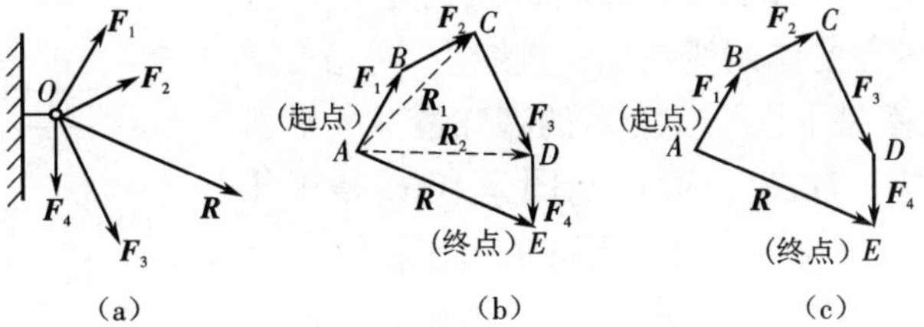

图 2.8

(a)节点受多个力　(b)应用三角形法则　(c)力的多边形法则

为力多边形,线段 AE 称为多边形的封闭边。

在作图时,如果改变各分力的先后次序,得到的力多边形的形状自然不同,但所得合力 $\boldsymbol{R}$ 的大小和方向均不改变。由此可知,合力 $\boldsymbol{R}$ 与绘制力多边形的先后顺序无关。

【例 2.3】已知 O 点作用有五个力,$F_1=40$ kN,$F_2=20$ kN,$F_3=60$ kN,$F_4=50$ kN,$F_5=30$ kN,方向如图 2.9(a)所示,试用几何法求平面汇交力系的合力 $\boldsymbol{R}$。

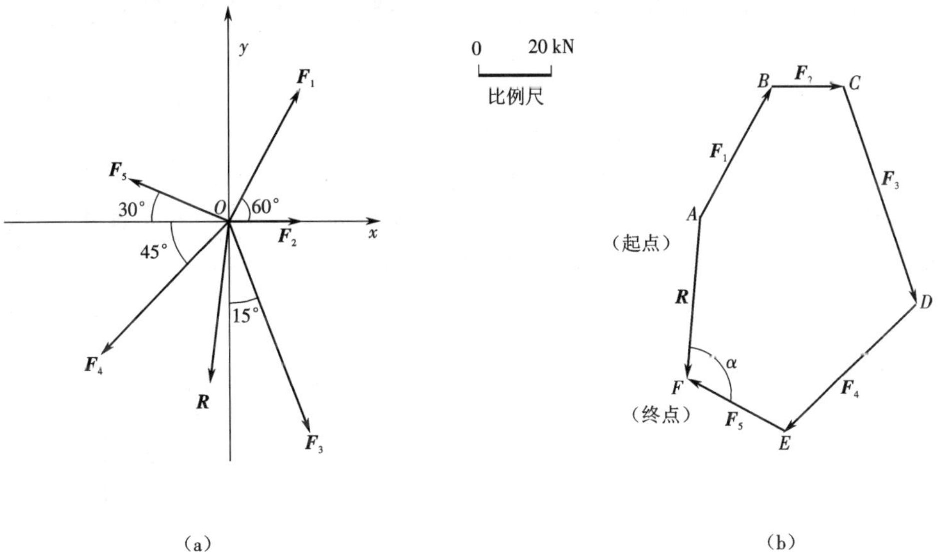

图 2.9

(a) O 点受力简图　(b)力的多边形法则

解　这是五个力的汇交力系的合成问题,可用力的多边形法则求合力 $\boldsymbol{R}$ 的大小和方向,具体步骤如下。

①选择比例尺:1 cm = 20 kN。

②从任意点 A 开始,按力 $\boldsymbol{F}_1$、$\boldsymbol{F}_2$、$\boldsymbol{F}_3$、$\boldsymbol{F}_4$、$\boldsymbol{F}_5$ 各自的大小和方向作图,首尾相接成开口的力多边形 $ABCDEF$。

③连接起点 A 和终点 F,即得合力 $\boldsymbol{R}$,方向由起点 A 指向终点 F[图 2.9(b)]。

④由图量得 $R=43.2$ kN,$\alpha=89°13'$。

⑤把合力 $\boldsymbol{R}$ 按方向和大小标注在原图 2.9(a)上。

如果平面力系中各力的作用线在同一直线上,则此力系称为共线力系,这种力系是平面汇交力系的特殊情况。平面共线力系的力多边形各边都在一直线上,图 2.10 就是用几何法求平面共线力系 $\boldsymbol{F}_1$、$\boldsymbol{F}_2$、$\boldsymbol{F}_3$的合力 $\boldsymbol{R}$ 时的力多边形。

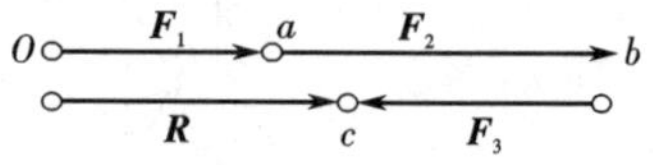

图 2.10

从图 2.10 可见,如取某一指向的力为正,相反指向的力为负,则合力的大小等于各力的代数和的绝对值,而代数和的符号表示合力的指向,即

$$\boldsymbol{R} = \boldsymbol{F}_1 + \boldsymbol{F}_2 + \boldsymbol{F}_3 + \cdots = \sum \boldsymbol{F} \tag{2.1}$$

2. 平面汇交力系平衡的几何法

物体是沿着合力的方向作机械运动的,要使物体保持平衡(处于静止或作等速直线运动),则合力必须等于零。

由前可知,平面汇交力系的合力用开口的力多边形封闭边表示(即第一个分力的始端到最后一个分力末端的线段),欲使合力为零,则封闭边的长度应为零。也就是说,力多边形中最后一个分力的终点与第一个分力的起点重合,这种情况称为力多边形自行封闭。

平面汇交力系平衡的必要和充分几何条件是力多边形自行封闭。

利用几何平衡条件,可以解决两类问题:

①检验刚体在平面汇交力系作用下是否平衡;

②当刚体处于平衡时,利用平衡条件求解力系中任意两个未知力。

【例 2.4】杆 AC 和杆 BC 铰接于 C,两杆的另一端分别固定在墙上。在 C 点悬挂重物,G = 60 kN,如图 2.11(a)所示。如不计杆重,试用几何法求两杆所受的力。

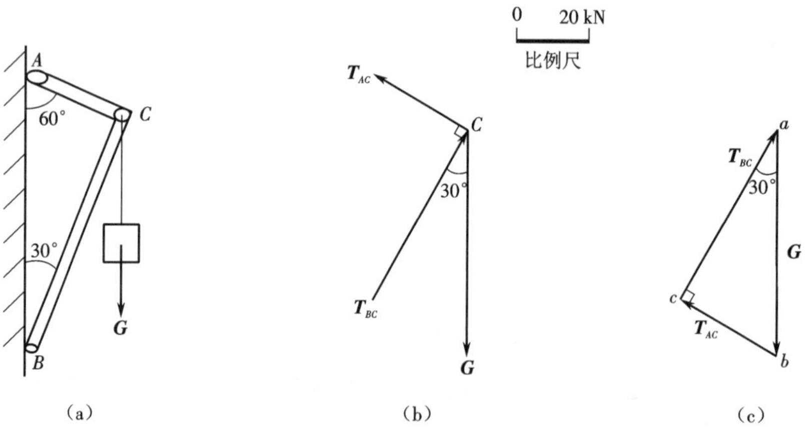

图 2.11

(a)杆件支撑图 (b)节点 C 受力图 (c)用三角形法则求合力

解 ①取节点 C 为研究对象,作 C 点的受力图,如图 2.11(b)所示。C 点受 $\boldsymbol{G}$、$\boldsymbol{T}_{AC}$、$\boldsymbol{T}_{BC}$作用而平衡,根据平面汇交力系平衡的几何条件,此三力组成的力三角形自行封闭。

②选择比例尺:1 cm = 20 kN。

③自任意点 a 按比例作力的封闭多边形,如图 2.11(c)所示。

④按力三角形闭合条件,定出力 $\boldsymbol{T}_{AC}$ 和 $\boldsymbol{T}_{BC}$ 的方向(即 $\boldsymbol{T}_{AC}$ 和 $\boldsymbol{T}_{BC}$ 应符合首尾相接的规则)。

⑤按所选比例量出:$T_{AC}=30$ kN,$T_{BC}=52$ kN。

【例 2.5】如图 2.12(a)所示,一水平梁 AB 在梁中点 C 作用着倾斜力 $\boldsymbol{F}$。如不计梁自重,试用几何法求支座 A 和 B 的反力。

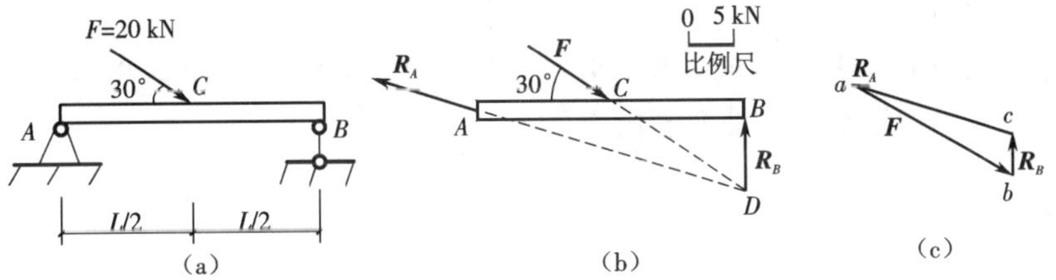

图 2.12

(a)简支梁受力图　(b)梁 AB 受力图　(c)用三角形法则求合力

解　①取梁 AB 为研究对象,画受力图,如图 2.12(b)所示。梁在 $\boldsymbol{R}_A$、$\boldsymbol{R}_B$、$\boldsymbol{F}$ 作用下保持平衡,根据三力平衡汇交原理,此三力必汇交于 D 点构成一平面汇交力系。

②按图示比例,自任意点 a 画出 $\boldsymbol{F}$、$\boldsymbol{R}_A$、$\boldsymbol{R}_B$ 三力的封闭三角形,如图 2.12(c)所示。

③按力三角形闭合条件定出力 $\boldsymbol{R}_A$ 和 $\boldsymbol{R}_B$ 的方向。

④按比例量得 $R_A=18.5$ kN,$R_B=5.1$ kN。

2.1.3　平面汇交力系合成与平衡的解析法

平面汇交力系求合力除采用前述几何法外,在更多情况下还是采用解析法,解析法是以力在坐标轴上的投影作为基础来进行计算的。

1. 力在坐标轴上的投影

如图 2.13 所示,力 $\boldsymbol{F}$ 在直角坐标系 xOy 平面内,力 $\boldsymbol{F}$ 的大小用线段 AB 表示,此力与 x 轴的夹角为 α。自力 $\boldsymbol{F}$ 两端 A 和 B 分别向 x、y 轴作垂线,垂足分别为 a、b 和 a'、b'。两垂足间的线段 ab 和 $a'b'$ 称为力在坐标轴上的投影。其中,ab 表示力 $\boldsymbol{F}$ 在 x 轴上的投影,以 F_x 表示;$a'b'$ 表示力 $\boldsymbol{F}$ 在 y 轴上的投影,以 F_y 表示。

力在坐标轴上的投影是一个代数量,它有正负号规定:凡投影的指向与坐标轴的正方向一致时,投影值取正号,反之取负号。投影 F_x 和 F_y 的数值可按三角函数公式求得,图 2.13 中的力 $\boldsymbol{F}$ 在 x、y 轴上的投影值为

$$\left.\begin{aligned}F_x&=-F\cdot\cos\alpha\\F_y&=F\cdot\sin\alpha\end{aligned}\right\}\tag{2.2}$$

反之,如果已知力 $\boldsymbol{F}$ 在两个坐标轴上的投影 F_x 和 F_y,则力 $\boldsymbol{F}$ 的大小和它与 x 轴的夹角 α 可根据勾股定理和三角关系求得:

$$\left.\begin{aligned} F &= \sqrt{F_x^2 + F_y^2} \\ \tan\alpha &= \left|\frac{F_y}{F_x}\right| \end{aligned}\right\} \tag{2.3}$$

力 $\boldsymbol{F}$ 的方向须根据 F_x和 F_y的正负号确定。

所谓投影,在计算上与力沿直角坐标轴分解是相似的,但在概念上不同,并且力的投影是代数量,而分力是矢量。

【例 2.6】已知力 $F_1=30$ kN,$F_2=20$ kN,$F_3=50$ kN,$F_4=60$ kN,$F_5=30$ kN,各力的方向如图 2.14 所示,求各力在 x 轴和 y 轴上的投影。

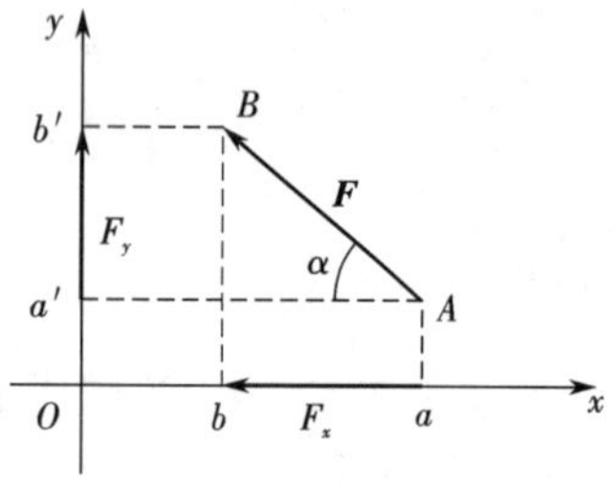

图 2.13

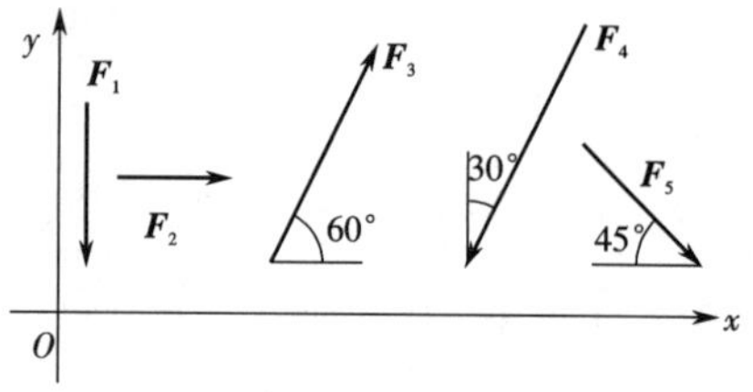

图 2.14

解

$$F_{1x}=F_1\cdot\cos 90°=0$$
$$F_{1y}=-F_1\cdot\sin 90°=-30\times 1=-30\ \text{kN}$$
$$F_{2x}=F_2\cdot\cos 0°=20\times 1=20\ \text{kN}$$
$$F_{2y}=F_2\cdot\sin 0°=0$$
$$F_{3x}=F_3\cdot\cos 60°=50\times 1/2=25\ \text{kN}$$
$$F_{3y}=F_3\cdot\sin 60°=50\times\sqrt{3}/2=43.30\ \text{kN}$$
$$F_{4x}=-F_4\cdot\sin 30°=-60\times 1/2=-30\ \text{kN}$$
$$F_{4y}=-F_4\cdot\cos 30°=-60\times\sqrt{3}/2=-51.96\ \text{kN}$$
$$F_{5x}=F_5\cdot\cos 45°=30\times\sqrt{2}/2=21.21\ \text{kN}$$
$$F_{5y}=-F_5\cdot\sin 45°=-30\times\sqrt{2}/2=-21.21\ \text{kN}$$

由例 2.6 的计算可知:

①如力的作用线与坐标轴垂直,则力在该坐标轴上的投影值等于零;

②如力的作用线与坐标轴平行,则力在该坐标轴上投影的绝对值等于该力的大小。

2. 平面汇交力系平衡的解析条件

前面已讲过,平面汇交力系平衡的必要和充分条件是合力为零。在解析法中,合力 $R=\sqrt{R_x^2+R_y^2}=\sqrt{(\sum F_x)^2+(\sum F_y)^2}$,欲使 $R=0$,则必须使

$$\left.\begin{aligned} \sum F_x &= 0 \\ \sum F_y &= 0 \end{aligned}\right\} \tag{2.4}$$

式(2.4)表明，平面汇交力系平衡的解析条件是力系中所有各力在两个坐标轴上投影的代数和均等于零。

式(2.4)称为平面汇交力系的平衡方程，它包括两个独立的方程，利用它可以求解两个未知量。

如前所述，利用平衡条件可以解决两类问题：

①检验刚体在平面汇交力系作用下是否平衡；

②当刚体处于平衡时，利用平衡条件求解力系中任意两个未知力。

现举例说明利用平面汇交力系的平衡方程求解未知力。

【例 2.7】用解析法求解例 2.4。

解　①取节点 C 为研究对象，受力图如图 2.15 所示。

②选定坐标轴 x、y，如图 2.15 所示。

③列平面汇交力系平衡方程。

$$\sum F_x = 0 \qquad -T_{AC}\cos 30° + T_{BC}\cos 60° = 0 \qquad (1)$$

$$\sum F_y = 0 \qquad T_{AC}\sin 30° + T_{BC}\sin 60° - G = 0 \qquad (2)$$

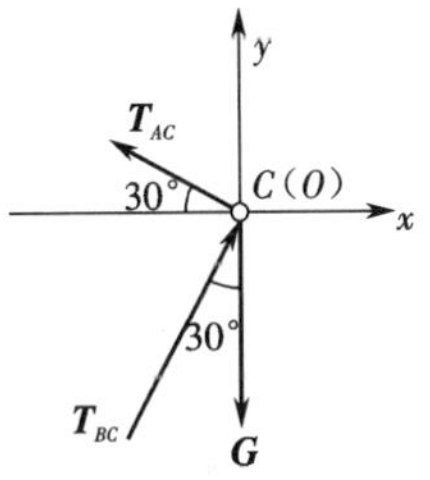

图 2.15

由式(1)得

$$T_{BC} = \sqrt{3}\,T_{AC} \qquad (3)$$

将式(3)代入式(2)得

$$T_{AC} \times 1/2 + T_{AC} \times 3/2 - G = 0$$

$$T_{AC} = \frac{1}{2}G = 30 \text{ kN}$$

$$T_{BC} = \sqrt{3}\,T_{AC} = 52 \text{ kN}$$

答案与例 2.4 相同。在计算时求出的 T_{AC} 和 T_{BC} 均为正值，说明所设的未知力方向与实际的方向一致。在计算未知力时，如结果为负值，则说明所设的未知力方向与实际的方向相反。

【例 2.8】托架 ABC 如图 2.16(a)所示，杆 AC 中点受集中力 $\boldsymbol{F}$ 作用。如不计杆自重，试求杆 BC 和铰 A 所受的力。

解　①取杆 BC 为研究对象，杆 BC 是二力杆($\boldsymbol{N}_C = \boldsymbol{N}_B$，它们是一对平衡力)，假设杆 BC 受拉力，受力图如图 2.16(b)所示。为求未知力 $\boldsymbol{N}_C$ 和 $\boldsymbol{R}_A$，选取杆 AC 为研究对象，受力图如图 2.16(c)所示。杆 AC 在 $\boldsymbol{F}$、$\boldsymbol{R}_A$、$\boldsymbol{N}'_C$($\boldsymbol{N}'_C$与 $\boldsymbol{N}_C$是作用力与反作用力)三力作用下平衡，故 $\boldsymbol{F}$、$\boldsymbol{R}_A$、$\boldsymbol{N}'_C$ 必汇交于一点 O。

②选定坐标轴 x、y[图 2.16(c)]。

③列平面汇交力系平衡方程。

$$\sum F_x = 0 \qquad -N'_C \cdot \cos 30° + R_A \cdot \cos 30° = 0$$

$$N'_C = R_A$$

$$\sum F_y = 0 \qquad -F - N'_C \cdot \sin 30° - R_A \cdot \sin 30° = 0$$

$$-F - N'_C \times 1/2 - N'_C \times 1/2 = 0$$

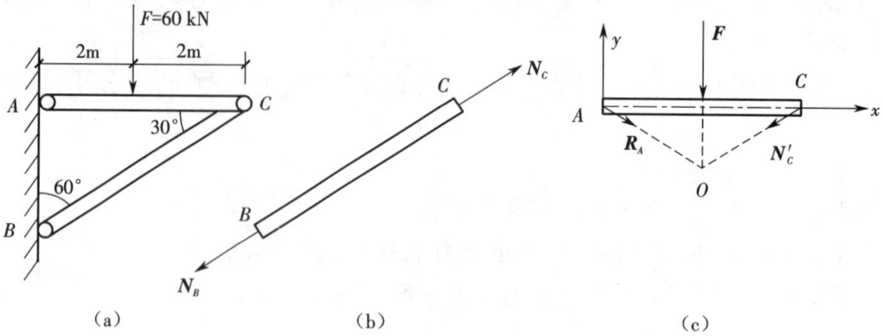

图 2.16

(a)托架受力情况 (b)杆 BC 受力图 (c)杆 AC 受力图

$$N'_C = -F = -60\ \text{kN}$$
$$N_C = N_B = -60\ \text{kN}$$
$$R_A = N'_C = -60\ \text{kN}$$

计算结果中 N'_C 为负值,表示所设方向与实际方向相反,即杆 BC 受压力;R_A为负值,表示所设方向与实际方向相反。

2.2 力矩和力偶

2.2.1 力矩

在日常生活和生产实践中,人们发现力对物体的作用除能使物体产生移动外,还能使物体产生转动,如用手推门、用扳手旋转螺母等都是力使物体转动的例子。

力作用在物体上使其绕某定点转动的效果不同,而且转动的方向也不同。为了量度力使物体绕某一定点转动的效果,力学中引入"力对点之矩"这个物理量,并将之简称为力矩。

1. 力对点之矩

一个力对某点 O 的力矩等于该力的大小与 O 点到力作用线垂直距离的乘积,以符号 $m_O(\boldsymbol{F})$表示,即

$$m_O(\boldsymbol{F}) = \pm F \cdot d \tag{2.5}$$

式中:O 点称为力矩中心,简称矩心;d 称为力臂(力和力臂是使物体发生转动的两个必不可少的因素)。力矩的正负号用于区别力使物体绕矩心转动的方向,通常规定,力使物体绕矩心逆时针方向转动时,力矩为正,反之为负。

力矩的单位取决于力和力臂的单位,在国际单位制中通常用牛顿米(N·m)或千牛顿米(kN·m),有时工程中还采用工程单位制千克力米(kgf·m)或吨力米(tf·m)。

在给定的平面内,力矩由两个因素决定:一是它的大小 Fd,二是它的转向。

【**例 2.9**】如图 2.17 所示,试求柱 A 处的各力 $\boldsymbol{F}_1$、$\boldsymbol{F}_2$、$\boldsymbol{F}_3$、$\boldsymbol{F}_4$对柱脚 B 的力矩。

解 根据力矩定义可得

$$m_B(\boldsymbol{F}_1) = -F_1 \cdot d_1 = -50 \times 6 = -300\ \text{kN} \cdot \text{m}$$

$$m_B(\boldsymbol{F}_2) = -F_2 \cdot d_2 = -F_2 \cdot 6\sin 30° = -40 \times 6 \times \frac{1}{2} = -120\ \text{kN} \cdot \text{m}$$

$$m_B(\boldsymbol{F}_3) = F_3 \cdot d_3 = 30 \times 0 = 0$$

$$m_B(\boldsymbol{F}_4) = F_4 \cdot d_4 = 0 \times d_4 = 0$$

从例 2.9 可知,以下两种情况力对某点之矩均为零:①力的作用线通过矩心($d=0$);②力等于零。

2. 合力矩定理

在计算力矩时,力臂一般可通过几何关系确定,但有时几何关系比较复杂,直接计算力臂比较困难。这时,如果将力适当地分解,计算各分力的力矩可能更方便,这样就必须建立合力对某点的力矩与其分力对同一点的力矩之间的关系。

设物体 O 点作用有平面汇交力系 $\boldsymbol{F}_1$、$\boldsymbol{F}_2$,其合力为 $\boldsymbol{R}$。在力系所在平面内任取一点 A,点 A 到 $\boldsymbol{F}_1$、$\boldsymbol{F}_2$、$\boldsymbol{R}$ 三力作用线的垂直距离分别为 d_1、d_2 和 d。以 OA 为 x 轴,建立如图 2.18 所示的直角坐标系。图中 $\boldsymbol{F}_1$、$\boldsymbol{F}_2$、$\boldsymbol{R}$ 与 x 轴正方向的夹角分别为 α_1、α_2 和 α。现求 $m_A(\boldsymbol{R})$ 与 $m_A(\boldsymbol{F}_1)$、$m_A(\boldsymbol{F}_2)$ 的关系。

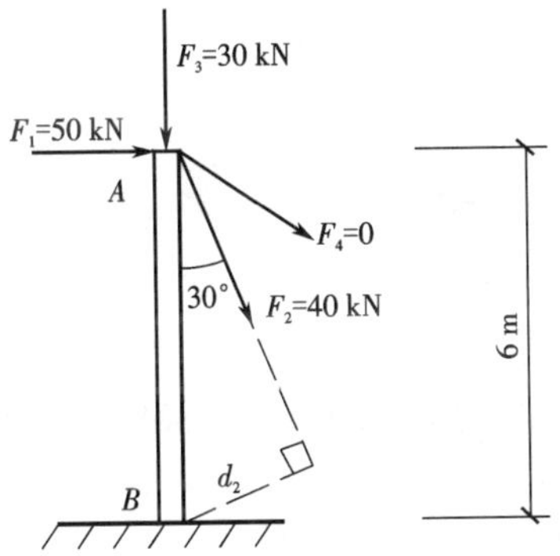

图 2.17

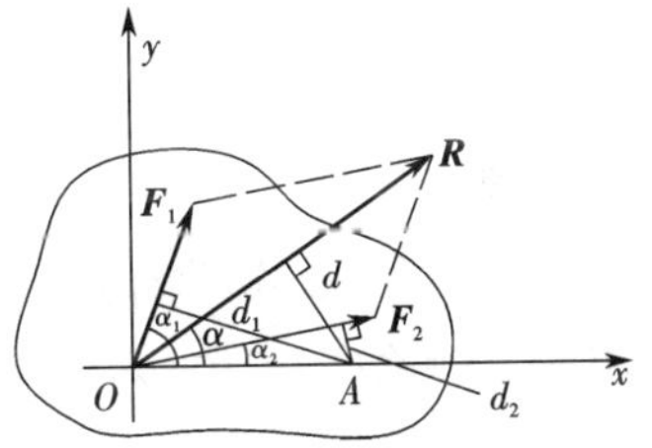

图 2.18

由力矩定义可得

$$m_A(\boldsymbol{F}_1) = -F_1 \cdot d_1$$

$$m_A(\boldsymbol{F}_2) = -F_2 \cdot d_2$$

$$m_A(\boldsymbol{R}) = -R \cdot d$$

又由合力投影定理可得

$$R_y = F_{1y} + F_{2y}$$

即

$$R \cdot \sin\alpha = F_1 \cdot \sin\alpha_1 + F_2 \cdot \sin\alpha_2$$

等式两边同时乘以长度 OA 得

$$R \cdot OA \cdot \sin\alpha = F_1 \cdot OA \cdot \sin\alpha_1 + F_2 \cdot OA \cdot \sin\alpha_2$$

由图 2.18 可知

$$OA \cdot \sin\alpha = d$$
$$OA \cdot \sin\alpha_1 = d_1$$
$$OA \cdot \sin\alpha_2 = d_2$$

故

$$R \cdot d = F_1 \cdot d_1 + F_2 \cdot d_2$$

即

$$m_A(\boldsymbol{R}) = m_A(\boldsymbol{F}_1) + m_A(\boldsymbol{F}_2) \tag{2.6}$$

如果力系中不是两个力,而是多个力,则可推得

$$m_A(\boldsymbol{R}) = \sum m_A(\boldsymbol{F}) \tag{2.7}$$

于是得合力矩定理:平面汇交力系的合力对平面内任一点的力矩,等于力系中各分力对该点力矩的代数和。

【例 2.10】构件尺寸如图 2.19 所示,力 $F=4$ kN,与水平方向的夹角为 60°,作用在 D 点,试求力 $\boldsymbol{F}$ 对 A 点之矩。

解　由于本题中力臂 d 的确定较复杂,故将力 $\boldsymbol{F}$ 正交分解为

$$F_x = F \cdot \cos 60^\circ$$
$$F_y = F \cdot \sin 60^\circ$$

由合力矩定理得

$$\begin{aligned} m_A(\boldsymbol{F}) &= -m_A(\boldsymbol{F}_x) - m_A(\boldsymbol{F}_y) \\ &= -F \cdot \cos 60^\circ \times 2 - F \cdot \sin 60^\circ \times 6 \\ &= -4 \times 1/2 \times 2 - 4 \times \sqrt{3}/2 \times 6 \\ &= -24.78\ \text{kN} \cdot \text{m} \end{aligned}$$

【例 2.11】矩形板 $ABCD$,$AB=100$ mm,$BC=80$ mm,若力 $F=20$ N,$\alpha=30°$,试分别计算力 $\boldsymbol{F}$ 对 A、B、C、D 各点的力矩,如图 2.20 所示。

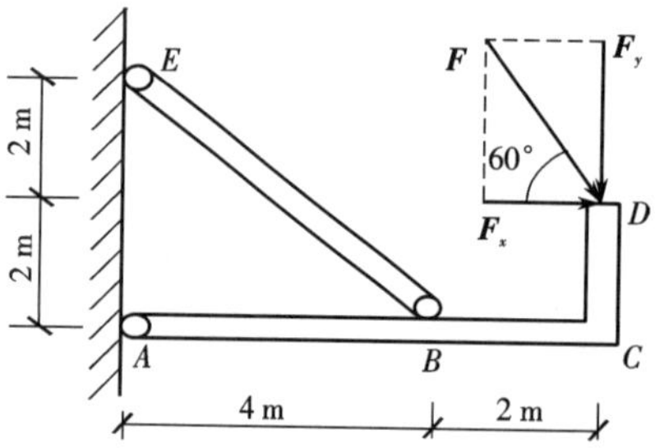

图 2.19

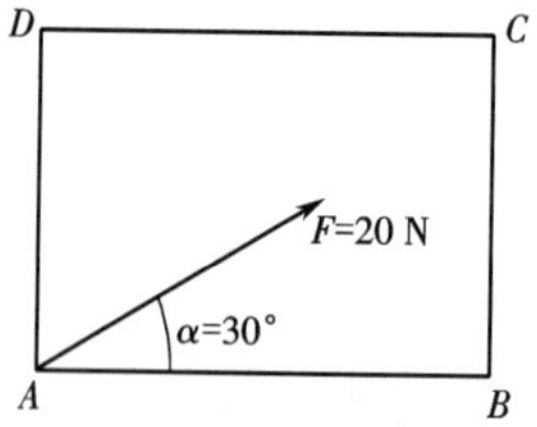

图 2.20

解　①力 $\boldsymbol{F}$ 对 A 点之矩。因为力 $\boldsymbol{F}$ 的作用线通过 A 点(即 $d=0$),故

$$m_A(\boldsymbol{F}) = 0$$

②力 $\boldsymbol{F}$ 对 B 点之矩。由力矩定义得

$$m_B(\boldsymbol{F}) = -F \cdot AB \cdot \sin\alpha = -20 \times 100 \times 1/2 = -1\ 000\ \text{N} \cdot \text{mm}$$

③力 $\boldsymbol{F}$ 对 C 点之矩。C 点到力 $\boldsymbol{F}$ 作用线的垂直距离（力臂）的确定比较复杂，但是应用合力矩定理求解较为方便，故将力 $\boldsymbol{F}$ 正交分解为

$$F_x = F \cdot \cos\alpha$$

$$F_y = F \cdot \sin\alpha$$

根据合力矩定理，力 $\boldsymbol{F}$ 对 C 点之矩为

$$\begin{aligned} m_C(\boldsymbol{F}) &= m_C(\boldsymbol{F}_x) - m_C(\boldsymbol{F}_y) \\ &= F_x \cdot BC - F_y \cdot AB \\ &= F \cdot \cos 30° \cdot BC - F \cdot \sin 30° \cdot AB \\ &= 20 \times \sqrt{3}/2 \times 80 - 20 \times 1/2 \times 100 \\ &= 385.64\ \text{N} \cdot \text{mm} \end{aligned}$$

④力 $\boldsymbol{F}$ 对 D 点之矩。由力矩定义得

$$m_D(\boldsymbol{F}) = F \cdot BC \cdot \sin 60° = 20 \times 80 \times \sqrt{3}/2 = 1\ 385.64\ \text{N} \cdot \text{mm}$$

3. 力矩平衡条件

设在具有固定转动中心的物体上作用有平面力系 $\boldsymbol{F}_1, \boldsymbol{F}_2, \boldsymbol{F}_3, \cdots, \boldsymbol{F}_n$，各力对转动中心 O 点的力矩分别为 $m_O(\boldsymbol{F}_1), m_O(\boldsymbol{F}_2), m_O(\boldsymbol{F}_3), \cdots, m_O(\boldsymbol{F}_n)$，则该物体处于转动平衡的必要和充分条件是各力对转动中心 O 点之矩的代数和等于零，即合力矩等于零。用公式表示为

$$\sum m_O(\boldsymbol{F}) = 0 \tag{2.8}$$

式(2.8)称为力矩平衡方程。

2.2.2 力偶

1. 力偶的概念

1）力偶的定义

在生产实践和日常生活中，经常遇到由两个大小相等、方向相反、不在同一作用线上但平行的两个力组成的力系。这样一组力系的作用效果是使物体发生转动。如汽车司机把手作用在汽车方向盘上的一对力，钻孔时作用在钻柄上的一对力等，都属于这种情况。

在力学中，把这种大小相等、方向相反、作用线互相平行但不共线的二力组成的力系，称为力偶，写成$(\boldsymbol{F}, \boldsymbol{F}')$。力偶两力之间的垂直距离 d 称为力偶臂。

力偶只能使物体产生转动，而不能使物体产生移动。而力则不然，它既可使物体移动，又可使物体绕某一定点转动，因此力偶不能和力等效，力偶没有合力，不能用一个力来代替。力偶与力一样，是力学中的一个基本元素。

2）力偶矩

力偶矩用来量度力偶对物体转动效果的大小。它等于力偶中的任一个力与力偶臂的乘积，以符号 $m(\boldsymbol{F}, \boldsymbol{F}')$ 表示，或简写为 m，即

$$m = \pm F \cdot d \tag{2.9}$$

式中的正负号表示力偶的转动方向，与力矩一样，使物体逆时针方向转动的力偶矩为正；使物体顺时针方向转动的力偶矩为负。

力偶矩的单位与力矩的单位相同，在国际单位制中，通常用牛顿米（N·m）或千牛顿米（kN·m），在工程单位制中通常用千克力米（kgf·m）或吨力米（tf·m）。

力偶对物体的转动效果取决于力偶的三要素，即力偶矩的大小、力偶的转向以及力偶的作用平面。

必须注意，力矩和力偶都能使物体转动，但力矩使物体转动的效果与矩心的位置有关，矩心位置不同，力矩的大小也不同，而力偶就无所谓矩心，它对其作用平面内任一点的矩都一样，即等于本身的力偶矩。

3）力偶的特性

①力偶中的两力在任意坐标轴上的投影的代数和为零。

设在坐标系 xOy 平面内作用有一力偶（$\boldsymbol{F},\boldsymbol{F}'$），如图 2.21 所示。

由图可知，力偶中的两力 $\boldsymbol{F}$、$\boldsymbol{F}'$ 在 x 轴上的投影分别为

$$F_x = -F \cdot \cos\alpha$$
$$F'_x = F' \cdot \cos\alpha$$

因为 $F = F'$，所以

$$\sum F_x = F_x + F'_x = -F\cos\alpha + F'\cos\alpha = 0$$

同理

$$F_y = -F\sin\alpha$$
$$F'_y = F'\sin\alpha$$
$$\sum F_y = F_y + F'_y = -F\sin\alpha + F'\sin\alpha = 0$$

②力偶不能与力等效，只能与另一个力偶等效。同一平面内的两个力偶等效的条件是力偶矩的大小相等，转动方向相同。因此，只要保持力偶矩的大小和转向不变，可以任意改变力的大小和力偶臂的长短，而不影响力偶对物体的作用效果。图 2.22 所示的几个力偶都是等效力偶。

③力偶不能用力平衡，只能用力偶去平衡。

④力偶可以在它的作用平面内任意移动和转动，而不会改变它对物体的作用效果。因此，力偶对物体的作用完全取决于力偶矩，而与它在其作用平面内的位置无关。

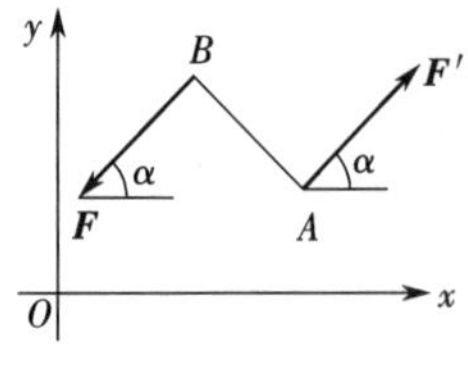

图 2.21

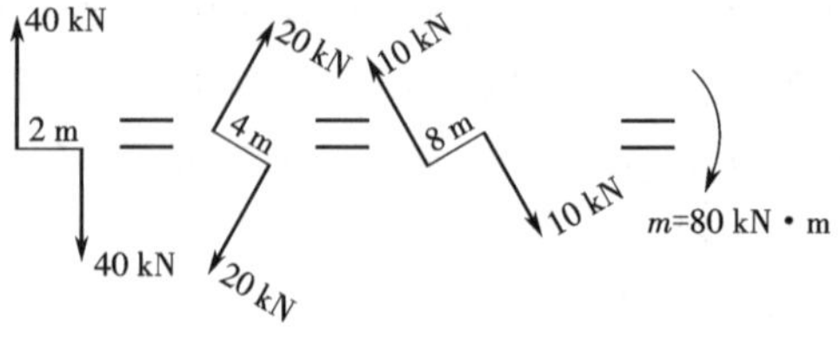

图 2.22

2. 平面力偶系的合成与平衡条件

1）平面力偶系的合成

作用在物体上同一平面内两个以上的力偶，称为平面力偶系。因为力偶没有合力，即对物体的作用效果不能用一个力来代替，所以平面力偶系合成的结果是合力偶。设 $m_1, m_2, m_3, \cdots, m_n$ 为平面力偶系中各力偶的力偶矩，M 为合力偶的力偶矩，其合力偶矩等于平面力偶系中各力偶矩的代数和，即

$$M = m_1 + m_2 + m_3 + \cdots + m_n = \sum m \qquad (2.10)$$

如式(2.10)的计算结果为正值，则表示合力偶是逆时针方向；若计算结果为负值，则表示合力偶是顺时针方向。

2）平面力偶系的平衡条件

由上述可知，平面力偶系合成的结果只能是一个合力偶，当平面力偶系的合力偶矩等于零时，表明使物体顺时针方向转动的力偶矩与使物体逆时针方向转动的力偶矩相等，作用效果相互抵消，物体必处于平衡状态。因此，平面力偶系平衡的必要和充分条件是力偶系中各力偶矩的代数和为零，即

$$M = \sum m = 0 \qquad (2.11)$$

【例 2.12】图 2.23(a)所示结构，荷载 $F_1 = F_2 = 20$ kN，试求 A、B 两个支座的约束反力（不计杆自重）。

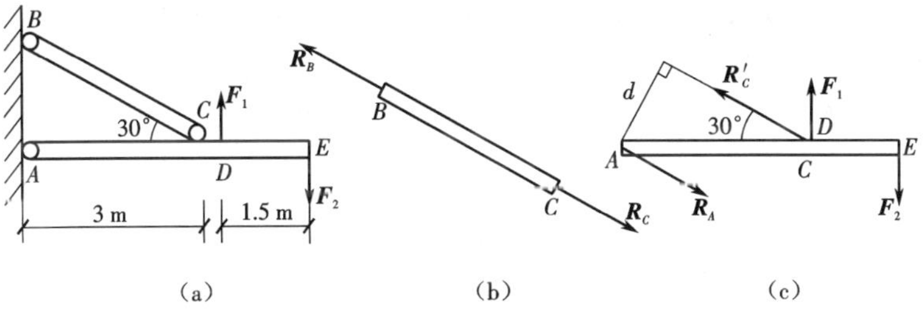

图 2.23

(a)杆件支撑示意图 (b)BC 杆受力图 (c)AE 杆受力图

解 杆 BC 上无外荷载作用，故为二力杆，$\boldsymbol{R}_C$ 和 $\boldsymbol{R}_B$ 等值且反向，作用线必沿着 BC 杆轴线，受力图见图 2.23(b)。

取杆 AE 为研究对象，荷载 $\boldsymbol{F}_1$ 和 $\boldsymbol{F}_2$ 大小相等、方向相反、作用线互相平行，正好组成一个力偶($\boldsymbol{F}_1, \boldsymbol{F}_2$)。因力偶只能以力偶来平衡，所以约束反力 $\boldsymbol{R}_A$ 和 $\boldsymbol{R}'_C$ 必组成一等值反向力偶，指向假设见图 2.23(c)。

由平面力偶系平衡方程

$$\sum m = 0 \qquad R_A \times d - F_1 \times 1.5 = 0$$

$$R_A \times 3 \times \sin 30° - 20 \times 1.5 = 0$$

得

$$R_A = 20\ \text{kN}$$

$$R'_C = R_A = 20\ \text{kN}$$

由此推出

$$R_B = R_C = R'_C = 20\ \text{kN}$$

【**例 2.13**】求图 2.24(a)所示梁的支座反力。

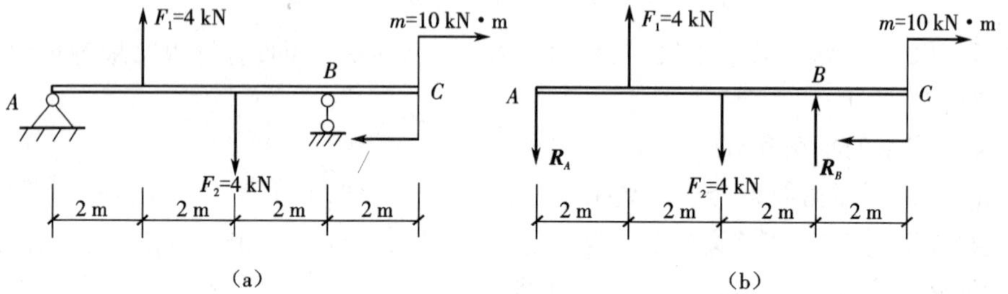

图 2.24

(a)简支悬臂梁受力简图 (b)简支悬臂梁受力分析简图

解 取梁 AC 为研究对象，荷载 $\boldsymbol{F}_1$、$\boldsymbol{F}_2$ 大小相等、方向相反、作用线互相平行且不共线，组成一力偶，梁在力偶($\boldsymbol{F}_1$，$\boldsymbol{F}_2$)、m 和支座 A、B 的约束反力作用下处于平衡，因力偶只能用力偶来平衡，所以 $\boldsymbol{R}_A$ 与 $\boldsymbol{R}_B$ 必组成一力偶，$\boldsymbol{R}_A$ 与 $\boldsymbol{R}_B$ 的指向假设见图 2.24(b)。

由平面力偶系的平衡条件

$$\sum m = 0 \qquad -m - 2F_1 + 6R_A = 0$$

得

$$R_A = 3\ \text{kN}$$

$$R_B = R_A = 3\ \text{kN}$$

上述两例计算结果均为正值，表示支座反力的方向与假设的方向一致。

2.3 平面一般力系

在平面力系中，如各力的作用线不全汇交于一点，也不全相互平行，这种力系称为平面一般力系。平面一般力系是工程中最常见的一种力系。本节将用解析法研究平面一般力系的简化和平衡问题。

2.3.1 力的平移定理

设在刚体 A 点上作用有一力 $\boldsymbol{F}$，如图 2.25(a)所示。在刚体上任取一点 B，现欲将力 $\boldsymbol{F}$ 从 A 点平移到 B 点：首先在 B 点加一对平衡力系 $\boldsymbol{F}_1$ 与 $\boldsymbol{F}'_1$，其作用线与力 $\boldsymbol{F}$ 的作用线平行，并使 $F_1 = F'_1 = F$，如图 2.25(b)所示。由加减平衡力系公理知，这与原力系的作用效果完全相同，此三力可看作一个作用在 B 点的力 $\boldsymbol{F}_1$ 和一个力偶$(\boldsymbol{F},\boldsymbol{F}_1')$，其力偶矩 $m=m_B(\boldsymbol{F})=F\cdot d$[图 2.25(c)]。

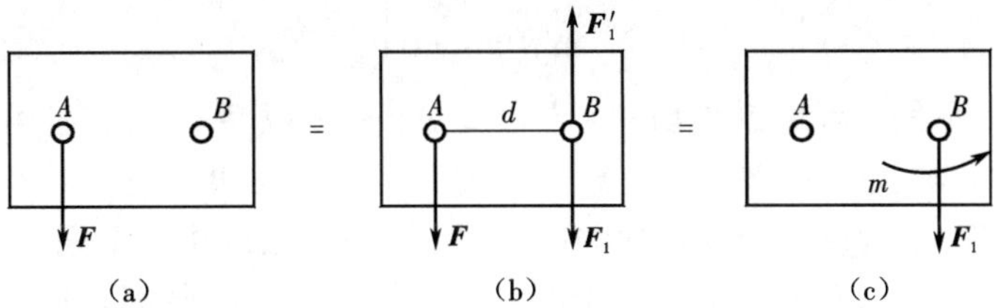

图 2.25

(a)单点受力 (b)另一点增加力偶 (c)简化为力偶和集中力

由此可得力的平移定理：作用在刚体上的力，可以平行移动到刚体上的任意一点，但必须同时附加一个力偶，其力偶矩等于原力对新作用点的矩。

【例 2.14】如图 2.26(a)所示，柱子上作用有一集中力 $F=20$ kN，它的作用线偏离柱子轴线的距离 $e=3$ cm，试将力 $\boldsymbol{F}$ 平移到柱子轴线 O 点上。

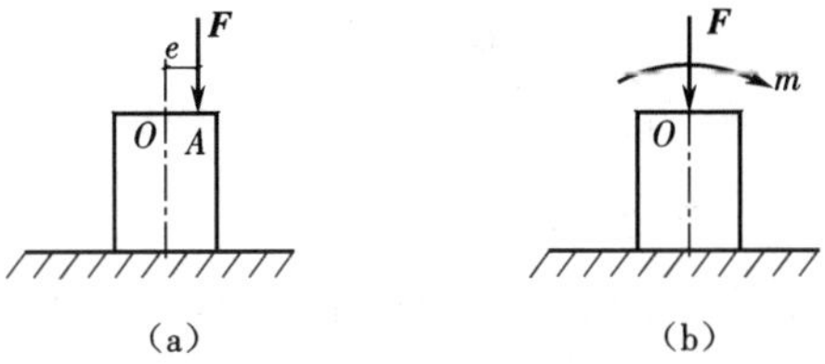

图 2.26

(a)A 点受集中力 (b)转移至 O 点受集中力和力偶

解 根据力的平移定理可知，将作用于 A 点的力 $\boldsymbol{F}$ 平行移动到 O 点，必须同时附加一个力偶[图 2.26(b)]，其力偶矩 $m=-F\cdot e=-20\times0.03=-0.6\ \text{kN}\cdot\text{m}$，负号表示附加力偶是顺时针方向。

2.3.2 平面一般力系的平衡条件

由前可知，平面一般力系可以分解为一个平面汇交力系和一个平面力偶系，如果原平面一般力系是一个平衡力系，则该力系所分解的两个基本力系也应该是平衡力系。因此，平面一般力系平衡的必要和充分条件是力系的主矢和主矩都等于零，即

$$R=\sqrt{\left(\sum F_x\right)^2+\left(\sum F_y\right)^2}=0$$

$$M_O=\sum m_O(\boldsymbol{F})=0$$

从而得

$$\left.\begin{array}{l}\sum F_x=0\\ \sum F_y=0\\ \sum m_O(\boldsymbol{F})=0\end{array}\right\}\qquad(2.12)$$

式(2.12)表明,平面一般力系平衡的必要和充分条件是力系中所有各力在 x 轴和 y 轴上的投影的代数和等于零,力系中各力对任意一点的力矩的代数和等于零。式(2.12)称为平面一般力系的平衡方程。它包括三个独立的方程,利用它可以求解出三个未知量。

【例 2.15】如图 2.27(a)所示,一简支梁在 C 点和 D 点上分别作用有集中力 $\boldsymbol{F}_1$。试求 A、B 两个支座的约束反力。

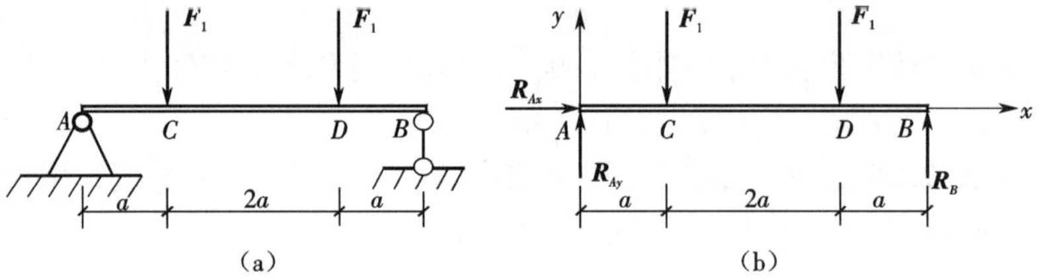

图 2.27

(a)简支梁受力简图 (b)简支梁受力分析简图

解 ①取梁 AB 为研究对象,梁 AB 受 $\boldsymbol{F}_1$、$\boldsymbol{R}_{Ax}$、$\boldsymbol{R}_{Ay}$、$\boldsymbol{R}_B$ 作用而平衡。力 $\boldsymbol{F}_1$、$\boldsymbol{R}_{Ax}$、$\boldsymbol{R}_{Ay}$、$\boldsymbol{R}_B$ 共同组成一个平面一般力系,其受力图如图 2.27(b)所示(支座反力的指向可以假设)。

②确定坐标轴 x、y[图 2.27(b)]。

③由于梁 AB 处于平衡状态,因此这些力必然满足平面一般力系的平衡方程。列平衡方程:

$$\sum F_x=0 \qquad R_{Ax}=0 \tag{1}$$

$$\sum m_A(\boldsymbol{F})=0 \qquad -F_1\times a-F_1\times 3a+R_B\times 4a=0 \tag{2}$$

$$\sum F_y=0 \qquad R_{Ay}+R_B-F_1-F_1=0 \tag{3}$$

④解方程组。

由式(1)得

$$R_{Ax}=0$$

由式(2)得

$$R_B=F_1$$

由式(3)得

$$R_{Ay}=F_1$$

支座反力 $\boldsymbol{R}_{Ay}$、$\boldsymbol{R}_B$ 的计算结果均为正值,表明图中假设的方向与实际的反力方向一致。

【例 2.16】求图 2.28(a)所示悬臂梁支座 A 的约束反力。

解 ①以梁 AB 为研究对象。梁所受的均布荷载可简化为一合力 $\boldsymbol{R}$[图 2.28(b)],作用在受力部分的中点,合力 $\boldsymbol{R}$ 的大小等于均布荷载密度乘以受荷部分长度,即 $R=q\times 4=4\times 4=$

16 kN。支座 A 为固定支座，它除阻止梁的水平位移和铅垂位移外，还阻止梁绕 A 点转动。因此，在 A 点有水平约束反力 $\boldsymbol{R}_{Ax}$、铅直约束反力 $\boldsymbol{R}_{Ay}$ 和反力偶矩 m_A，其受力图如图 2.28（b）所示。

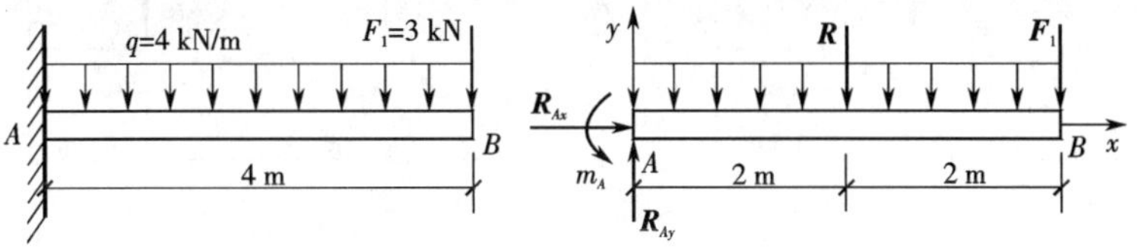

（a）　　　　（b）

图 2.28

（a）悬臂梁受力简图　（b）悬臂梁受力分析简图

②确定坐标轴 x、y[图 2.28（b）]。

③由于梁 AB 受力 $\boldsymbol{R}$、$\boldsymbol{R}_{Ax}$、$\boldsymbol{R}_{Ay}$、$\boldsymbol{R}_A$、$\boldsymbol{F}_1$ 作用而平衡，因此这些力必然满足平面一般力系的平衡方程。列平衡方程：

$$\sum F_x = 0 \qquad R_{Ax} = 0 \tag{1}$$

$$\sum F_y = 0 \qquad R_{Ay} - R - F_1 = 0 \tag{2}$$

$$\sum m_A(\boldsymbol{F}) = 0 \qquad m_A - 2R - 4F_1 = 0 \tag{3}$$

④解方程组。

由式(1)得

$$R_{Ax} = 0$$

由式(2)得

$$R_{Ay} \quad 16 \quad 3 = 0$$

$$R_{Ay} = 19\ \text{kN}$$

由式(3)得

$$m_A = 2 \times 16 + 4 \times 3$$

$$m_A = 44\ \text{kN} \cdot \text{m}$$

支座反力 $\boldsymbol{R}_{Ay}$、m_A 的计算结果均为正值，表明图中假设的指向与实际的反力方向一致。

【例 2.17】求图 2.29（a）所示外伸梁支座 A、B 的约束反力。

解　①以梁 AB 为研究对象，其受力图如图 2.29（b）所示。

②确定坐标轴 x、y。

③列平衡方程。

$$\sum F_x = 0 \qquad R_{Ax} = 0 \tag{1}$$

$$\sum m_A(\boldsymbol{F}) = 0 \qquad -q_1 \times 6 \times 3 + 6R_B - q_2 \times 1.5 \times 6.75 - 6 = 0 \tag{2}$$

$$\sum F_y = 0 \qquad R_{Ay} + R_B - q_1 \times 6 - q_2 \times 1.5 = 0 \tag{3}$$

④解方程组。

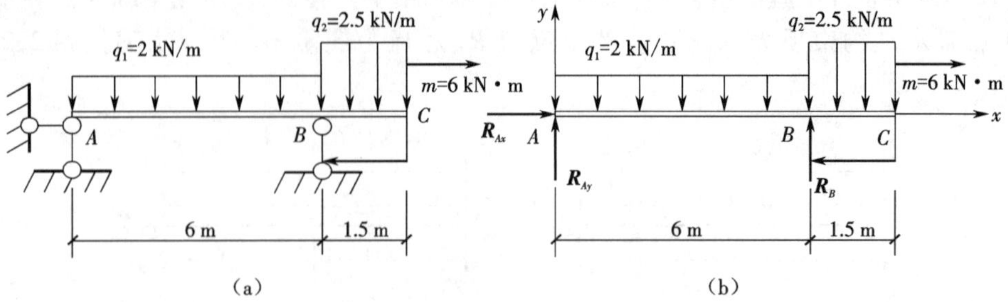

图 2.29

(a)外伸梁受力简图 (b)外伸梁受力分析简图

由式(1)得

$$R_{Ax}=0$$

由式(2)得

$$6R_B=2\times6\times3+2.5\times1.5\times6.75+6$$

$$R_B=11.22\ \text{kN}$$

由式(3)得

$$R_{Ay}=4.53\ \text{kN}$$

支座反力 $\boldsymbol{R}_B$、$\boldsymbol{R}_{Ay}$的计算结果为正值,表明图中假设的方向与实际的反力方向一致。

式(2.12)并不是平面一般力系平衡方程的唯一形式,它只是平面一般力系平衡方程的基本形式(又称为一矩式)。除此以外还有以下两种形式。

二矩式(三个平衡方程中,有两个力矩方程和一个投影方程):

$$\left.\begin{aligned}&\sum m_A(\boldsymbol{F})=0\\&\sum m_B(\boldsymbol{F})=0\\&\sum F_x=0(\text{或}\sum F_y=0)\end{aligned}\right\}\tag{2.13}$$

式(2.13)中,两矩心 A、B 两点的连线不能与 x 轴(或 y 轴)垂直。

三矩式(三个平衡方程都是力矩方程):

$$\left.\begin{aligned}&\sum m_A(\boldsymbol{F})=0\\&\sum m_B(\boldsymbol{F})=0\\&\sum m_C(\boldsymbol{F})=0\end{aligned}\right\}\tag{2.14}$$

式(2.14)中,三矩心 A、B、C 不能共线。

式(2.12)至式(2.14)三组方程式,都是平面一般力系的平衡方程式,均可用来解决平面一般力系的平衡问题。解题时究竟采用哪一组平衡方程,主要取决于计算是否简便,但不论用哪一组平衡方程解题,对于同一平面一般力系,只能列出三个独立的平衡方程,因此最多只能求解出三个未知力,任何多列出的平衡方程都不再是独立方程,但可用来校核结果。

2.4 平面平行力系的平衡方程

在平面力系中,如果各力的作用线互相平行,则这种力系称为平面平行力系。平面平行力系在工程实际中经常遇到,如梁、起重物、屋架等结构上所受的力系,常常可以简化为平面平行力系。平面平行力系是平面一般力系的特殊情况,它的平衡方程可由平面一般力系的平衡方程导出。如图 2.30(a)所示的横梁 AB 受集中力 $\boldsymbol{F}_1$、$\boldsymbol{F}_2$、$\boldsymbol{F}_3$作用,建立坐标时,应使某一坐标轴如 y 轴与力 $\boldsymbol{F}_1$、$\boldsymbol{F}_2$、$\boldsymbol{F}_3$的作用线平行,x 轴与力 $\boldsymbol{F}_1$、$\boldsymbol{F}_2$、$\boldsymbol{F}_3$的作用线垂直,则有平面一般力系的平衡方程:

$$\left.\begin{aligned}\sum F_x=0\\ \sum F_y=0\\ \sum m_O(\boldsymbol{F})=0\end{aligned}\right\}$$

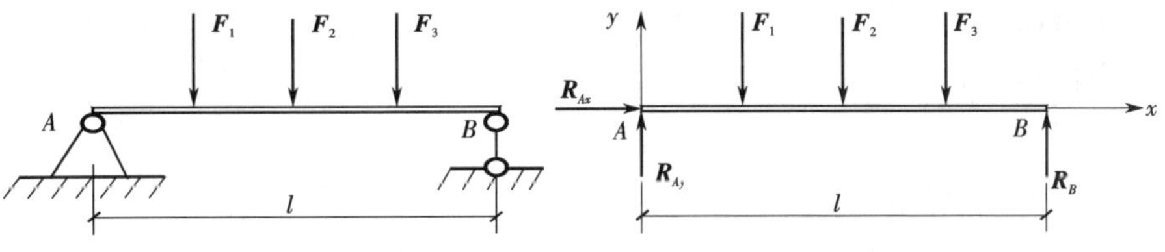

(a) (b)

图 2.30
(a)简支梁受力简图 (b)简支梁受力分析简图

从图 2.30(b)可以看出,力 $\boldsymbol{F}_1$、$\boldsymbol{F}_2$、$\boldsymbol{F}_3$、$\boldsymbol{R}_{Ay}$、$\boldsymbol{R}_B$在 x 轴上的投影恒等于零,所以从 $\sum F_x=0$ 方程中可得到 $R_{Ax}=0$(即铰支座处无水平约束反力),且力 $\boldsymbol{F}_1$、$\boldsymbol{F}_2$、$\boldsymbol{F}_3$、$\boldsymbol{R}_{Ay}$、$\boldsymbol{R}_B$共同构成一个平面平行平衡力系。这组平面平行平衡力系,利用剩下的两个平衡方程($\sum F_y=0$,$\sum m_O(\boldsymbol{F})=0$)就可求出 $\boldsymbol{R}_{Ay}$、$\boldsymbol{R}_B$两个反力。

因此,平面平行力系的平衡方程只有两个:

$$\left.\begin{aligned}&\sum F_y=0(y\text{ 轴与力系作用线平行})\\ &\sum m_O(\boldsymbol{F})=0\end{aligned}\right\}\tag{2.15}$$

式(2.15)表明,平面平行力系平衡的必要和充分条件是力系中所有各力在与力作用线平行的轴上投影的代数和为零;力系中所有各力对任一矩心力矩的代数和为零。

与平面一般力系相同,平面平行力系的平衡方程还有二矩式,即

$$\left.\begin{aligned}\sum m_A(\boldsymbol{F})=0\\ \sum m_B(\boldsymbol{F})=0\end{aligned}\right\}\tag{2.16}$$

式中:A、B 两点的连线不能平行于力系的作用线。

【**例 2.18**】已知外伸梁承受荷载如图 2.31(a)所示,均布荷载 $q=10$ kN/m,集中荷载 $F_1=$

20 kN,力偶 $m_C=10\ \text{kN}\cdot\text{m}$。试求支座 A、B 的约束反力。

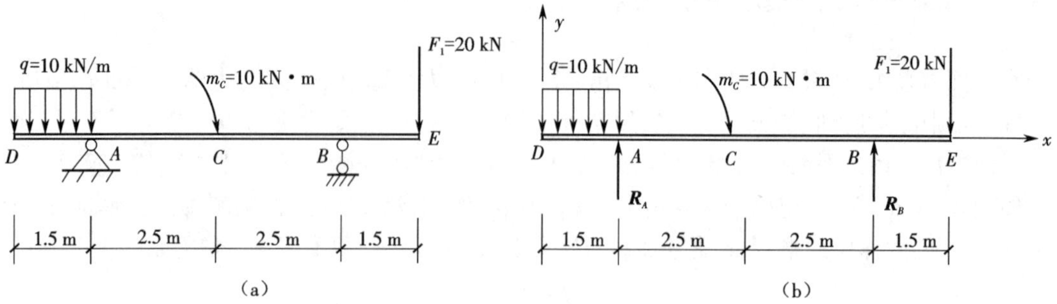

图 2.31

(a)两端外伸梁受力简图 (b)两端外伸梁受力分析简图

解 ①以梁为研究对象,受力图如图 2.31(b)所示,由于在水平方向没有主动力,所以支座 A 没有水平方向的约束反力。梁在 q、$\boldsymbol{F}_1$、$\boldsymbol{m}_C$、$\boldsymbol{R}_A$、$\boldsymbol{R}_B$ 作用下保持平衡。

②选取坐标轴 x、y。

③列平衡方程:

$$\sum m_A(\boldsymbol{F})=0 \qquad 5R_B-6.5F_1-m_C+\frac{q\times 1.5^2}{2}=0 \tag{1}$$

$$\sum F_y=0 \qquad R_A+R_B-F_1-1.5q=0 \tag{2}$$

由式(1)得

$$5R_B=130+10-11.25$$
$$R_B=25.75\ \text{kN}$$

由式(2)得

$$R_A=-25.75+20+15$$
$$R_A=9.25\ \text{kN}$$

利用多余的不独立方程 $\sum m_B(\boldsymbol{F})=0$ 来校核以上计算结果。

$$\sum m_B(\boldsymbol{F})=-m_C-1.5F_1+q\times 1.5\times 5.75-5R_A=-10-30+86.25-46.25=0$$

计算结果无误。反力 $\boldsymbol{R}_A$、$\boldsymbol{R}_B$ 的计算结果均为正值,表明图中的假设方向与实际反力方向一致。

思　考　题

2.1　什么是平面汇交力系?什么是平面平行力系和平面一般力系?

2.2　什么是合力和分力?“合力一定大于分力”,这种说法对不对?为什么?试作图说明。

2.3　图中所示各力多边形哪些是自行封闭的?哪些不是自行封闭的?如果不是自行封闭的,哪个力是合力?哪些力是分力?

2.4　什么是力矩?力与力矩对物体的作用效果有何不同?

2.5　举例说明力矩和力偶有何共性和区别。

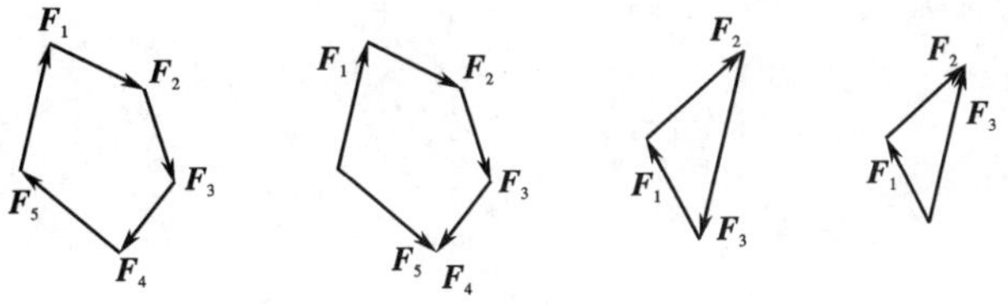

思考题 2.3 图

2.6 平面力偶系的等效条件是什么？图中所示的力偶，哪些是等效力偶？哪些不是等效力偶？

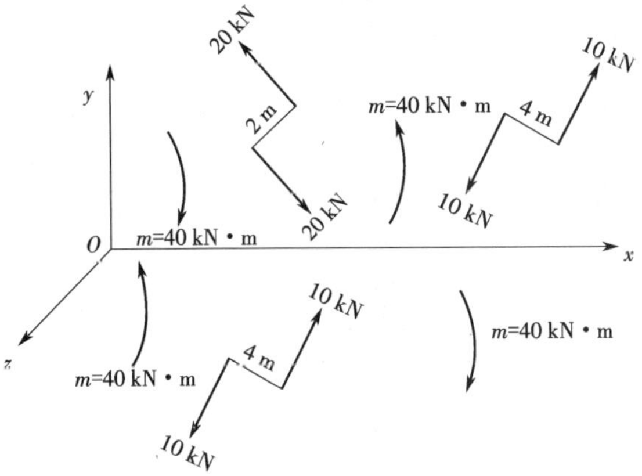

思考题 2.6 图

2.7 如图所示，已知力 $F_1 = F_2 = F_3 = F_4$，它们在 x 轴、y 轴上的投影的代数和均等于零，能否说刚体处于平衡状态？为什么？

2.8 什么是力的平移定理？

2.9 平面一般力系向某点简化，结果主矩为零，能否说原力系是汇交力系？为什么？

2.10 如图所示平面平行力系，若取 x、y 轴都不与各力平行或垂直，则平面平行力系的平衡方程 $\sum F_x = 0$，$\sum m_A(\boldsymbol{F}) = 0$ 是否成立？

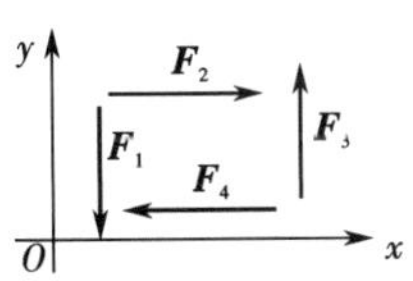

思考题 2.7 图

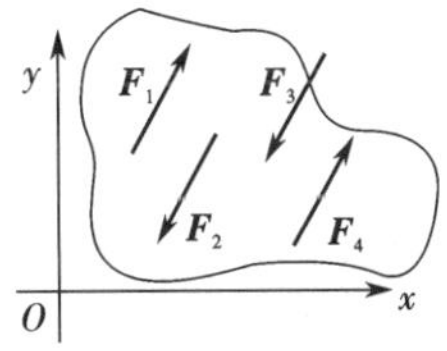

思考题 2.10 图

习 题

2.1 已知 $F_1 = F_2 = 30$ kN，试用几何法求出图示情况下合力 $\boldsymbol{R}$ 的大小，并比较合力与分力的大小。

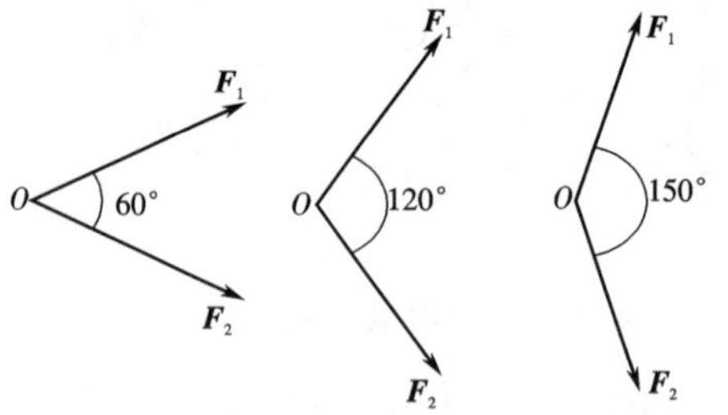

习题 2.1 图

2.2　如图所示，已知 $F_1=20\ \text{kN}$，$F_2=30\ \text{kN}$，$F_3=25\ \text{kN}$，$F_4=40\ \text{kN}$。试用几何法求出力系的合力。

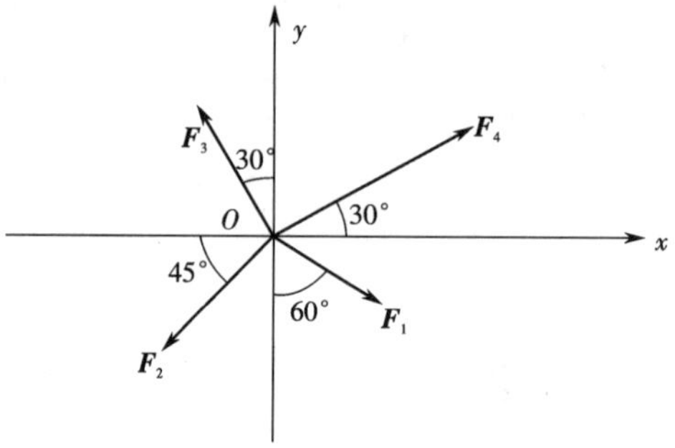

习题 2.2 图

2.3　如图所示，已知 $F_1=30\ \text{kN}$，$F_2=50\ \text{kN}$，$F_3=20\ \text{kN}$，$F_4=40\ \text{kN}$，$F_5=20\ \text{kN}$，$F_6=10\ \text{kN}$，试求各力在 x 轴和 y 轴的投影。

2.4　图示构架 $ABCD$，D 端挂有重物，$G=50\ \text{kN}$。如不计杆件自重，试用解析法求支座 A 的反力和杆 BC 所受的力。

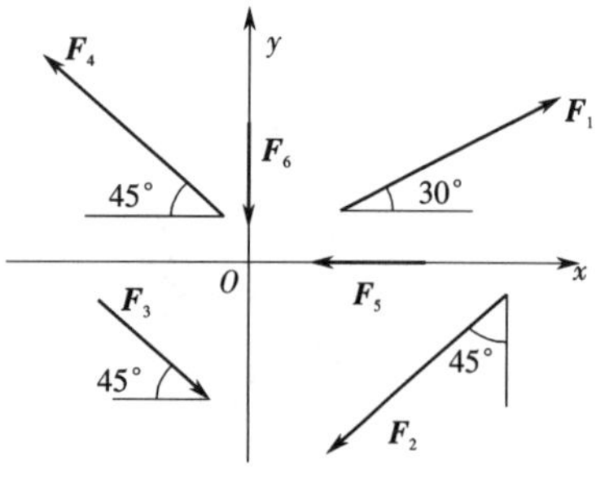

习题 2.3 图

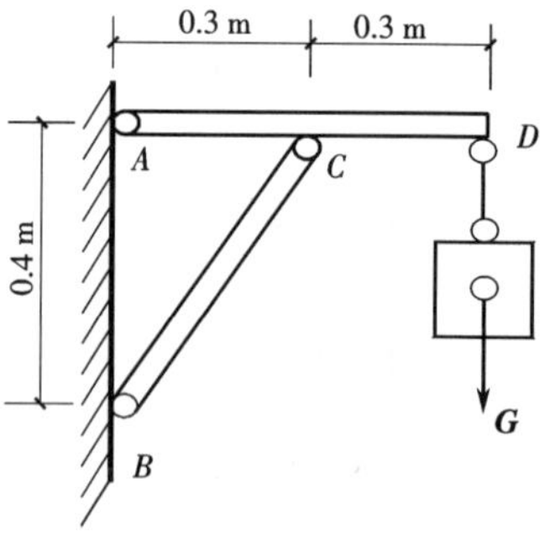

习题 2.4 图

2.5　图示正平行六面体，重量 $G=10\ \text{kN}$，在 C 点作用一水平力 $F=30\ \text{kN}$，边长 $AB=60\ \text{cm}$，$AD=80\ \text{cm}$，试求：

(1)正平行六面体的底面与水平面的夹角 $\alpha=45°$时,力 $\boldsymbol{F}$ 和重力 $\boldsymbol{G}$ 对棱 A 的力矩;

(2)当 α 为多少时,合力矩等于零。

2.6　求图示桁架的支座反力。

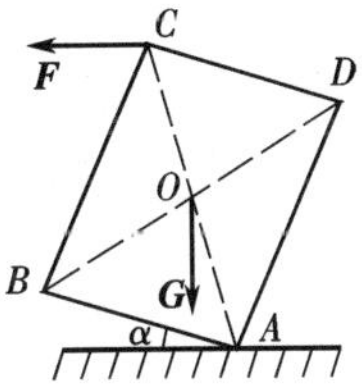

习题 2.5 图

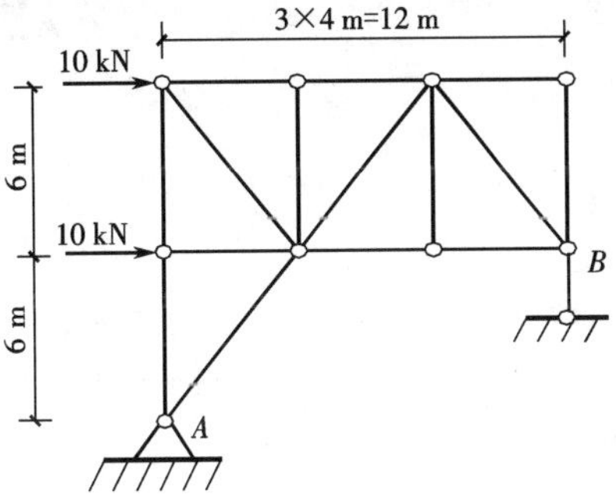

习题 2.6 图

2.7　试求图示各梁的支座反力。

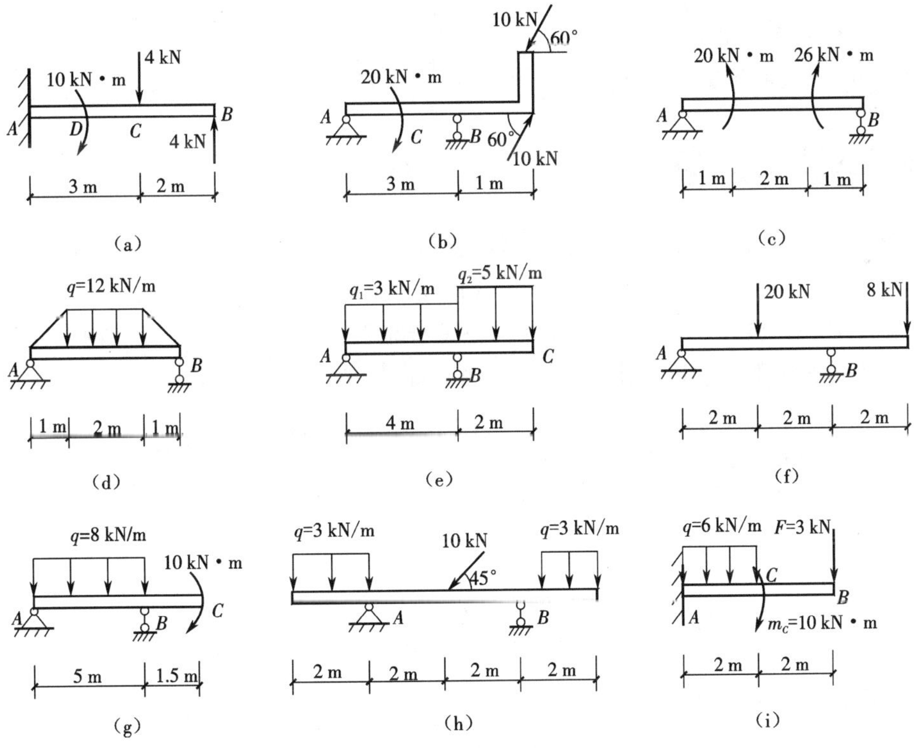

习题 2.7 图

3 静定平面桁架

【学习目标】

1. 能正确陈述静定平面桁架的概念、特点、各部分的名称及应用。
2. 能熟练计算平面桁架杆件的内力(节点法和截面法)。
3. 能陈述静定桁架内力的计算方法。

【学习重点】

1. 正确应用内力的概念及计算方法——截面法。
2. 灵活应用节点法、截面法求解桁架指定杆件的内力。

【学习难点】

1. 内力的概念及计算方法——截面法。
2. 应用节点法、截面法求解桁架指定杆件的内力。

3.1 桁架的概念及特点

桁架是若干根直杆在杆端用铰连接而成的几何不变的稳定结构。若组成桁架的各杆件均在同一平面内,这种桁架称为平面桁架;若组成桁架的各杆件不在同一平面内,这种桁架称为空间桁架。本章只研究平面桁架。桁架结构在工程结构中,特别是大跨度结构中,应用很广泛,如图3.1(a)所示的钢筋混凝土屋架就属于平面桁架结构。

(a)

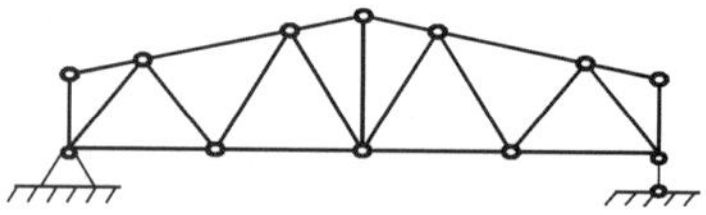

(b)

图3.1

(a)钢筋混凝土屋架 (b)钢筋混凝土屋架的计算简图

桁架的实际受力情况比较复杂,因此在分析桁架时,必须抓住主要矛盾,对桁架作必要的简化。通常在分析桁架内力时作以下四点假设。

①桁架中连接各杆件的铰是无摩擦的理想铰,它不能承受弯矩(各杆件可绕铰自由转动)。

②桁架中所有杆件都是直杆,且各杆的轴线都是直线并通过铰的中心。

③杆件的自重不计。

④荷载和支座反力都作用在节点上，并且都位于桁架平面内。

根据上述假设可以得到简化的桁架计算图，图3.1(b)就是图3.1(a)所示钢筋混凝土屋架的计算简图，各杆件均用轴线表示，节点用小圆圈代表铰。符合上述假设的桁架，称为理想桁架。显然，组成理想桁架的每一杆件都是二力杆，因此理想桁架的各杆件只承受沿直杆轴线方向作用的拉力或压力，至于是拉力还是压力可通过计算确定。实践证明，以上述假设为基础而计算出的结果与实际出入不大，而且由于截面内力分布较均匀，一般桁架比承受同样荷载的梁式结构节省材料，且自重较轻，故工程实践中广泛使用。

桁架中的杆件，按所在位置的不同，可分为弦杆和腹杆两类。弦杆是指桁架上下外围的杆件，上边缘的杆件称为上弦杆，下边缘的杆件称为下弦杆。位于上、下弦杆之间的中间杆件称为腹杆，腹杆又分竖杆和斜杆。连接各杆的铰称为节点，弦杆相邻两节点之间的水平距离称为节间，桁架两支座间的水平距离称为跨度，最高顶点至支座连线的竖直距离称为桁架的高度，如图3.2所示。

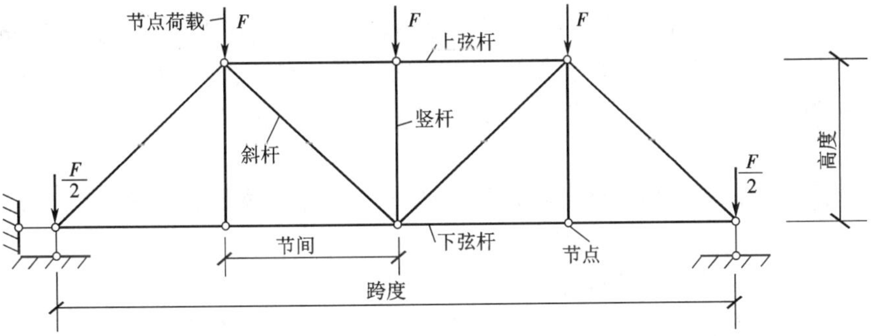

图3.2

常用的桁架一般有下列两种。

①由基础或一个基本铰接三角形开始，依次增加二元体所组成的桁架，称为简单桁架，如图3.3(a)所示。

②几个简单桁架按照几何不变体系的组成规则联合而成的桁架，称为联合桁架，如图3.3(b)所示。

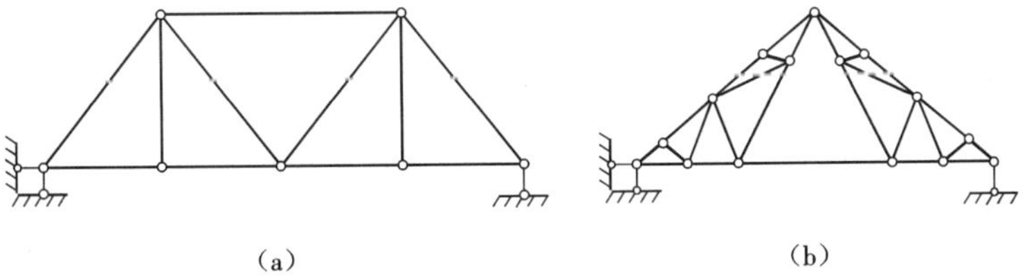

图3.3

(a)简单桁架 (b)联合桁架

3.2　用节点法计算桁架杆件内力

桁架在节点荷载和支座反力的作用下处于平衡，桁架的每一节点也一定保持平衡。节点法是取桁架的节点为研究对象(即取节点为隔离体)，利用各节点的静力平衡条件计算杆件内力的方法。杆件内部各质点间的相互作用力由于受到外力作用而引起的改变量，称为内力。

由于桁架各杆件承受沿杆轴方向的拉力或压力，且各杆的轴线在节点处汇交于一点，所以作用于任意节点上的各力都组成一个平面汇交力系。根据平面汇交力系的平衡方程 $\sum F_x = 0$ 和 $\sum F_y = 0$ 就可求出桁架杆件的未知内力。

因为平面汇交力系只有两个独立的平衡方程式，每个节点只能求解两个未知力，所以在取节点为隔离体时未知力数目不能超过两个，如多于两个，未知力就求不出，应改取其他节点计算。通常计算桁架时，都由只有两个未知力的节点开始依次逐点计算，即可求出桁架各杆的内力。

关于内力的符号，规定以拉力为正，压力为负。在节点隔离体上，拉力的方向是离开节点，而压力的方向是指向节点。在求解桁架杆件未知内力时，通常先假定杆件的未知内力为拉力，如果计算结果为正值，则表示杆件的内力与假定的方向相一致(即为拉力)，反之则表示杆件的内力为压力。

节点法最适用于计算简单桁架，因为简单桁架是由一个基本铰接三角形(或基础)依次增加二元体所组成的，因而最后一个节点必然只包含两根杆件。

下面举例说明用节点法计算杆件内力的步骤。

【例 3.1】试用节点法计算图 3.4(a)所示荷载作用下桁架中各杆的内力。

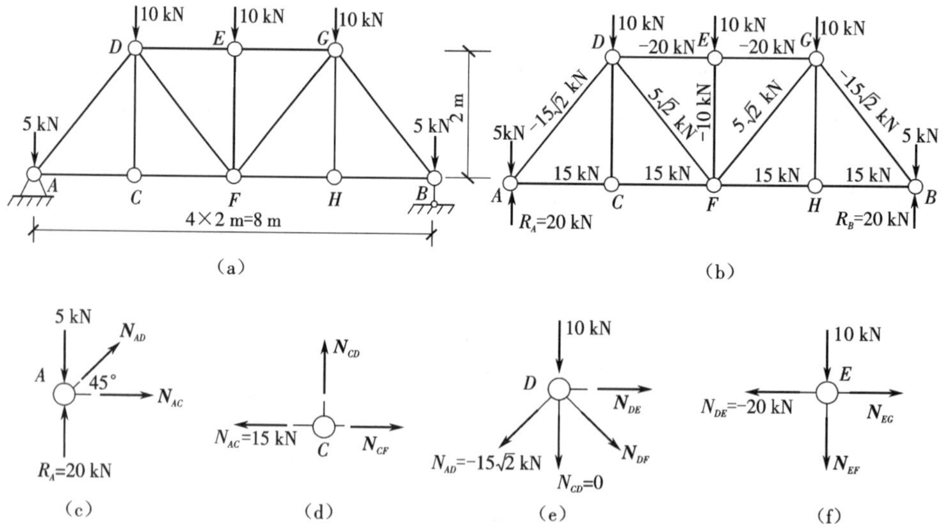

图 3.4

(a)简单桁架受力简图　(b)简单桁架受力分析简图　(c)节点 A 受力图

(d)节点 C 受力图　(e)节点 D 受力图　(f)节点 E 受力图

解　首先求支座反力 $\boldsymbol{R}_A$ 和 $\boldsymbol{R}_B$，取整个桁架为隔离体[图 3.4(b)]。

列平衡方程：

$$\sum m_B(F)=0 \qquad -8(R_A-5)+10\times 6+10\times 4+10\times 2=0$$

$$R_A=20\ \text{kN}(\uparrow)$$

$$\sum F_y=0 \qquad R_A+R_B-10-10-10-5-5=0$$

$$R_B=20\ \text{kN}(\uparrow)$$

由于桁架的形式和荷载都是对称的，其支座反力和内力也是对称的，所以只需求出半榀桁架杆件的内力即可。支座反力也可利用对称性求出，即

$$R_A-R_B=\frac{10+10+10+5+5}{2}=20\ \text{kN}(\uparrow)$$

支座反力求出后，取节点为隔离体，计算各杆的内力。此题包含两个未知力的节点只有 A、B 节点，现从节点 A 开始，依次按 C、D、E 截取节点计算杆件内力。

①取节点 A 为隔离体绘出受力图，如图 3.4(c)所示。

由

$$\sum F_y=0 \quad R_A-5+N_{AD}\cdot\sin 45^\circ=0$$

得

$$N_{AD}=-15\sqrt{2}\ \text{kN}(\text{压力})$$

由

$$\sum F_x=0 \quad N_{AD}\cdot\cos 45^\circ+N'_{AC}=0$$

得

$$N_{AC}=15\ \text{kN}(\text{拉力})$$

②取节点 C 为隔离体绘出受力图，如图 3.4(d)所示。

由 $\sum F_y=0$ 得

$$N_{CD}=0$$

由

$$\sum F_x=0 \quad -N_{AC}+N_{CF}=0$$

得

$$N_{CF}=N_{AC}=15\ \text{kN}(\text{拉力})$$

③取节点 D 为隔离体绘出受力图，如图 3.4(e)所示。

由

$$\sum F_y=0 \quad -10-N_{CD}-N_{AD}\cdot\cos 45^\circ-N_{DF}\cdot\sin 45^\circ=0$$

得

$$N_{DF}=5\sqrt{2}\ \text{kN}(\text{拉力})$$

由

$$\sum F_x = 0 \quad N_{DE} + N_{DF} \cdot \cos 45° - N_{AD} \cdot \sin 45° = 0$$

得

$$N_{DE} = -20\ \text{kN}(\text{压力})$$

④取节点 E 为隔离体绘出受力图，如图 3.4(f) 所示。

由

$$\sum F_y = 0 \quad -N_{EF} - 10 = 0$$

得

$$N_{EF} = -10\ \text{kN}(\text{压力})$$

由对称性可得：$N_{EG} = N_{DE}, N_{FG} = N_{DF}, N_{FH} = N_{CF}, N_{HG} = N_{CD}, N_{HB} = N_{AC}, N_{BG} = N_{AD}$。

为了检查上面的计算结果是否正确，可取节点 F 为隔离体(图 3.5)进行校核。

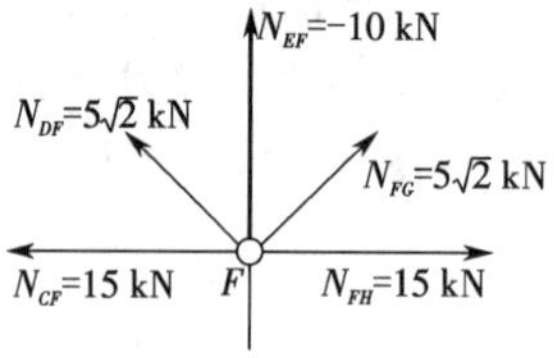

图 3.5

但要注意，由于 $N_{DF} = N_{FG}, N_{CF} = N_{FH}$，因此无论 N_{CF} 和 N_{DF} 计算结果如何，平衡方程 $\sum F_x = 0$ 恒得到满足，所以此方程不能达到校核的目的，必须用 $\sum F_y = 0$ 来检查，即

$$\sum F_y = -10 + 5\sqrt{2} \cdot \cos 45° + 5\sqrt{2} \cdot \cos 45°$$

$$= -10 + 5\sqrt{2} \times \frac{\sqrt{2}}{2} + 5\sqrt{2} \times \frac{\sqrt{2}}{2} = 0$$

可见计算结果无误。

为了清楚起见，最后将此桁架各杆的内力值标注在桁架图中各相应杆件的近旁，并注明符号，如图 3.4(b) 所示。

由计算结果可见，在计算桁架内力的过程中，有时会遇到某些杆件内力为零的情况(如例 3.1 中的 CD 杆件和 HG 杆件)。桁架中内力等于零的杆件称为零杆，即它们是不受力的杆件。零杆不能随意去掉，因为零杆只是在特定的荷载作用下内力为零；另外从几何组成上看，静定桁架是没有多余约束的，如果将零杆去掉，桁架就变成几何可变体系。

零杆可以通过计算求出，也可以直接判断出来。下面介绍几种判别零杆的方法。

①不在一直线上的两杆组成的节点，如节点上没有外荷载作用，则该两杆都是零杆[图 3.6(a)]。取图 3.6(a) 所示的 x、y 轴，则由 $\sum F_x = 0$ 得 $N_1 = 0$，由 $\sum F_y = 0$ 得 $N_2 = 0$，所以两杆的内力都等于零。

②三杆组成的节点，如节点处无外荷载作用，其中两杆在一直线上，则另一杆件是零杆，而共线的两杆件内力大小相等、性质相同[图 3.6(b)]。如取图 3.6(b) 所示的 x、y 轴，则由

$\sum F_y = 0$ 得 $N_3 = 0$，由 $\sum F_x = 0$ 得 $N_1 = N_2$。

③不在一直线上的两杆组成的节点，当节点上作用的荷载（或支座反力）与其中一杆件轴线在同一直线上时，此杆件的内力与荷载（或支座反力）相等，而另一杆件为零杆［图 3.6(c)］。从图 3.6(c)可知，由 $\sum F_y = 0$ 得 $N_2 = -F$，由 $\sum F_x = 0$ 得 $N_1 = 0$。

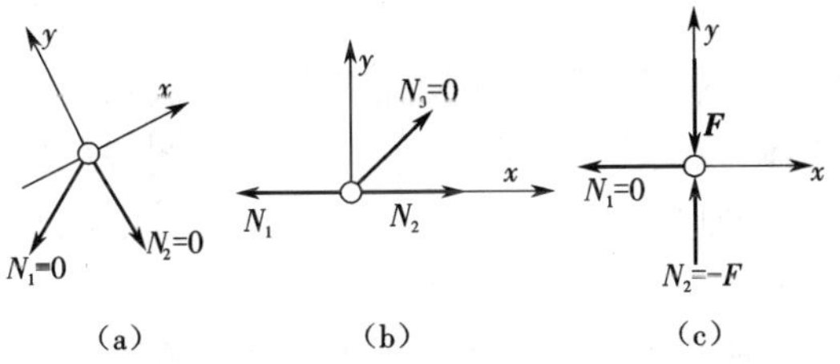

图 3.6

(a)两根零杆 (b)三根零杆 (c)一根零杆

【例 3.2】试判别图 3.7 所示桁架的零杆。

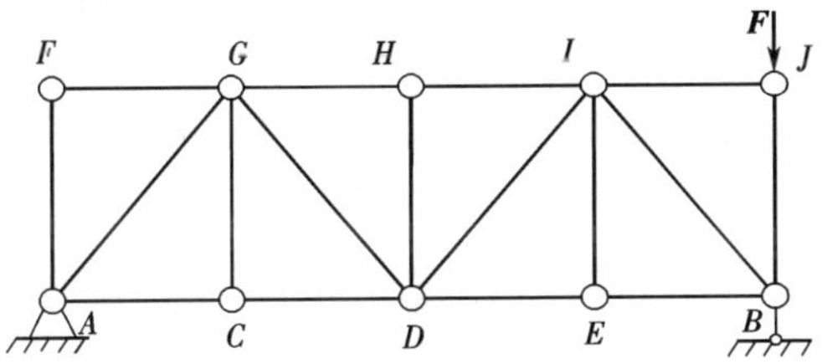

图 3.7

解 ①先找由两根杆件组成的节点，如节点 F 符合条件①，所以杆 FA、FG 是零杆；节点 J 符合条件③，所以杆 IJ 是零杆。

②再找由三根杆件组成的节点，如 C、E、H 三节点符合条件②，所以杆 CG、HD 和 EI 是零杆。

【例 3.3】试判别图 3.8 所示桁架的零杆。

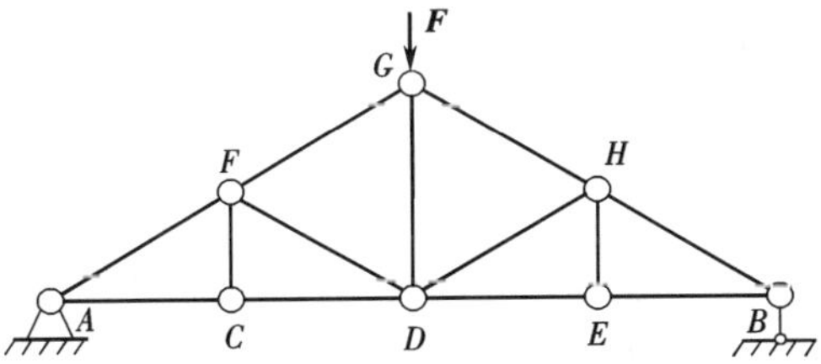

图 3.8

解 ①由零杆判别方法②得知，节点 C、E 的杆 CF、EH 均为零杆。

②节点 F 虽有四根杆件，但其中杆 CF 为零杆，可以不考虑，余下的三根杆件中，杆 AF 和

FG 在一直线上，节点上又无荷载，故杆 *FD* 为零杆。同理杆 *HD*、*GD* 也为零杆。

在计算桁架内力时，如果能熟练而灵活地运用上述方法判定零杆及有关杆的内力后再计算，可使计算简化。

3.3 用截面法计算桁架杆件内力

计算桁架杆件内力的另一种方法是截面法。截面法是假想用一个截面去截开若干根杆件，将桁架分割为两个隔离体，取其中一个隔离体，绘出受力图，再根据静力平衡方程求出杆件的未知内力。由于用截面法分割的隔离体所受力是平面一般力系，因此截面法的平衡方程有三个，可以求出三个未知内力。

在用截面法计算内力时，所取的截面虽可以截断若干根杆件，但其中要求含未知内力的杆件数不能超过三个，而且这三根杆件不能相交于一点（如交于一点，则可用的独立方程实际上只有两个），否则无法求解。在计算桁架未知内力时，仍先假设未知内力为拉力，如计算结果为正值，则表示杆件实际内力是拉力；反之为压力。

【例 3.4】试用截面法求图 3.9(a)所示桁架中杆件 1、2、3 的内力。

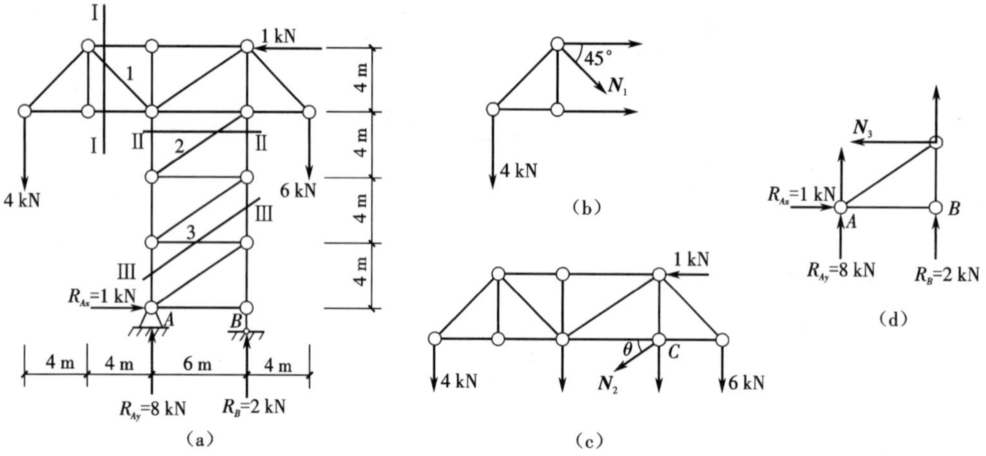

图 3.9

(a)桁架受力简图　(b) Ⅰ—Ⅰ截面　(c) Ⅱ—Ⅱ截面　(d) Ⅲ—Ⅲ截面

解　①求支座反力，取桁架整体为隔离体。

由

$$\sum F_x = 0 \qquad R_{Ax} - 1 = 0$$

得

$$R_{Ax} = 1\ \text{kN}(\rightarrow)$$

由

$$\sum m_B(F) = 0 \qquad -6R_{Ay} + 4 \times 14 + 1 \times 16 - 6 \times 4 = 0$$

得

$$R_{Ay}=8\ \text{kN}(\uparrow)$$

由

$$\sum m_A(F)=0 \qquad 6R_B-6\times10+4\times8+1\times16=0$$

得

$$R_B=2\ \text{kN}(\uparrow)$$

②求杆件1的内力(N_1),用截面Ⅰ—Ⅰ将桁架截为两部分,取左半部分为隔离体,如图3.9(b)所示。假设杆件内力为拉力。

由

$$\sum F_y=0 \qquad -4-N_1\sin 45°=0$$

得

$$N_1=-5.66\ \text{kN}(压力)$$

③求杆件2的内力(N_2),用截面Ⅱ—Ⅱ将桁架截为两部分,取上半部分为隔离体,如图3.9(c)所示。假设杆件内力为拉力。

$$\cos\theta=\frac{6}{\sqrt{6^2+4^2}}=0.832$$

由

$$\sum F_x=0 \qquad -1-N_2\cos\theta=0$$

得

$$N_2=-1.20\ \text{kN}(压力)$$

④求杆件3的内力(N_3),用截面Ⅲ—Ⅲ将桁架截为两部分,取下半部分为隔离体,如图3.9(d)所示。假设杆件内力为拉力。

由

$$\sum F_x=0 \quad R_{Ax}-N_3=0$$

得

$$N_3=1\ \text{kN}(拉力)$$

【例3.5】用截面法求图3.10(a)所示桁架中杆件1、2、3的内力。

解 ①求支座反力,取桁架整体为隔离体,由平衡方程

$$\sum m_A(F)=0 \qquad 10\times4-20\times9+18R_B=0$$

得

$$R_B=7.78\ \text{kN}(\uparrow)$$

由

$$\sum F_y=0 \qquad R_{Ay}+R_B-20=0$$

得

$$R_{Ay}=12.22\ \text{kN}(\uparrow)$$

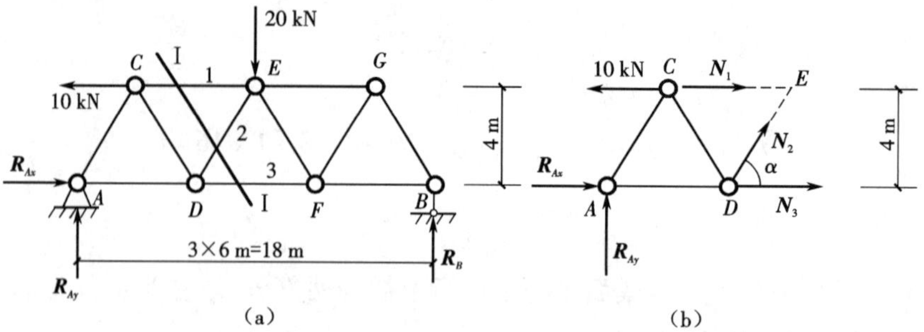

图 3.10

(a)梯形桁架受力简图　(b)Ⅰ—Ⅰ截面

由

$$\sum F_x = 0 \qquad R_{Ax} - 10 = 0$$

得

$$R_{Ax} = 10\ \text{kN}(\rightarrow)$$

②用截面Ⅰ—Ⅰ将杆件1、2、3截断，把桁架截为两部分，取左半部分为隔离体，如图3.10(b)所示。假设杆件1、2、3的内力均为拉力。由平衡方程

$$\sum m_D(F) = 0 \qquad -4N_1 + 10 \times 4 - 6R_{Ay} = 0$$

得

$$N_1 = -8.33\ \text{kN}(\text{压力})$$

由

$$\sum m_E(F) = 0 \qquad 4N_3 - 9R_{Ay} + 4R_{Ax} = 0$$

得

$$N_3 = 17.50\ \text{kN}(\text{拉力})$$

由

$$\sum F_y = 0 \qquad R_{Ay} + N_2 \sin\alpha = 0$$

和

$$\sin\alpha = 0.8$$

得

$$N_2 = -15.28\ \text{kN}(\text{压力})$$

节点法和截面法是计算桁架内力的两种常用方法。通常，在计算桁架全部杆件的内力时，宜采用节点法；如果只需求出桁架某几根杆件的内力，一般宜用截面法。在计算桁架各杆件内力时，节点法和截面法可以结合运用，如计算联合桁架杆件的内力，单用节点法是算不出来的，应先用截面法将联合处杆件的内力求出，再用节点法对组成联合桁架的各简单桁架进行内力分析。

思　考　题

3.1　如何用节点法、截面法求桁架内力？在计算时应注意哪些要点？有何技巧？

3.2　试述判别零杆的方法。

3.3　所谓零杆，就是不受力的杆件，它们在桁架中并不起作用，如果去掉这些杆件会更省材料。这种说法是否正确？为什么？

习　题

3.1　根据判别零杆的方法，找出图示桁架的零杆。

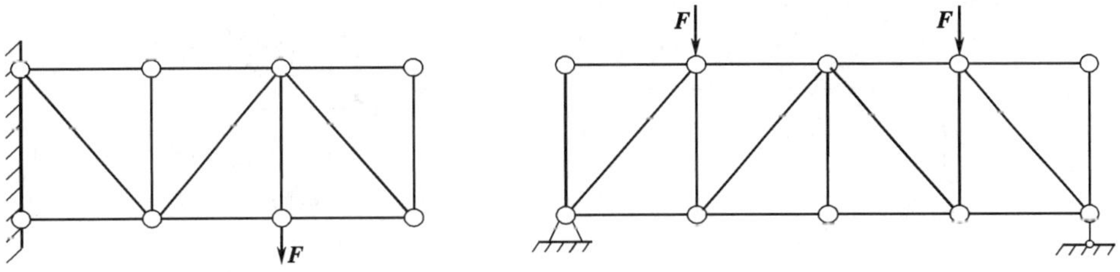

（a）　　（b）

习题 3.1 图

3.2　试用节点法计算图示桁架中各杆件的内力。

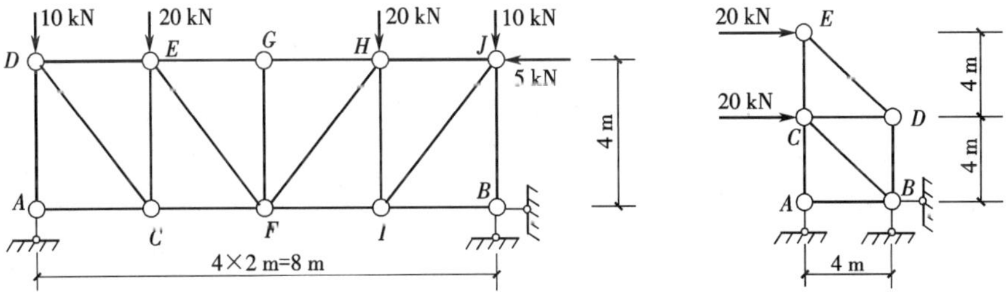

（a）　　（b）

习题 3.2 图

3.3　试用截面法计算图示桁架中指定杆件的内力。

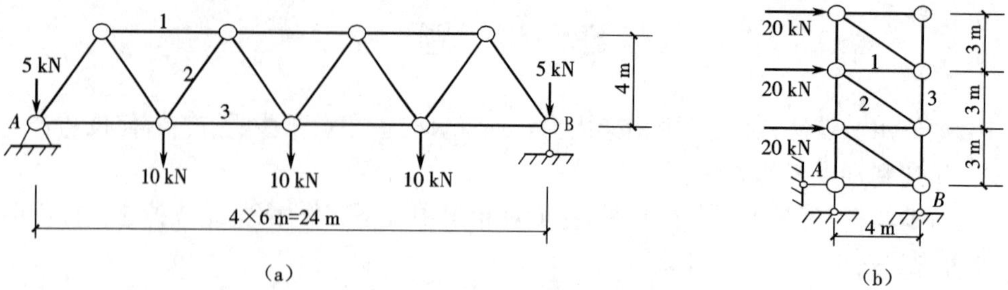

习题 3.3 图

3.4 试选择适当方法求图示桁架中指定杆件的内力。

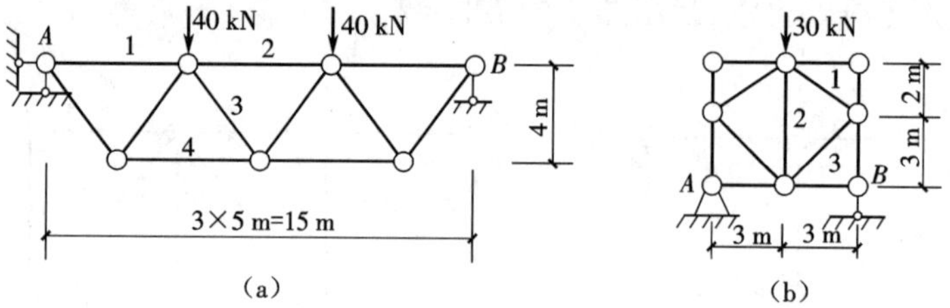

习题 3.4 图

4 轴向拉伸和压缩

【学习目标】

1. 能熟练陈述材料力学的基本概念、基本方法和基本定律。
2. 能正确表述直杆轴向拉伸和压缩的强度及变形。
3. 能正确计算轴向拉伸和压缩的内力及应力。
4. 能正确绘制轴向拉伸和压缩的内力图。

【学习重点】

1. 计算轴向拉、压内力和应力。
2. 利用轴向拉、压杆件的强度条件,判断其受力情况。

【学习难点】

1. 计算轴向拉、压内力和应力。
2. 利用轴向拉、压杆件的强度条件,判断其受力情况。

4.1 概述

研究物体受力时保持平衡状态的条件中,略去了力对物体产生的变形效果,将物体视为“不会变形的刚体”。

从本章开始,将研究结构或组成结构的各构件在荷载作用下其内部的受力情况。在进行研究时,不再将物体视作“刚体”,而恢复物体的本来面目,即各种物体受力后都会产生或大或小的变形。如建筑结构中的钢筋混凝土梁,受力后会产生弯曲变形;钢筋混凝土柱和砖墙,受压后会产生压缩变形等。变形的大小与作用力的大小有关,作用力愈大,变形也愈大;当力增大到一定程度时,构件就会发生破坏。所以,从工程实际来讲,任何一个正常工作的建筑结构物,必须保证其任意构件都满足一定的要求,这种要求可分为以下三种。

①强度要求:构件在外力作用下不会发生破坏,即构件抵抗破坏能力的要求。

②刚度要求:构件在外力作用下产生的变形不超过一定的范围,即构件抵抗变形能力的要求。

③稳定性要求:构件在外力作用下不丧失平衡状态,即构件抵抗丧失稳定平衡能力的要求。

只有满足上述三项要求,才能保证构件安全正常地工作,达到建筑结构安全使用的目的。

4.1.1 变形固体的概念

工程中的各种构件都是由钢材、铸铁、混凝土、砖、石材、木材等固体材料制成的。这些固体材料在外力作用下,都会产生变形,故称之为变形固体。根据变形的性质,变形可分为弹性变形和塑性变形。所谓弹性变形,是指变形固体在去掉外力后,能恢复到原来形状和尺寸的变形。例如一根钢丝在不大的拉力作用下产生伸长变形,在去掉拉力后,钢丝又恢复到原状,这说明钢丝具有弹性。如钢丝受较大外力,产生较大的变形,当外力去掉后,变形不能完全消失而留有残余,则消失的变形是弹性变形,残余的变形称为塑性变形或残余变形。

用于建筑工程的变形固体材料多种多样,其性质也千差万别,为使研究任务简单易行,在对物体进行变形和受力分析时,应对各种具体的变形固体材料进行抽象简化。为此,对所研究的变形固体作如下的基本假设。

1. 连续均匀假设

连续均匀假设即假设物体内部连续不断地充满着均匀的物质,且在各点处材料的性质完全相同。

2. 各向同性假设

各向同性假设即假设物体沿各个方向的力学性质是相同的。

3. 弹性假设

弹性假设即假设当作用于物体上的外力不超过某一限度时,将物体看作完全弹性体。

总之,在建筑力学的范围内,我们研究的材料是均匀连续、各向同性的弹性体。

4.1.2 杆件及其变形的基本形式

所谓杆件,是指其纵向尺寸比横向尺寸大得多的构件,如房屋建筑中的梁、柱及屋架中的各种杆都可视作杆件。

杆件的形状和尺寸是由杆件的横截面和杆轴线来确定的。杆件各横截面几何中心的连线,称为杆轴线。垂直于杆轴线的截面称为横截面。杆轴线为直线、横截面的形状和尺寸都相同的杆件称为等直杆,如图 4.1 所示。

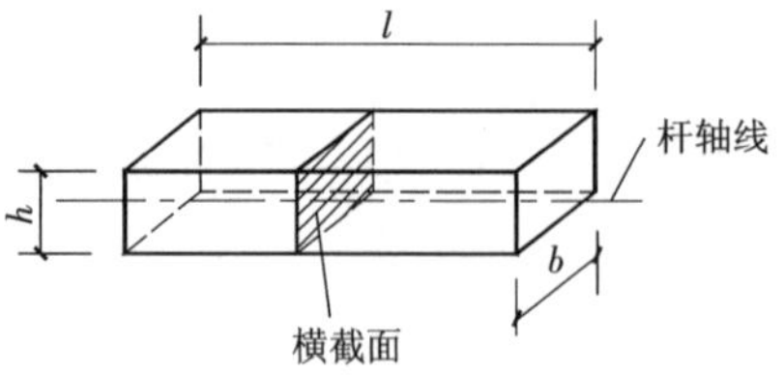

图 4.1

杆件在不同形式的外力作用下,会产生不同形式的变形,通常可将变形归纳为以下四种基本形式。

①轴向拉伸或压缩变形[图 4.2(a)、(b)]。

②剪切变形[图4.2(c)]。
③扭转变形[图4.2(d)]。
④弯曲变形[图4.2(e)]。

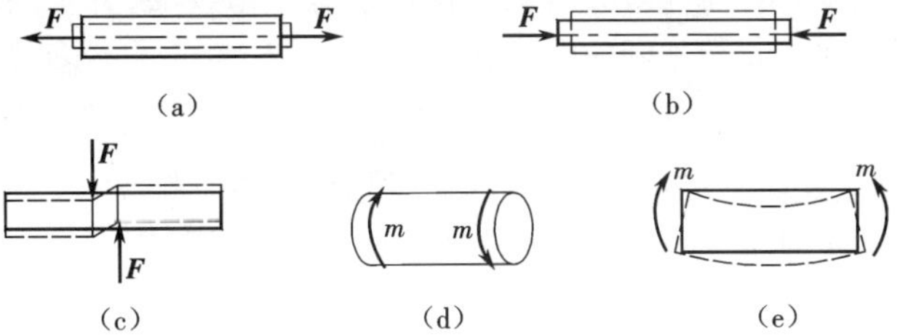

图4.2
(a)轴向拉伸　(b)轴向压缩　(c)剪切变形　(d)扭转变形　(e)弯曲变形

在工程中,杆件往往同时承受不同的外力,虽然变形较为复杂,但也都是由上述各种基本变形组成的。

4.2　轴向拉、压杆的内力和应力计算

4.2.1　轴向拉、压杆横截面上的内力

沿杆件轴线作用一对大小相等、方向相反的外力 $\boldsymbol{F}$,杆件将产生轴向拉伸或轴向压缩变形。当作用力的指向离开杆端时,杆件伸长,称为轴向拉伸[图4.2(a)];当作用力指向杆端时,杆件缩短,称为轴向压缩[图4.2(b)]。通常称产生轴向拉伸或压缩的杆件为拉杆或压杆。

在工程中,产生轴向拉伸和压缩的杆件是很常见的。在图4.3(a)所示的三角形支架中,AB 杆受到拉伸,BC 杆受到压缩;图4.3(b)所示的桁架各杆,有的是拉杆,有的是压杆。

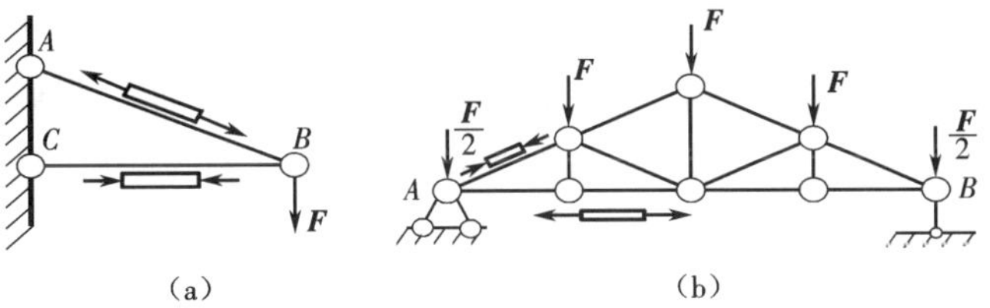

图4.3
(a)三角形支架杆件的拉伸和压缩　(b)桁架杆件的拉伸和压缩

物体在受到外力作用而变形时,其内部各质点间的相对位置将发生变化。与此同时,各质点间相互作用的力也发生改变。各质点间的相互作用力由于物体受到外力作用而引起的改变量,就是力学中所研究的内力。

为了更进一步说明内力的概念,可以做一个简单的实验。取一根橡皮筋,用手拉它时,橡

皮筋被拉长,同时会感到橡皮筋在拉我们的手,试图恢复其原来的长度;也就是说,橡皮筋内部有一种反抗拉长的力,拉力愈大,橡皮筋伸长量愈大,这种反抗力也愈大。当拉力达到一定程度时,橡皮筋被拉断。

这种抵抗力是如何产生的呢?因为物体是由许多分子组成的,分子间保持一定的距离,在外力作用下,物体发生变形,分子之间的距离也发生了改变,而分子之间要维持其原来的距离,便会产生一种阻止间距改变的力,这种分子间抵抗变形的力称为内力。外力愈大,变形愈大,内力也愈大,当其大到一定程度时,分子间无法维持它们的相互联系,杆件就破坏了。

当内力的作用线与杆轴重合时,称之为轴向内力,简称轴力,用符号 $\boldsymbol{N}$ 表示。轴力的单位是牛顿(N)或千牛顿(kN)。

轴力的正负号规定:拉力为正,压力为负。

轴心受力构件横截面上的内力只有轴力。分析轴心受力构件的内力时,所用的方法是截面法。它是求内力的一般方法,也是力学中最常用的基本方法之一。

用截面法求内力,包括以下四个步骤。

①截开:在需要求内力处,用一假想截面将杆件截开,分成两部分,将截面上的内力暴露出来。

②取隔离体:取假想截面任一侧的一部分为隔离体,最好取外力较少的一侧为隔离体。

③画受力图:画出所取隔离体的受力图,截面上的内力方向最好按正方向假设。

④平衡:根据隔离体的受力图,建立平衡方程,利用隔离体上的已知外力计算截面上的未知内力。

【例 4.1】求图 4.4(a)所示等截面直杆各段的轴力。

解 ①求 AB 段轴力。在 AB 段内任意截面处将杆截开,取截面以左为隔离体,截面上的内力用 $\boldsymbol{N}_{AB}$ 表示,并假定 $\boldsymbol{N}_{AB}$ 为拉力,如图 4.4(b)所示。

由 $\sum F_x = 0$ 得

$$N_{AB} = -F_1 = -4\ \text{kN}$$

求得 N_{AB} 为负值,表示 AB 段的实际内力方向与假设方向相反,其轴力不是拉力,而是压力,大小为 4 kN。

②求 BC 段轴力。类似 AB 段,用一假想截面在 BC 段内任意截面处将杆件截成两部分,取截面以左为隔离体,以 $\boldsymbol{N}_{BC}$ 表示截面上的内力,如图 4.4(c)所示。

由 $\sum F_x = 0$ 得

$$N_{BC} + F_1 - F_2 = 0$$

有

$$N_{BC} = F_2 - F_1 = 3 - 4 = -1\ \text{kN}$$

由上述结果可知,BC 段轴力为压力,大小为 1 kN。

③求 CD 段轴力。同上面所讲步骤,取截面以右为隔离体,如图 4.4(d)所示。

由 $\sum F_x = 0$ 得

$$N_{CD} = F_4 = 2\ \text{kN}$$

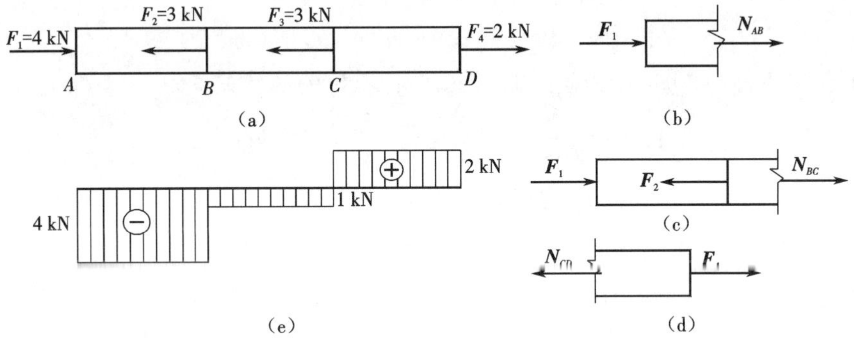

图 4.4

(a)等直杆受力简图 (b)*AB* 段截面 (c)*AC* 段截面 (d)*CD* 段截面 (e)轴力图

N_{CD}为正值，故截面上的轴力为拉力，大小为 2 kN。

通过例 4.1 可以看出，在求杆件的内力时，可以取截面以左或截面以右的隔离体为研究对象。同一截面上的内力，由左侧或右侧的隔离体求得的内力总是大小相等、方向相反、符号相同。

当杆件受到多于两个轴向外力作用时，杆件各段的轴力不同。计算等截面直杆的强度时，要以杆件的最大轴力作为依据，因此必须知道杆件各截面上的轴力，以确定其最大轴力。为了表示各横截面上的轴力随横截面位置变化的规律，工程上常采用图形来表示。例 4.1 的图 4.4(e)就是所计算杆件的轴力图。

绘轴力图时，先作一条基线与杆轴线平行且等长，基线上的每一点都代表相应截面的位置。用与基线正交的短线代表相应截面的轴力，其长短应按一定的比例来表示轴力的大小；正轴力(拉力)应绘在基线的上方，图中标明⊕号；负轴力(压力)应绘在基线的下方，图中标明⊖号。从轴力图中即可确定最大轴力的数值及其所在横截面的位置。

4.2.2 轴向拉、压杆横截面上的应力

1. 应力的概念

在用截面法求杆件内力时，杆件的内力只与作用在杆件上的外力有关，与截面尺寸、形状、所用材料无关。可是杆件的强度却与所用材料的性质及截面的几何性质有着密切的关系。如同一材料的两根直杆，一粗一细，在相同拉力作用下，细杆比粗杆先拉断。这是因为两根杆件的截面面积不等，在相同内力作用下，单位面积上分布的内力不相等。截面小的杆件，单位面积上的内力大，当然先于粗杆而破坏。由此可见，杆件的强度和材料的性质及杆件截面的几何性质有着密切的关系。

通常将单位面积上的分布内力称为应力，它反映内力在截面面积上的分布密集程度。与截面正交的应力称为正应力，用符号“σ”表示。

应力的单位是帕斯卡(Pa)，简称帕。

$$1\ \text{Pa} = 1\ \text{N/m}^2$$

$$1\ \text{kPa}=1\ 000\ \text{Pa}=1\ 000\ \text{N/m}^2$$

$$1\ \text{MPa}=10^3\ \text{kPa}=10^6\ \text{N/m}^2=1\ \text{N/mm}^2$$

以往工程中还将 kgf/cm^2 作为应力的单位，两种单位的换算关系为

$$1\ \text{Pa}=\frac{1}{9.81\times10^4}\ \text{kgf/cm}^2\approx1\times10^{-5}\ \text{kgf/cm}^2$$

$$1\ \text{kgf/cm}^2=10^5\ \text{Pa}=100\ \text{kPa}$$

2. 轴向拉、压杆件横截面上的应力

要计算轴向拉、压杆件横截面上各点的应力，首先应知道轴力在横截面上的分布规律。

为此，取一等直杆做实验，先在杆件表面上画出垂直于杆轴线的横截面与杆件表面的交线 aa、bb 和平行于杆轴线的线 cc、dd，如图 4.5(a)所示。然后在杆件的两端作用轴向拉力 $\boldsymbol{F}$，使杆件产生轴向伸长变形。可观察到，横截面与杆件表面的交线 aa、bb 沿轴向分别平移到 $a'a'$、$b'b'$，但仍然垂直于杆件的轴线；纵向线 $c'c'$、$d'd'$ 有相同的伸长量，并仍然平行于杆件的轴线，如图 4.5(b)所示。

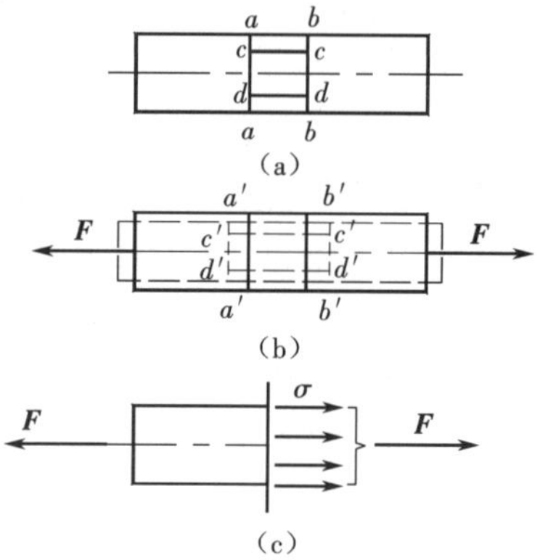

图 4.5

(a)等直杆内截面　(b)等直杆受拉变形　(c)等直杆截断面

根据实验所观察到的现象，可以推断出杆件内部的变形和杆件表面的变形是相同的，整个横截面在变形前是平面，变形后仍保持平面，且与杆件轴线垂直，这一假设称为平面假设。由于两个横截面之间各根纵向线的伸长量相同，故其受力也相同，因此可得出横截面上的内力是均匀分布的，即在横截面上各点的正应力是相等的，如图 4.5(c)所示。

如用 A 表示杆件横截面面积，轴力为 $\boldsymbol{N}$，则杆件横截面上的正应力为

$$\sigma=\frac{N}{A} \tag{4.1}$$

正应力的正负号规定：拉应力为正，压应力为负。

当杆件受几个轴向外力作用时，由截面法可求得最大轴力 $\boldsymbol{N}_{\max}$，对等直杆来讲，杆件的最大正应力计算式为

$$\sigma_{\max}=\frac{N_{\max}}{A} \tag{4.2}$$

最大轴力所在的横截面称为危险截面，由式(4.2)算得的正应力即危险截面上的正应力，称为最大工作应力。

【例4.2】一横截面面积 $A=100\ \text{mm}^2$ 的等直杆，其受力情况如图4.6所示。试求各段的应力值和最大工作应力。

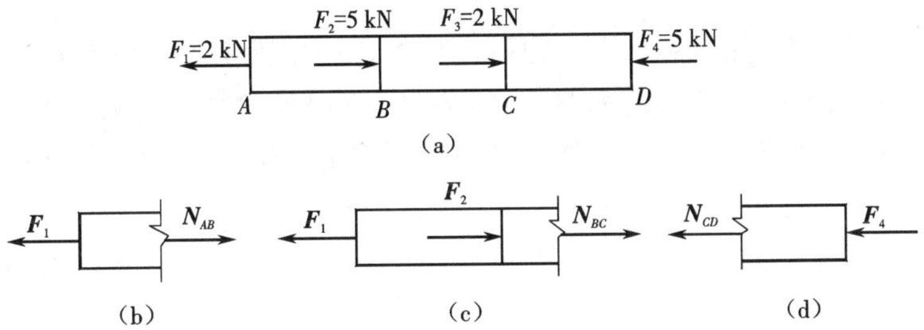

图4.6

(a)等直杆受力简图 (b)*AB*段截面 (c)*AC*段截面 (d)*CD*段截面

解 各段轴力的计算过程从略。下面求各段的正应力。

①*AB*段：

$$N_{AB}=2\ \text{kN}=2\ 000\ \text{N}$$

$$\sigma_{AB}=\frac{N_{AB}}{A}=\frac{2\ 000}{100\times10^{-6}}=20\times10^{6}=20\ \text{MPa}$$

②*BC*段：

$$N_{BC}=-3\ \text{kN}=-3\ 000\ \text{N}$$

$$\sigma_{BC}=\frac{N_{BC}}{A}=\frac{-3\ 000}{100\times10^{-6}}=-30\times10^{6}=-30\ \text{MPa}$$

③*CD*段：

$$N_{CD}=-5\ \text{kN}=-5\ 000\ \text{N}$$

$$\sigma_{CD}=\frac{N_{CD}}{A}=\frac{-5\ 000}{100\times10^{-6}}=-50\times10^{6}=-30\ \text{MPa}$$

*AB*段应力为正值，是拉应力；*BC*、*CD*段应力为负值，是压应力。

④最大工作应力。

最大轴力

$$N_{\max}=N_{CD}=-5\ \text{kN}=-5\ 000\ \text{N}$$

将其带入式(4.2)，得此杆的最大工作应力为

$$\sigma_{\max}=\frac{N_{\max}}{A}=\frac{-5\ 000}{100\times10^{-6}}=-50\times10^{6}\ \text{Pa}=-50\ \text{MPa}$$

4.3 轴向拉、压杆的强度条件

4.3.1 容许应力与安全系数

只要已知作用在杆件上的轴向外力，便可求出杆件横截面上的内力和应力。但要判断该杆是否破坏，仅知道截面上的应力是不够的，还必须了解杆件材料抵抗破坏的能力。不同材料能承受的应力总是有一定限度的，如杆件的应力达到或超过此限度，杆件便破坏。此应力称为极限应力，用 σ_0表示。

为了保证杆件能安全正常地工作，必须使杆件在轴向外力作用下所产生的应力不超过材料的极限应力。在实际计算时，考虑到各种不利因素，为保证杆件在使用过程中留有一定的安全储备，因此规定用一个比极限应力小的应力值来作为衡量材料承载能力的依据，此应力称为容许应力，用符号$[\sigma]$表示。常用材料的容许应力见表 4.1。

表 4.1 常用材料的容许应力

材料名称	牌号	容许应力			
		轴向拉伸		轴向压缩	
		MPa	(kgf/cm^2)	MPa	(kgf/cm^2)
低碳钢	Q235	170	(1 700)	170	(1 700)
低合金钢	16Mn	230	(2 300)	230	(2 300)
混凝土	C20	0.44	(4.5)	7	(70)
	C30	0.6	(6)	10.3	(105)
红松(顺纹)	—	6.4	(64)	10	(100)
杉木(顺纹)	—	7	(70)	10	(100)
灰口铸铁	—	34 ~ 54	(340 ~ 540)	160 ~ 200	(1 600 ~ 2 000)

注：括号中的单位为物理制单位，曾经使用了较长时间，是在假定地球上的重量不变的情况下，1 kg 物体受到的力。

极限应力 σ_0与容许应力$[\sigma]$的比值叫作安全系数，用符号 K 表示，即

$$K = \frac{\sigma_0}{[\sigma]} \tag{4.3a}$$

或

$$[\sigma] = \frac{\sigma_0}{K} \tag{4.3b}$$

安全系数 K 是一个大于 1 的数，它反映了人们给予材料的强度储备量，也就是材料在工作中安全可靠的程度。安全系数的确定是一个十分重要、严肃的问题，如安全系数确定低了，构件在使用过程中不安全；如确定高了，则浪费材料不经济。因此，安全与节约应二者兼顾，使矛盾得到统一。

4.3.2　轴向拉、压杆的强度条件

对于轴向拉、压杆件，为了保证其能安全正常地工作，必须满足下述条件：

$$\sigma_{max} \leqslant [\sigma] \tag{4.4}$$

式(4.4)就是轴向拉、压杆件的强度条件。对于等截面直杆，上式还可以根据式(4.2)改为

$$N_{max}/A \leqslant [\sigma] \tag{4.5}$$

在不同的工程实际情况下，可根据上述强度条件对拉、压杆件进行以下三方面的计算。

①强度校核：已知杆件截面尺寸、承受的荷载及材料的容许应力，检验杆件是否安全。

②选择截面尺寸：已知杆件承受的荷载和选用的材料，要求按强度条件确定杆件横截面的面积或尺寸，则可将式(4.5)改为

$$A \geqslant N_{max}/[\sigma] \tag{4.6}$$

③确定允许荷载：已知杆件所用的材料和杆件横截面面积，要求按强度条件确定此杆所容许的最大轴力，并根据内力和荷载的关系，计算出杆件所允许承受的荷载，则可将式(4.5)改为

$$N_{max} \leqslant A[\sigma] \tag{4.7}$$

【例4.3】三角形屋架如图4.7(a)所示，承受沿水平方向分布的竖向均布荷载 $q=4.8$ kN/m。屋架中钢拉杆 AB 的直径 $d=20$ mm，钢材的容许应力 $[\sigma]=170$ MPa。试校核该钢拉杆的强度。

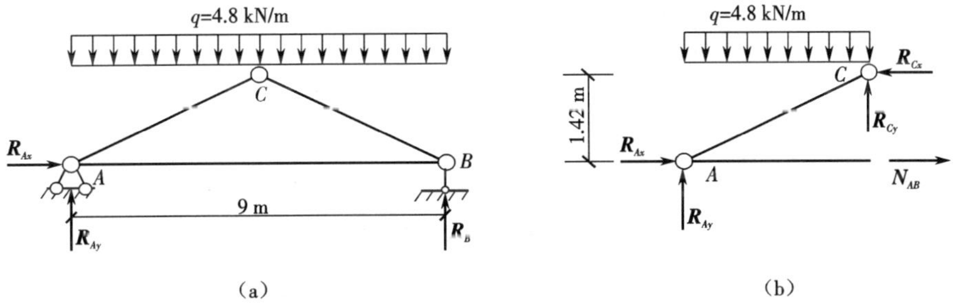

图4.7

(a)三角形屋架受力简图　(b)三角形屋架受力分析简图

解　①求支座反力。取屋架整体为隔离体，如图4.7(a)所示。

由 $\sum F_x=0$ 得

$$R_{Ax}=0$$

利用对称关系得

$$R_{Ay}=R_B=4.8\times9\times0.5=21.6\ \text{kN}$$

②求拉杆 AB 的轴力，取半个屋架为隔离体，如图4.7(b)所示。

由 $\sum M_C=0$ 得

$$N_{AB} \times 1.42 + \frac{1}{2} \times 4.8 \times 4.5^2 - R_{Ay} \times 4.5 = 0$$

$$N_{AB} = \frac{R_{Ay} \times 4.5 - \frac{1}{2} \times 4.8 \times 4.5^2}{1.42}$$

$$N_{AB} = 34.23\ \text{kN}$$

③强度校核。钢拉杆 *AB* 横截面上的应力为

$$\sigma = \frac{N_{AB}}{A} = \frac{34.23 \times 10^3}{\frac{\pi}{4} \times 0.02^2} = 109 \times 10^6\ \text{Pa}$$

$$= 109\ \text{MPa} < [\sigma] = 170\ \text{MPa}$$

满足强度条件,故此钢拉杆在强度方面是安全的。

【例 4.4】一支架如图 4.8(a)所示,*AB* 杆为圆形截面钢杆,容许应力$[\sigma]=170$ MPa;*BC* 杆为正方形截面木杆,容许应力$[\sigma]=6$ MPa。在节点 *B* 处挂一重物,$Q=50$ kN,试分别选择 *AB*、*BC* 杆的截面尺寸。

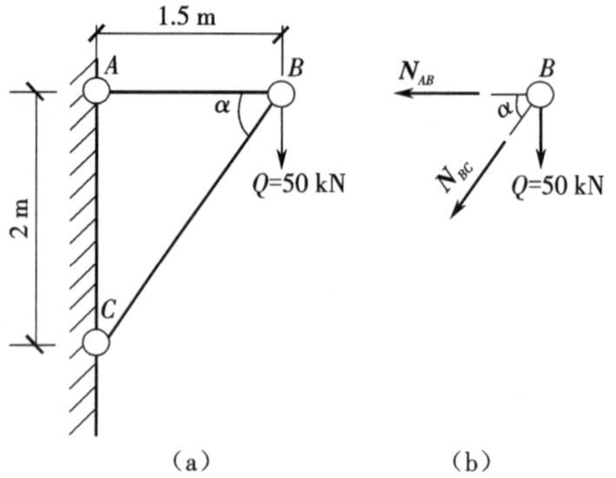

图 4.8

(a)支架受力简图 (b)节点 *B* 受力图

解 ①计算各杆轴力。取节点 *B* 为研究对象,如图 4.8(b)所示,由平衡条件得

$$\sum F_y = 0 \qquad N_{BC}\sin\alpha + Q = 0$$

$$N_{BC} = -\frac{Q}{\sin\alpha} = \frac{-50}{\frac{2}{\sqrt{2^2 + 1.5^2}}} = -62.5\ \text{kN}$$

$$\sum F_x = 0 \qquad N_{AB} + N_{BC}\cos\alpha = 0$$

$$N_{AB} = -(-62.5) \times \frac{1.5}{\sqrt{2^2 + 1.5^2}} = 37.5\ \text{kN}$$

②截面尺寸选择。

AB 杆:由式(4.6)得

$$A=\frac{\pi d^2}{4}\geqslant\frac{N_{AB}}{[\sigma]}$$

$$d\geqslant\sqrt{\frac{4N_{AB}}{[\sigma]\pi}}=\sqrt{\frac{4\times37.5}{170\times10^3\times\pi}}=0.016\ 7\ \text{m}=16.7\ \text{mm}$$

取 $d=18$ mm。

BC 杆:*BC* 杆截面是正方形,设截面边长为 a,由式(4.6)得

$$A=a^2\geqslant\frac{N_{BC}}{[\sigma]}$$

$$a\geqslant\sqrt{\frac{N_{BC}}{[\sigma]}}=\sqrt{\frac{62.5}{6\times10^3}}=0.1\ \text{m}=100\ \text{mm}$$

取 $a=100$ mm。

【例 4.5】图 4.9(a)所示吊架中 *AC* 和 *BC* 都是圆杆,*AC* 为铜杆,$d=20$ mm,$[\sigma]=120$ MPa;*BC* 为钢杆,$d=16$ mm,$[\sigma]=160$ MPa。试求该吊架的容许荷载。

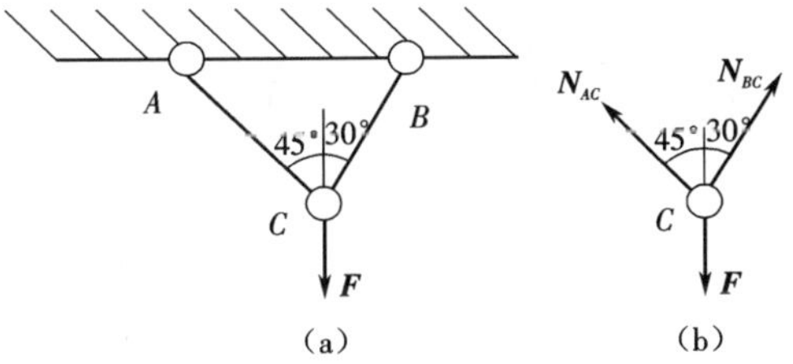

图 4.9

(a)吊架受力简图 (b)节点 *C* 受力图

解 ①计算各杆轴力。由于本例的荷载是未知数,故应先找出轴力与荷载的关系。取节点 *C* 为研究对象,由平衡条件得

$$\sum F_x=0 \qquad N_{BC}\sin 30°-N_{AC}\sin 45°=0$$

$$\sum F_y=0 \qquad N_{BC}\cos 30°+N_{AC}\cos 45°=F$$

解此联立方程得

$$N_{BC}=0.732F \qquad N_{AC}=0.518F$$

②计算容许荷载。以上求出了各杆轴力与荷载 $\boldsymbol{F}$ 之间的关系,要求容许荷载,则应先求出各杆的容许轴力,由强度条件得

$$[N_{AC}]\leqslant[\sigma]A=120\times10^3\times\frac{\pi\times0.02^2}{4}=37.70\ \text{kN}$$

$$[N_{BC}]\leqslant[\sigma]A=160\times10^3\times\frac{\pi\times0.016^2}{4}=32.17\ \text{kN}$$

根据轴力与荷载的关系,得铜杆的容许荷载为

$$F_{AC}=\frac{[N_{AC}]}{0.518}=\frac{37.70}{0.518}=72.78\ \text{kN}$$

钢杆的容许荷载为

$$F_{BC}=\frac{[N_{BC}]}{0.732}=\frac{32.17}{0.732}=43.95\ \text{kN}$$

要使整个结构满足强度条件，应使该吊架的容许荷载 $F=43.95\ \text{kN}$。

4.4 轴向拉、压杆的变形与胡克定律

轴向拉伸或压缩时的变形特点是杆件在纵向伸长或压缩，在横向缩小或增大，如图 4.10 所示。

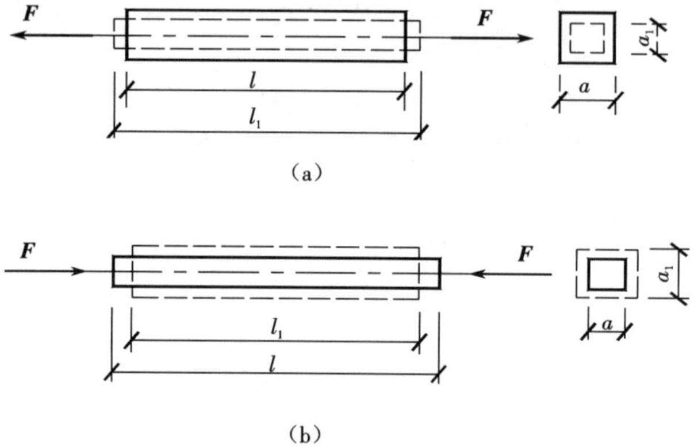

图 4.10

(a)等直横杆受拉　(b)等直横杆受压

4.4.1 纵向变形

杆件拉伸或压缩时，杆件长度方向发生的改变量称为绝对变形，用 Δl 表示。如杆件原长为 l，变形后为 l_1，则绝对变形为

$$\Delta l=l_1-l$$

拉伸时杆件伸长，绝对变形为正，如图 4.10(a)所示；压缩时杆件缩短，绝对变形为负，如图 4.10(b)所示。绝对变形的单位为米(m)或毫米(mm)。

绝对变形只反映杆件的总变形量，无法表明杆件的变形程度。由于杆件各段的伸长是均匀的，故可用单位长度杆件的纵向伸长量来反映杆件的变形程度，这个量称为相对变形，又称为线应变，通常用符号 ε 表示，即

$$\varepsilon=\Delta l/l \tag{4.8}$$

拉伸时，因为 Δl 为正值，所以 ε 也为正；压缩时，Δl 为负值，ε 也就为负。同时，线应变是一个没有单位的量。

4.4.2 横向变形

杆件在轴向外力作用下，不仅发生纵向变形，还发生横向变形。拉伸时横向尺寸减小，压

缩时横向尺寸增大,如图4.10所示。如杆件横截面原长为a,变形后为a_1,则横向绝对变形为

$$\Delta a = a_1 - a$$

横向绝对变形与横向原长之比称为横向线应变,用符号ε'表示,即

$$\varepsilon' = \Delta a/a \tag{4.9}$$

拉伸时,Δa为负值,所以ε'为负值;压缩时,Δa为正值,ε'也为正值。拉伸或压缩时,杆件的纵向线应变和横向线应变的符号总是相反的。横向线应变ε'仍是一个没有单位的量。

实验表明,在弹性范围内,横向线应变ε'和纵向线应变ε的比值是一个常数。这个比值的绝对值称为横向变形系数或泊松比,通常用符号μ表示。即

$$\mu = \left|\frac{\varepsilon'}{\varepsilon}\right| \tag{4.10}$$

泊松比是一个没有单位的量,各种材料μ值的大小都是通过实验来测定的。表4.2中列出部分常用材料的泊松比。

4.4.3 胡克定律

拉、压杆件的变形是纵向伸长或缩短,其变形的大小与杆件所受的力、截面的几何性质及材料的性能有关。实验表明,多数建筑材料在受力不超过弹性范围时,其应力与应变成正比。材料受力后的这种比例关系,称为胡克定律,可用下式表示:

$$\sigma = E \cdot \varepsilon \tag{4.11}$$

式中:E为比例常数,称为材料的弹性模量,不同材料的弹性模量不同。常用材料的弹性模量E值都由实验测定,见表4.2。

表4.2　常用材料的弹性模量与泊松比

材料名称	弹性模量E(MPa)	泊松比μ
碳钢	$(200 \sim 220) \times 10^3$	0.25 ~ 0.33
16锰钢	$(200 \sim 220) \times 10^3$	0.25 ~ 0.33
铸铁	$(115 \sim 160) \times 10^3$	0.23 ~ 0.27
铜及其合金	$(74 \sim 130) \times 10^3$	0.31 ~ 0.42
花岗石	49×10^3	—
木材(顺纹)	$(10 \sim 12) \times 10^3$	—
混凝土	$(14.6 \sim 36) \times 10^3$	0.16 ~ 0.18

将应力σ和应变ε分别用下式表示:

$$\sigma = \frac{N}{A}$$

$$\varepsilon = \frac{\Delta l}{l}$$

代入式(4.11),则得胡克定律的另一种表达式:

$$\Delta l = \frac{Nl}{EA}$$

由上式可知,纵向绝对变形 Δl 与轴力 N 和杆长 l 成正比,与材料的弹性模量 E 和截面面积 A 成反比。EA 乘积越大,杆件的纵向绝对变形 Δl 越小,所以 EA 反映杆件抵抗线变形的能力,我们称之为抗拉(压)刚度。

【例 4.6】图 4.11(a)所示钢杆的横截面面积 $A = 1\ 000\ \text{mm}^2$,已知 $F_1 = F_2 = 15\ \text{kN}$,$F_3 = 45\ \text{kN}$,钢的弹性模量 $E = 200 \times 10^3\ \text{MPa}$。试求 A 点的竖向位移。

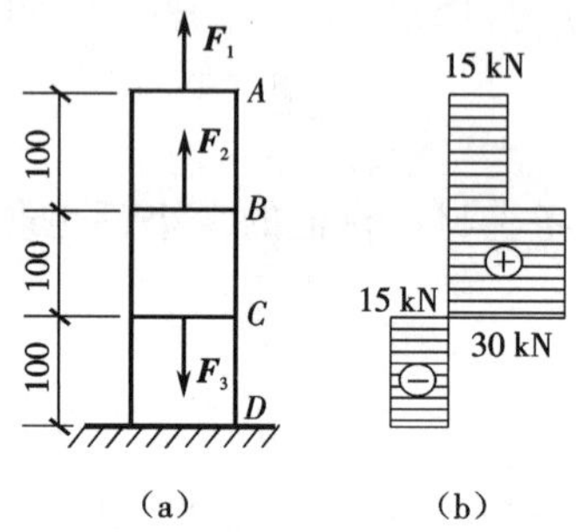

图 4.11

(a)钢杆的竖向受力简图 (b)钢杆的轴力图

解 因为 D 端固定,所以 A 点的竖向位移就是整个杆件的轴向变形量。由于各段轴力不同,应先作出杆件的轴力图,如图 4.11(b)所示。杆件的总变形量应是各段变形量的代数和,即

$$\Delta l = \Delta l_{AB} + \Delta l_{BC} + \Delta l_{CD} = \frac{N_{AB} \cdot l_{AB}}{EA} + \frac{N_{BC} \cdot l_{BC}}{EA} + \frac{N_{CD} \cdot l_{CD}}{EA} \tag{1}$$

由图 4.11(b)得

$$N_{AB} = 15\ \text{kN}$$
$$N_{BC} = 30\ \text{kN}$$
$$N_{CD} = -15\ \text{kN}$$
$$l_{AB} = l_{BC} = l_{CD} = 100\ \text{mm} = 0.1\ \text{m}$$
$$A = 1\ 000\ \text{mm}^2 = 10 \times 10^{-4}\ \text{m}^2$$
$$E = 200 \times 10^3\ \text{MPa} = 200 \times 10^6\ \text{kPa}$$

将以上各值代入式(1),得

$$\Delta l = \frac{1}{200 \times 10^6 \times 10 \times 10^{-4}}[15 \times 0.1 + 30 \times 0.1 + (-15) \times 0.1] = 1.5 \times 10^{-5}\ \text{m}$$
$$= 1.5 \times 10^{-2}\ \text{mm}$$

正号表示 A 的位移方向向上。

思 考 题

4.1 两根截面相同、材料不同的杆件，受相同的轴向外力作用，它们的内力是否相同？

4.2 轴力与截面形状相同、材料与截面面积不同的受拉杆件，它们的应力是否相同？强度是否一样？

4.3 塑性材料和脆性材料在力学性质上有哪些主要区别？

4.4 变形与应变有何区别？受拉杆件的总伸长量若等于零，那么杆内的应变是否也为零？

4.5 简述低碳钢拉伸时的力学性质及每个阶段的特点。

4.6 轴向拉、压杆件的强度条件有哪些？根据强度条件可解决哪几类实际问题？

习 题

4.1 试求图示各杆Ⅰ—Ⅰ、Ⅱ—Ⅱ、Ⅲ—Ⅲ截面上的轴力。

4.2 试绘出图示各杆的轴力图。

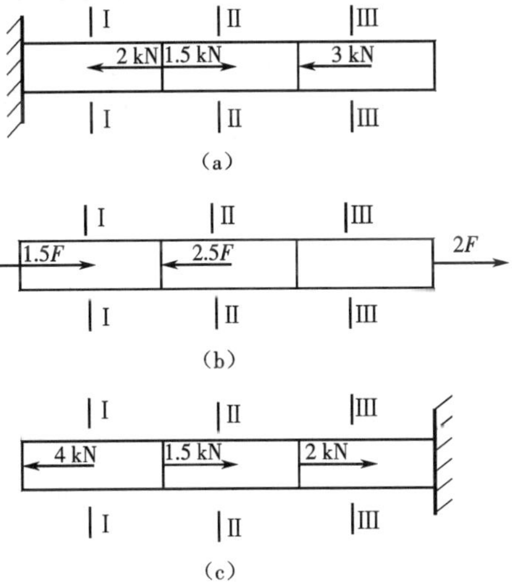

习题 4.1 图

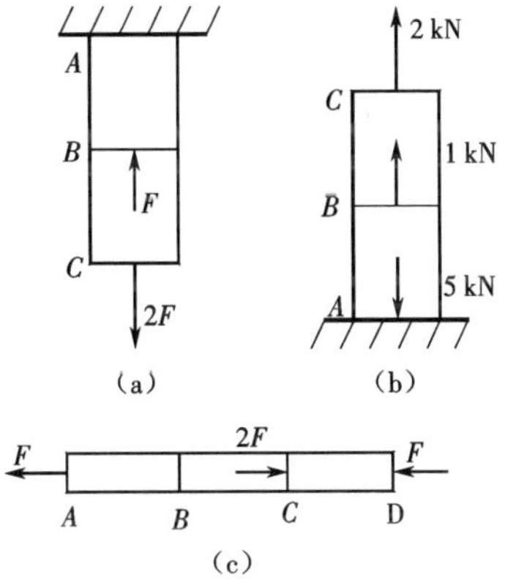

习题 4.2 图

4.3 试求图示各杆指定截面的轴力和正应力。

4.4 在图示结构中，各杆横截面面积都等于 30 cm^2，力 $F=100$ kN 作用在 B 节点上，试求 BC 和 CD 杆的应力。

4.5 图示正三角架受荷载 $F=80$ kN 作用，AB 杆为钢杆，容许应力$[\sigma]=170$ MPa；BC 杆为木杆，容许应力$[\sigma]=10$ MPa，试求两杆的横截面面积。

4.6 有一重 12 kN 的木箱，用绳索吊起，设绳索的直径 $d=40$ mm，容许应力$[\sigma]=$

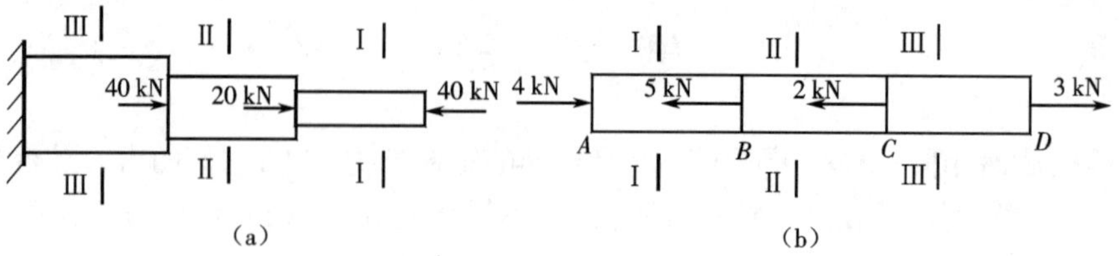

习题 4.3 图

10 MPa,试校核其强度。

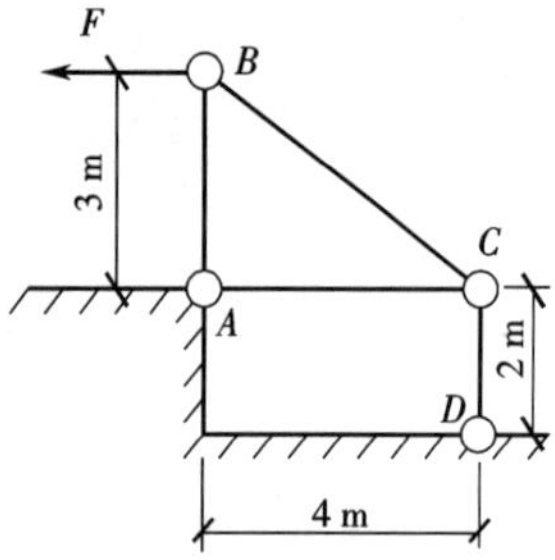

习题 4.4 图

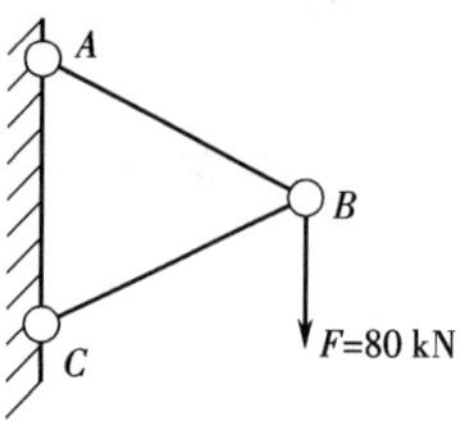

习题 4.5 图

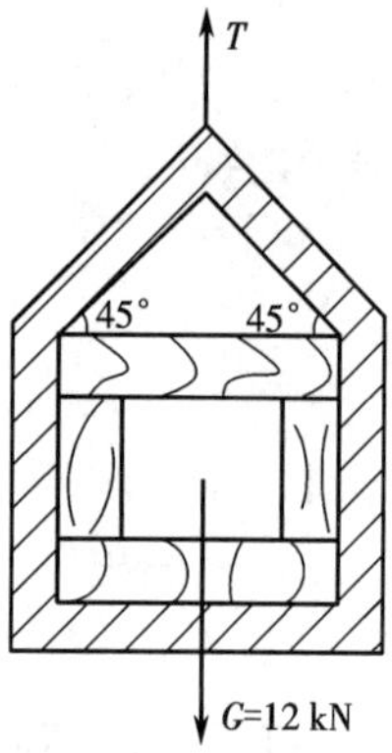

习题 4.6 图

5 受弯构件

【学习目标】

1. 能熟练陈述常见平面图形的几何性质。
2. 能正确计算简支梁的弯曲内力,并正确绘制其内力图。
3. 能基本陈述梁弯曲时正应力和剪应力的强度条件。
4. 能正确计算梁的刚度。

【学习重点】

1. 常见平面图形的截面几何性质。
2. 简支梁弯曲内力的计算和内力图的绘制。
3. 梁弯曲时正应力和剪应力的强度条件。

【学习难点】

1. 组合图形惯性矩的计算。
2. 简支梁弯曲内力的内力图绘制。
3. 梁弯曲时正应力和剪应力的强度条件。
4. 挠度微分方程的建立。

5.1 截面的几何性质

构件在外力作用下产生的应力和应变,都与构件的截面形状和尺寸有关。反映截面形状和尺寸的某些性质的量,统称为截面的几何性质。

5.1.1 静矩和形心

1. 静矩

图 5.1 所示的平面图形代表任意截面,在图形平面内建立一直角坐标系 zOy,在图形内任取一微面积 $\mathrm{d}A$,该微面积至两坐标轴的距离分别为 y 和 z,截面图形内每一微面积 $\mathrm{d}A$ 与其到平面内任意坐标轴 y 或 z 的距离乘积的总和,称为该截面图形对 y 或 z 轴的静矩,即

$$\left.\begin{aligned} S_y &= \int_A z\mathrm{d}A \\ S_z &= \int_A y\mathrm{d}A \end{aligned}\right\} \tag{5.1}$$

由式(5.1)可知,静矩是对某定轴而言的,同一截面对不同坐标轴的静矩各不相同。静矩

的单位为 m^3 或 mm^3，静矩可为正值、负值或零。

2. 截面的形心

若截面的形心 C 的坐标分别为 z_C 和 y_C，将截面看成等厚的均质薄板，则根据合力矩定理可得

$$\int_A y \cdot dA = A \cdot y_C$$

$$\int_A z \cdot dA = A \cdot z_C$$

即

$$\left.\begin{aligned} S_z &= A \cdot y_C \\ S_y &= A \cdot z_C \end{aligned}\right\} \tag{5.2}$$

于是截面形心的坐标式为

$$\left.\begin{aligned} y_C &= S_z/A \\ z_C &= S_y/A \end{aligned}\right\} \tag{5.3}$$

如果 z 轴和 y 轴通过截面的形心，则 $S_z = S_y = 0$，即截面对通过形心轴的静矩等于零。

由 n 个简单的图形组成的截面称为组合截面。计算组合截面对某轴的静矩时，可分别算出各简单图形对该轴的静矩，然后代数相加，即

$$\left.\begin{aligned} S_z &= \sum_{i=1}^{n} A_i y_i \\ S_y &= \sum_{i=1}^{n} A_i z_i \end{aligned}\right\} \tag{5.4}$$

式中：A_i、y_i 和 z_i 分别代表各简单图形的面积和形心坐标，n 为简单图形的个数。由此，组合截面的形心坐标可按下式进行计算：

$$\left.\begin{aligned} y_C &= \frac{\sum_{i=1}^{n} A_i y_i}{\sum_{i-1}^{n} A_i} \\ z_C &= \frac{\sum_{i=1}^{n} A_i z_i}{\sum_{i=1}^{n} A_i} \end{aligned}\right\} \tag{5.5}$$

【例 5.1】图 5.2 所示的倒 T 形截面，尺寸如图所示，单位为 mm。试求截面的形心。

解 取坐标系 zOy。因图形关于 y 轴对称，截面的形心必在 y 轴上，故 $z_C = 0$，只需计算 y_C 值。将截面分为Ⅰ、Ⅱ两个矩形，则

$$A_{\mathrm{I}} = 400 \times 150 = 6 \times 10^4 \ \mathrm{mm}^2$$

$$y_{\mathrm{I}} = 75 \ \mathrm{mm}$$

$$A_{\mathrm{II}} = 400 \times 200 = 8 \times 10^4 \ \mathrm{mm}^2$$

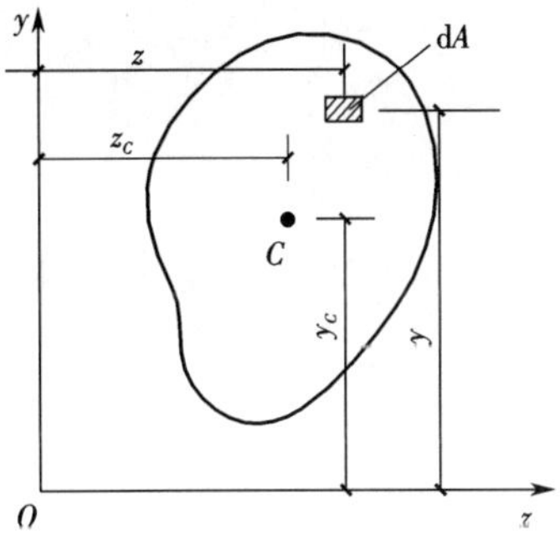

图 5.1

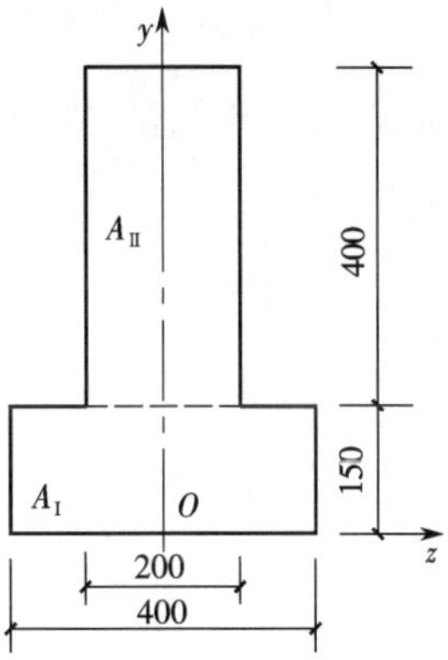

图 5.2

$$y_{\text{II}} = 350 \text{ mm}$$

将上述各值代入式(5.5),得

$$y_C = \frac{\sum_{i=1}^{n} A_i y_i}{\sum_{i=1}^{n} A_i} = \frac{6 \times 10^4 \times 75 + 8 \times 10^4 \times 350}{6 \times 10^4 + 8 \times 10^4} = 232 \text{ mm}$$

5.1.2 截面的惯性矩

1. 惯性矩

图 5.3 所示平面图形为任意截面,在图形上任取一微面积 dA,该微面积到两坐标轴的距离分别为 y 和 z。截面图形内每一微面积 dA 与其到平面内任意坐标轴 z 或 y 的距离平方乘积的总和,称为该截面图形对 z 轴或 y 轴的惯性矩,分别用符号 I_z 和 I_y 表示,即

$$\left.\begin{aligned} I_z &= \int_A y^2 \mathrm{d}A \\ I_y &= \int_A z^2 \mathrm{d}A \end{aligned}\right\} \tag{5.6}$$

不论坐标轴取在截面的什么部位,y^2 和 z^2 恒为正值,所以惯性矩恒为正值。惯性矩常用单位是 m^4 或 mm^4。

2. 简单截面图形的惯性矩

1)矩形截面

图 5.4 所示矩形截面,高为 h,宽为 b,z 轴和 y 轴为截面对称轴。取微面积 $\mathrm{d}A = b \cdot \mathrm{d}y$,由惯性矩的定义直接积分得

$$I_z = \int_A y^2 \mathrm{d}A = \int_{-\frac{h}{2}}^{\frac{h}{2}} y^2 \cdot b \cdot \mathrm{d}y = \frac{bh^3}{12}$$

同理可求得

$$I_y = \frac{b^3 h}{12}$$

对于边长为 a 的正方形截面，其惯性矩为

$$I_z = I_y = \frac{a^4}{12}$$

2）圆形截面

图 5.5 所示圆形截面，直径为 d，半径为 R，直径轴 z 和 y 为其对称轴，取微面积 $dA = 2\sqrt{R^2 - y^2} \cdot dy$，积分得圆形截面的惯性矩为

$$I_z = \int_A y^2 dA = 2\int_{-R}^{R} y^2 \sqrt{R^2 - y^2} dy = \frac{\pi R^4}{4} = \frac{\pi d^2}{64}$$

同理可求得

$$I_y = \frac{\pi d^4}{64}$$

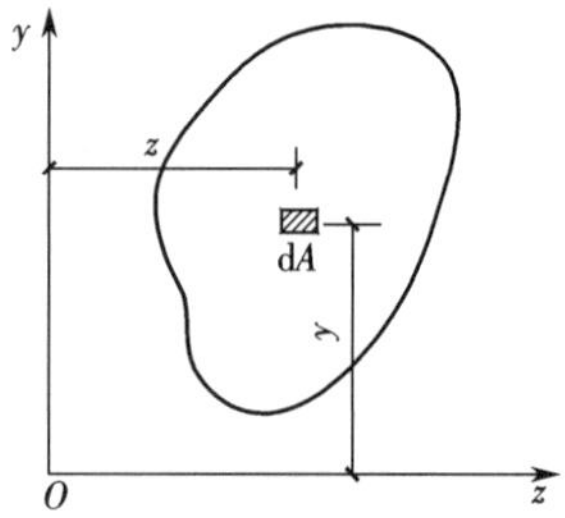

图 5.3

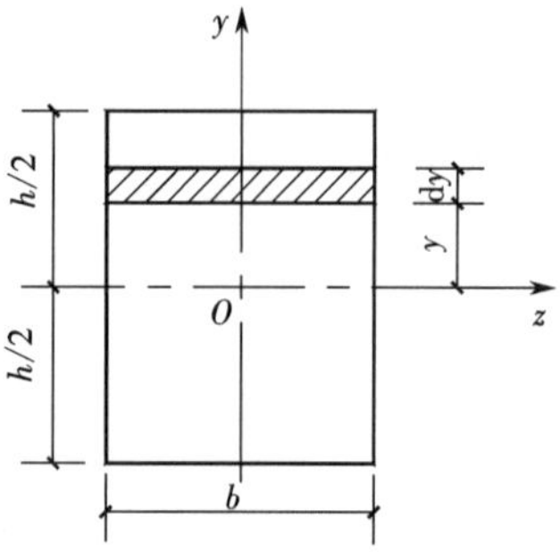

图 5.4

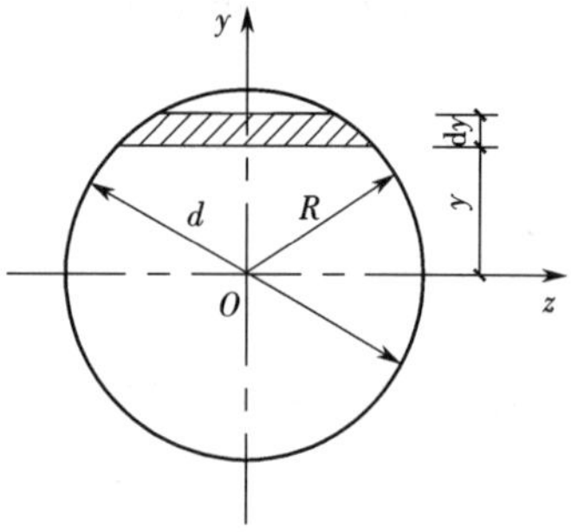

图 5.5

3. 惯性半径

为了计算上的需要，常将惯性矩表达为图形面积与某一长度二次方的乘积，即

$$I_z = r_z^2 \cdot A$$

$$I_y = r_y^2 \cdot A$$

$$\left.\begin{aligned} r_z &= \sqrt{\frac{I_z}{A}} \\ r_y &= \sqrt{\frac{I_y}{A}} \end{aligned}\right\} \quad (5.7)$$

r_z、r_y 称为截面图形对形心轴 z 和 y 的惯性半径。

常用截面图形的几何性质（包括截面面积、截面图形的形心坐标、截面图形对形心轴的惯性矩、抗弯截面模量、截面图形对形心轴的惯性半径）列在表 5.1 中，以供计算时查用。

表 5.1 常用平面图形的几何性质

序号	图形	截面面积 A	形心轴的位置	形心轴惯性矩 I	抗弯截面模量 W	惯性半径 r
1	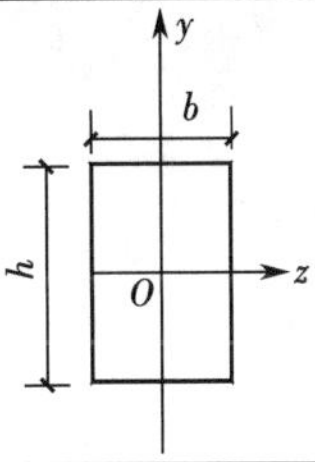	$A=bh$	$z_C=b/2$ $y_C=h/2$	$I_z=\frac{bh^3}{12}$ $I_y=\frac{hb^3}{12}$ 正方形 $b=h=a$ $I_z=I_y=\frac{a^4}{12}$	$W_z=\frac{bh^2}{6}$ $W_y=\frac{hb^2}{6}$	$r_z=\frac{h}{2\sqrt{3}}$ $r_y=\frac{b}{2\sqrt{3}}$
2	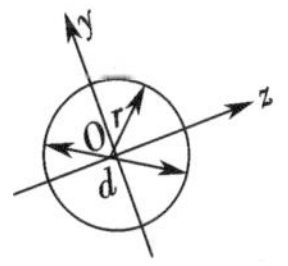	$A=\frac{\pi d^2}{4}$	圆心	$I_z=I_y=\frac{\pi d^4}{64}$	$W_z=W_y=\frac{\pi d^3}{32}$	$r_z=r_y=\frac{d}{4}$
3	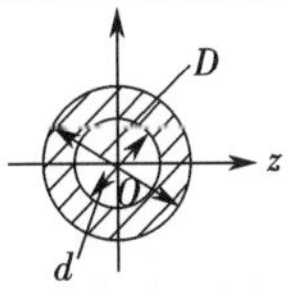	$A=\frac{\pi(D^2-d^2)}{4}$	圆心	$I_z=I_y$ $=\frac{\pi(D^4-d^4)}{64}$	$W_z=W_y$ $=\frac{\pi D^3[1-(\frac{d}{D})^4]}{32}$	$r_z=r_y=\frac{D}{4}\cdot\sqrt{1+(\frac{d}{D})^2}$
4	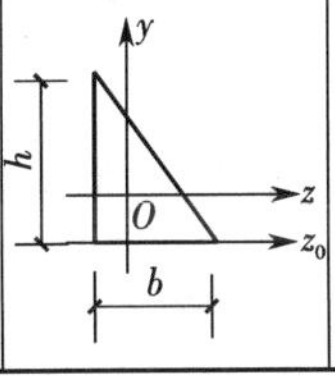	$A=\frac{bh}{2}$	$z_C=\frac{b}{3}$ $y_C=\frac{h}{3}$	$I_z=\frac{bh^3}{36}$ $I_{z0}=\frac{bh^3}{12}$	$W_z=\frac{bh^2}{24}$ $W_y=\frac{bh^2}{12}$	$r_z=\frac{h}{3\sqrt{2}}$

5.1.3 惯性矩的平行移轴公式

同一截面对不同坐标轴的惯性矩是不同的,但它们之间存在一定的关系。下面讨论相互平行坐标轴的惯性矩之间的关系。

图 5.6 中 C 点为截面的形心,z 轴和 y 轴为形心轴。z_1轴和 y_1轴分别与 z 轴和 y 轴平行,其间距分别为 a 和 b。

在截面中任取一微面积 dA,它在两个坐标系中的坐标关系为

$$z_1=z+b$$

$$y_1=y+a$$

根据惯性矩的定义可知

$$I_{z_1}=\int_A y_1^2 dA=\int_A(y+a)^2 dA=\int_A(y^2+2ya+a^2)dA$$

$$=\int_A y^2 dA+2a\int_A y dA+a^2\int_A dA$$

式中:第一项积分$\int_A y^2 dA$ 为截面对形心轴 z 的惯性矩;第二项积分$\int_A y dA$ 为截面对形心轴 z 的

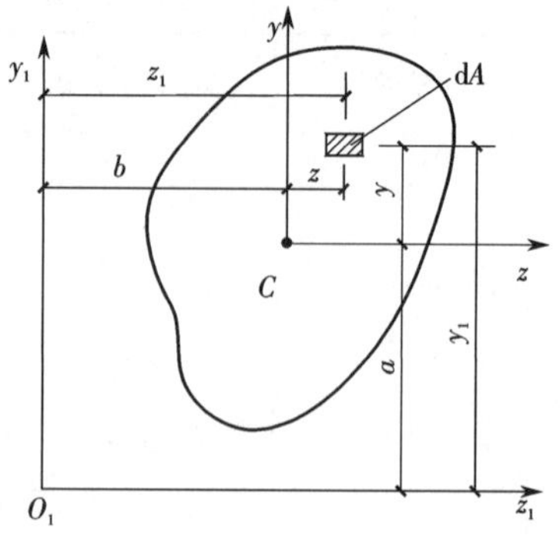

图 5.6

静矩，该项等于零；第三项积分$\int_A \mathrm{d}A$ 为截面的面积 A。

故得

$$I_{z_1} = I_z + a^2 A$$

同理得

$$I_{y_1} = I_y + b^2 A \tag{5.8}$$

式(5.8)说明，截面图形对任意轴的惯性矩，等于其对平行于该轴的形心轴的惯性矩，再加上截面面积与两轴间距离平方的乘积，式(5.8)就是惯性矩平行移轴公式。

5.1.4 组合截面惯性矩的计算

组合截面对某轴的惯性矩，等于组成它的各个简单图形对同一轴的惯性矩之和。

【例 5.2】图 5.7 所示 T 形截面，尺寸如图所示，单位为 mm。试求 T 形截面对形心轴 z_C 和 y_C 的惯性矩。

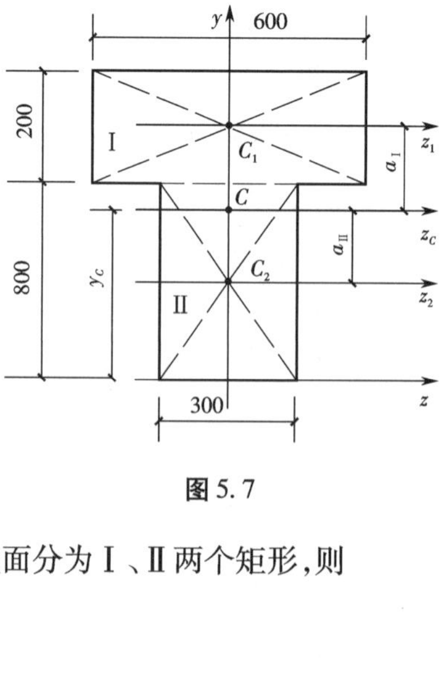

图 5.7

解　①求形心位置。将截面分为Ⅰ、Ⅱ两个矩形，则

$$A_{\mathrm{I}}=600\times200=12\times10^4\ \mathrm{mm}^2\quad y_{\mathrm{I}}=900\ \mathrm{mm}$$

$$A_{\mathrm{II}}=300\times800=24\times10^4\ \mathrm{mm}^2\quad y_{\mathrm{II}}=400\ \mathrm{mm}$$

由形心公式得

$$y_C=\frac{\sum_{i=1}^{n}A_iy_i}{\sum_{i=1}^{n}A_i}=\frac{12\times10^4\times900+24\times10^4\times400}{12\times10^4+24\times10^4}=567\ \mathrm{mm}$$

②求 T 形截面对 z_C、y_C轴的惯性矩。

由图得

$$a_{\mathrm{I}}=1\ 000-y_C-\frac{200}{2}=1\ 000-567-100=333\ \mathrm{mm}$$

$$a_{\mathrm{II}}=y_C-\frac{800}{2}=567-400=167\ \mathrm{mm}$$

由平行移轴公式得

$$\begin{aligned}I_{z_C}&=I_{z_1}+a_1^2A_1+I_{z_2}+a_2^2A_2\\&=\frac{600\times200^2}{12}+333^2\times12\times10^4+\frac{300\times800^3}{12}+167^2\times24\times10^4\\&=3.32\times10^{10}\mathrm{mm}^4\end{aligned}$$

$$I_{y_C}=I_{y_1}+I_{y_2}=\frac{200\times600^3}{12}+\frac{800\times300^3}{12}=0.54\times10^{10}\ \mathrm{mm}^4$$

5.2 受弯构件的内力

5.2.1 直梁弯曲的构件

工程结构中经常利用梁来承受荷载。房屋建筑中的楼(屋)面梁承受楼板传来的荷载[图5.8(a)],外廊式建筑的挑梁承受楼板及栏杆传来的荷载[图5.8(b)],这些荷载的方向都与梁的轴线相垂直,在荷载作用下梁变弯,其轴线由原来的直线变成了曲线,构件的这种变形称为弯曲变形,产生弯曲变形的构件称为受弯构件。

工程中常见的梁,其横截面大都具有一个对称轴,对称轴与梁轴线所组成的平面称为纵向对称平面。如果梁上的外力(包括荷载和支座反力)的作用线都位于纵向对称平面内,其组成一个平衡力系,此时梁的轴线将弯曲成一条位于纵向对称平面内的平面曲线,这样的弯曲变形称为平面弯曲。

为了分析梁的内力,首先应确定作用在梁上的外力。作用在梁上的外力包括两部分:第一部分是作用在梁上的荷载,第二部分是梁的约束反力。

作用在梁上的荷载有下列几种。

1.分布荷载

分布荷载是分布在某一面积上的荷载,如风荷载、雪荷载和梁的自重等。计算时通常将分

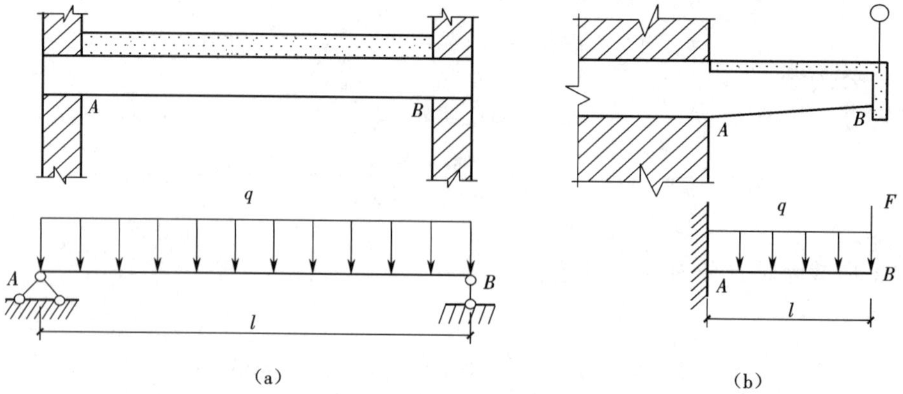

图 5.8

布荷载折算成沿梁长度方向连续分布的线荷载,线荷载的大小通常用荷载集度 q 来表示,线荷载的单位为牛每米(N/m)或千牛每米(kN/m)。分布荷载又分为均布荷载(即在分布长度上各点的荷载集度是相同的)和非均布荷载(即在分布长度上各点的荷载集度是不相同的),如图 5.9 所示。

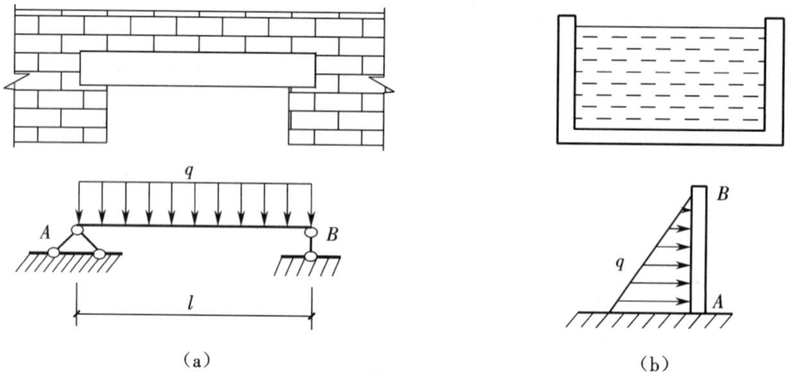

图 5.9

2. 集中荷载

当分布荷载作用在梁上的长度与梁的全长相比很小时,分布荷载可简化为作用在梁上一点,称为集中荷载,用符号 F 表示,其单位为牛(N)或千牛(kN),如图 5.10 所示。

3. 集中力偶

如图 5.11 所示,荷载作用在梁上的长度与梁的全长相比很小时,荷载可简化为作用在梁上某截面处的一对反向集中力,称为集中力偶,用符号 m 表示,其单位为牛·米(N·m)或千牛·米(kN·m)。

梁的支座反力与梁的支座构造形式有关,具体内容详见 1.4 节。

工程中常见的梁,可分为以下三种。

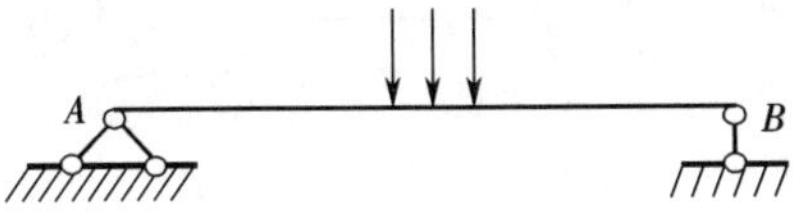

（a）

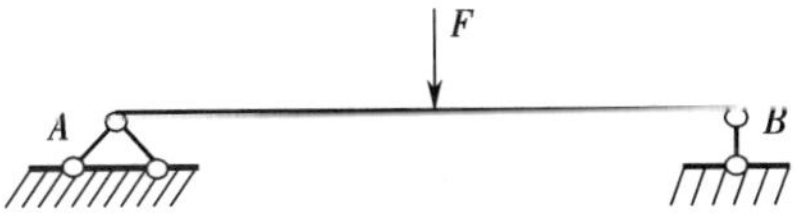

（b）

图5.10

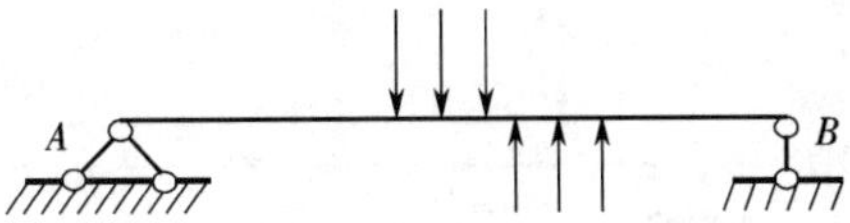

（a）

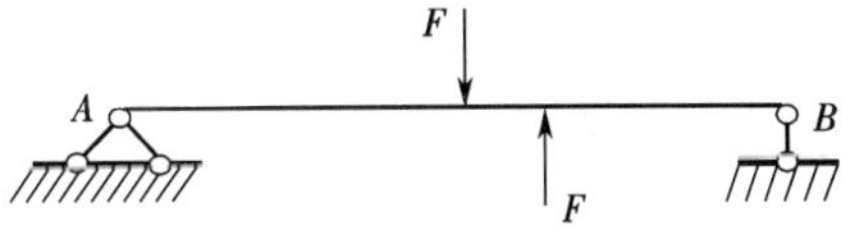

（b）

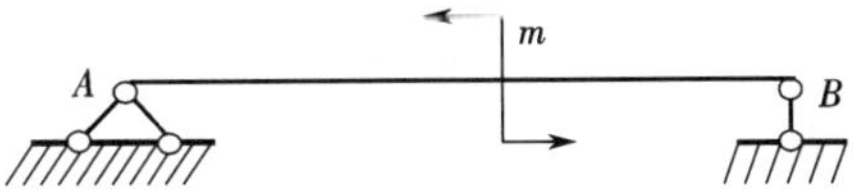

（c）

图5.11

①简支梁，该梁的一端为固定铰支座，另一端为可动铰支座[图5.12(a)]。

②外伸梁，该梁为一端或两端向外伸出的简支梁[图5.12(b)]。

③悬臂梁，该梁的一端为固定端支座，另一端为自由端[图5.12(c)]。

（a）

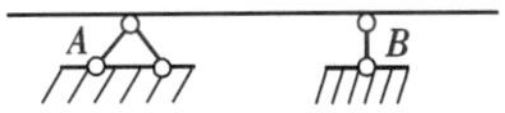

（b）

（c）

图5.12

上述三种梁均属于静定梁，在荷载已知的条件下，静定梁的全部支座反力均可由平衡方程求得。

5.2.2 梁的内力及计算

1. 梁的内力——剪力和弯矩

梁在外力作用下，横截面上将产生内力。

设一简支梁 AB 如图5.13(a)所示，现分析距支座 A 为 x 处的横截面 m—m 上的内力。

在求内力的 m—m 处，用一与梁轴线垂直的假想平面将梁截为两段，取其中任意一段来研究，如图5.13(b)中的左段，左段上除作用有荷载和支座反力外，在截开的截面上还有右段梁对左段梁的作用力，这些力就是截面 m—m 上的内力。

由于梁原来是平衡的，截开后的每一段梁也应该保持平衡，所以截面 m—m 上的内力可用平衡方程求得。因为左段梁上的各外力在 y 轴上投影的代数和及各外力对截面形心之矩的代数和一般不为零，即左段梁上的外力一般不是平衡力系。所以，左段梁要保持平衡，在 m—m 截面上必然要产生一个与各外力的合力平行、指向相反的内力 V 和一个位于荷载平面内的内力偶矩 M。内力 V 称为剪力，它实际上是梁横截面上切向分布内力的合力；内力偶矩 M 称为

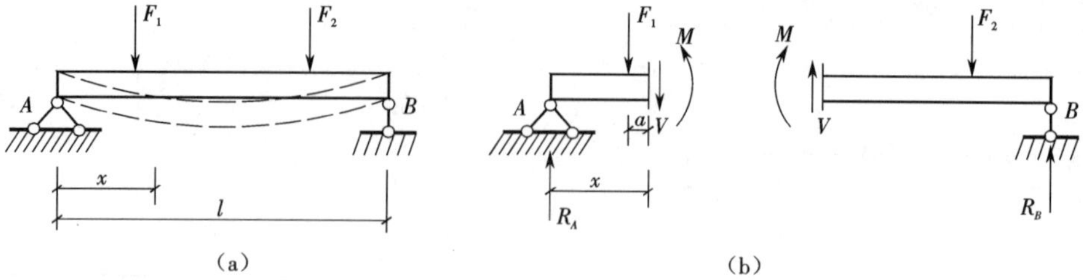

图 5.13

截面的弯矩,它实际上是横截面上的法向分布内力组成的合力偶矩。

2. 剪力和弯矩的计算

求截面剪力和弯矩的基本方法是截面法,但应注意在取隔离体时,可取左段,也可以取右段,应以计算简便为准。

如图 5.13(b)所示,取左段为研究对象,画出左段的受力图,由平衡方程

$$\sum F_y = 0 \qquad R_A - F_1 - V = 0$$

可得

$$V = R_A - F_1$$

如 $R_A > F_1$,V 为正值,则 V 的方向与假设一致(即截面上剪力 V 的实际方向向下)。

对 m—m 截面的形心取矩

$$\sum M = 0 \qquad M - R_A x + F_1 a = 0$$

可得

$$M = R_A x - F_1 a$$

如计算结果为正值,则弯矩 M 的转向与假设一致(即截面上弯矩的实际转向为逆时针方向)。

若取右段梁为研究对象,同样可得如上的结果,但剪力的方向和弯矩的转向与左段梁剪力的方向及弯矩的转向相反,这是因为它们是作用力与反作用力的关系。

3. 剪力和弯矩的正负号规定

内力有正负之分,梁的弯曲内力——剪力和弯矩的正负号规定如下。

①剪力符号:当截面上的剪力使所选的隔离体作顺时针方向转动时为正[图 5.14(a)];反之为负[图 5.14(b)]。

②弯矩符号:当截面上的弯矩使所选的隔离体上部受压、下部受拉时为正[图 5.15(a)];反之为负[图 5.15(b)]。

按上述规定,图 5.13(b)所示 m—m 截面上的剪力 V 和弯矩 M 均为正值。

【例 5.3】图 5.16(a)所示简支梁,承受两个集中荷载作用,已知 $F_1 = 24$ kN,$F_2 = 12$ kN,试求指定截面 1—1、2—2 的剪力和弯矩。

解 ①求支座反力。

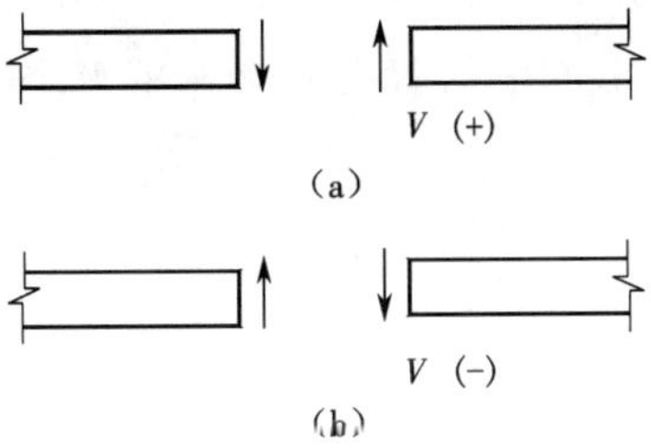

图 5.14

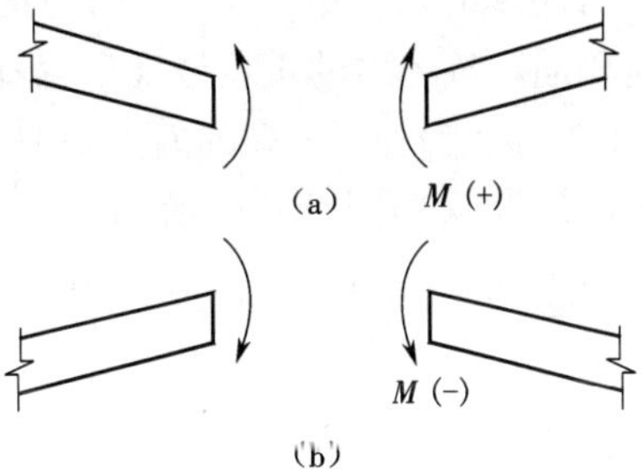

图 5.15

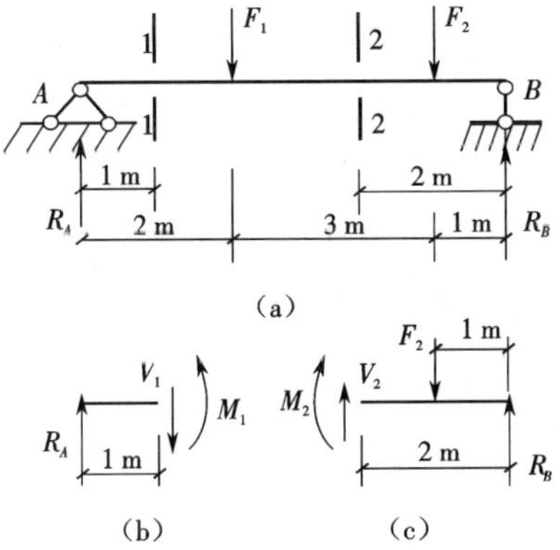

图 5.16

由 $\sum M_A = 0$ 得

$$R_B = \frac{F_1 \times 2 + F_2 \times 5}{6} = \frac{24 \times 2 + 12 \times 5}{6} = 18\ \text{kN}(\uparrow)$$

由 $\sum M_B = 0$ 得

$$R_A = \frac{F_1 \times 4 + F_2 \times 1}{6} = \frac{24 \times 4 + 12 \times 1}{6} = 18\ \text{kN}(\uparrow)$$

由 $\sum F_y = 0$ 得

$$R_A + R_B - F_1 - F_2 = 18 + 18 - 24 - 12 = 0$$

支座反力计算正确。

②求指定截面 1—1 的内力。取截面 1—1 以左为隔离体,截面上的剪力 V_1、弯矩 M_1 均按正方向假设,如图 5.16(b)所示。

由 $\sum F_y = 0, R_A - V_1 = 0$ 得

$$V_1 = R_A = 18\ \text{kN}$$

由 $\sum M = 0, M_1 - R_A \times 1 = 0$ 得

$$M_1 = R_A \times 1 = 18\ \text{kN} \cdot \text{m}$$

由计算结果可知，V_1和M_1均为正值，这说明截面1—1上的剪力和弯矩的实际方向与假设方向相同。按内力的正负号规定，截面1—1上的内力均为正值。

③求指定截面2—2的内力。取截面2—2以右为隔离体，截面上的剪力V_2和弯矩M_2均按正方向假设，如图5.16(c)所示。

由$\sum F_y=0, V_2+R_B-F_2=0$得

$$V_2=F_2-R_B=12-18=-6\ \text{kN}$$

由$\sum M=0, M_2+F_2\times1-R_B\times2=0$得

$$M_2=R_B\times2-F_2\times1=18\times2-12\times1=24\ \text{kN}\cdot\text{m}$$

由计算结果可知，V_2为负值，这说明截面2—2上剪力的假设方向与实际方向相反，即V_2的实际方向应向下；M_2为正值，这说明截面2—2上弯矩的假设方向与实际方向相同。

【例5.4】图5.17所示悬臂梁，受均布荷载与集中荷载作用，试求1—1截面上的剪力和弯矩。

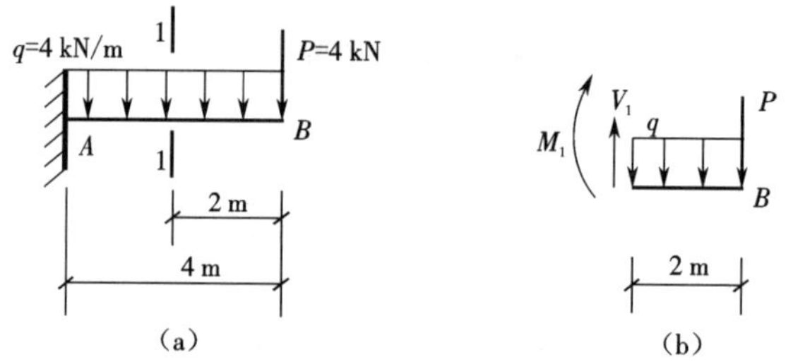

图5.17

解 在1—1截面处截开，取右段为隔离体，隔离体受力图如图5.17(b)所示。在列平衡方程时，分布荷载可用合力代替。

由$\sum F_y=0, V_1-2q-P=0$得

$$V_1=2q+P=2\times4+4=12\ \text{kN}$$

由$\sum M=0, M_1+2q\times\frac{2}{2}+P\times2=0$得

$$M_1=-\frac{1}{2}q\times2^2-P\times2=-\frac{1}{2}\times4\times2^2-4\times2=-16\ \text{kN}\cdot\text{m}$$

M_1为负值，表明弯矩的实际转向同假设转向相反。

从上述例题剪力和弯矩的计算过程中可以看到，梁任意横截面上的剪力V是由$\sum F_y=0$这个平衡方程式求得的；弯矩M_1是由$\sum M=0$这个平衡方程式求得的，并可得出以下结论。

①梁的任一横截面上的剪力，在数值上等于该截面以左或以右所有竖向外力（包括斜向外力的竖向分力）的代数和。

②梁的任一横截面上的弯矩，在数值上等于该截面以左或以右所有外力对该截面形心力矩的代数和。

利用上述结论计算指定截面上的内力时，可不必画隔离体的受力图和列平衡方程式，只要

梁上的外力(包括支座反力)已知,任意横截面上的内力值均可直接求得。

【例 5.5】一外伸梁,其荷载及尺寸如图 5.18(a)所示。试求截面 1—1 及 D 点稍左的 2—2 截面和稍右的 3—3 截面上的剪力和弯矩。

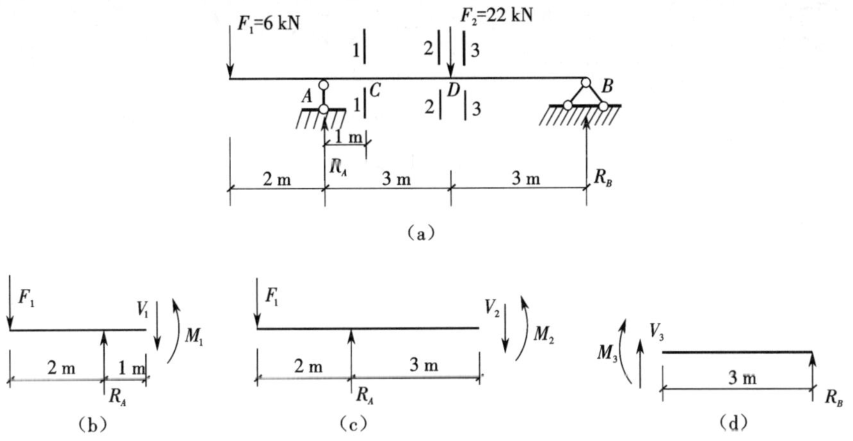

图 5.18

解 ①求支座反力。

由 $\sum M_B = 0$ 得

$$R_A = \frac{1}{6}(F_1 \times 8 + F_2 \times 3) = \frac{1}{6}(6 \times 8 + 22 \times 3) = 19\ \text{kN}(\uparrow)$$

由 $\sum M_A = 0$ 得

$$R_B = \frac{1}{6}(F_2 \times 3 - F_1 \times 2) = \frac{1}{6}(22 \times 3 - 6 \times 2) = 9\ \text{kN}(\uparrow)$$

②求指定截面的内力。

由图 5.18(b)有

$$V_1 = R_A - F_1 = 19 - 6 = 13\ \text{kN}$$

$$M_1 = R_A \times 1 - F_1 \times 3 = 19 \times 1 - 6 \times 3 = 1\ \text{kN} \cdot \text{m}$$

由图 5.18(c)有

$$V_2 = V_{D左} = R_A - F_1 = 19 - 6 = 13\ \text{kN}$$

$$M_2 = M_{D左} = R_A \times 3 - F_1 \times 5 = 19 \times 3 - 6 \times 5 = 27\ \text{kN} \cdot \text{m}$$

由图 5.18(d)有

$$V_3 = V_{D右} = -R_B = -9\ \text{kN}$$

$$M_3 = M_{D右} = R_B \times 3 = 9 \times 3 = 27\ \text{kN} \cdot \text{m}$$

V_2和 V_3分别表示集中作用点稍左和稍右截面的剪力,这两个截面的剪力值虽不同,但其绝对值之和(10 + 9 = 22 kN)与集中荷载 F_2的数值相等。M_2和 M_3分别表示 D 点稍左、稍右的弯矩值,其特点是大小相等、符号相同。

【例 5.6】一简支梁的荷载及尺寸如图 5.19(a)所示,试求 C 截面稍左和稍右的剪力和弯矩。

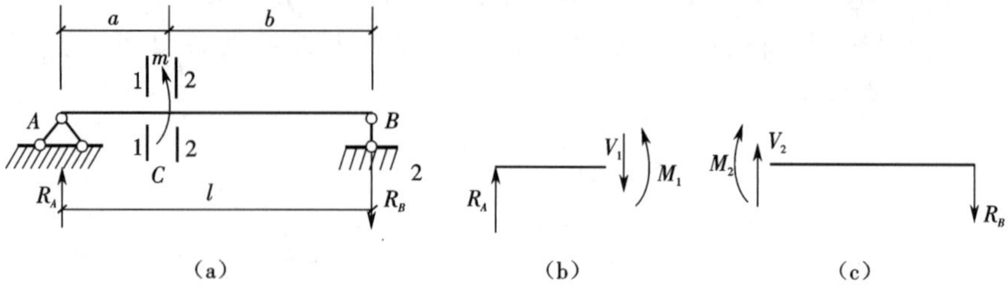

图 5.19

解 ①求支座反力。

由 $\sum M_A=0$ 得

$$R_B=m/l(\downarrow)$$

由 $\sum M_B=0$ 得

$$R_A=m/l(\uparrow)$$

②求指定截面的内力。

由图 5.19(b)有

$$V_1=V_{C左}=R_A=m/l$$
$$M_1=M_{C左}=R_Aa=ma/l$$

由图 5.19(c)有

$$V_2=V_{C右}=R_B=m/l$$
$$M_2=M_{C右}=-R_Bb=-mb/l$$

由以上计算结果看出，$V_1=V_2=m/l$ 即集中力偶作用点处稍左、稍右截面上的剪力值，大小相等、符号相同。另外，M_1 和 M_2 为 C 点稍左、稍右截面上的弯矩，其值虽不相同，但它们的绝对值之和 $ma/l+mb/l=m(a+b)/l$ 等于集中力偶的力偶矩 m。

5.2.3 剪力图和弯矩图

在一般情况下，梁各个截面上的剪力值和弯矩值是不同的，它们随截面位置的不同而变化。由于在进行梁的强度计算时，需要知道梁在外力作用下所产生的最大内力及最大内力所在的截面位置以及全段梁的内力随截面位置而变化的情况，通常内力沿梁全长的变化规律用图形来表示，这种表示剪力、弯矩变化规律的图形称为剪力图和弯矩图。

1. 用静力法绘制内力图

在外力作用下，梁的内力图都是函数图形，若以横坐标 x 表示梁横截面的位置，则梁上各横截面上的剪力和弯矩均可以表示为 x 的函数，即

$$V=V_{(x)}$$
$$M=M_{(x)}$$

以上二式分别称为梁的剪力方程和弯矩方程。在列方程时，首先应建立坐标轴 x，一般以梁的左端为坐标原点；然后根据平衡条件列方程、作图，并规定以平行于梁轴线的 x 轴为基线，作剪

力图时，正剪力画在基线的上方，负剪力画在基线的下方；作弯矩图时，正弯矩画在基线的下方，负弯矩画在基线的上方，并在图中注明正负号。

【例 5.7】图 5.20(a)所示悬臂梁，受均布荷载 q 作用，试绘制此梁的剪力图和弯矩图。

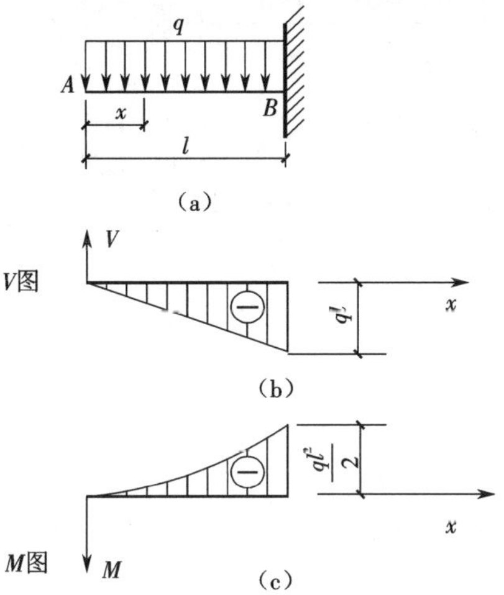

图 5.20

解 以梁左端 A 点为坐标原点，取距 A 点为 x 的任一截面，列出该截面的剪力方程和弯矩方程。

$$V_{(x)} = -qx(0 \leqslant x \leqslant l) \tag{1}$$

$$M_{(x)} = -\frac{1}{2}qx^2(0 \leqslant x \leqslant l) \tag{2}$$

由式(1)可知，剪力 $V_{(x)}$ 是 x 的一次函数，故剪力 $V_{(x)}$ 在 $0 \leqslant x < l$ 范围内为一斜直线，即 $x=0$ 时，$V_{(0)}=0$；$x=l$ 时，$V_{(l)}=-ql$，剪力图如图 5.20(b)所示。

由式(2)可知，弯矩 $M_{(x)}$ 是 x 的二次函数，故弯矩 $M_{(x)}$ 在 $0 \leqslant x < l$ 范围内为二次抛物线，这就需要确定三四个控制点，才能大致描出该曲线形状，即 $x=0$ 时，$M_{(0)}=0$；$x=\frac{l}{2}$时，$M_{(\frac{l}{2})}=-\frac{1}{8}ql^2$；$x=l$ 时，$M_{(l)}=-\frac{1}{2}ql^2$，由此可绘出弯矩图[图 5.20(c)]。

【例 5.8】图 5.21(a)所示简支梁，受均布荷载作用，试绘制该梁的剪力图和弯矩图。

解 ①求支座反力。

$$R_A = R_B = \frac{1}{2}ql(\uparrow)$$

②列剪力和弯矩方程，取 A 点为坐标原点，距 A 点为 x 的任一截面的剪力方程和弯矩方程为

$$V_{(x)} = R_A - qx = q\left(\frac{1}{2}l - x\right) \quad (0 \leqslant x \leqslant l) \tag{1}$$

$$M_{(x)} = R_A x - qx\frac{x}{2} = \frac{1}{2}q(lx - x^2) \quad (0 \leqslant x \leqslant l) \tag{2}$$

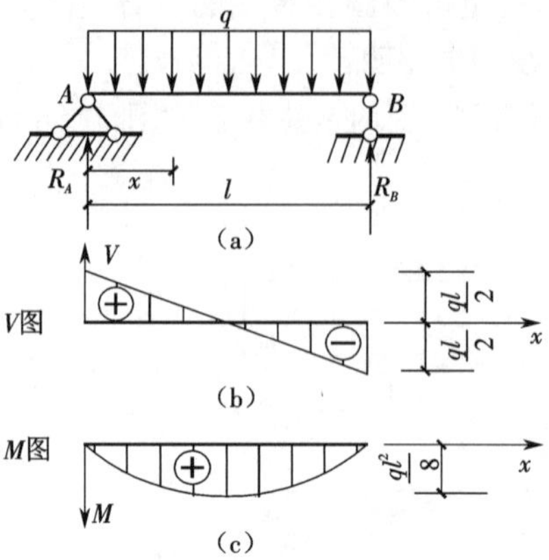

图 5.21

③绘制剪力图和弯矩图。

由式(1)可知,剪力图为一斜直线。

$x=0$ 时

$$V_A=R_A=\frac{1}{2}ql$$

$x=l$ 时

$$V_B=q\left(\frac{1}{2}l-l\right)=-\frac{1}{2}ql$$

剪力图如图5.21(b)所示,由图可看出,梁两端的剪力最大,即$|V|_{\max}=\frac{1}{2}ql$,跨中剪力等于零。

由式(2)可知,弯矩图为一条二次抛物线。

$x=0$ 时

$$M_{(0)}=M_A=0$$

$x=\frac{l}{4}$时

$$M_{(\frac{l}{4})}=\frac{1}{2}q\left[l\cdot\frac{l}{4}-\left(\frac{l}{4}\right)^2\right]=\frac{3}{32}ql^2$$

$x=\frac{l}{2}$时

$$M_{(\frac{l}{2})}=\frac{1}{2}q\left[l\cdot\frac{l}{2}-\left(\frac{l}{2}\right)^2\right]=\frac{1}{8}ql^2$$

$x=\frac{3}{4}l$ 时

$$M_{(\frac{3l}{4})}=\frac{1}{2}q\left[l\cdot\frac{3}{4}l-\left(\frac{3l}{4}\right)^2\right]=\frac{3}{32}ql^2$$

$x=l$ 时

$$M_{(l)}=\frac{1}{2}q(l\cdot l-l^2)=0$$

弯矩图如图5.21(c)所示，由图可看出，梁两端的弯矩等于零，跨中弯矩最大，即$|M|_{max}=\frac{1}{8}ql^2$，但此处剪力等于零。

【**例5.9**】图5.22(a)所示一简支梁，受一集中力作用，试绘制该梁的剪力图和弯矩图。

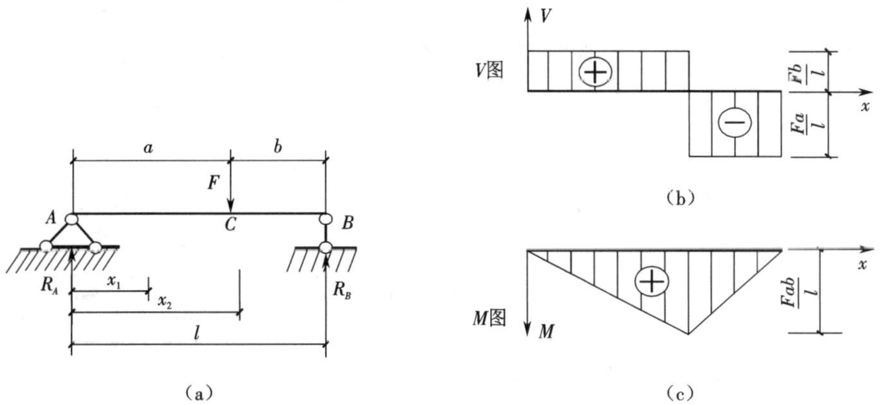

图5.22

解 ①求支座反力。以梁整体为隔离体，求得支座反力为

$$R_A=\frac{Fb}{l}(\uparrow)$$

$$R_B=\frac{Fa}{l}(\uparrow)$$

②列剪力方程和弯矩方程。由于梁上的集中力F将梁分为AC、CB两段，各段的剪力方程和弯矩方程分别如下。

AC段：

$$V_{(x_1)}=R_A=Fb/l \quad (0\leqslant x_1<a) \tag{1}$$

BC段：

$$V_{(x_2)}=R_A-F=-Fa/l \quad (a<x_2\leqslant l) \tag{2}$$

AC段：

$$M_{(x_1)}=R_Ax_1=\frac{Fb}{l}x_1(0\leqslant x_1\leqslant a) \tag{3}$$

BC段：

$$M_{(x_2)}=R_Ax_2-F(x_2-a)=\frac{Fb}{l}x_2-F(x_2-a)(a\leqslant x_2\leqslant l) \tag{4}$$

③绘制剪力图和弯矩图。由式(1)和式(2)可知，AC段和BC段的剪力为常数，剪力图各

为一条平行于基线的直线[图 5.22(b)];由式(3)和式(4)可知,AC 段和 BC 段的弯矩图各为一条斜直线[图 5.22(c)]。

AC 段:$x_1=0$ 时,$M_A=0$;$x_1=a$ 时,$M_C=R_Aa=\frac{Fab}{l}$。

BC 段:$x_2=a$ 时,$M_C=\frac{Fb}{l}a-F(a-a)=\frac{Fab}{l}$;$x_2=l$ 时,$M_B=\frac{Fb}{l}\cdot l-F(l-a)=0$。

④由图 5.22(b)可看出,无集中荷载的梁段,其剪力图是平行于基线的直线,集中力作用点处,剪力发生突变,即由 $+\frac{Fb}{l}$ 变到 $-\frac{Fa}{l}$,突变绝对值为 $\frac{Fb}{l}+\frac{Fa}{l}=F$,等于集中力 F 的大小。在无集中荷载的梁段,弯矩图为斜直线,在集中力作用点处,弯矩图出现一个拐点。

【例 5.10】图 5.23(a)所示简支梁,受集中力偶 m 作用,试绘此梁的剪力图和弯矩图。

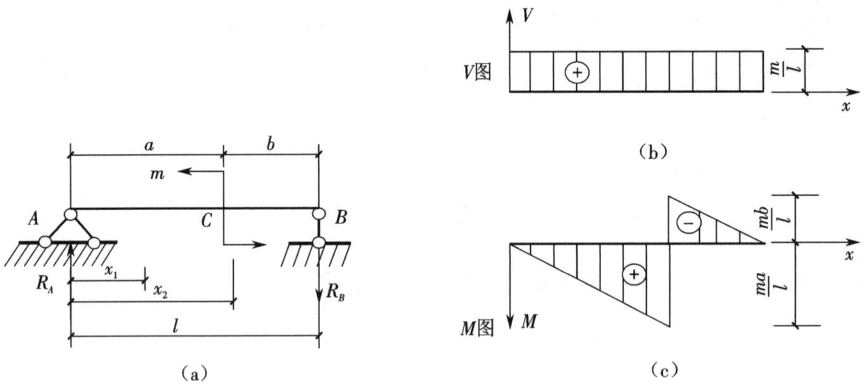

图 5.23

解 ①求支座反力。以梁整体为隔离体,求得

$$R_A=\frac{m}{l}(\uparrow)$$

$$R_B=\frac{m}{l}(\downarrow)$$

②列剪力方程和弯矩方程。由于此梁只有一集中力偶作用,而无横向外力作用,故此梁只有一个剪力方程,即

$$V_{(x)}=\frac{m}{l}(0\leqslant x\leqslant l)$$

AC 段和 BC 段的弯矩方程分别如下。

AC 段:

$$M_{(x_1)}=R_Ax_1=\frac{m}{l}x_1(0\leqslant x_1<a)$$

BC 段:

$$M_{(x_2)}=R_Ax_2-m=\frac{m}{l}x_2-m(a<x_2\leqslant l)$$

③绘剪力图和弯矩图。

由剪力方程可知,全梁的剪力值为一常数,即剪力图为一条与基线相平行的直线,如图5.23(b)所示。

由弯矩方程可知,AC 和 BC 梁段的弯矩值分别为 x_1、x_2 的一次函数,各为一条斜直线,如图5.23(c)所示。

AC 段:$x_1=0$ 时,$M_{(0)}=M_A=0$;$x_1=a$ 时,$M_{(a)}=M_{C左}=R_Aa=\frac{m}{l}\cdot a$。

BC 段:$x_2=a$ 时,$M_{(a)}=M_{C右}=\frac{m}{l}\cdot a-m=-\frac{m}{l}b$;$x_2=l$ 时,$M_{(l)}=M_B=\frac{m}{l}l-m=0$。

由此例可看出,在集中力偶作用处,剪力图不受影响,仍为一条与基线相平行的直线。而弯矩图在集中力偶作用处发生突变,突变的绝对值等于集中力偶的大小,即

$$\frac{m}{l}a+\frac{m}{l}b=\frac{m}{l}(a+b)=m$$

通过上述例题的计算,可将剪力图和弯矩图的绘制步骤归纳如下:

①求支座反力;

②梁上荷载不连续要分段,集中力、集中力偶和分布荷载的起止点作为分界点;

③确定坐标原点,列出各梁段的剪力方程和弯矩方程;

④绘出剪力图和弯矩图;

⑤确定 $|V_{max}|$ 和 $|M_{max}|$ 的大小及其所在位置。

2.用简捷法绘制梁的剪力图和弯矩图

当梁上的外力发生变化时,内力就不能用一个统一的函数式表达,需分段列内力方程式。梁上的荷载变化越复杂,分段就越多,内力图的绘制就会十分烦琐,而且很容易发生差错。

下面介绍绘制梁内力图的另一种方法——简捷法。

在介绍此法之前,先研究剪力、弯矩和梁上分布荷载间的关系。分布荷载的大小用单位长度上的力来度量,称为荷载集度,通常用符号 q 表示,并规定 q 的方向为向上为正,向下为负。

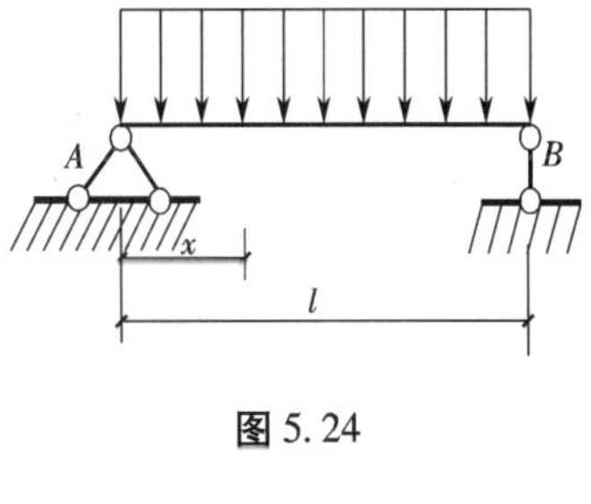

图5.24

如图5.24所示简支梁,受均布荷载 q 作用,此时梁的剪力和弯矩方程为

$$V_{(x)}=\frac{1}{2}ql-qx$$

$$M_{(x)}=\frac{1}{2}qlx-\frac{1}{2}qx^2$$

将 $M_{(x)}$ 对 x 求导,得

$$\frac{\mathrm{d}M_{(x)}}{\mathrm{d}x}=\frac{1}{2}ql-qx=V_{(x)} \tag{5.9a}$$

其结果正好是剪力方程 $V_{(x)}$。再将剪力方程 $V_{(x)}$ 对 x 求导,得

$$\frac{dV_{(x)}}{dx} = -q_{(x)} \tag{5.9b}$$

其结果又恰是梁上的分布荷载集度 $q_{(x)}$,式中的负号表示荷载方向向下。

同理可得到如下结果

$$\frac{d^2M_{(x)}}{dx^2} = -q_{(x)} \tag{5.9c}$$

式(5.9a)、式(5.9b)、式(5.9c)分别表示了剪力、弯矩和荷载集度间的微分关系,它们的几何意义如下。

由式5.9(a)可知,弯矩在某点对 x 的一阶导数等于该点处剪力的大小。

由式5.9(b)可知,剪力在某点对 x 的一阶导数等于该点处分布荷载集度的大小。

由式5.9(c)可知,弯矩在某点对 x 的二阶导数等于该点处分布荷载集度的大小。

由上述微分关系的几何意义可归纳出,在常见情况下,梁上的荷载、剪力图和弯矩图三者间的一些规律。

①梁段上没有荷载作用,即 $q_{(x)}=0$,由 $\frac{dV_{(x)}}{dx}=-q_{(x)}=0$ 可知,剪力 $V_{(x)}$ 为常数,所以此段梁的剪力图为一水平线。又由 $\frac{dM_{(x)}}{dx}=V_{(x)}=$ 常数可知,弯矩图的斜率为一常数,故弯矩图为一斜直线,其方向取决于剪力的正负号。当规定弯矩图的纵坐标向下为正时:

$V_{(x)}=$ 常数 >0 时,弯矩图的斜率为正,所以弯矩图为一从左向右下的斜直线(\);

$V_{(x)}=$ 常数 <0 时,弯矩图的斜率为负,所以弯矩图为一从左向右上的斜直线(/);

$V_{(x)}=0$ 时,弯矩图的斜率为零,所以弯矩图为一水平线(—)。

②梁段上有均布荷载,即 $q_{(x)}=$ 常数,由 $\frac{dV_{(x)}}{dx}=-q_{(x)}=$ 常数可知,剪力图的斜率为常数,所以该梁段的剪力图为一斜直线。斜线方向由 $q_{(x)}$ 的正负决定:当 $q_{(x)}>0$ 时,剪力图为从左向右上的斜直线(/);当 $q_{(x)}<0$ 时,剪力图为从左向右下的斜直线(\)。由 $\frac{d^2M_{(x)}}{dx^2}=-q_{(x)}$ 可知,该梁段的弯矩图必为二次抛物线,弯矩图的斜率随 x 变化。当 $q_{(x)}<0$ 时,由 $\frac{d^2M_{(x)}}{dx^2}=-q_{(x)}>0$ 可知,此时弯矩图曲线凹向上(︶);当 $q_{(x)}<0$ 时,由 $\frac{d^2M_{(x)}}{dx^2}=-q_{(x)}>0$ 可知,此时弯矩图曲线凹向下(︵)。

③弯矩的极值:由数学知识可知,当 $\frac{dM_{(x)}}{dx}=V_{(x)}=0$ 时,即在 $V_{(x)}=0$ 处,弯矩 $M_{(x)}$ 具有极大值或极小值。但应当指出,此极值弯矩对全梁来讲,不一定是绝对值最大的弯矩。

④得出的两点结论:在集中力作用点处,剪力发生突变,突变值等于集中力的大小,弯矩图在此处有拐点;在集中力偶作用处,弯矩发生突变,突变值等于集中力偶的大小,而剪力无

变化。

通过上述研究，知道了剪力、弯矩和荷载之间的变化规律，它为迅速绘制剪力图和弯矩图提供了方法，又为校核剪力图、弯矩图的正误提供了理论基础。

为了便于掌握和记忆这些规律，将其列成表供计算使用，见表 5.2。

表 5.2 梁上荷载、剪力、弯矩之间的关系

梁上外力情况	剪力图	弯矩图
无外力	水平直线	斜直线 $\begin{cases} V>0(\backslash) \\ V<0(/) \end{cases}$
$q<0$ 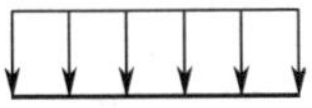 均布荷载向下作用	斜直线［从左向右下斜(\)］	凹向上的二次曲线(‿)
$q>0$ 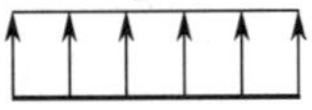 均布荷载向上作用	斜直线［从左向右上斜(/)］	凹向下的二次曲线(⁀)
 集中力	集中力作用点处发生突变 突变值等于集中力	集中力作用点处发生转折
 集中力偶	集中力偶处无变化	集中力偶作用点处发生突变 突变值等于集中力偶
实例	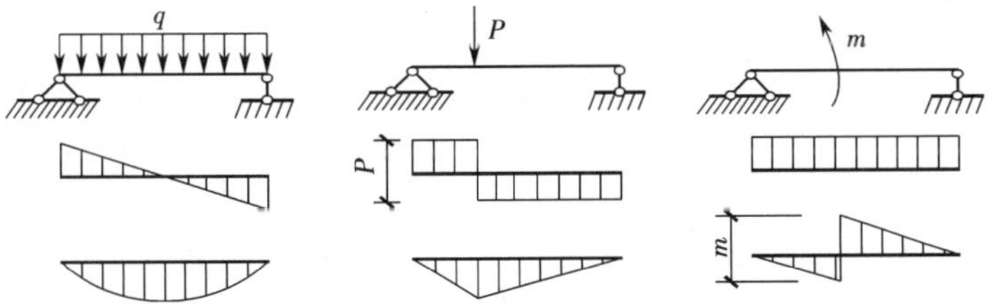	

如果已知梁上的外力，根据表 5.2 便可以分析出梁上各段的剪力图和弯矩图的大致形状。到时只需要求出梁上各段控制截面上的内力值，便可绘出全梁的内力图。这种方法不用列内力方程，使用非常简便，在实际中广泛应用，此法称为简捷法。

【例 5.11】图 5.25(a)所示外伸梁，梁上荷载及尺寸如图所示，试绘制该梁的剪力图和弯矩图。

解 ①求支座反力。

$$R_A = 4\ \text{kN}(\uparrow)$$

$$R_B = 10\ \text{kN}(\uparrow)$$

根据梁上的荷载情况将梁分为 AC、CB、BD 三段。

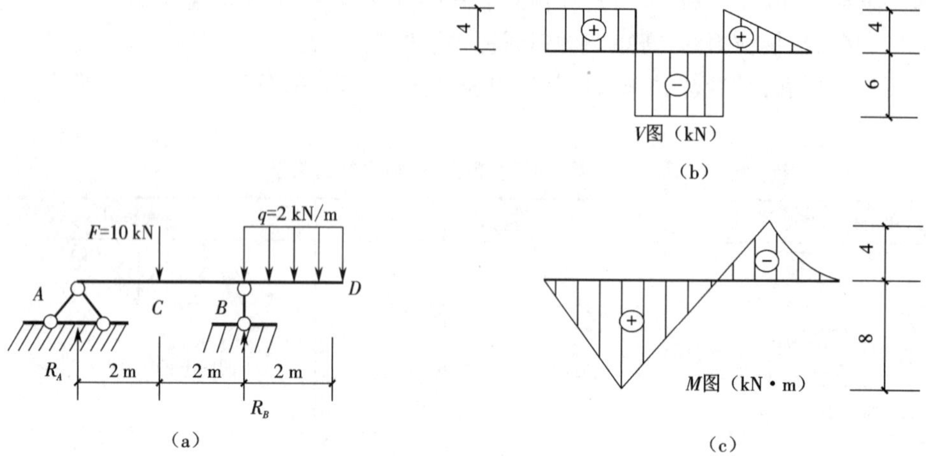

图 5.25

②画剪力图。

AC 段:梁上无荷载,剪力图为水平线。

$$V_A = V_{C左} = R_A = 4\ \text{kN}$$

画出此水平线。

BC 段:梁上无荷载,剪力图仍为水平线。

$$V_{C右} = V_{B左} = R_A - F = 4 - 10 = -6\ \text{kN}$$

画出此水平线。由于 *C* 点有集中力 *F* 作用,所以剪力在此发生突变,突变值为 4 + 6 = 10 kN,等于集中力 *F* 的大小。

BD 段:梁上有向下的均布荷载作用,所以剪力图为从左向右下斜的直线(\)。

$$V_{B右} = q \times 2 = 2 \times 2 = 4\ \text{kN}$$

$$V_D = 0$$

画出此直线,得最终剪力图[图 5.25(b)]。在图中 *B* 点剪力发生突变,这是因为在 *B* 点有支座反力 R_B作用,而且突变值 4 + 6 = 10 kN 等于支座反力 R_B。

③画弯矩图。

AC 段:梁上无荷载,弯矩图为斜直线。

$$M_A = 0$$

$$M_C = R_A \times 2 = 4 \times 2 = 8\ \text{kN} \cdot \text{m}$$

因为 $V_{(x)} > 0$,所以弯矩图为从左向右下斜的直线,画出此直线。

BC 段:梁上无荷载,弯矩图也为斜直线。

$$M_C = 8\ \text{kN} \cdot \text{m}$$

$$M_B = R_A \times 4 - F \times 2 = 4 \times 4 - 10 \times 2 = -4\ \text{kN} \cdot \text{m}$$

因为 $V_{(x)} < 0$,所以弯矩图为从左向右上斜的直线,画出此直线,此外弯矩图在 *C* 点出现拐点,如图 5.25(c)所示。

BD 段：该段梁上作用有向下的均布荷载，故弯矩图为向下凸的曲线。

$$M_B = -\frac{1}{2}q\times 2^2 = -\frac{1}{2}\times 2\times 4 = -4\ \text{kN}\cdot\text{m}$$

$$M_D = 0$$

画出此段曲线，最终弯矩图如图 5.25(c)所示。

【**例 5.12**】一简支梁，梁上荷载及尺寸如图 5.26(a)所示，试绘制该梁的剪力图和弯矩图。

解 ①求支座反力。

$$R_A = 3.7\ \text{kN}(\uparrow)$$

$$R_B = 12.3\ \text{kN}(\uparrow)$$

根据梁上的荷载情况，将梁分为 AC、CB 两段，逐段绘制内力图。

②绘制剪力图。

AC 段：无荷载，剪力图为水平线。

$$V_A = V_C = R_A = 3.7\ \text{kN}$$

画出此直线。

CB 段：该段梁上作用有向下的均布荷载，剪力图为从左向右下斜的直线，

$$V_C = 3.7\ \text{kN}$$

$$V_B = -R_B = -12.3\ \text{kN}$$

画出此直线，剪力图如图 5.26(b)所示。

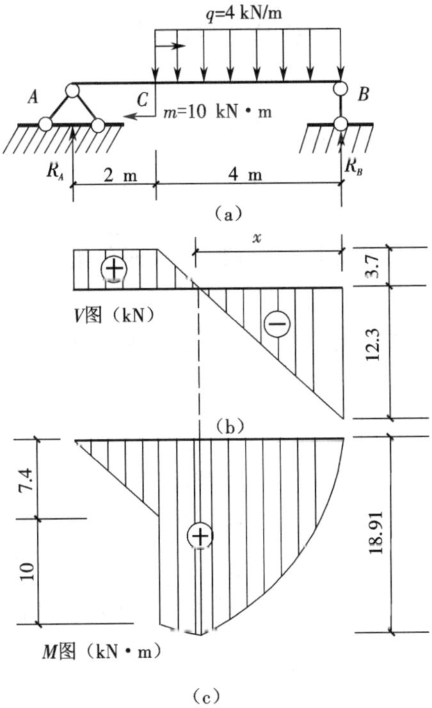

图 5.26

③绘制弯矩图。

AC 段：无荷载，且 $V_{(x)}>0$，弯矩图为从左向右下斜的直线。

$$M_A=0$$

$$M_{C左}=R_A\times 2=3.7\times 2=7.4\ \text{kN}\cdot\text{m}$$

画出此直线。

CB 段：该段梁上作用有向下的均布荷载，弯矩图为向下凸的曲线。同时，由于 C 点有一集中力偶作用，弯矩在 C 点发生突变，且突变绝对值等于集中力偶的大小。

$$M_{C右}=R_A\times 2+m=3.7\times 2+10=17.4\ \text{kN}\cdot\text{m}$$

$$M_B=0$$

画出此曲线，弯矩图如图 5.26(c)所示。

④求弯矩极值。

由剪力图可知，CB 段弯矩图中存在极值。设极值截面距 B 支座为 x，由该截面剪力等于零的条件求出 x 值，即

$$V_{(x)}=-R_B+qx=0$$

得

$$x=\frac{R_B}{q}=\frac{12.3}{4}=3.075\ \text{m}$$

则极值的大小为

$$M_{\max}=R_Bx-\frac{1}{2}qx^2=12.3\times 3.075-\frac{1}{2}\times 4\times 3.075^2=18.91\ \text{kN}\cdot\text{m}$$

最终弯矩图如图 5.26(c)所示。

由上述两个例题可看出，用简捷法远比静力法简便、迅速，应熟练掌握。简捷法步骤归纳如下：

①求支座反力；

②定性分析，根据梁上的外力情况进行分段，再根据各梁段上的荷载情况，初步确定各梁段内力图的大致形状；

③定量计算，根据各梁段内力图的大致形状，算出各控制截面的内力值，最终绘出梁的内力图。

3. 用叠加法画剪力图和弯矩图

一般梁在荷载作用下变形微小，其跨长的改变量可忽略不计，因此在求梁的支座反力和内力时，均可按原始尺寸计算。当梁上有几种荷载作用时，梁的支座反力和内力可以这样计算：先分别计算每种荷载单独作用时的支座反力和内力，然后再将这些分别计算的结果代数相加。

例如，图 5.27 所示简支梁在集中力 F 和均布荷载 q 两种荷载作用下，其支座反力为

$$R_A=\frac{1}{2}ql+\frac{F}{2}(\uparrow)$$

$$R_B=\frac{1}{2}ql+\frac{F}{2}(\uparrow)$$

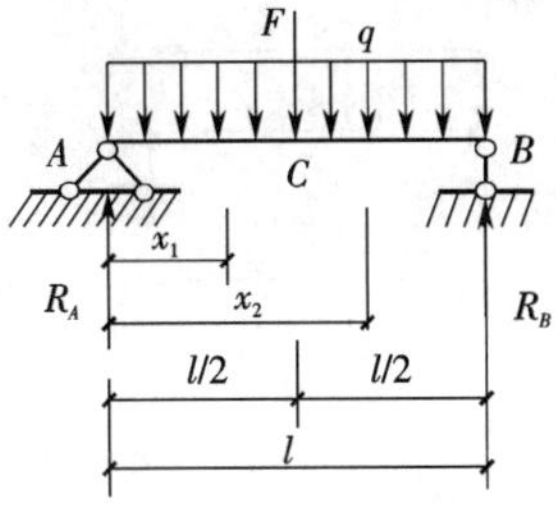

图 5.27

距 A 支座 x_1 处截面上的剪力和弯矩方程分别为

$$V_{(x_1)}=R_A-qx_1=\left(\frac{1}{2}ql+\frac{F}{2}\right)-qx_1\quad\left(0\leqslant x_1\leqslant\frac{l}{2}\right)$$

$$M_{(x_1)}=R_Ax_1-\frac{1}{2}qx_1^2=\left(\frac{1}{2}ql+\frac{F}{2}\right)x_1-\frac{1}{2}qx_1^2\quad\left(0\leqslant x_1\leqslant\frac{l}{2}\right)$$

同理可求出 CB 段的剪力和弯矩方程分别为

$$V_{(x_2)}=R_A-F-qx_2=\frac{1}{2}ql+\frac{F}{2}-F-qx_2=\frac{1}{2}ql-\frac{F}{2}-qx_2\left(\frac{l}{2}\leqslant x_2\leqslant l\right)$$

$$M_{(x_2)}=R_Ax_2-F\left(x_2-\frac{l}{2}\right)-\frac{1}{2}qx_2^2=\left(\frac{1}{2}ql+\frac{F}{2}\right)x_2-F\left(x_2-\frac{l}{2}\right)-\frac{1}{2}qx_2^2\quad\left(\frac{l}{2}\leqslant x_2\leqslant l\right)$$

由以上各式可看出,梁的支座反力、剪力和弯矩方程都由两部分组成:第一部分相当于均布荷载 q 单独作用在梁上所引起的内力;第二部分相当于集中力 F 单独作用在梁上所引起的内力。

剪力图和弯矩图也可用叠加法绘制,如图 5.28 所示。先分别作出各种荷载单独作用下梁的剪力图和弯矩图[图 5.28(b)、(c)],然后将其对应截面的内力纵坐标代数相加,即 A 截面加 A 截面、B 截面加 B 截面、跨中截面加跨中截面[图 5.28(a)]。

叠加后的内力图应注意下述两点:

①当各种荷载单独作用下的内力图均为直线时,叠加后的内力图仍为直线。

②在各种荷载单独作用下,其内力图有的是直线、有的是曲线或均为曲线时,叠加后的内力图为曲线。

【例 5.13】用叠加法绘制图 5.29 所示简支梁的剪力图和弯矩图。

解 先分别作出简支梁在均布荷载 q 单独作用下的剪力图 V_{I} 和弯矩图 M_{I} 及力偶 m 单独作用下的剪力图 V_{II} 和弯矩图 M_{II},如图 5.29(b)、(c)所示。

①剪力图叠加。

在截面 A 处有

$$V_A=V_{A\mathrm{I}}+V_{A\mathrm{II}}=\frac{1}{2}ql+ql=\frac{3}{2}ql$$

在截面 B 处有

$$V_B=V_{B\mathrm{I}}+V_{B\mathrm{II}}=-\frac{1}{2}ql+ql=\frac{1}{2}ql$$

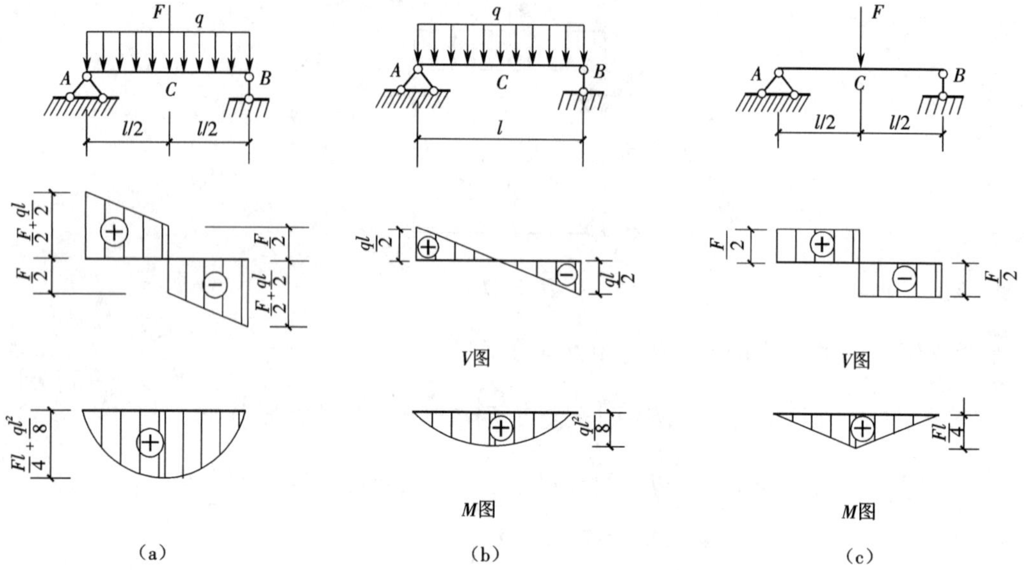

图 5.28

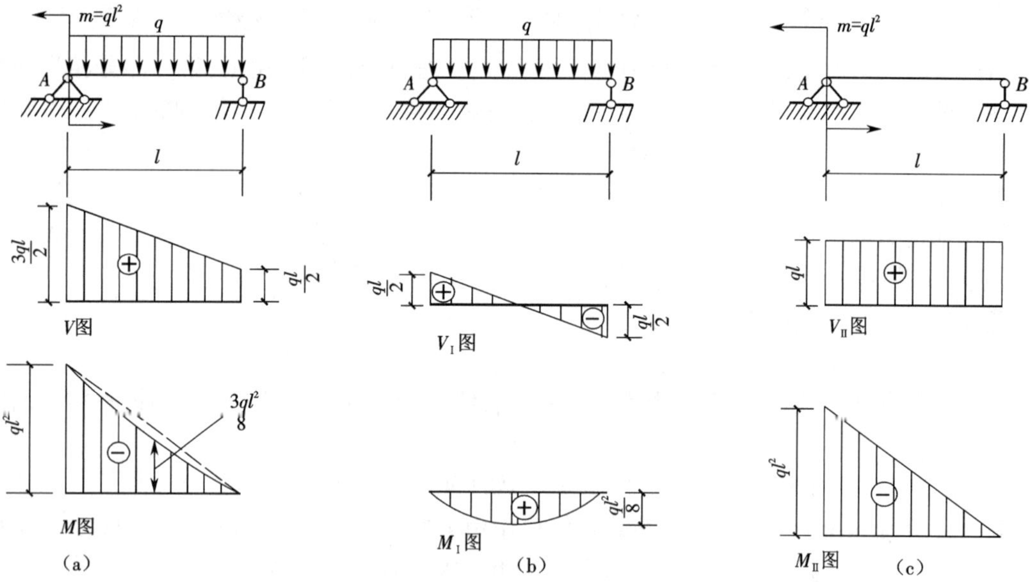

图 5.29

将上列控制截面的数值标出后,用直线相连,即得剪力图。

②弯矩图叠加。

在截面 A 处有

$$M_A = M_{A\mathrm{I}} + M_{A\mathrm{II}} = 0 + (-ql^2) = -ql^2$$

在截面 B 处有

$$M_B = M_{B\mathrm{I}} + M_{B\mathrm{II}} = 0$$

在跨中截面处有

$$M_C = M_{C\mathrm{I}} + M_{C\mathrm{II}} = \frac{1}{8}ql^2 - \frac{1}{2}ql^2 = -\frac{3}{8}ql^2$$

将上列控制截面的数值标出后，用曲线相连，即得弯矩图。

5.3 受弯构件的应力及强度计算

梁弯曲时，横截面上一般产生两种内力——剪力和弯矩。由图 5.30 可看出，剪力是截面上切向分布内力 $\tau \mathrm{d}A$ 的合力，弯矩则是截面上法向分布内力 $\sigma \mathrm{d}A$ 的合力偶矩。所以，与剪力对应的应力为剪应力，与弯矩对应的应力为正应力。

5.3.1 梁的正应力及正应力强度计算

为了分析梁的正应力，取纯弯曲的梁段来研究。纯弯曲就是当梁受力后，横截面上只产生弯矩而无剪力。图 5.31 所示梁的 CD 段就是纯弯曲。

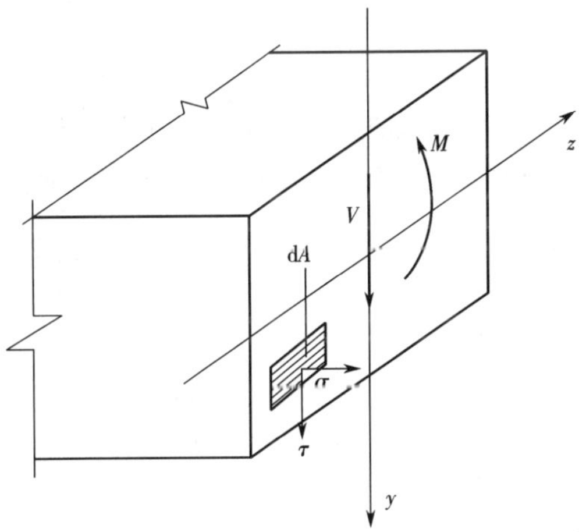

图 5.30

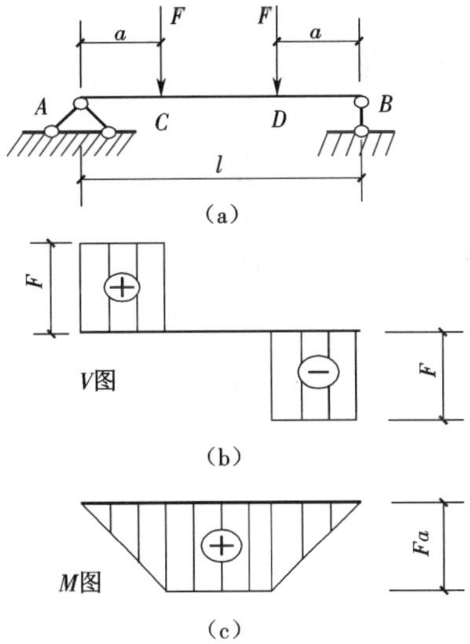

图 5.31

1. 试验观察与分析

梁在发生纯弯曲变形时，横截面上正应力的分布规律不能直接观察到，因此需要通过梁的变形来观察，并分析其变形规律，从而推导出正应力的分布规律。

现用一橡皮梁进行试验观察，先在梁的侧面画上与梁轴线平行的水平纵向线和与纵向线垂直的竖直线，再在对称于跨中点的位置施加集中荷载，如图 5.32(a)所示。

梁变形后，可看到下列现象：

①各竖直线仍为直线，不过相互间转了一个角度；

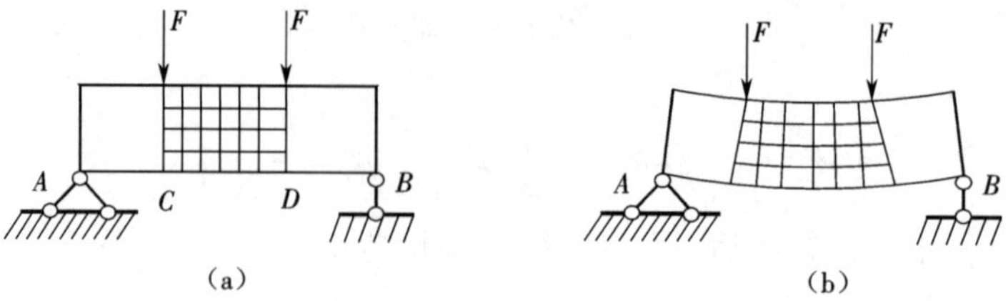

图 5.32

②各纵向水平直线变为曲线，但仍与竖直线垂直；

③梁的下边缘纵向线伸长，越靠近梁下边缘伸长越多，梁的上边缘纵向线缩短，且越靠近梁的上边缘缩短越多。

根据上述试验现象，可做出如下分析和假设。

①平面假设：梁的横截面在变形后仍为一个平面，与变形后的梁轴线垂直，只是转了一个角度。

②由于梁上部各层纵向纤维缩短，下部各层纵向纤维伸长，中间必有一层纵向纤维既不伸长也不缩短，这层纤维称为中性层。中性层与横截面的交线称为中性轴，如图 5.33(b)所示。

2. 正应力公式的推导

纯弯曲变形的正应力公式，应从几何变形、应力与应变的物理关系和静力平衡条件三个方面去推导。

1)几何变形方面

用 a—a、b—b 截面从纯弯曲变形的梁中截取一微段 dx 来研究[图 5.33(a)]。y 轴为横截面的对称轴，z 轴为中性轴(位置待定)。纯弯曲变形后，横截面 a—a、b—b 各绕中性轴相对转了一角度 $d\theta$[图 5.33(c)]。$\widehat{O_1O_2}$ 在中性层上，其长度不变，仍为 dx。现讨论距中性层为 y 的任一层纤维 kk_1 的线应变。

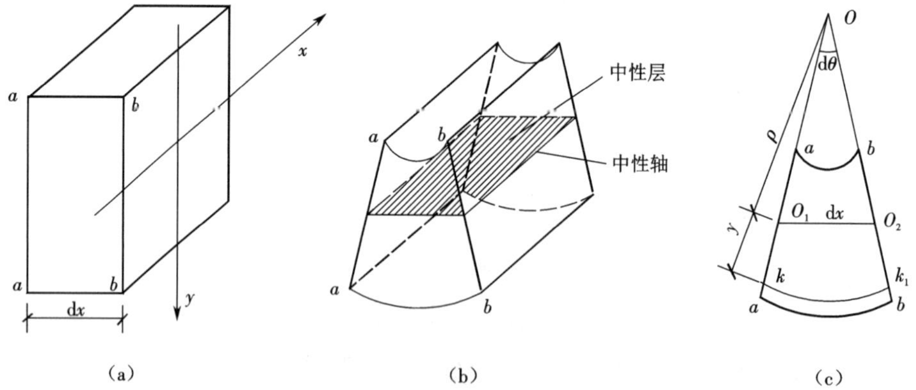

图 5.33

(a)纯弯截面研究对象　(b)纯弯截面中性轴　(c)横截面绕中性轴旋转

设梁弯曲后中性层 $\widehat{O_1O_2}$ 的曲率半径为 ρ，因为中性层的长度不变，所以

$$\overset{\frown}{O_1O_2} = \rho\mathrm{d}\theta = \mathrm{d}x$$

而距中性层为 y 处的纤维 kk_1 的曲率半径为 $\rho + y$，kk_1 变形后的长度为

$$\overset{\frown}{kk_1} = (\rho + y)\mathrm{d}\theta = \rho\mathrm{d}\theta + y\mathrm{d}\theta = \mathrm{d}x + y\mathrm{d}\theta$$

故其纵向伸长为

$$\Delta\mathrm{d}x = \overset{\frown}{kk_1} - \overset{\frown}{O_1O_2} = \mathrm{d}x + y\mathrm{d}\theta - \mathrm{d}x = y\mathrm{d}\theta$$

其纵向线应变为

$$\varepsilon = \frac{\Delta\mathrm{d}x}{\mathrm{d}x} = \frac{y\mathrm{d}\theta}{\mathrm{d}x} = \frac{y\mathrm{d}\theta}{\rho\mathrm{d}\theta} = \frac{y}{\rho} \tag{5.10}$$

式(5.10)就是线应变 ε 随纤维所在位置变化的规律。在纯弯曲情况下，ρ 为常量，所以线应变 ε 与该纤维到中性层的距离 y 成正比，与中性层曲率半径 ρ 成反比。

2)应力与应变的物理关系

材料在弹性范围内，正应力与线应变的关系服从胡克定律，即

$$\sigma = E\varepsilon$$

将式(5.10)代入上式，得

$$\sigma = E \cdot \frac{y}{\rho} \tag{5.11}$$

式中：E、ρ 为常量，所以横截面上任意一点的正应力 σ 与该点离中性轴的距离 y 成正比。

3)静力平衡条件

由于纯弯曲梁中任一横截面上的内力只有弯矩而没有轴力，所以横截面上法向内力之和应等于零，如图 5.34 所示。

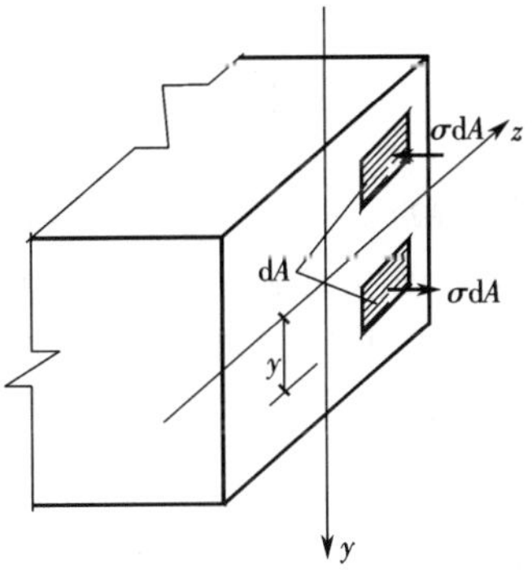

图 5.34

由 $\sum F_x = 0$ 有

$$N = \int_A \sigma\mathrm{d}A = 0 \tag{5.12}$$

将式(5.11)代入式(5.12)得

$$\int_A \frac{E}{\rho}y \cdot \mathrm{d}A = \frac{E}{\rho}\int_A y\mathrm{d}A = 0$$

由于$\frac{E}{\rho}$不可能为零，如要满足上式，必使

$$\int_A y\mathrm{d}A = 0$$

由于$\int_A y\mathrm{d}A = S_z$是横截面对中性轴（$z$轴）的静矩，而截面对其形心轴的静矩等于零，所以中性轴必通过截面的形心。

又由平衡条件得

$$\sum M_z = 0 \quad M_z = \int_A y\sigma \mathrm{d}A = M \tag{5.13}$$

将式(5.11)代入式(5.13)得

$$\int_A y\frac{Ey}{\rho}\mathrm{d}A = \frac{E}{\rho}\int_A y^2\mathrm{d}A = \frac{E}{\rho}I_z = M \tag{5.14}$$

式中：$\int_A y^2\mathrm{d}A = I_z$是截面对中性轴的惯性矩。

于是式(5.14)可写成

$$\frac{1}{\rho} = \frac{M}{EI_z} \tag{5.15}$$

式(5.15)为研究梁的弯曲问题的一个重要公式，是计算弯曲变形的基础。$\frac{1}{\rho}$是梁的弯曲曲率，其大小表明梁的弯曲程度。从式中可见，$\frac{1}{\rho}$与M成正比，与EI_z成反比。EI_z表示梁抵抗弯曲变形的能力，称为梁的抗弯刚度。

将式(5.15)代入式(5.11)得

$$\sigma = \frac{M}{I_z}\cdot y \tag{5.16}$$

式(5.16)是梁弯曲时横截面上任意一点的正应力计算公式。此式表明：横截面上任意一点的正应力σ与该截面上的弯矩M和该点到中性轴的距离y成正比，与横截面对中性轴的惯性矩I_z成反比。正应力沿截面高度成直线变化，离中性轴愈远正应力愈大，中性轴上的正应力等于零。梁的横截面被中性轴分为上下两部分，一部分受拉，另一部分受压。

在用式(5.16)计算正应力时，可不考虑式中弯矩M和y的正负号，均以绝对值代入，最后根据梁的变形情况确定正应力是拉应力还是压应力。

【例5.14】一矩形截面简支梁，荷载及截面尺寸如图5.35(a)所示，试计算跨中截面上a、b两点的正应力。

解　先作梁的剪力图和弯矩图，跨中截面位于纯弯段CD中。截面的惯性矩I_z为

$$I_z = \frac{bh^3}{12} = \frac{0.1\times 0.18^3}{12} = 48.6\times 10^{-6}\,\mathrm{m}^4$$

$$M = 5\ \mathrm{kN\cdot m} = 5\,000\ \mathrm{N\cdot m}$$

$$y_a = ac = 0.09\ \mathrm{m}$$

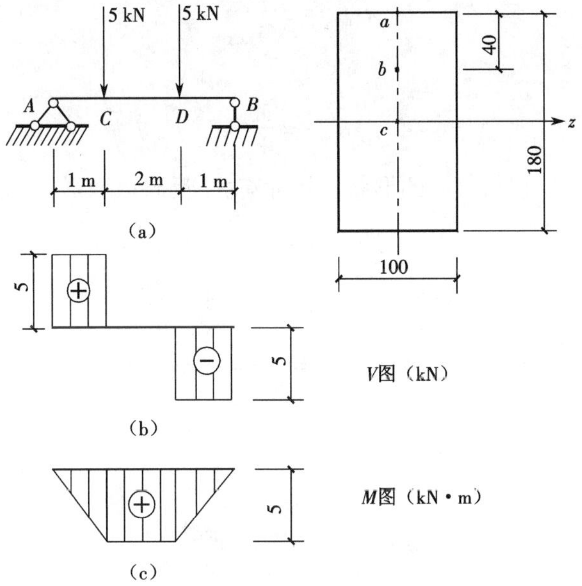

图 5.35

$$y_b = bc = 0.05\ \text{m}$$

则 a 点应力为

$$\sigma_a = \frac{M}{I_z}y_a = \frac{5\ 000}{48.6 \times 10^{-6}} \times 0.09 = 9.26 \times 10^6\ \text{N/m}^2 = 9.26\ \text{MPa}$$

b 点的应力为

$$\sigma_b = \frac{M}{I_z}y_b = \frac{5\ 000}{48.6 \times 10^{-6}} \times 0.05 = 5.14 \times 10^6\ \text{N/m}^2 = 5.14\ \text{MPa}$$

在用式(5.16)计算梁的弯曲正应力时,应注意以下几点。

①在公式推导过程中运用了胡克定律,因此只有在材料处于弹性范围时该式才适用。

②在非纯弯曲情况下,即横截面同时存在弯矩和剪力时,由于剪力对正应力的分布规律影响很小,因此对非纯弯曲的情况该式仍适用。

③公式虽是按矩形截面梁推导出来的,但对具有对称轴的其他截面,如 T 形、工字形、圆形截面等也适用。

④公式是在平面弯曲情况下推导出来的,故不适用于非平面弯曲的情况。

3. 梁的正应力强度条件

为了保证梁的安全正常工作,梁内的最大正应力不能超过材料的容许应力。

梁内任意横截面上的最大正应力发生在距中性轴最远的位置,其值为

$$\sigma_{\max} = \frac{M}{I_z}y_{\max}$$

将上式改写为

$$\sigma_{max} = \frac{M}{I_z / y_{max}}$$

令 $W_z = I_z / y_{max}$，则

$$\sigma_{max} = \frac{M}{W_z} \tag{5.17}$$

式中：W_z 为抗弯截面模量，它与截面的形状及尺寸有关，反映截面形状和尺寸对弯曲强度的影响，单位为 m^3 或 mm^3。

矩形截面：

$$W_z = \frac{I_z}{y_{max}} = \frac{\frac{bh^3}{12}}{\frac{h}{2}} = \frac{bh^2}{6} \tag{5.18}$$

圆形截面：

$$W_z = \frac{I_z}{y_{max}} = \frac{\frac{\pi d^4}{64}}{\frac{d}{2}} = \frac{\pi d^3}{32} \tag{5.19}$$

在对梁进行强度计算时，应先画出梁的弯矩图，找出数值最大的弯矩 M_{max}（不计符号）及其所在的截面，这个截面称为危险截面。在危险截面上，截面外边缘处各点的正应力为全梁最大的正应力值，破坏往往从这些点开始，所以这些点又称为危险点。危险截面上危险点的正应力计算式可写成

$$\sigma_{max} = \frac{M_{max}}{W_z}$$

根据强度要求，同时考虑留有一定的安全储备，梁内的最大正应力 σ_{max} 不应超过材料的弯曲容许正应力 $[\sigma]$，即

$$\sigma_{max} = M_{max} / W_z \leqslant [\sigma] \tag{5.20}$$

式中：$[\sigma]$ 为弯曲时材料的容许正应力，可在有关规范中查到。

利用式(5.20)的强度条件，可进行以下三个方面的计算。

①强度校核：

$$\frac{M_{max}}{W_z} \leqslant [\sigma]$$

②选择截面尺寸：

$$W_z \geqslant \frac{M_{max}}{[\sigma]}$$

③计算容许荷载：

$$M_{max} \leqslant W_z [\sigma]$$

再由 M_{max} 与荷载间的关系，求出梁所能承受的最大荷载。

【例 5.15】一简支梁，其荷载及截面尺寸如图 5.36 所示，木材的弯曲容许应力 $[\sigma] = 11$ MPa，试校核其强度。

解 最大正应力发生在跨中弯矩最大的截面上。

$$M_{\max}=\frac{1}{8}ql^2=\frac{1}{8}\times 5\times 4^2=10\ \text{kN}\cdot\text{m}=10\times 10^3\ \text{N}\cdot\text{m}$$

抗弯截面模量为

$$W_z=\frac{1}{6}bh^2=\frac{1}{6}\times 0.15\times 0.2^2=1\times 10^{-3}\text{m}^3$$

最大正应力为

$$\sigma_{\max}=\frac{M_{\max}}{W_z}=\frac{10\times 10^3}{1\times 10^{-3}}=10\times 10^6\ \text{N/m}^2=10\ \text{MPa}<[\sigma]=11\ \text{MPa}$$

强度满足要求。

【例 5.16】图 5.37 所示简支梁，采用 No20a 工字钢，承受两个对称集中力 F 作用，材料的容许应力 $[\sigma]=170$ MPa，试求该梁的容许荷载 F。

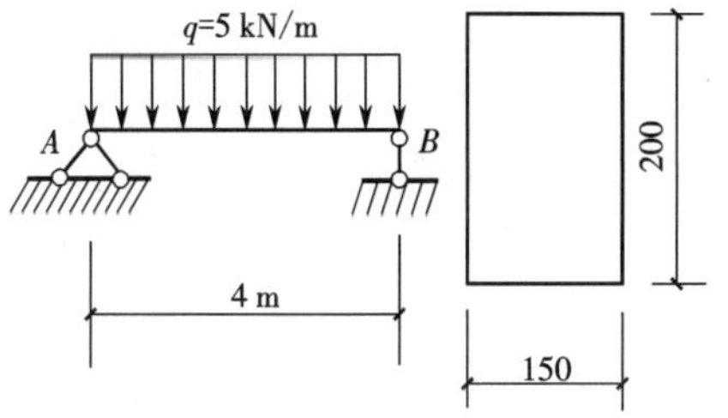

图 5.36

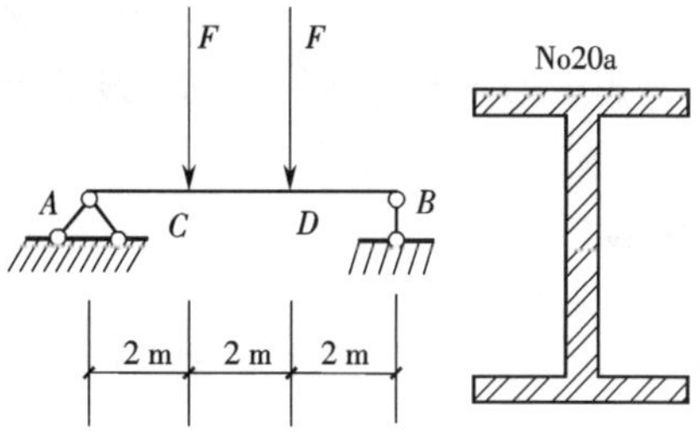

图 5.37

解 根据强度条件，梁所能承受的最大弯矩为

$$M_{\max}=W_z[\sigma]$$

跨中最大弯矩与荷载 F 的关系为

$$M_{\max}=2F$$

所以

$$2F=W_z[\sigma]$$

从而得

$$F=\frac{W_z[\sigma]}{2}$$

No20a 工字钢的抗弯截面模量 $W_z=237\ \text{cm}^3=237\times 10^{-6}\ \text{m}^3$，代入上式得

$$F=\frac{237\times 10^{-6}\times 170\times 10^6}{2}=20.145\times 10^3\text{N}=20.145\ \text{kN}$$

梁上所能承受的最大荷载 $F=20.145$ kN。

【例 5.17】一圆形截面木梁，梁上荷载及尺寸如图 5.38 所示，弯曲时木材的容许应力 $[\sigma]=10$ MPa，试选择该圆木梁的直径。

解 求支座反力并绘制内力图。

由 $\sum M_A=0$ 得

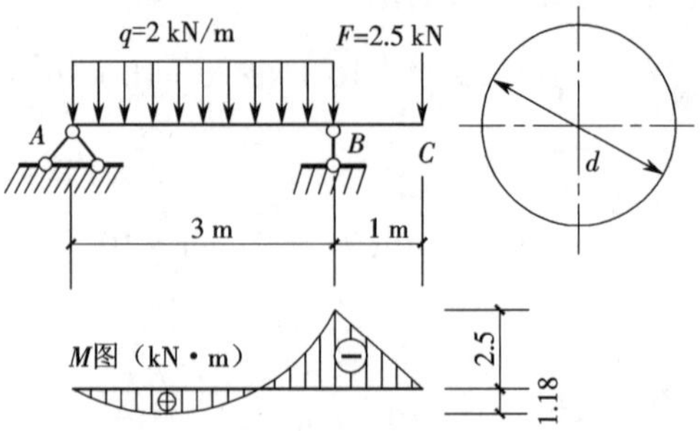

图 5.38

$$R_B = 6.33\ \text{kN}(\uparrow)$$

由 $\sum M_B = 0$ 得

$$R_A = 2.17\ \text{kN}(\uparrow)$$

弯矩图如图 5.38 所示。AB 段最大弯矩为

$$M = 1.18\ \text{kN}\cdot\text{m}$$

B 点弯矩为

$$M_B = -2.5\ \text{kN}\cdot\text{m}$$

故 $M_{max} = -2.5\ \text{kN}\cdot\text{m}$,危险截面是 B 截面。

由于

$$W_z \geqslant M_{max}/[\sigma]$$

圆木抗弯截面模量为

$$W_z = \frac{\pi d^3}{32}$$

故

$$d \geqslant \sqrt[3]{\frac{32M_{max}}{\pi[\sigma]}} = \sqrt[3]{\frac{32 \times 2.5 \times 10^3}{\pi \times 10 \times 10^6}} = 0.137\ \text{m} \approx 14\ \text{cm}$$

该圆木梁的最小直径为 14 cm。

5.3.2 梁的剪应力及其强度条件

梁在非纯弯曲时,横截面上存在着剪力和弯矩,弯矩由正应力组成,剪力则由剪应力组成。因此,横截面上不仅有正应力 σ,同时还有剪应力 τ。一般情况下,梁的弯曲正应力是梁强度计算的主要依据,但在某些特殊情况下,如梁的跨度较小或截面窄而高,其剪应力可能达到相当大的数值,这时就要求进行剪应力的强度计算。

1. 矩形截面梁的剪应力

横截面上任一点的剪应力(推导过程从略)为

$$\tau = VS_z^* / I_z b \tag{5.21}$$

式中:V 为计算横截面上的剪力;I_z为横截面对中性轴的惯性矩;b 为矩形截面的宽度;S_z^* 为所

求剪应力处到截面边缘所围成的这一部分面积对中性轴的静矩。

由于指定截面的 V、I_z、b 均为定值，所以剪应力的分布只与 S_z^* 有关。面积 A^* 对中性轴的静矩为

$$S_z^* = A^* y_0 = b\left(\frac{h}{2} - y\right)\frac{1}{2}\left(\frac{h}{2} + y\right) = \frac{b}{2}\left(\frac{h^2}{4} - y^2\right)$$

将上式及 $I_z = \frac{bh^3}{12}$ 代入式(5.21)，得

$$\tau = \frac{6V}{bh^3}\left(\frac{h^2}{4} - y^2\right)$$

此式表明，剪应力 τ 沿截面高度按二次抛物线规律变化[图 5.39(b)]，距中性轴愈近，剪应力愈大，中性轴上($y=0$)的剪应力值最大，其值为

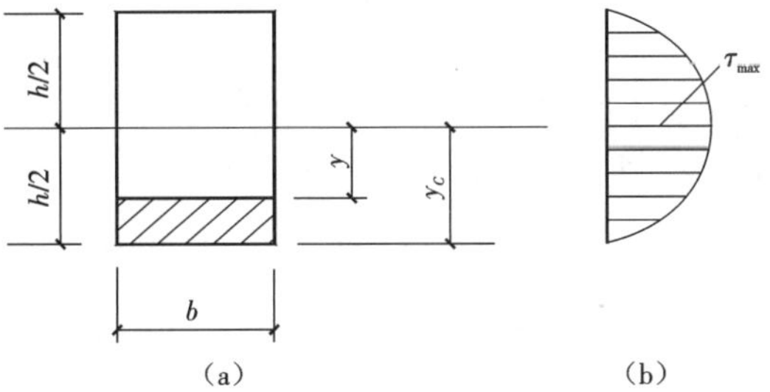

图 5.39

$$\tau_{max} = 1.5\,\frac{V}{A} \tag{5.22}$$

即矩形截面梁横截面上的最大剪应力为截面上平均剪应力的 1.5 倍。

2. 工字形截面的剪应力

工字形截面由上下翼缘和腹板组成，剪应力主要分布在腹板上，腹板为窄长的矩形，其剪应力计算公式为

$$\tau = VS_z^* / I_z b_1$$

式中：b_1 为腹板的厚度。

剪应力沿腹板高度按二次抛物线变化，如图 5.40(b)所示。

最大剪应力仍发生在中性轴上，其值为

$$\tau_{max} = \frac{VS_{zmax}^*}{I_z b_1}$$

式中：S_{zmax}^* 为中性轴以上或以下截面面积对中性轴的静矩。

3. 剪应力强度条件

梁在荷载作用下产生的最大剪应力，不能超过材料的容许剪应力。对全梁来说，最大剪应力发生在剪力最大的截面上，则梁的剪应力强度条件为

$$\tau_{max} = \frac{V_{max} S_{zmax}^*}{I_z b} \leqslant [\tau] \tag{5.23}$$

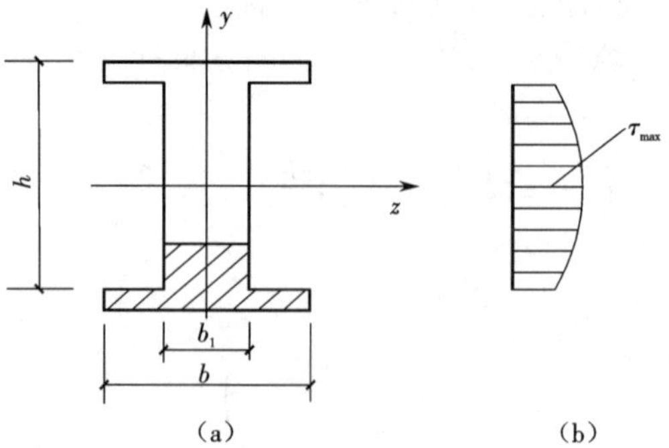

图 5.40

在一般情况下，先按正应力强度条件选择梁的截面尺寸和形状，再用剪应力强度条件进行校核。

【例 5.18】型号为 No20a 的工字钢外伸梁，荷载及尺寸如图 5.41 所示，材料的容许应力 $[\sigma]=130$ MPa，$[\tau]=100$ MPa，试校核此梁是否安全。

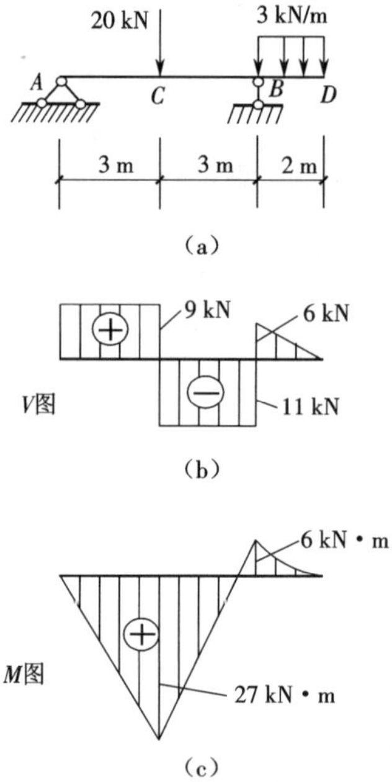

图 5.41

解 ①求支座反力。

由 $\sum M_A=0$ 得

$$R_B=17\ \text{kN}(\uparrow)$$

由 $\sum M_B=0$ 得

$$R_A=9\ \text{kN}(\uparrow)$$

②绘制梁的剪力图和弯矩图,如图 5.41(b)、(c)所示。

③正应力强度校核。

最大正应力发生在弯矩最大的 C 截面,即

$$M_{\max}=27\ \text{kN}\cdot\text{m}$$

由型钢表查得

$$W_z=237\ \text{cm}^3=237\times10^{-6}\text{m}^3$$

最大正应力为

$$\sigma_{\max}=\frac{M_{\max}}{W_z}=\frac{27\times10^3}{237\times10^{-6}}=113.9\times10^6\ \text{N/m}^2$$
$$=113.9\ \text{MPa}<[\sigma]=130\ \text{MPa}$$

正应力强度条件满足。

④剪应力强度校核。

最大剪力发生在 CB 段,$V_{\max}=11\ \text{kN}=11\times10^3\ \text{N}$。由型钢表查得,$I_z/S_{z\max}=17.2\ \text{cm}=0.172\ \text{m}$;$b_1=0.7\ \text{cm}=0.007\ \text{m}$。

最大剪力为

$$\tau_{\max}=\frac{V_{\max}S_{z\max}}{I_zb_1}=\frac{11\times10^3}{0.172\times0.007}=9.14\times10^6\ \text{N/m}^2$$
$$=9.14\ \text{MPa}<[\tau]=100\ \text{MPa}$$

剪应力强度条件满足,故该梁是安全的。

【例 5.19】一矩形简支梁,荷载及尺寸如图 5.42(a)所示,弯曲时材料的容许应力$[\sigma]=11\ \text{MPa}$,$[\tau]=1.2\ \text{MPa}$,如取截面高宽比为 3∶2,试确定矩形截面的高和宽。

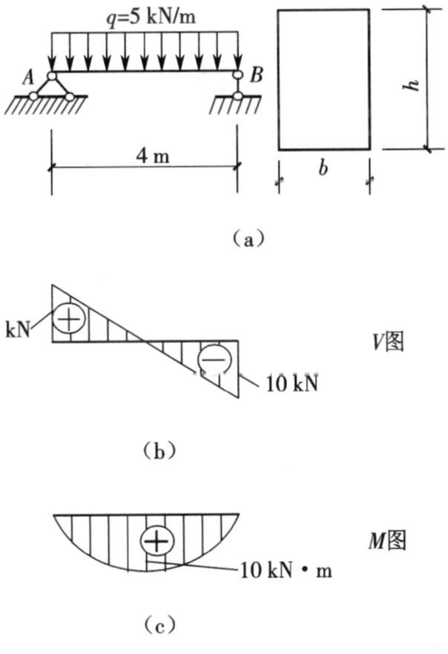

图 5.42

解 ①由剪力图和弯矩图得

$$M_{max} = 10\ \text{kN} \cdot \text{m}$$

$$V_{max} = 10\ \text{kN}$$

②先由正应力强度条件确定其截面尺寸，梁所需的抗弯截面模量为

$$W_z = \frac{M_{max}}{[\sigma]} = \frac{10 \times 10^3}{11 \times 10^6} = 0.91 \times 10^{-3}\ \text{m}^3$$

因为

$$W_z = \frac{bh^2}{6} = \frac{b\left(\frac{3}{2}b\right)^2}{6} = \frac{3}{8}b^3$$

故

$$b = \sqrt[3]{\frac{8W_z}{3}} = \sqrt[3]{\frac{8 \times 0.91 \times 10^{-3}}{3}} = 0.134\ \text{m} = 13.4\ \text{cm}$$

$$h = \frac{3}{2}b = 13.4 \times 1.5 = 20.1\ \text{cm}$$

取 $b = 13$ cm，$h = 20$ cm。

③剪应力强度条件校核。

$$\tau_{max} = \frac{3}{2}\frac{V_{max}}{A} = 1.5 \times \frac{10 \times 10^3}{0.13 \times 0.2} = 0.58 \times 10^6\ \text{N/m}^2 = 0.58\ \text{MPa} < [\tau] = 1.2\ \text{MPa}$$

满足剪应力强度条件。

5.3.3 应力状态

前已述及横截面上的应力计算，并建立其强度条件，但在实际工程中，构件破坏并非都发生在横截面上。图 5.43(a)所示的钢筋混凝土梁受弯破坏时，除了在跨中底部产生竖向裂缝外，在支座附近还会产生斜裂缝。又如图 5.43(b)所示铸铁试件受压破坏时，破坏面为与杆轴约成 45°角的斜面，这些都说明斜截面上存在着应力。

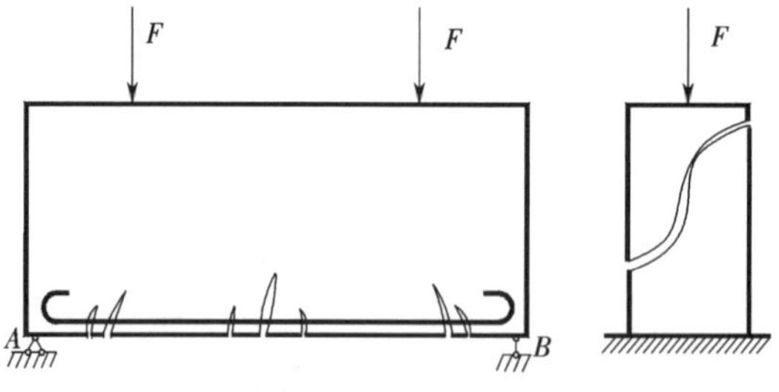

图 5.43

因此，研究杆件内某一点的应力情况时，不能仅限于研究某一方位的应力，还应当研究通过该点各个方向截面上该点的应力，这称为该点的应力状态。

为了研究受力构件内任一点的应力状态，可以围绕该点截取一个边长无限小的正六面体，这一六面体称为单元体。单元体的每一个面上的应力可看作均匀分布的，且每对平行平面上

的应力相等。如图5.44(a)所示悬臂梁,点 A 的应力单元体如图5.44(b)所示,由于单元体前后两个面上无应力,故可以用其平面投影图表示,如图5.44(c)所示。

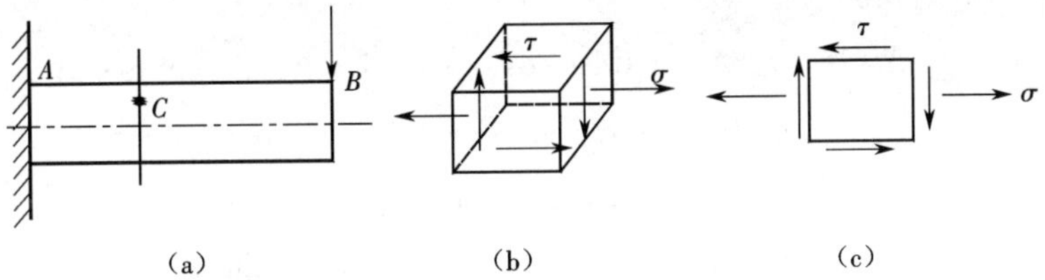

图5.44

单元体剪应力为零的平面称为主平面,主平面上的正应力称为主应力。

一点的应力状态可按其主应力情况分为:三个主应力都不等于零,该状态称为三向应力状态[图5.45(a)];只有一个主应力等于零,该状态称为二向应力状态或平面应力状态[图5.45(b)];两个主应力等于零,该状态称为单向应力状态[图5.45(c)]。

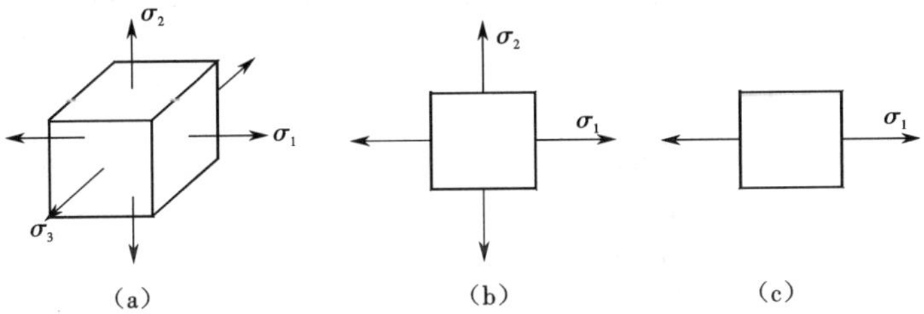

图5.45

1. 平面应力状态的应力分析

工程上采用的受力构件,常属于两个互相垂直方向受力的情况。从杆件中截取的单元体,它的两对平面上同时存在正应力和剪应力,其单元体的应力状态为平面一般应力状态。

1)斜截面上的应力

图5.46(a)为从杆件中取出的一个平面应力状态的单元体,各面上的应力如图所示,且 $\sigma_x>\sigma_y>0$。现研究与单元体平面成 α 角的斜截面 m—m 上的应力变化规律。

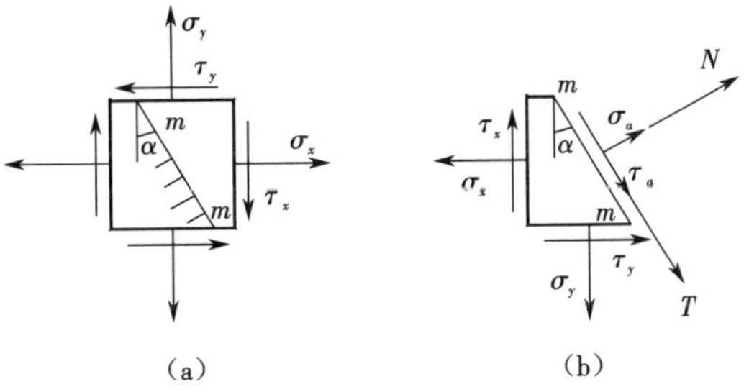

图5.46

取 m—m 截面下部为隔离体，如图5.46(b)所示。设 m—m 斜面面积为 dA，则竖平面的面积为 $dA\cdot\cos\alpha$，水平面的面积为 $dA\cdot\sin\alpha$。取斜截面的外法线方向为 N 轴，切线方向为 T 轴，由隔离体的平衡条件得

$$\sum N=0 \quad \sigma_\alpha dA-\sigma_x dA\cdot\cos\alpha+\tau_x dA\cdot\cos\alpha\cdot\sin\alpha-\sigma_y dA\cdot\sin\alpha\cdot\sin\alpha+\tau_y dA\cdot\sin\alpha\cdot\cos\alpha=0$$

$$\sum T=0 \quad \tau_\alpha dA-\sigma_x dA\cdot\cos\alpha\cdot\sin\alpha-\tau_x dA\cdot\cos\alpha\cdot\cos\alpha+\sigma_y dA\cdot\sin\alpha\cdot\cos\alpha+\tau_y dA\cdot\sin\alpha\cdot\sin\alpha=0$$

根据剪应力互等定律，$\tau_x=\tau_y=\tau$，于是

$$\begin{aligned}\sigma_\alpha &=\sigma_x\cos^2\alpha+\sigma_y\sin^2\alpha-2\tau_x\sin\alpha\cdot\cos\alpha\\ &=\sigma_x\left(\frac{1}{2}+\frac{\cos 2\alpha}{2}\right)+\sigma_y\left(\frac{1}{2}-\frac{\cos 2\alpha}{2}\right)-\tau_x\sin 2\alpha\\ &=\frac{\sigma_x+\sigma_y}{2}+\frac{\sigma_x-\sigma_y}{2}\cos 2\alpha-\tau_x\sin 2\alpha\end{aligned} \tag{5.24}$$

$$\begin{aligned}\tau_\alpha &=\sigma_x\cos\alpha\cdot\sin\alpha-\sigma_y\sin\alpha\cdot\cos\alpha+\tau_x(\cos^2\alpha-\sin^2\alpha)\\ &=\frac{\sigma_x-\sigma_y}{2}\sin 2\alpha+\tau_x\cos 2\alpha\end{aligned} \tag{5.25}$$

式(5.24)和式(5.25)表示了平面应力状态下任意斜截面上正应力和剪应力的变化规律，显示了斜截面上的应力 σ_α、τ_α 与已知应力 σ_x、σ_y 和 τ_x 之间的关系。当斜截面的倾斜角 α 变化时，斜截面上的应力 σ_α 和 τ_α 也随之变化。

2)正应力的极值

如上所述，斜截面的倾斜角 α 变化，斜截面上的正应力必然有其极值，而正应力极值的截面恰为剪应力等于零的平面，正应力的极值也就是主应力。现将公式列出(推导从略)。

①主应力作用面的方位角：

$$\tan 2\alpha_0=\frac{-2\tau_x}{\sigma_x-\sigma_y} \tag{5.26}$$

②主应力：

$$\sigma_{\min}^{\max}=\frac{\sigma_x+\sigma_y}{2}\pm\sqrt{\left(\frac{\sigma_x-\sigma_y}{2}\right)^2+\tau_x^2} \tag{5.27}$$

3)剪应力的极值

同理，可求得任意斜截面上剪应力的极值及其所在截面的方位角 α_1。现将公式列出(推导从略)。

①主剪应力作用面的方位角：

$$\tan 2\alpha_1=\frac{\sigma_x-\sigma_y}{2\tau_x} \tag{5.28}$$

②主剪应力：

$$\tau_{\min}^{\max}=\pm\sqrt{\left(\frac{\sigma_x-\sigma_y}{2}\right)^2+\tau_x^2} \tag{5.29}$$

或

$$\tau_{\min}^{\max} = \pm\frac{\sigma_{\max} - \sigma_{\min}}{2} \tag{5.30}$$

式(5.30)表明,最大剪应力(又称为主剪应力)在数值上等于最大主应力和最小主应力之差的一半。

比较式(5.26)和式(5.28)

$$\tan 2\alpha_1 = -\cot 2\alpha_0 = \tan(2\alpha_0 + 90°)$$

得

$$\alpha_1 = \alpha_0 = 45°$$

上式说明主剪应力所在平面的夹角为45°。

2.纯剪应力状态

平面应力状态单元体的四个侧面上只有剪应力而无正应力时,称为纯剪应力状态。

图5.47(a)所示为纯剪应力状态,现研究与单元体的竖平面成 α 角的 m—m 斜截面上的应力。以 m—m 截面下部为隔离体,取截面的外法线方向为 N 轴,切线方向为 T 轴,由平衡条件得

$$\sum N = 0 \quad \sigma_a \mathrm{d}A + \tau_x \mathrm{d}A \cdot \cos\alpha \cdot \sin\alpha + \tau_y \mathrm{d}A \cdot \sin\alpha \cdot \cos\alpha = 0$$

$$\sum T = 0 \quad \tau_a \mathrm{d}A - \tau_x \mathrm{d}A \cdot \cos\alpha \cdot \cos\alpha + \tau_y \mathrm{d}A \cdot \sin\alpha \cdot \sin\alpha = 0$$

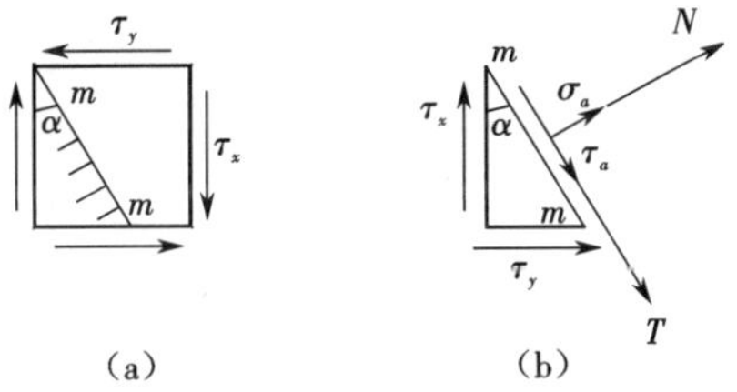

图5.47

由于 $\tau_x = \tau_y = \tau$,故

$$\sigma_a = -\tau_x \sin 2\alpha \tag{5.31}$$

$$\tau_a = \tau_x \cos 2\alpha \tag{5.32}$$

式(5.31)和式(5.32)就是纯剪应力状态单元体任意斜截面上的正应力和剪应力的计算式。由式可知,σ_a 和 τ_a 的值随倾角 α 而变化,且都是 α 的函数。

$$\left.\begin{aligned} \sigma_a = \sigma_{\max} = \tau_x\left(\alpha = -\frac{\pi}{4}\right) \\ \sigma_a - \sigma_{\min} = \tau_x\left(\alpha - \frac{\pi}{4}\right) \end{aligned}\right\} \tag{5.33}$$

由式(5.33)可知,当 $\alpha = \mp\frac{\pi}{4}$ 时,斜截面上无剪应力,而正应力达到极值,其绝对值等于 τ_x,其中一个是主拉应力 $\sigma_{\max}$,另一个是主压应力 $\sigma_{\min}$。剪应力的极值就是原来单元体上的剪

应力。

3. 主应力迹线

图 5.48(a)为一简支梁承受均布荷载作用时的主应力迹线,图中实线表示主拉应力迹线,虚线表示主压应力迹线。

根据主应力迹线,可以理解为什么钢筋混凝土梁在竖向荷载作用下,在跨中范围内出现竖向裂缝,而在支座附近出现与梁轴线大致成45°角的斜裂缝。支座附近斜裂缝的产生是由主拉应力超过混凝土的抗拉强度而引起的。所以,对于钢筋混凝土结构中的受弯构件,必须进行正截面强度和斜截面强度计算,并配置一定数量的纵向受力钢筋和弯起钢筋或箍筋[图 5.48(b)]来承受主拉应力。

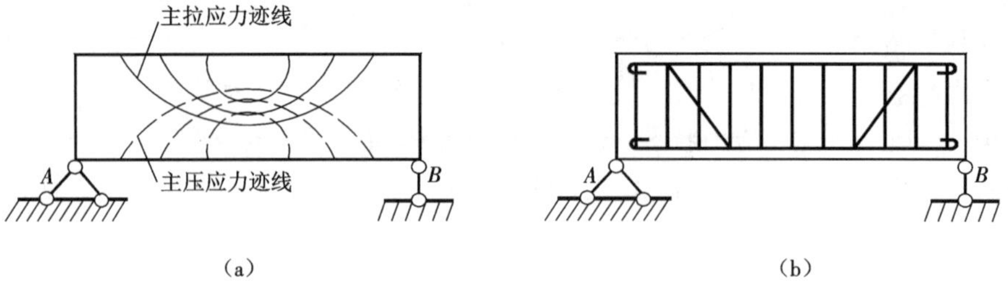

图 5.48

5.4 梁的变形

梁在荷载作用下会产生变形。为了保证梁安全正常地工作,除满足强度条件外,还要满足刚度条件,也就是把梁的变形控制在容许范围内。

5.4.1 梁的变形

当外力作用在梁的纵向对称平面内时[图 5.49(a)],梁将产生平面弯曲,梁的轴线弯曲为一条连续的平面曲线,该曲线称为梁的挠曲线或弹性曲线,梁的变形一般用竖向位移和角位移来表示,如图 5.49(b)所示。

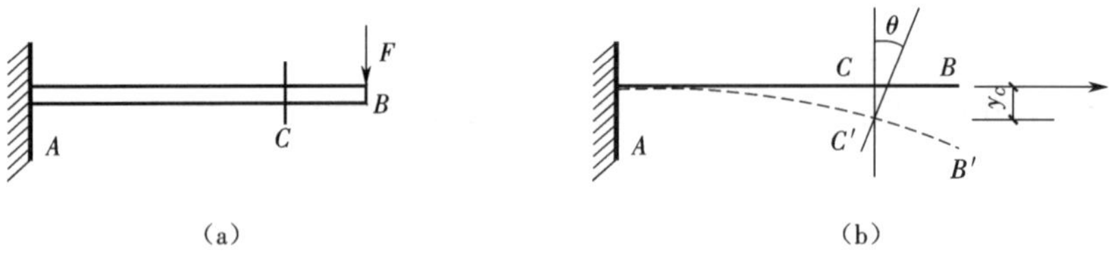

图 5.49

①竖向位移。梁的任一横截面 C,在梁变形后向下移至 C',CC'就是 C 截面的竖向位移,称为 C 截面的挠度,用符号 y_C 表示。

②角位移。梁的任一横截面 C,在梁变形后绕中性轴转动了一个角度 θ,角 θ 称为截面 C

的转角。

当梁上作用几种荷载时，可用叠加原理来计算梁的挠度和转角。

表 5.3 列出几种简单荷载作用下梁的挠度和转角。

表 5.3 几种简单荷载作用下梁的转角和挠度

支座及荷载情况	梁端转角	最大挠度	挠曲线方程
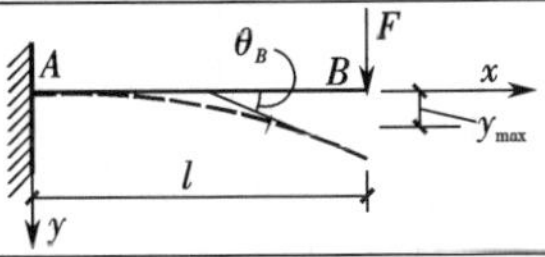	$\theta_B=\dfrac{Fl^2}{2EI_z}$	$y_{\max}=\dfrac{Fl^3}{3EI_z}$	$y=\dfrac{Fx^2}{6EI_z}(3l-x)$
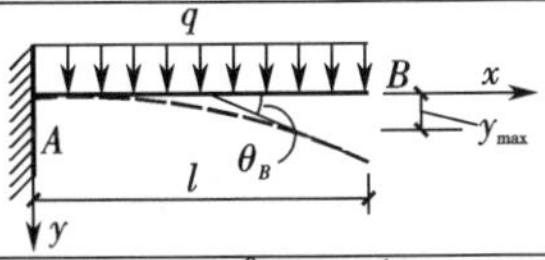	$\theta_B=\dfrac{ql^3}{6EI_z}$	$y_{\max}=\dfrac{ql^4}{8EI_z}$	$y=\dfrac{qx^2}{24EI_z}(x^2+6l^2-4lx)$
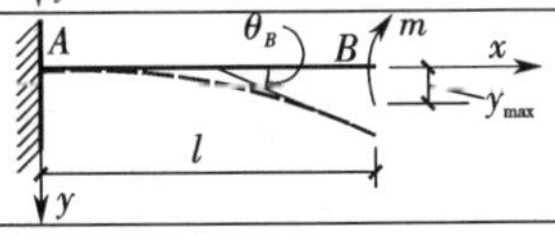	$\theta_B=\dfrac{ml^2}{EI_z}$	$y_{\max}=\dfrac{ml^2}{2EI_z}$	$y=\dfrac{mx^2}{2EI_z}$
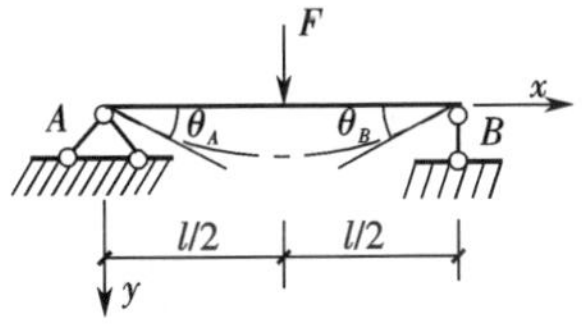	$\theta_A=-\theta_B=\dfrac{Fl^2}{16EI_z}$	$y_{\max}=\dfrac{Fl^3}{48EI_z}$	$y=\dfrac{Fx}{48EI_z}(3l^2-4x^2)$ $(0\leqslant x\leqslant l/2)$
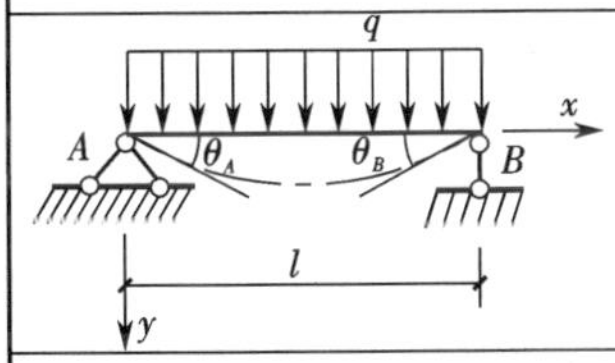	$\theta_A=-\theta_B=\dfrac{ql^3}{24EI_z}$	$y_{\max}=\dfrac{5ql^4}{384EI_z}$	$y=\dfrac{qx}{24EI_z}(l^3-2lx^2+x^3)$
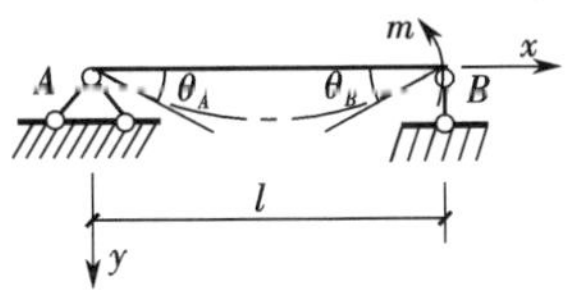	$\theta_A=\dfrac{ml}{6EI_z}$ $\theta_B=-\dfrac{ml}{3EI_z}$	在 $x=\dfrac{l}{\sqrt{3}}$ 处， $y_{\max}=\dfrac{ml^2}{9\sqrt{3}EI_z}$	$y=\dfrac{mx}{64EI_z}(l^2-x^2)$

【例 5.20】 试用叠加法计算图 5.50 所示简支梁 C 截面的挠度及支座 A 处的转角，设 EI_z 为常数。

解 根据梁上的荷载情况分别查表 5.3。

①集中荷载作用：

$$y_{C1}=\frac{Fl^3}{48EI_z}=\frac{qa(2a)^3}{48EI_z}=\frac{qa^4}{6EI_z}$$

$$\theta_{A1}=\frac{Fl^2}{16EI_z}=\frac{qa(2a)^2}{16EI_z}=\frac{qa^3}{4EI_z}$$

②均布荷载作用：

$$y_{C2}=\frac{5ql^4}{384EI_z}=\frac{5q(2a)^4}{384EI_z}=\frac{5qa^4}{24EI_z}$$

$$\theta_{A2}=\frac{ql^3}{24EI_z}=\frac{q(2a)^3}{24EI_z}=\frac{qa^3}{3EI_z}$$

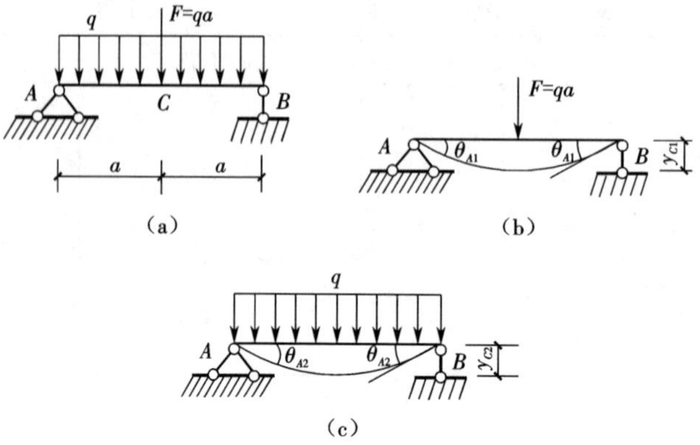

图 5.50

③两种荷载共同作用时，y_C、θ_A 分别为

$$y_C=y_{C1}+y_{C2}=\frac{qa^4}{6EI_z}+\frac{5qa^4}{24EI_z}=\frac{9qa^4}{24EI_z}(\downarrow)$$

$$\theta_A=\theta_{A1}+\theta_{A2}=\frac{qa^3}{4EI_z}+\frac{qa^3}{3EI_z}=\frac{7qa^3}{12EI_z}(\hookleftarrow)$$

【例 5.21】试用叠加法计算图 5.51 所示悬臂梁 B 点的挠度和转角，EI_z 为常数。

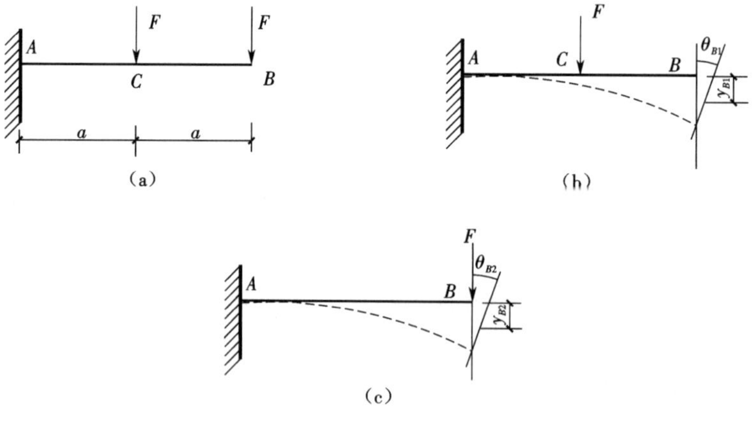

图 5.51

解 根据梁上的荷载情况分别查表 5.3。

①集中力 F 作用于 C 点时：

$$y_{B1}=\frac{Fa^2}{6EI_z}(3l-a)=\frac{Fa^2}{6EI_z}(3\times 2a-a)=\frac{5Fa^3}{6EI_z}$$

$$\theta_{B1}=\frac{Fa^2}{2EI_z}$$

②集中力 F 作用于 B 点时：

$$y_{B2}=\frac{Fl^3}{3EI_z}=\frac{F(2a)^3}{3EI_z}=\frac{8Fa^3}{3EI_z}$$

$$\theta_{B2}=\frac{Fl^2}{2EI_z}=\frac{F(2a)^2}{2EI_z}=\frac{2Fa^2}{EI_z}$$

③两个荷载共同作用时：

$$y_B=y_{B1}+y_{B2}=\frac{5Fa^3}{6EI_z}+\frac{8Fa^3}{3EI_z}=\frac{7Fa^3}{2EI_z}(\downarrow)$$

$$\theta_B=\theta_{B1}+\theta_{B2}=\frac{Fa^2}{2EI_z}+\frac{2Fa^2}{EI_z}=\frac{5Fa^2}{2EI_z}(\hookleftarrow)$$

5.4.2 梁的刚度校核

为了保证梁的正常工作，应控制梁的变形，使其最大值不超过容许值。因此，要求梁必须要有一定的刚度。

梁的刚度校核，通常是计算梁在荷载作用下的最大相对挠度$\frac{f}{l}$，其不得大于容许相对挠度$\left[\frac{f}{l}\right]$，即

$$\frac{f}{l}\leqslant\left[\frac{f}{l}\right] \tag{5.34}$$

式中：$\left[\frac{f}{l}\right]$为梁的容许相对挠度，根据梁的不同用途可在有关规范中查得，如土建工程中钢筋混凝土吊车梁的容许相对挠度$\left[\frac{f}{l}\right]=\frac{1}{600}\sim\frac{1}{500}$。

对于一般土建工程中的梁，如强度要求能够满足，刚度要求通常也能满足。因为在设计工作中，强度要求是主要的，刚度要求通常处于从属地位。一般都是先按强度要求选择截面，然后再按刚度要求进行校核。

【5.22】图5.52所示简支梁，已知 $l=6$ m，$q=4$ kN/m，$\left[\frac{f}{l}\right]=\frac{1}{400}$，梁采用No20b工字钢，其弹性模量 $E=2\times10^5$ MPa，试校核该梁的刚度。

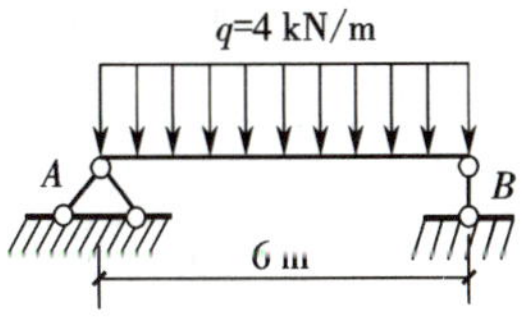

图5.52

解 查表得 No20b 工字钢的惯性矩为

$$I_z = 0.25 \times 10^{-4}\,\mathrm{m}^4$$

梁跨中的最大挠度为

$$f = \frac{5ql^4}{384EI_z} = \frac{5 \times 4 \times 10^3 \times 6^4}{384 \times 2 \times 10^{11} \times 0.25 \times 10^{-4}} = 0.013\,5\ \mathrm{m}$$

$$\frac{f}{l} = \frac{0.013\,5}{6} = \frac{1}{444} < \left[\frac{f}{l}\right] = \frac{1}{400}$$

该工字钢梁的刚度满足要求。

思 考 题

5.1 图示矩形截面上 $abcd$、$cdfe$ 两部分对截面形心轴 z 的静矩有何关系？

5.2 图示 T 形截面形心轴（z 轴）上下部分的形心 C_1、C_2 的坐标 y_1、y_2 存在什么关系？

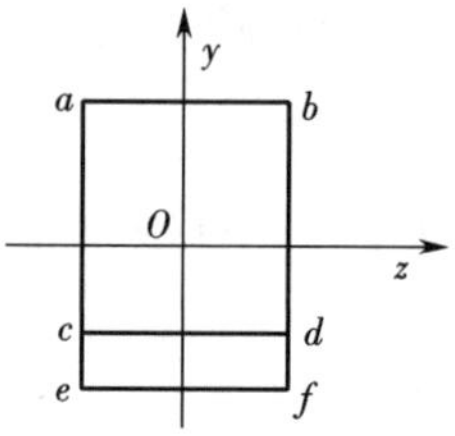

思考题 5.1 图

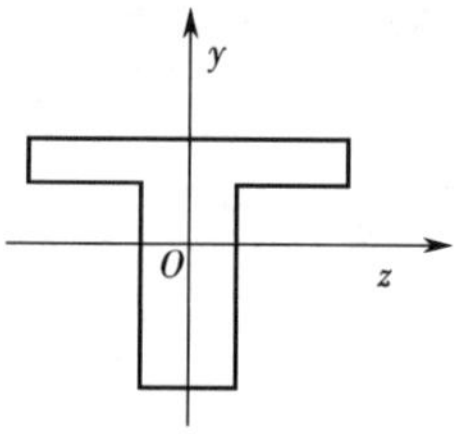

思考题 5.2 图

5.3 矩形截面高宽比 $h:b = 2:1$，试问在下列情况下，对截面形心轴 z 轴的惯性矩 I_z 有何变化？

（1）截面高度增加一倍，即 $h = 4b$；

（2）截面宽度增加一倍，即 $h = b$；

（3）截面高度与宽度互换，即 $b = 2h$。

5.4 平面弯曲的受力和变形有什么特点？

5.5 什么是截面上的剪力和弯矩？剪力和弯矩的正负号是如何规定的？

5.6 用静力平衡方程计算出的内力的正负号是否符合内力正负号的规定？它们之间有无区别？

5.7 为什么在集中力作用的地方，左右两个截面上的剪力不相等？

5.8 何谓中性轴？为什么中性轴一定通过截面的形心？

5.9 为什么要计算梁的变形？用叠加法求梁的变形时，应注意哪些问题？

习 题

5.1 图示倒 T 形截面，已知 $b_1 = 30$ cm，$b_2 = 60$ cm，$h_1 = 50$ cm，$h_2 = 14$ cm，试求：

(1)截面的形心位置；

(2)阴影部分对形心轴的静矩；

(3)截面对形心轴的惯性矩 I_z。

5.2 试计算图示各梁指定截面的剪力和弯矩。

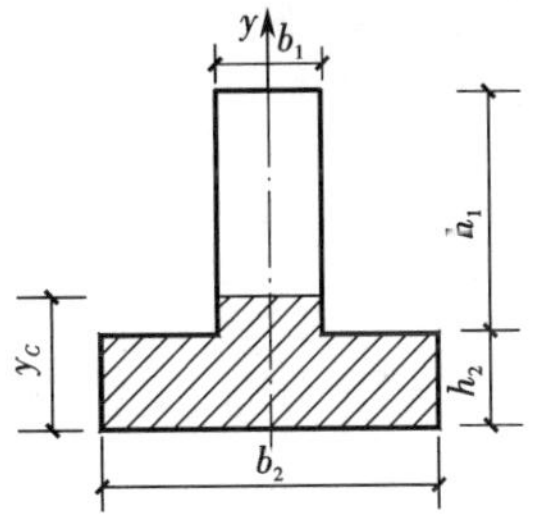

习题 5.1 图

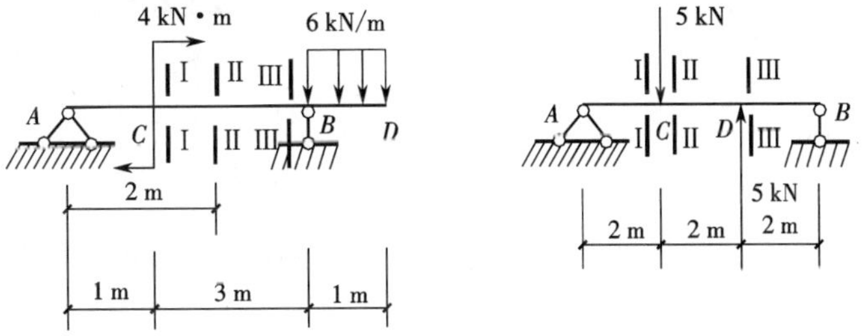

习题 5.2 图

5.3 试用静力法绘制图示各梁的剪力图和弯矩图。

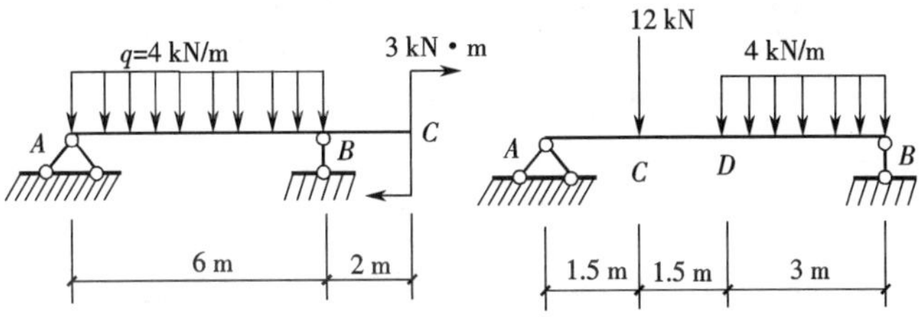

习题 5.3 图

5.4 试用简捷法绘制图示各梁的剪力图和弯矩图。

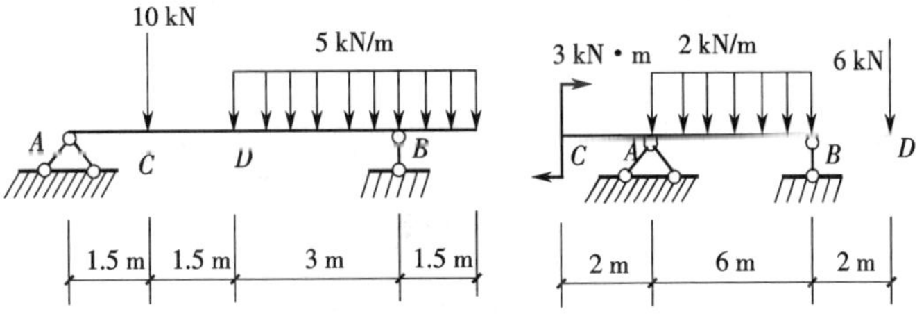

习题 5.4 图

5.5 试用叠加法绘制图示各梁的剪力图和弯矩图。

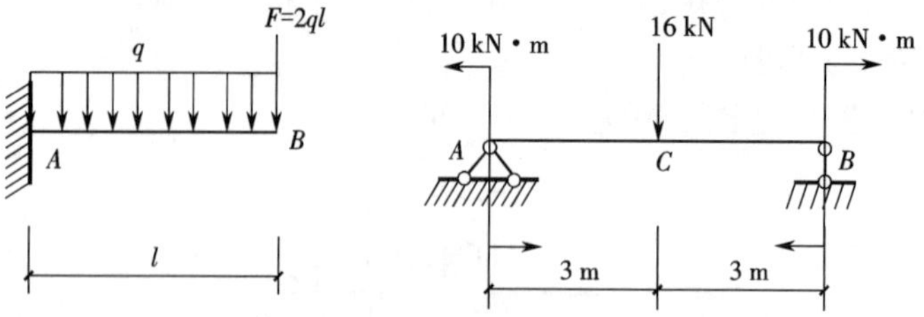

习题 5.5 图

5.6 一圆木外伸梁的荷载及尺寸如图所示，木材的容许应力$[\sigma]=10$ MPa，试校核其强度。

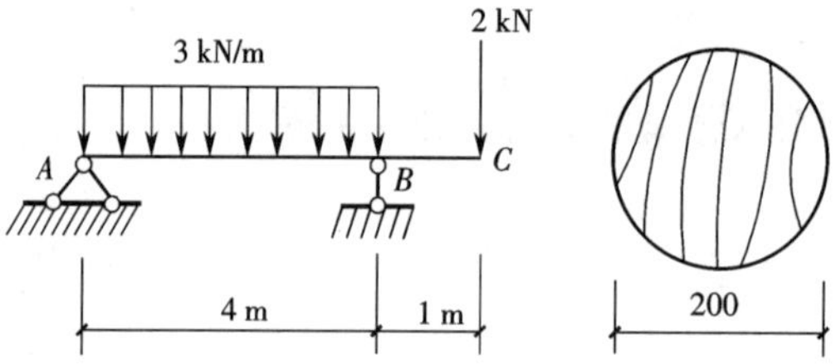

习题 5.6 图

5.7 一简支梁采用 No22a 工字钢，其受力图如图所示，材料的容许应力$[\sigma]=130$ MPa，试求梁上的容许荷载。

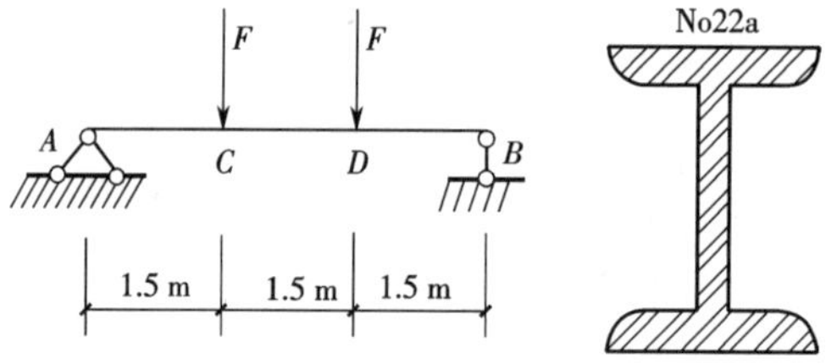

习题 5.7 图

5.8 试求图示梁的最大正应力、最大剪应力及剪应力最大处截面腹板与翼缘交界处 D 点的剪应力。

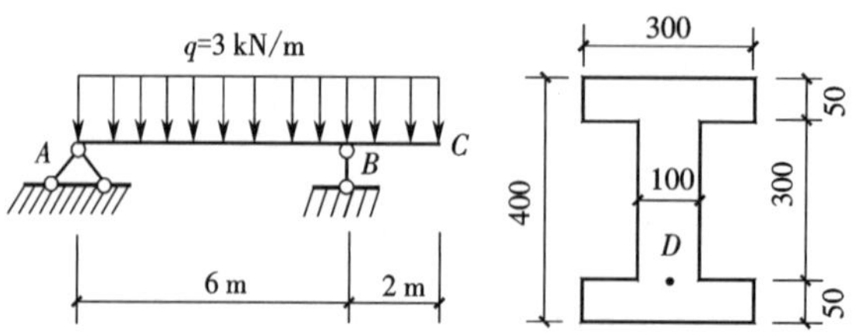

习题 5.8 图

5.9 图示简支梁，已知 $F=20$ kN，$q=6$ kN/m，材料容许应力 $[\sigma]=160$ MPa，$[\tau]=100$ MPa，试选择工字钢的型号。

5.10 图示一悬臂梁，已知 $F=40$ kN，$l=6$ m，试：(1)绘出支座截面上 a、b、c 三点的应力状态图；(2)求出 a、b、c 三点主应力的大小及方位。

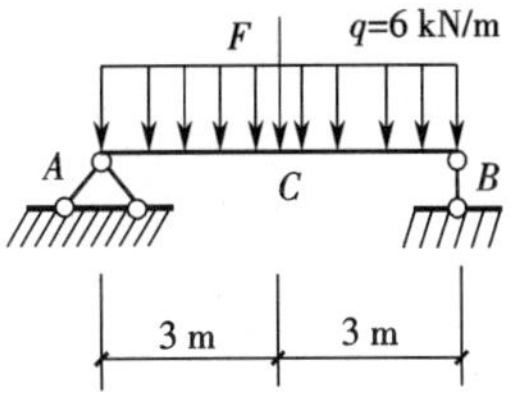

习题 5.9 图

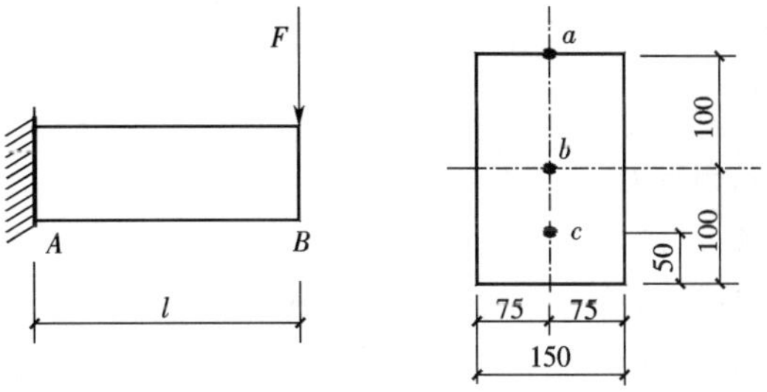

习题 5.10 图

6 压杆稳定

【学习目标】

1. 能正确陈述物体的平衡状态及失稳的概念。
2. 能正确陈述临界力的意义。
3. 能基本陈述临界应力总图的物理意义、欧拉公式的适用范围。
4. 能正确陈述压杆稳定的应用。

【学习重点】

1. 压杆稳定和失稳的基本概念。
2. 柔度、临界力的计算。
3. 应用稳定条件进行稳定计算、截面设计。

【学习难点】

1. 柔度、临界力的计算。
2. 应用稳定条件进行稳定计算、截面设计。

6.1 压杆稳定的概念

6.1.1 物体的三种平衡状态

平衡状态的形式有以下三种。

1. 稳定平衡状态

如某物体由于某种原因偏离它原来的平衡位置，当这种原因消除后，它能够回到其原来的位置，也就是说这种平衡状态是经得起干扰的，是稳定的平衡状态。如图 6.1(a)所示，微小扰动使小球离开原来的平衡位置，但扰动撤销后小球回到平衡位置，恢复原有的平衡状态。

2. 不稳定平衡状态

如某物体由于某种原因稍微偏离它原来的平衡位置，而这种原因消除后，它不但不能回到其原来的平衡位置，而且继续增大偏离。显然，这种平衡状态是经不起干扰的，是不稳定的平衡状态。如图 6.1(b)所示，微小扰动就使小球远离原来的平衡位置，打破原有的平衡状态。

3. 临界平衡状态

从稳定平衡过渡到不稳定平衡的特定状态称为临界平衡状态。它是处于稳定平衡和不稳定平衡之间的一个状态。

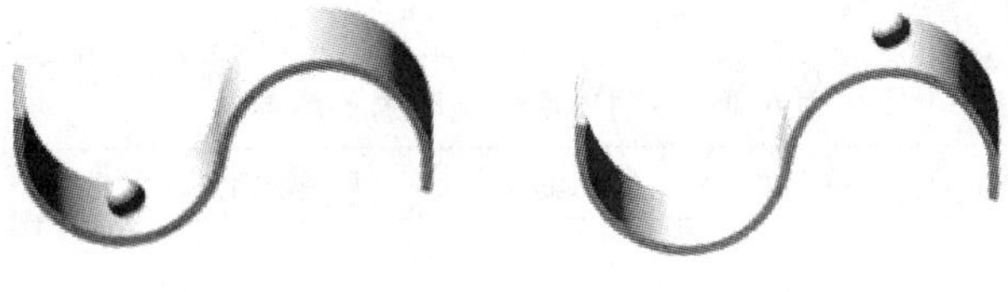

（a）　　　　（b）

图 6.1

(a)稳定平衡状态　(b)不稳定平衡状态

6.1.2 压杆失稳的概念

设一细长弹性的等截面直杆，受轴向压力 F 作用，现要判断此杆所处的平衡状态。首先在杆上加一微小的横向干扰力，使杆件产生微弯曲，然后撤去干扰力，看杆轴能否回到原直线位置。若杆轴最终能回到原直线位置，则该杆处于稳定平衡状态；如果杆轴不能回到原直线位置，则该杆处于不稳定平衡状态。压杆稳定或不稳定与其所受轴向压力的大小有关，当杆件轴力在某个值以内时，扰动无法打破原有的平衡状态，但一旦超过该数值，平衡就可能被扰动轻易地打破。这个值即该平衡的临界荷载或临界力，用符号 F_{cr} 表示。临界力 F_{cr} 是判断压杆稳定或不稳定的参考值。

当 $F<F_{cr}$ 时，压杆处于稳定平衡状态；当 $F=F_{cr}$ 时，压杆处于临界平衡状态；当 $F>F_{cr}$ 时，压杆处于不稳定平衡状态。

在实际工程中使用的压杆，如果处在不稳定平衡状态，即使杆件的强度和刚度满足要求，也会因受到干扰而丧失稳定，最终导致破坏。

6.2 临界力的计算

通过试验和工程实践得知，影响压杆临界力的因素很多，主要有杆件的长度、截面形状及尺寸、杆件的材料以及杆件两端的支承情况等因素。为了研究杆件的失稳，科学家欧拉做了很多试验，最终得出了一个计算细长压杆（容易失稳的杆件）的临界力计算公式，被称作欧拉公式。

6.2.1 欧拉公式

当材料处于弹性阶段时，细长压杆的临界力可用欧拉公式进行计算：

$$F_{cr}=\frac{\pi^2 EI}{(\mu l)^2} \tag{6.1}$$

式中：E 为材料的弹性模量；I 为截面的最小惯性矩；l 为杆件的长度；μ 为长度系数，其值按压杆两端的支承形式确定。

表 6.1 给出不同支承情况时的长度系数。在实际工程中，压杆的实际支承情况不同于表

中所列的理想情况，计算时可参阅有关规范，酌情确定压杆的长度系数。

表 6.1　不同支承情况时的长度系数

支承情况	一端固定，一端自由	两端铰支	一端固定，一端铰支	两端固定
图例	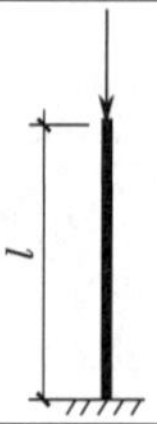	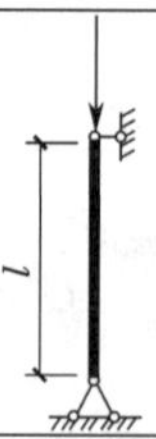		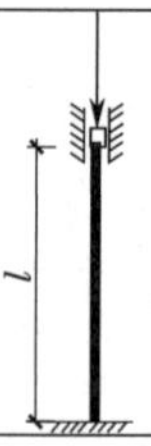
长度系数 μ	2	1	0.7	0.5

【例 6.1】两端铰支的 No20a 工字钢压杆，杆长 $l=4$ m，钢材的弹性模量 $E=200\times10^3$ MPa，试确定该杆的临界力。

解　由型钢表查得 No20a 工字钢的最小惯性矩 $I=158\ \text{cm}^4=158\times10^{-8}\ \text{m}^4$，由表 6.1 查得两端铰支压杆的长度系数 $\mu=1$，由式(6.1)求得该压杆的临界力为

$$F_{cr}=\frac{\pi^2 EI}{(\mu l)^2}=\frac{3.14^2\times200\times10^6\times158\times10^{-8}}{(1\times4)^2}=194.7\ \text{kN}$$

6.2.2　临界应力和长细比

压杆在临界力作用下横截面上的应力称为临界应力，用符号 σ_{cr} 表示，计算公式为

$$\sigma_{cr}=\frac{F_{cr}}{A}=\frac{\frac{\pi^2 EI}{(\mu l)^2}}{A}=\frac{\pi^2 E}{(\mu l)^2}\cdot\frac{I}{A}=\frac{\pi^2 E}{(\mu l)^2}\cdot i^2$$

$$i=\sqrt{I/A} \tag{6.2}$$

式中：i 为压杆截面的最小惯性半径。

$$\sigma_{cr}=\frac{\pi^2 E}{\left(\frac{\mu l}{i}\right)^2}=\frac{\pi^2 E}{\lambda^2} \tag{6.3}$$

式中：$\lambda=\mu l/i$ 为压杆的长细比或柔度，无量纲。长细比 λ 与压杆两端的支承情况、杆长、截面形状和尺寸等因素有关，它表示压杆的细长程度。长细比大，压杆细长，临界应力小，临界力也小，杆件容易丧失稳定。反之，长细比小，压杆粗而短，临界应力大，临界力也大，杆件就不容易丧失稳定。所以，长细比是影响压杆稳定的重要因素。

6.2.3　欧拉公式的适用范围

欧拉公式是在假定材料处于弹性范围内并服从胡克定律的前提下推导出来的，因此压杆在失稳前的应力不得超过材料的比例极限 σ_p，即

$$\sigma_{cr}=\pi^2 E/\lambda^2\leqslant\sigma_p$$

$$\lambda \geqslant \sqrt{\pi^2 E/\sigma_p} = \lambda_p \tag{6.4}$$

这样，就可以用 λ_p 来表示欧拉公式的适用范围，当 $\lambda \geqslant \lambda_p$ 时欧拉公式适用。

当 $\lambda < \lambda_p$ 时欧拉公式不适用。这时压杆的临界应力采用经验公式来计算。我国根据试验得出经验公式为抛物线公式，即 A3 钢 $\sigma_{cr} = 235 - 0.006\ 68\lambda^2$；16Mn 钢 $\sigma_{cr} = 343 - 0.014\lambda^2$。如图 6.2 所示，为了应用方便，可以 λ_s 为界限，把经验抛物线分成两段直线近似计算，这样当 $\lambda < \lambda_s$ 时，杆件被称为小柔度杆（短粗杆，基本临界应力接近抗压强度），用近似公式 $\sigma_{cr} = \sigma_u$ 来计算；当 $\lambda_s < \lambda < \lambda_p$ 时，杆件被称为中等柔度杆，用近似公式 $\sigma_{cr} = a - b\lambda$ 来计算；当 $\lambda \geqslant \lambda_p$ 时，杆件被称为大柔度杆（细长杆），此时欧拉公式适用。

注：近似公式的参数可查阅相关手册得到。

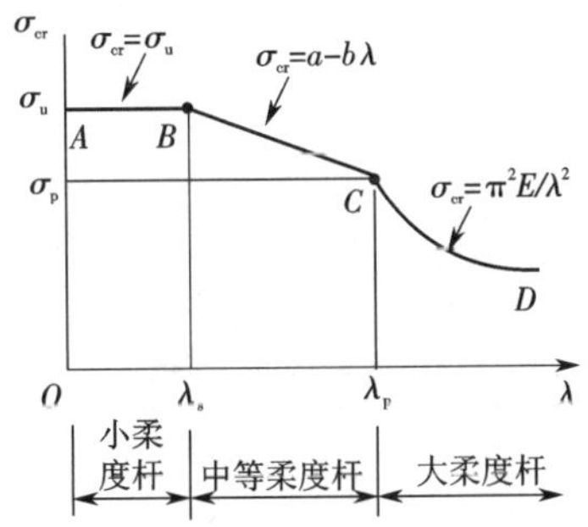

图 6.2

【例 6.2】一根 A3 钢热轧无缝钢管，外径 $D = 168$ mm，内径 $d = 148$ mm，$E = 206 \times 10^3$ MPa，杆两端均为铰接，其长度为 8 m，$\lambda_p = 123$，试求该杆的临界应力 σ_{cr}。

解　计算截面的几何特征值：

$$A = \frac{\pi(D^2 - d^2)}{4} = \frac{\pi(0.168^2 - 0.148^2)}{4} = 4.96 \times 10^{-3} \text{m}^2$$

$$I = \frac{\pi(D^4 - d^4)}{64} = \frac{\pi(0.168^4 - 0.148^4)}{64} = 1.555 \times 10^{-5} \text{m}^4$$

$$i = \sqrt{I/A} = \sqrt{1.555 \times 10^{-5}/4.96 \times 10^{-3}} = 0.056 \text{ m}$$

杆的两端均为铰接，查表 6.1 可得 $\mu = 1$。

计算杆的长细比：

$$\lambda = \mu l_1/i = 1 \times 8/0.056 = 143 > \lambda_p = 123$$

该杆属于细长杆，可以用欧拉公式进行计算：

$$\sigma_{cr} = \frac{\pi^2 E}{\lambda^2} = \frac{\pi^2 \times 206 \times 10^3}{143^2} = 99.3 \text{ MPa}$$

6.3　压杆稳定的实用计算

为了保证结构的安全，应使实际作用在压杆上的压力适当地低于压杆的临界力，也就是应该考虑稳定的安全系数 K_W。

前述的强度计算公式中所采用的容许应力是基本容许应力，相应的安全系数是基本安全系数。现在考虑压杆稳定的安全系数 K_W 时，除应考虑基本安全系数 K 外，还应考虑压杆可能存在初弯曲、材质欠均、荷载的初始偏心等不利因素对压杆承载力的影响，这些都用特殊安全系数 K_T 来加以考虑，特殊安全系数的值随杆的长细比不同而异。因此，压杆的稳定安全系数等于基本安全系数与特殊安全系数的乘积，即 $K_W = K \cdot K_T$。于是，压杆稳定的容许应力 $[\sigma_{cr}]$ 为

$$[\sigma_{cr}] = \frac{\sigma_{cr}}{K_W} = \frac{\sigma_{cr}}{K \cdot K_T} = \frac{\sigma^0}{K} \cdot \frac{\sigma_{cr}}{\sigma^0 \cdot K_T} = \frac{\sigma_{cr}}{\sigma^0 K_T} \cdot [\sigma] \tag{6.5}$$

式中：σ^0 为材料强度计算的极限应力。

令 $\varphi = \dfrac{\sigma_{cr}}{\sigma^0 K_T}$，则

$$[\sigma_{cr}] = \varphi[\sigma]$$

系数 φ 称为折减系数，其值随长细比而变化，且是一个小于或等于 1 的数。表 6.2 为常用材料的折减系数值，供计算时查用。

表 6.2　压杆的折减系数 φ

λ	压杆的折减系数 φ				
	A3 钢	16 锰钢	铸铁	木材	混凝土
0	1.000	1.000	1.000	1.000	1.00
20	0.981	0.973	0.91	0.932	0.96
40	0.927	0.895	0.69	0.822	0.83
60	0.842	0.776	0.44	0.658	0.70
70	0.789	0.705	0.34	0.575	0.63
80	0.731	0.627	0.26	0.460	0.57
90	0.669	0.546	0.20	0.371	0.46
100	0.604	0.462	0.16	0.300	—
110	0.536	0.384	—	0.248	—
120	0.466	0.325	—	0.209	—
130	0.401	0.279	—	0.178	—
140	0.349	0.242	—	0.153	—
150	0.306	0.213	—	0.134	—
160	0.272	0.188	—	0.117	—
170	0.243	0.168	—	0.102	—
180	0.218	0.151	—	0.093	—
190	0.197	0.136	—	0.083	—
200	0.180	0.124	—	0.075	—

6.3.1 压杆的稳定条件

压杆的稳定条件就是压杆的实际压应力不得超过材料的许可临界应力$[\sigma_{cr}]$，即

$$\sigma = N/A \leqslant [\sigma_{cr}] = \varphi[\sigma]$$

式中：N 为轴向压力；A 为杆件的横截面面积。

上式常写成：

$$\frac{N}{\varphi A} \leqslant [\sigma] \tag{6.6}$$

稳定条件的应用有如下三种情况。

1. 稳定校核

对已知压杆的实际应力是否超过压杆稳定的容许应力进行验算，称为稳定校核。

【例 6.3】一木柱高 5 m，截面为边长 $a = 150$ mm 的正方形，两端铰支，承受轴向荷载 $N =$ 40 kN，木材的容许应力$[\sigma] = 10$ MPa，试校核其稳定性。

解 求惯性半径：

$$I = a^4/12 = 0.15^4/12 = 4.22 \times 10^{-5}\text{m}^4$$

$$A = a^2 = 0.15^2 = 2.25 \times 10^{-2}\text{m}^2$$

$$i = \sqrt{I/A} = \sqrt{4.22 \times 10^{-5}/2.25 \times 10^{-2}} = 0.043 \text{ m}$$

求长细比及折减系数：

$$\lambda = \mu l/i = 1 \times 5/0.043 = 116$$

由表 6.2 查得 $\varphi = 0.224\,6$。

稳定校核：

$$\frac{N}{\varphi A} = \frac{40 \times 10^3}{0.224\,6 \times 0.15^2} = 7.92 \times 10^6 \text{ N/m}^2 = 7.92 \text{ MPa} < [\sigma] = 10 \text{ MPa}$$

所以，该柱的稳定性满足要求。

2. 确定容许荷载

将式(6.6)变换成 $N \leqslant A\varphi[\sigma]$，计算压杆容许承受的压力。

【例 6.4】同上题，求该木柱的容许荷载。

解 由式(6.6)得

$$N = A\varphi[\sigma] = 0.15^2 \times 0.224\,6 \times 10 \times 10^3 = 50.5 \text{ kN}$$

3. 选择截面

将式(6.6)变换成 $A \geqslant N/\varphi[\sigma]$，用来选择压杆的截面尺寸。但是在截面尺寸尚未确定的情况下，长细比 λ 无法确定，因此无法从表中查出 φ 值。故可先假定一个折减系数 φ(可假定 $\varphi = 0.5 \sim 0.6$)，以便初步确定截面尺寸，再进行稳定校核。如不满足稳定条件，再参考第一次试算的结果重新假设 φ 值，进行第二次试算，直到满足稳定条件为止。此外，在截面有削弱时，还应对净截面进行强度校核。

6.3.2 压杆稳定计算示例

【例 6.5】一工字钢柱,一端固定,另一端铰支,受轴向压力 $N=240$ kN 作用,柱长 $l=3$ m,材料的容许应力 $[\sigma]=170$ MPa,试选择工字钢的型号。

解 先假定 $\varphi=0.5$,得

$$A=\frac{N}{\varphi[\sigma]}=\frac{240}{0.5\times170\times10^3}=28.2\times10^{-4}\ \text{m}^2=28.2\ \text{cm}^2$$

由型钢表查得 No18 工字钢 $A=30.6\ \text{cm}^2$,最小惯性半径 $i_{\min}=2$ cm。此时,柱的长细比为

$$\lambda=\mu l/i=0.7\times300/2=105$$

由表 6.2 查得折减系数 $\varphi=0.57$。

稳定校核:

$$\frac{N}{\varphi A}=\frac{240\ 000}{0.57\times30.6\times10^{-4}}=138\times10^6\ \text{N/m}^2=138\ \text{MPa}<[\sigma]=170\ \text{MPa}$$

满足稳定条件。

思 考 题

6.1 压杆的强度、刚度、稳定性各有何不同?

6.2 如何区分压杆的稳定平衡和不稳定平衡?

6.3 如已知杆件的材料、荷载、长度、截面尺寸及杆件两端的约束情况,试分别写出其强度、刚度及稳定条件的计算公式。

6.4 什么叫作长细比?其大小由哪些因素确定?其表示压杆的什么特征?

6.5 对压杆进行稳定计算时,如何判别压杆在哪个平面内首先失稳?

6.6 为什么梁通常采用矩形截面,而压杆则采用方形截面?

6.7 圆形截面的压杆,材料为 A3 钢,两端铰支。问柱长 l 是直径 d 的多少倍时,才能运用欧拉公式?如杆长不变,直径 d 增加一倍,临界应力将增加多少?如直径 d 不变,杆件长度增加一倍,临界应力将减少多少?

习 题

6.1 设一木柱长 $l=3$ m,柱上下两端铰接,截面为 $b\times h=100\ \text{mm}\times150\ \text{mm}$ 的矩形,材料弹性模量 $E=10\times10^3$ MPa。试求该木柱的临界力。

6.2 有两根细长压杆,其长度、两端支承情况、弹性模量 E 都相同,其中一根杆为圆形截面,另一根杆为正方形截面。

(1)如两根杆截面面积相同,试比较两根压杆的临界力及临界应力;

(2)如两杆的临界力和临界应力相等,试比较圆形截面的直径和正方形截面的边长。

6.3 一 No25a 工字钢柱,高 4 m,一端固定,另一端铰支,承受轴向压力 $N=180$ kN,材料

容许应力[σ] = 170 MPa,此柱是否安全?

6.4 图示托架,其斜撑 BC 为正方形木杆,两端铰接,荷载及尺寸如图所示,木材的容许应力[σ] = 10 MPa。试选择斜撑截面的边长 a。

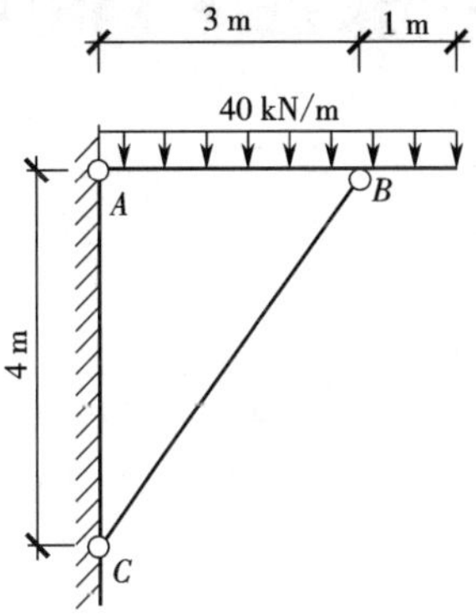

习题 6.4 图

7 平面杆系的几何组成分析

【学习目标】

1. 能正确陈述几何组成分析的目的。

2. 能熟练陈述几何不变体系、几何可变体系、瞬变体系、刚片、约束及自由度等概念。

3. 能熟练陈述平面几何不变体系的简单组成规则，并能应用这些规则对常见的平面杆件体系进行几何组成分析。

【学习重点】

1. 平面几何不变体系组成规则。

2. 如何利用平面几何不变体系组成规则，对常见的平面杆件体系进行几何组成分析。

【学习难点】

平面几何不变体系组成规则的灵活应用。

7.1 概述

几何组成分析主要是讨论杆系的几何稳定性方面的问题。本章首先介绍平面杆系几何组成分析的目的和基本概念；然后重点介绍平面几何不变体系的三种组成规则；最后通过实例分析说明三个基本规则的应用技巧。

7.1.1 平面杆件体系的几何组成分析

1. 平面杆件体系

建筑工程中的结构实际上都是空间体系，为了简化计算，多数情况下，可忽略次要的空间约束，将其简化为平面体系。所谓平面杆件体系，是指体系中各杆的轴线与作用在其上的荷载均位于同一平面内。若干杆件通过某种联系而组成体系，该体系也可与其他体系或地基相连，构成新的体系。在对体系作几何组成分析时，若不考虑体系因荷载作用而引起的变形或者当这种变形比体系本身的尺寸小很多时，可忽略体系中各杆件的变形，把它们视为刚性杆件（刚体），这是几何组成分析的假设前提。

2. 平面杆件体系的几何组成分析

如图 7.1(a)所示，由两根杆件与地基所组成的平面杆件体系，在受到任意荷载作用时，若不考虑材料的变形，则其几何形状与位置均能保持不变，这样的体系称为几何不变体系；而图 7.1(b)中的平面杆件体系，即便不考虑材料的变形，在很小的荷载作用下，也会发生机械运动，从而不能保持原有的几何形状和位置，这样的体系称为几何可变体系。

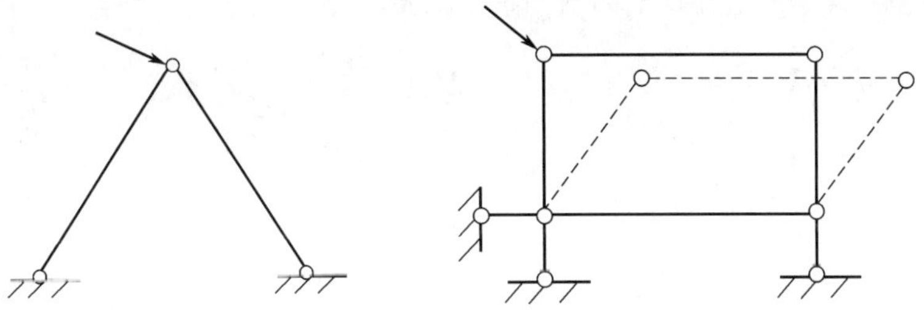

(a)　　　　　　(b)

图 7.1

在建筑工程中，只有几何不变体系才能作为结构使用。所以，在结构设计和选取其几何模型时，必须首先判别它是否为几何不变，进而判定其是否能被采用。工程中，将这一过程称为结构的几何组成分析。本章仅介绍平面杆件结构体系的几何组成分析。

7.1.2 平面杆件体系几何组成分析的目的

在实际工程中，各种结构都要承受一定的荷载，但可变体系不能担负这样的工作，所以结构必须采用几何不变体系。因此，设计者均应具备几何组成分析的知识，熟知结构的组成规律，从而避免在实际结构中出现几何可变的体系，这是进行几何组成分析的主要目的——判定一个体系是否能作为结构；其次，通过几何组成分析，可以判定该结构是如何构造的（静定结构或超静定结构），从而选择合适的计算方法；另外，通过几何组成分析，可以弄清结构各部分之间的相互关系，从而选择合理的计算顺序。

7.2 几何组成分析的相关概念

7.2.1 刚片

在对结构体系进行几何组成分析时，由于不考虑材料的变形，因此可把杆、由杆组成的结构或支承结构的地基看成是刚体（几何不变体系）。在平面结构体系中，刚体又被称为刚片。所以，平面体系的几何组成分析变成了对体系中各刚片间连接的研究。因此，能否准确、灵活地划分刚片，是能否顺利进行几何组成分析的关键。

7.2.2 自由度

体系在运动时，用以完全确定体系在平面内的位置所需的独立坐标的数目，称为自由度。例如图 7.2(a) 所示在平面内有一动点 A，它的位置要由 x 和 y 两个坐标来确定，因此一个动点在平面内的自由度是 2。

再如平面内的一个刚片，当它运动到如图 7.2(b) 所示的位置时，通过刚片上任一点的位置（如点 A，需要两个独立的坐标 x 和 y）和刚片绕 A 点的转角（即独立坐标 θ），就可完全确定该刚片的位置。因此，一个刚片在平面内的自由度是3。

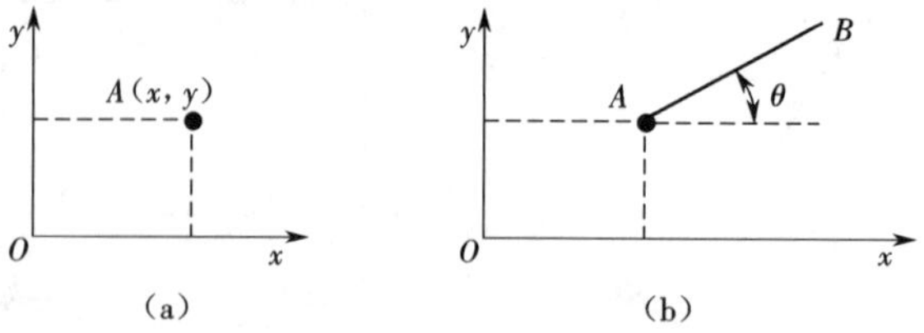

图7.2

7.2.3　约束

约束又称联系，它是体系中构件之间或体系与基础之间的连接装置。约束使构件（刚片）之间的相对运动受到限制，因此约束的存在将会使体系的自由度减少。一种约束装置的约束数等于它使体系减少的自由度数。常见的约束有链杆、铰、刚性连接。

1. 链杆

链杆是两端用铰与其他两个物体相连接的刚性杆。如图7.3所示的刚片与地基用一个链杆连接之前其自由度是3，连接之后其位置由图中两个独立坐标 α、β 就可确定，即减少了一个自由度。

因此，一个链杆相当于一个约束，能减少一个自由度。在进行几何组成分析时，链杆与形状无关，也即刚性杆既可以是直杆也可以是曲杆。链杆只限制与其连接的刚片沿链杆两铰连线方向上的运动。

2. 铰

1）单铰

连接两个刚片的铰称为单铰。

如图7.4(a)所示，把基础看成刚片Ⅰ，其与另一刚片Ⅱ由单铰相连。在连接之前，刚片Ⅱ的自由度为3，用单铰连接后，刚片Ⅱ只能绕 A 点转动，只需要一个独立坐标 α 即可确定刚片Ⅱ的位置，因此体系的自由度是1，与原来相比减少了两个自由度。因此，一个单铰相当于两个约束，能减少两个自由度。

另外，一个单铰相当于两个约束，而一个链杆相当于一个约束，所以一个单铰相当于两个链杆，即图7.4(a)、(b)所示的两种情况是等效的。

如图7.5所示的简支梁，我们可把梁 AB 看成一个刚片，它有三个自由度，而固定铰支座 A 相当于一个单铰，梁 AB 添加上固定铰支座 A 就相当于增加了两个约束或减少了两个自由度；而活动铰支座 B 相当于一个链杆，梁 AB 再添加上活动铰支座 B 就相当于又增加了一个约束或又减少了一个自由度，这样梁 AB 的自由度数和约束数相等，其位置就可完全固定，是一个几何不变体系，可以作为结构使用。

值得注意的是，自由度数和约束数相等并不一定能保证某体系是几何不变体系，还需满足

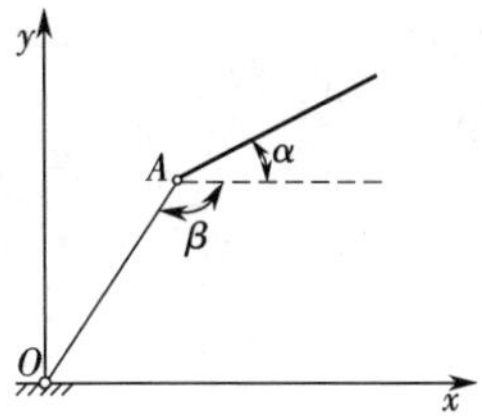

图 7.3

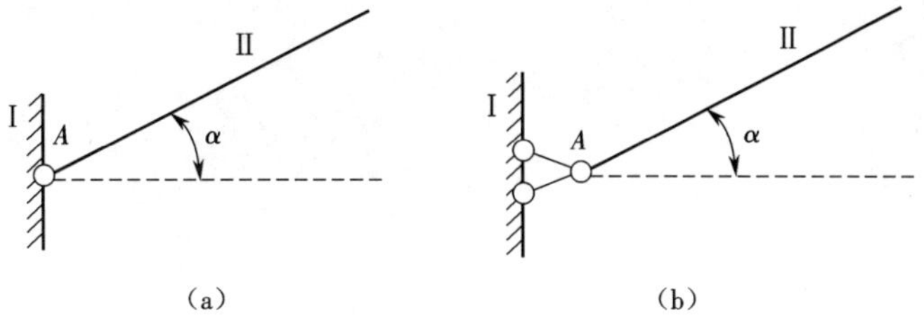

图 7.4

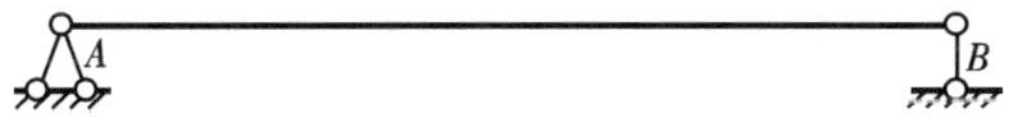

图 7.5

其他的条件，这将在后面介绍。

如图 7.4(b)所示，两个不共线的链杆铰接于一点，通常将这样构成的铰称为实铰。与实铰相对应的即为虚铰，图 7.6 所示三种情况所形成的铰均称为虚铰。

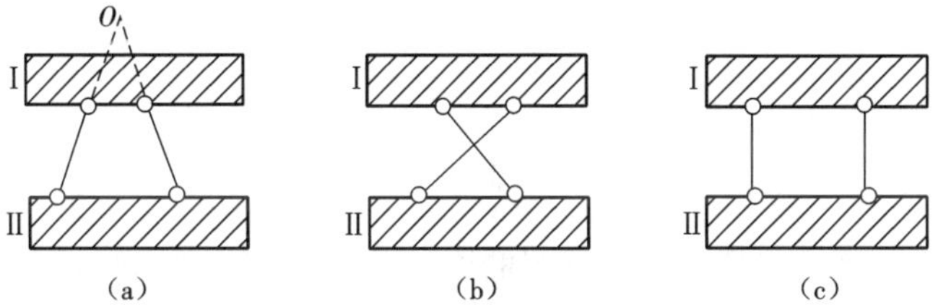

图 7.6

2）复铰

把同时连接两个以上刚片的铰称为复铰。连接 n 个刚片的复铰具有 $2(n-1)$ 个约束。

在进行几何组成分析时，会遇到同一个铰连接多个刚片的情况。如图 7.7 所示，B、C、D 处的铰连接的刚片均大于两片。这可以理解为在一个已有刚片上每增加一个刚片就需要增加一个单铰，因此连接 n 个刚片的复铰相当于 $n-1$ 个单铰，即相当于 $2(n-1)$ 个约束。

3. 刚性连接

刚性连接是将两个刚片以整体连接的方式进行连接，两刚片不发生任何相对运动，即构成一个更大的刚片。

图 7.8(a)所示刚片Ⅰ和刚片Ⅱ间采用的连接方式为刚性连接（可设想两者是用钢铁做的，现把它们焊接在一起，它们之间不能发生任何相对运动，即为刚性连接）。当两个刚片单独存在时，它们的自由度为 $3+3=6$，两者通过刚性连接后，刚片Ⅱ相对于刚片Ⅰ不发生任何相对运动，构成了一个大刚片，这时它的自由度变为 3。因此，一个刚性连接相当于三个约束，能减少三个自由度。

一个刚性连接相当于三个约束，所以可以用三根链杆来代替。因此，当两个刚片刚性连接

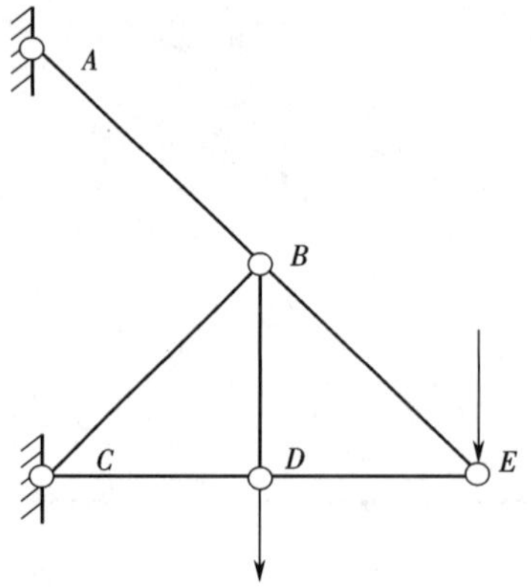

图 7.7

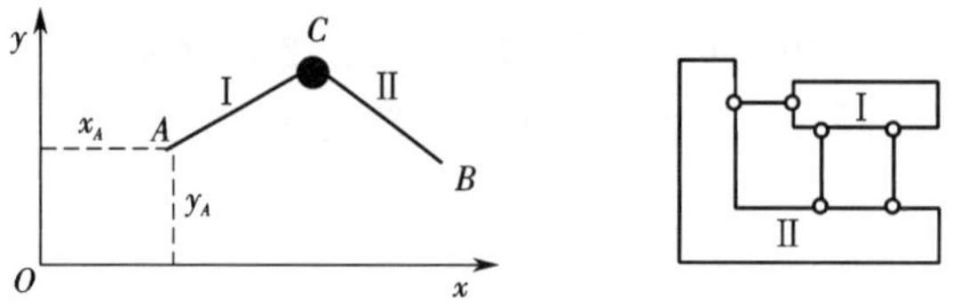

（a）　　（b）

图 7.8

时,可画成如图 7.8(b)所示的情形。悬臂梁的固定端就是刚片与基础间采用刚性连接。

7.2.4　必要约束与多余约束

1. 必要约束

必要约束是指能使体系的自由度减少至零所需要的最少约束。如图 7.5 所示的简支梁,其上的三个约束都是必要约束。

2. 多余约束

如果一个体系中增加一个约束,而体系的自由度并不因此而减少,则该约束称为多余约束。如图 7.9 所示,把梁 *AB* 看成一个刚片,则它有三个自由度,而现在的约束有四个。实际上这四个约束中只有三个是必要约束,其中有一个多余约束(可把链杆②、③、④中的任意一根视为多余约束,但是唯一的水平向约束,即链杆①不是多余约束,因为只有它能约束结构水平向的运动)。

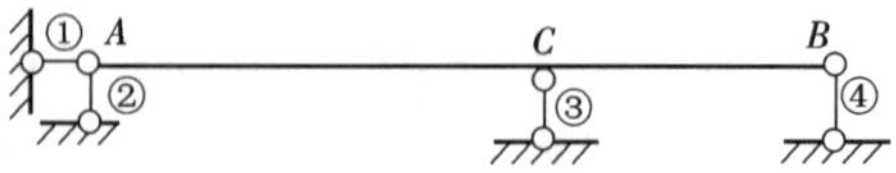

图 7.9

7.2.5 瞬变体系

对平面杆件体系进行几何组成分析时，会出现原本几何可变的结构，经过微小位移后，变成几何不变的情况。这时该种结构应和几何可变体系区分开，称之为瞬变体系。

图7.10(a)所示为连接三刚片的三个铰在同一直线上的情形。由于铰 B 位于以 A 点为圆心、以 AB 为半径及以 C 点为圆心、以 BC 为半径的两圆弧的公切线上，所以 B 点可以在此公切线方向上发生微小的位移。但当这个微小的位移发生后，A、B、C 三点将不再共线，如图7.10(b)所示。此时再分别以 A、C 为圆心，以 AB、BC 为半径作两个圆，已无公切线存在，且 B 点已不可能再发生运动，这时体系变成了“几何不变”体系。该体系原本是几何可变的，经过微小位移后变成“几何不变”的，故此类结构体系称为瞬变体系。

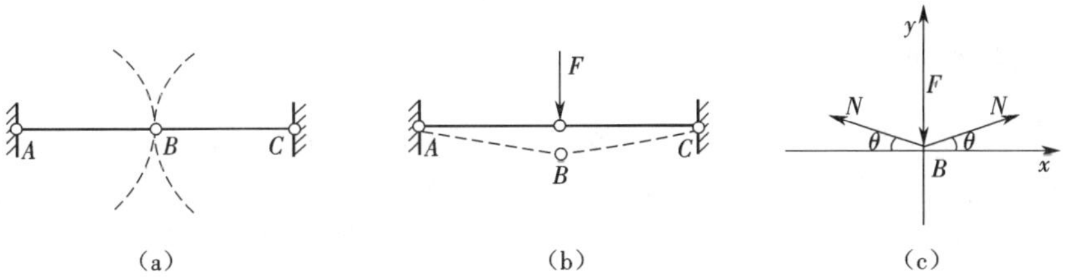

图7.10

该种体系虽然和几何不变体系极为类似，但还是要区别开来。如图7.10(c)所示，根据静力学的平衡知识可知，即使作用在 B 点的荷载 F 很小，此时 AB 杆和 BC 杆中的内力 N 将趋于无穷大。因此，工程中瞬变体系不得作为结构使用。

另外，瞬变体系除了上述所介绍的情形外，还有其他两种情况，分别见图7.11(a)、(b)。如图7.11(a)所示，三根链杆的延长线交于一点 O，这样两刚片可以绕 O 点作微小的相对转动，经过微小转动后，三根链杆的延长线不再交于一点，体系就成为“几何不变”体系，因此该体系也是瞬变体系。如图7.11(b)所示，连接刚片Ⅰ与刚片Ⅱ的三根链杆互相平行但不等长，当刚片Ⅰ上三个被约束点在三根链杆的垂直方向产生一个微小位移后，由于三根链杆不等长，各链杆的转角也不全相等，使三根链杆不再互相平行，此时体系变成几何不变体系，因此该体系仍然是瞬变体系。

如果连接刚片Ⅰ与刚片Ⅱ的三根链杆互相平行且等长，如图7.12所示，此时的体系应和瞬变体系区分开来，因为刚片Ⅰ与刚片Ⅱ之间无论发生什么样的相对位移，该体系仍然不能变成“几何不变”的，这种体系被称为几何可变体系，也称为常变体系。

综上所述，当连接两刚片的三根链杆汇交于同一点(连接两刚片的三根链杆互相平行时，也可认为它们汇交于同一点，不过交点在无穷远处罢了)时，该体系不能用作结构使用，因为此种情况下，该体系要么是瞬变体系，要么是常变体系。

7.3 几何不变体系的组成规则

平面杆系几何组成分析中，除了几何可变体系和瞬变体系外，就只剩下几何不变体系。但

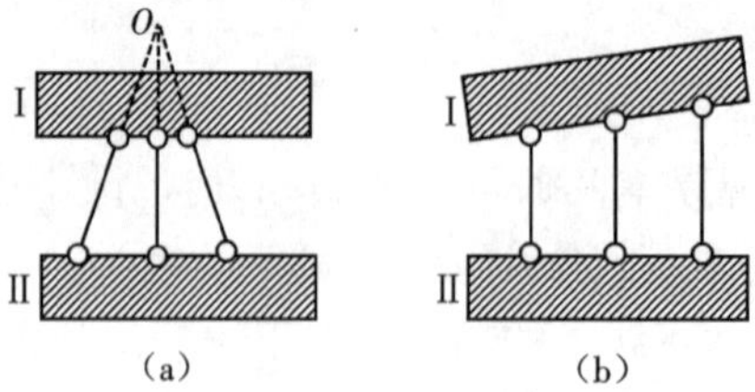

图 7. 11

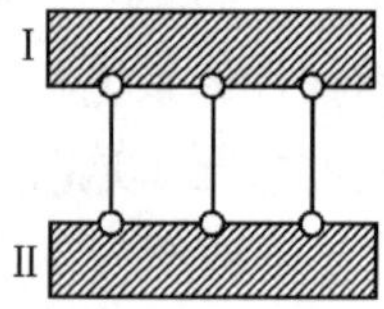

图 7. 12

是要进一步分析几何不变体系,则需要熟悉几何不变体系的组成规则。

在几何不变体系中,刚片本身也是几何不变的。另外,由刚片组成的铰接三角形结构也是几何不变的(三角形具有稳定性)。这两点大家不难理解,所以无须证明。以此为基础,可以总结出以下三个基本规则。

7. 3. 1　二元体规则

在一个已知体系上增加或撤去一个或多个二元体,不影响原体系的几何不变性,即已知体系若是几何不变的,这时增加或撤去一个或多个二元体,体系仍然是几何不变的;若已知体系是几何可变的,则增加或撤去一个或多个二元体,体系仍然是几何可变的。这种用于判断结构几何组成的规则被称作二元体规则。

所谓二元体,是指从一个单铰出发的两个刚片,在远端用铰与其他物体相连的装置,且该装置中,三铰不共线。如图 7. 13 所示,*AB* 链杆(或刚片)和 *AC* 链杆(或刚片)通过 *A* 铰相连,*B* 铰和 *C* 铰与其他刚片相连。这时,不管 *AB* 和 *AC* 是链杆或者刚片,不管刚片是什么形状,这样的装置均称作二元体。

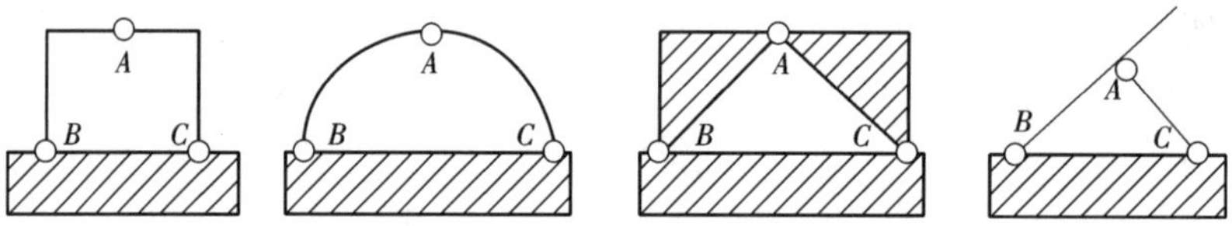

图 7. 13

图 7. 13 中的结构体系均为三角形体系,很明显是几何不变的。如果去掉二元体部分,仅剩下一个刚片,仍然是几何不变的。这也简单地证明了二元体规则。利用这种规则可以使某些体系的几何组成分析得到简化,也可以直接对某些体系进行几何组成分析。

【例 7. 1】试对图 7. 14(a)所示的结构进行几何组成分析。

解　该结构可以看成多个二元体组成的结构,如图 7. 14 所示可依次去掉二元体 *BAD*、*BDE* 和 *BEF*,最后剩下 *CBF* 与基础(看成刚片)构成一个三角形结构(几何不变)。故由二元体规则可知,该体系为几何不变体系,且无多余约束。

7. 3. 2　两刚片规则

两个刚片用一个铰和一根延长线不通过此铰的链杆相连,则得到的体系是几何不变体系,

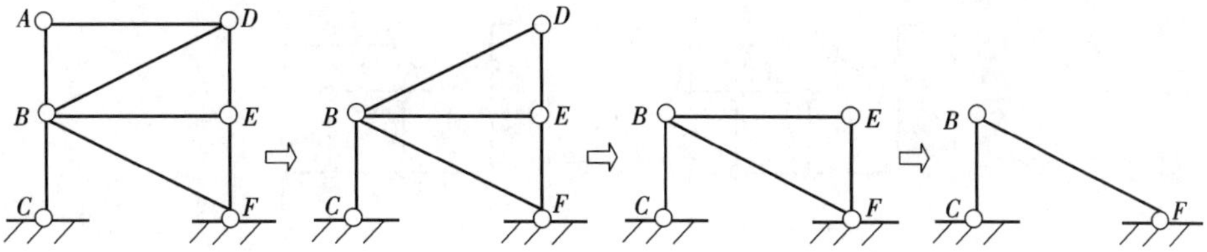

图 7.14

且无多余约束。

本规则的示意图如图 7.15(a)所示，Ⅰ、Ⅱ刚片由一个铰和一个链杆连接，所以该结构为几何不变体系；图 7.15(b)中，链杆通过铰，所以该体系为几何可变体系；图 7.15(c)中，Ⅰ、Ⅱ刚片由一个铰和两个链杆组成，且所有链杆均不通过该铰，此时仍为几何不变体系，不过多了一个多余约束。

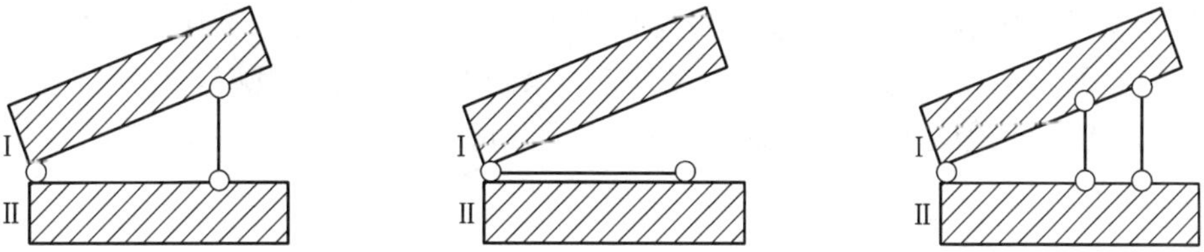

图 7.15

在利用两刚片规则分析结构的几何组成时，两个刚片用三根不完全平行也不汇交于一点的链杆相连，则所构成的体系是几何不变体系，且无多余约束。此种情况，虽然两刚片之间没有用铰来连接，但仍然可以看作铰。如图 7.16 所示，这种情况可以把相交的两根链杆等效为一个铰，这种铰被称作虚铰，对应的图 7.15 中连接Ⅰ、Ⅱ刚片的铰则被称作实铰。所以，图 7.16 中的两个结构仍然是几何不变体系，没有多余约束。

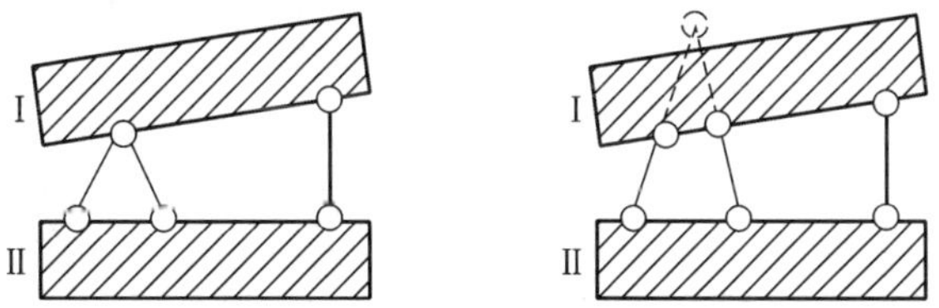

图 7.16

值得注意的是，在上述两刚片规则的描述中，都附加有前提条件："两个刚片用一个铰和一根延长线不通过此铰的链杆相连"或"两个刚片用三根不完全平行也不汇交于一点的链杆相连"，这是因为如前所述，如果这些条件不能满足，则体系将是常变的或者瞬变的。

【例 7.2】试对图 7.17(a)所示的结构进行几何组成分析。

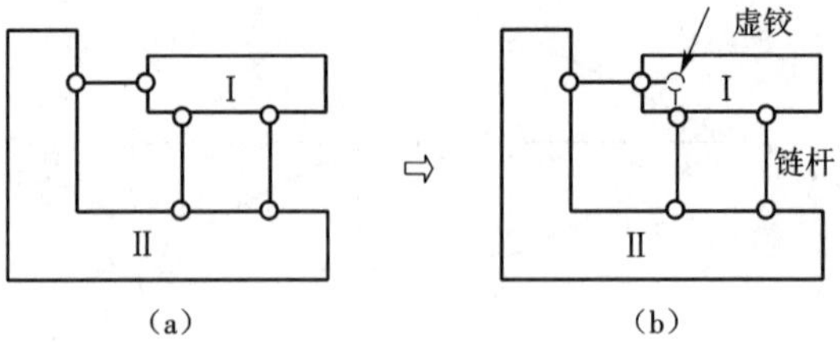

图 7.17

解　如图 7.17(b)所示，刚片 I 和刚片 II 由三个链杆连接，将左边两个链杆延长，发现它们汇交于一点构成一个虚铰，右边链杆的延长线不通过该虚铰。所以，此种情况满足两刚片规则，由两刚片规则可知，该结构为几何不变体系，且没有多余约束。

7.3.3　三刚片规则

如果将两刚片规则中的“一铰一链杆”中的链杆看成一个刚片加两个铰，如图 7.18 所示，这样等效后，其几何组成仍然不变，但是此种情况可描述为三个刚片用不在同一直线上的三个铰两两相连接，形成的结构为几何不变体系且无多余约束，即三刚片规则。三刚片规则和两刚片规则虽然同出一辙，但是在某些情况下，对结构的几何组成分析会相对简单些。

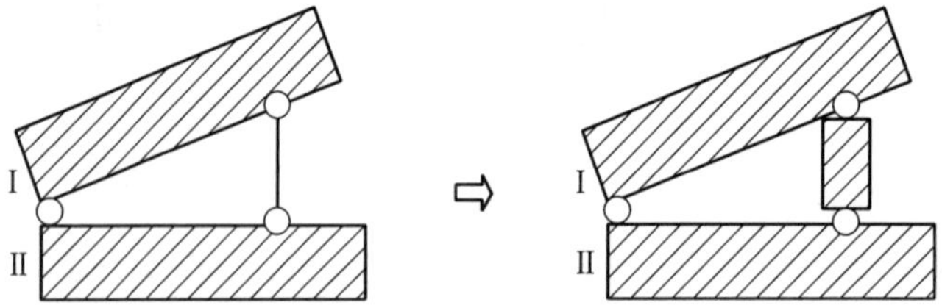

图 7.18

另外，三刚片规则中的三个铰也可以由虚铰来代替，如图 7.19 所示。所以，三刚片规则中的三个刚片两两间可以都用实铰连接，也可以都用虚铰连接，还可以部分实铰连接、部分虚铰连接。同样值得注意的是，在本规则中，要求相连三个刚片的三个单铰不能在同一条直线上，否则，体系将变为瞬变体系。

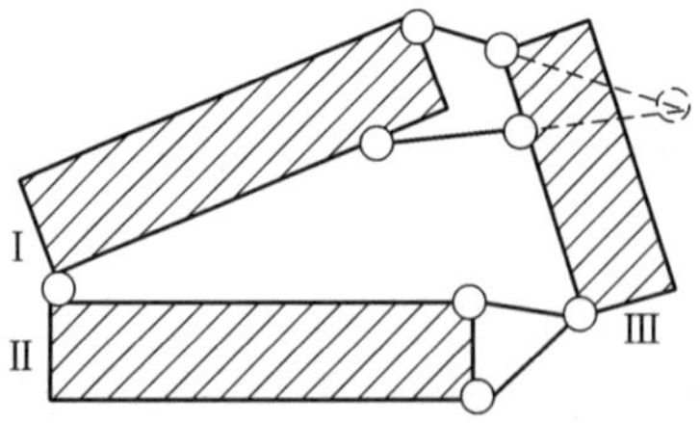

图 7.19

【**例 7.3**】试对图 7.20(a)所示的三铰拱进行几何组成分析。

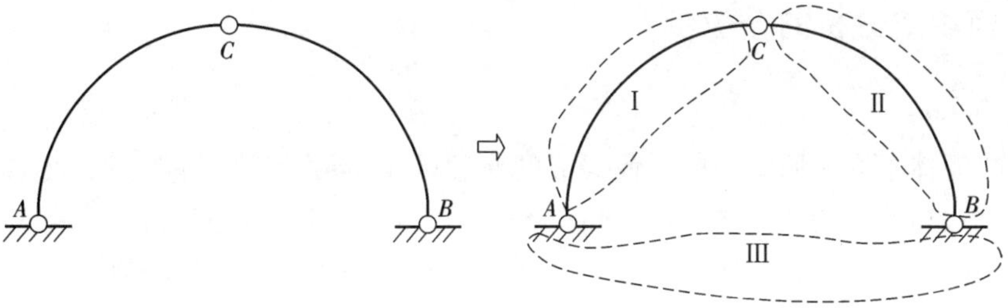

(a)　　　　　　　　(b)

图 7.20

解　如图 7.20(b)所示，把左、右半拱和整个地基分别作为刚片Ⅰ、刚片Ⅱ和刚片Ⅲ，此体系是由三个刚片用不在同一直线上的三个铰 A、B、C 两两相连而成的，此种情况满足三刚片规则，由三刚片规则可知，三铰拱为几何不变体系，且无多余约束。

值得说明的是，以上三个基本规则能够对绝大多数体系的几何组成进行分析，但对少数不常见的复杂体系，这些规则不能完全适用，必须用其他方法进行分析，这里不再介绍，可参考有关专著。

7.4　几何组成分析综合训练

在上一节中介绍了分析几何不变体系的三个基本规则，并通过例题初步了解了结构几何组成分析的基本思路。本节将更详细地讨论如何运用这些规则，对给定的结构进行几何组成分析。

进行几何组成分析时，除了要灵活地运用其分析的基本规则，还要遵循一般的分析步骤，如图 7.21 所示，只有这样才能高效且准确地得到结论。

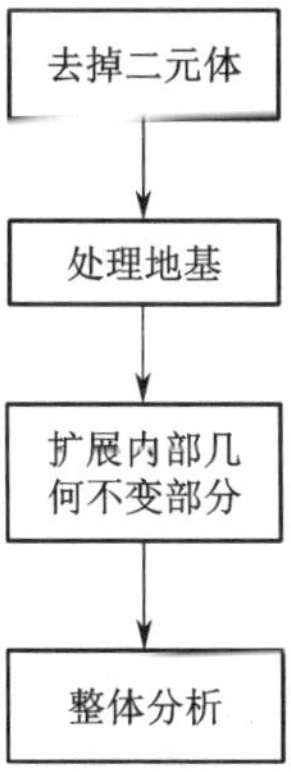

图 7.21

7.4.1 几何组成分析的一般步骤

1. 去掉二元体

从加减二元体不影响原结构的几何组成的原理可知，当我们遇到有较多二元体的结构时，首先应该考虑去掉明显的二元体，从而简化分析难度，图 7.22(a)中有两个隐藏的二元体，图 7.22(b)中用虚线标出的部分均是二元体，去掉二元体后，剩下图 7.22(c)中表示的部分。该部分满足"两刚片"的情况，通过两刚片规则可得出结论：该体系为几何不变体系，且有一个多余约束。

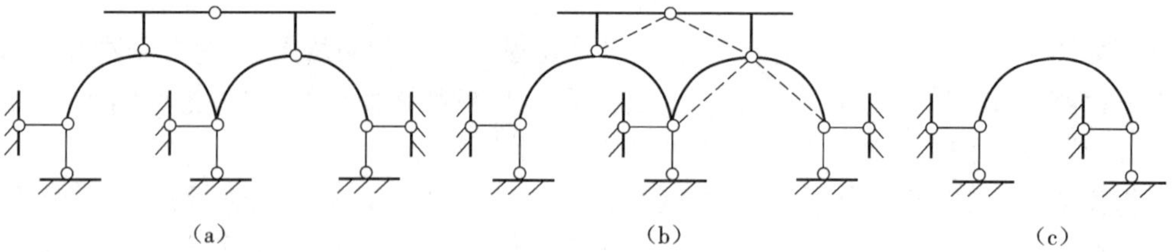

图 7.22

2. 处理地基

1)去掉地基

当结构较为复杂，上部结构与地基的联系满足两刚片规则时，可直接将基础去掉，分析剩下部分的几何组成，而不影响最终的分析结论。如图 7.23(a)所示结构，其上部结构可看成一个整体，它与基础之间明显满足两刚片规则，所以可将基础去掉得到图 7.23(b)所示结构，这时可对该结构进行下一步分析。如图 7.23(c)所示，根据构造特点，可将其虚线圈选部分分别作为刚片Ⅰ、Ⅱ、Ⅲ，据观察该结构满足"三刚片"的情况。根据三刚片规则，该结构为几何可变体系，差一个约束，所以原体系的几何组成分析结论也是几何可变体系，差一个约束。

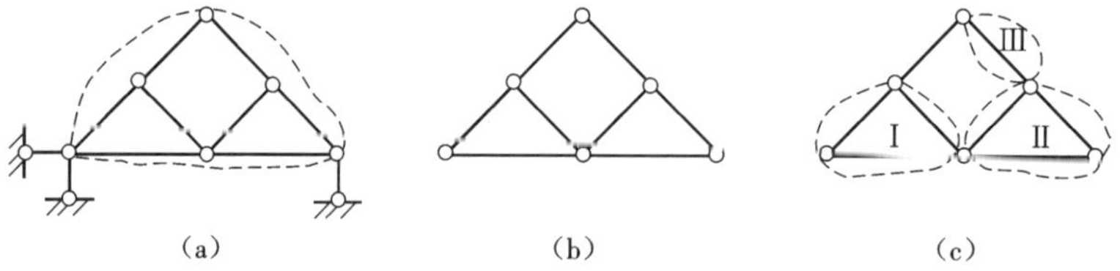

图 7.23

2)扩展地基

有些时候我们也可以将与地基构成几何不变体系的部分结构直接融入地基，与地基形成一个大刚片。如图 7.24 所示，我们可以从地基开始，依次增加二元体 *AEF*、*ADE*、*FCD*、*CBF*。最终得出该结构为几何不变体系，*AB* 为一个多余约束。按增加二元体顺序的不同，多余约束可以是 *AB*、*BC*、*CD*、*DE*、*EF* 中的任意一个。

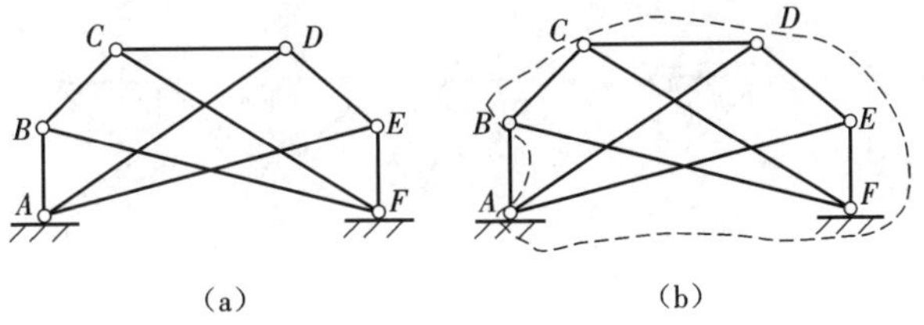

图 7.24

3. 扩展体系内部几何不变部分

有些时候,结构的内部有明显几何不变的部分时,可将该部分视为一个大的刚片。这样可以大大简化分析的难度。如图 7.25(a)所示结构,虚线圈选的桁架明显是几何不变体系,且没有多余约束,所以这时可将 *CD* 和 *CB* 间的桁架分别看成一个刚片。通过观察可知,该结构中有两个二元体可以去掉,见图 7.25(b)中虚线圈选部分。将这两个二元体去掉后,得到新的结构如图 7.25(c),据观察两部分与地基之间均满足"两刚片"的情况。根据两刚片规则,该结构为几何可变体系,少了两个约束。

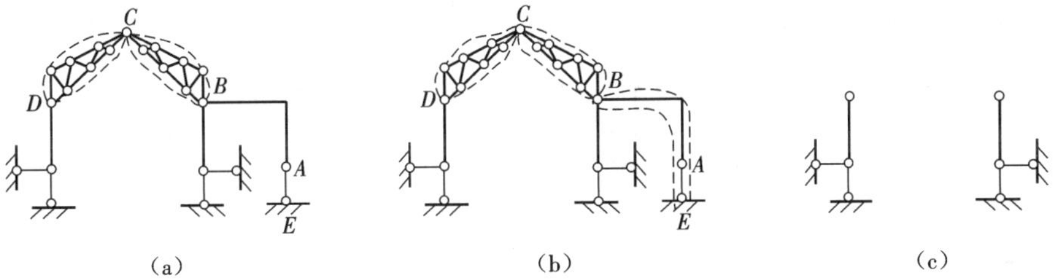

图 7.25

4. 整体一次性分析

一般情况下,对平面杆件体系进行去掉二元体、处理地基、扩展内部几何不变部分等处理后,结构体系总能简化成"两刚片"或者"三刚片"的情况。此时,可根据两刚片或三刚片规则对结构进行整体一次性分析,即得该结构体系的几何组成。

7.4.2 几何组成分析的结论描述

在进行几何组成分析时,其结论描述非常重要。一般情况下,先描述通过 × × 规则等简化后的情况;然后判断该种情况属于 × × 规则范畴;最后通过 × × 规则,得到该结构为几何 × 变体系,差(多) × 个约束。

如图 7.26(a)所示结构,去掉基础和二元体后,得到图 7.26(b)所示结构,该结构可将左右两个三角形看成Ⅰ、Ⅱ两个刚片,两刚片由两链杆连接,且两链杆相交形成一个虚铰,所以此时符合"两刚片"的情况。根据两刚片规则,该结构为几何可变体系,差一个链杆(一个约束)。

图 7.26(c)或图 7.26(d)中虚线表示的链杆即所缺链杆(约束)。这也说明缺约束的个数是一定的,位置不一定。但所缺约束不是任意的,要根据具体情况来定。

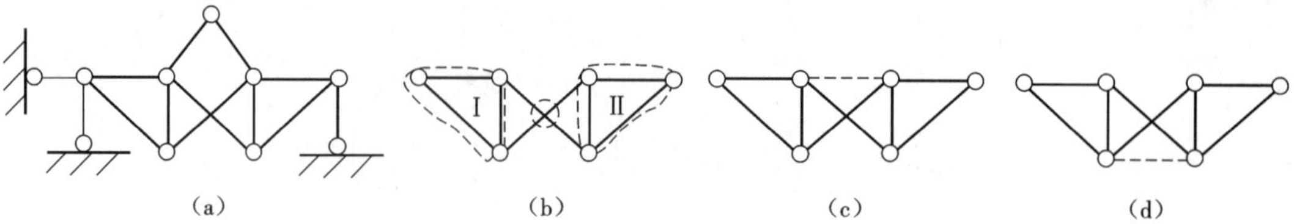

图 7.26

值得注意的是，进行几何组成分析时，在得到该结构属于几何不变体系后，还要分析有没有多余约束，有几个多余约束；另外，如果该体系不是几何不变体系，我们还应该知道，是否可以给它增加一个或几个必要约束以及减少一个或几个非必要约束，最终把它变成几何不变体系。如图 7.27(a)所示，将明显的二元体去掉后得到图 7.27(b)所示结构。该结构变成了两部分，且两部分与地基分别都满足“两刚片”的情况。根据两刚片规则，该结构为几何可变体系，缺一个必要约束，多一个非必要约束。

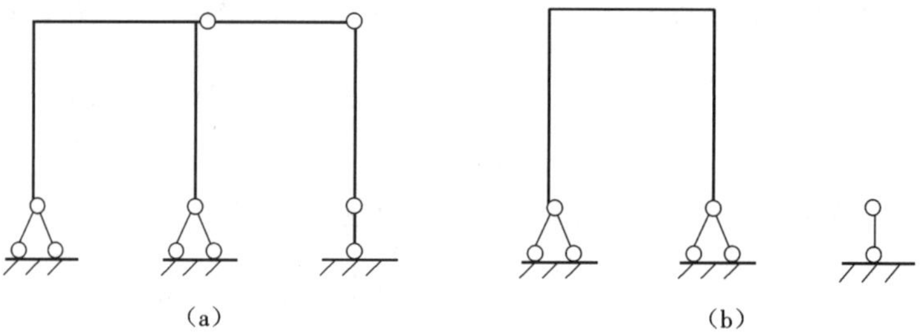

图 7.27

思 考 题

7.1 几何组成分析的目的是什么？

7.2 什么是刚片？

7.3 什么是自由度？

7.4 什么是单铰？什么是复铰？它们各自能减少多少个自由度？

7.5 什么是瞬变体系？

7.6 什么是二元体？

7.7 试简述两刚片规则和三刚片规则。

习 题

7.1 试分析图示各结构的几何组成。

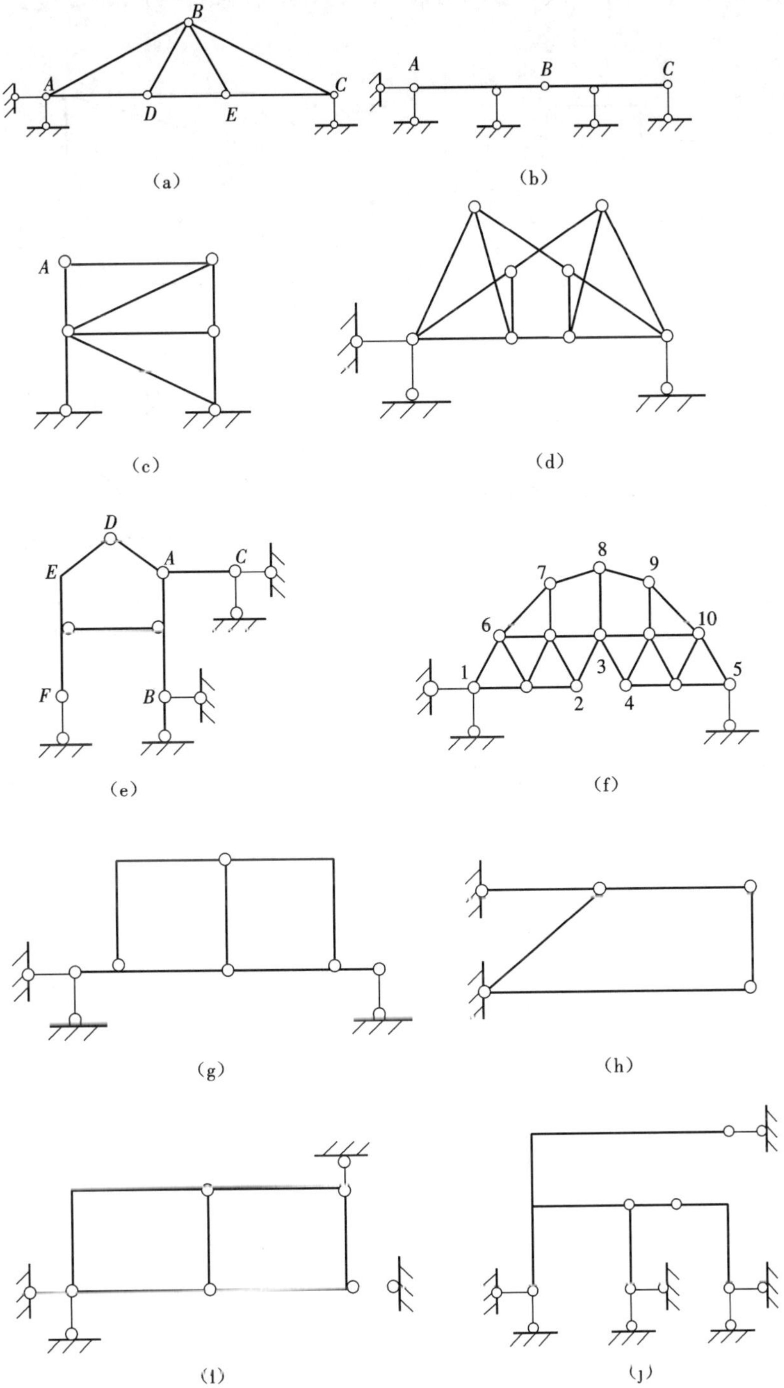

习题 7.1 图

7.2　试将图示结构稍作修改并绘制出来，要求修改后的结构为几何不变体系，且没有多余约束。

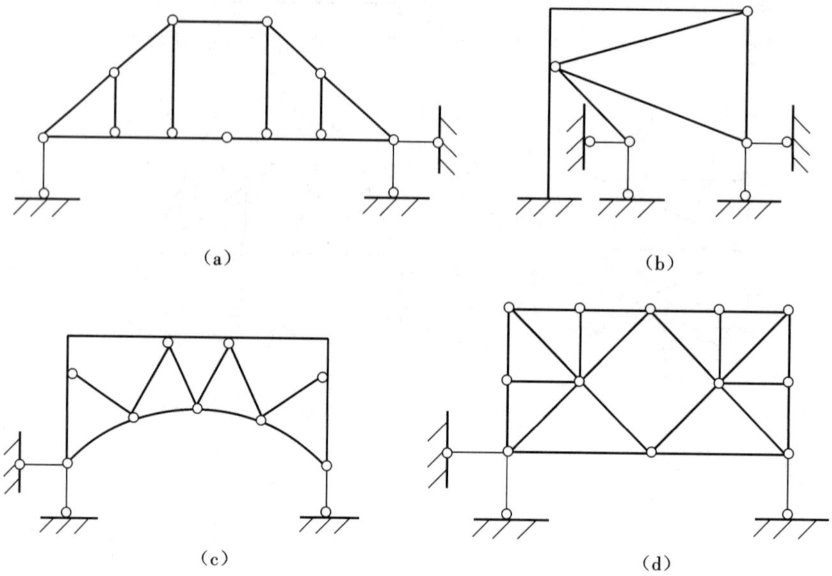

习题 7.2 图

8 静定结构的内力计算

【学习目标】

1. 能正确陈述静定平面结构的概念、特点。
2. 能熟练计算静定结构的内力。
3. 能陈述静定结构内力的计算方法。

【学习重点】

1. 静定梁的内力图——弯矩图、剪力图、轴力图。
2. 静定刚架的内力图——弯矩图、剪力图、轴力图。
3. 用节点法、截面法求解桁架指定杆件的内力。

【学习难点】

1. 静定梁的内力图——弯矩图、剪力图、轴力图。
2. 静定刚架的内力图——弯矩图、剪力图、轴力图。
3. 节点法、截面法的组合运用。

8.1 静定梁的内力计算

8.1.1 单跨静定梁

1. 用截面法求指定截面的内力

在任意荷载作用下,平面杆件横截面上一般有三个内力分量:弯矩 M、剪力 V 和轴力 N。它们是截面两侧杆端间的相互作用力。

计算某截面内力的基本方法是截面法。求图 8.1(a)所示梁截面 C 的内力。可先由整体平衡方程求得支座 A 的水平反力 R_{Ax} 和竖向反力 R_{Ay},然后截取 AC 段为隔离体,利用隔离体的静力平衡方程即可求出截面 C 的三个内力分量 M_C、V_C、N_C,如图 8.11(b)所示。

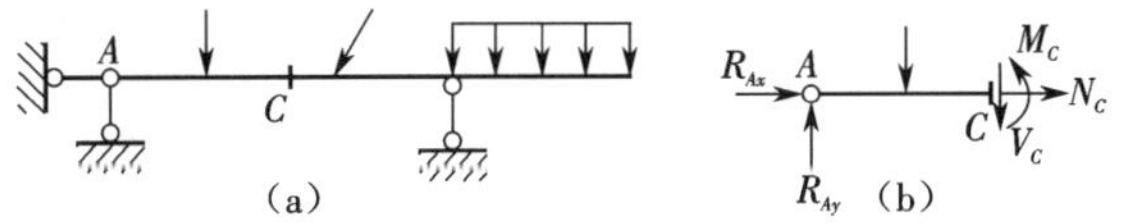

图 8.1

梁的内力符号规定如下:弯矩以使梁的下侧受拉为正,上侧受拉为负;剪力以绕隔离体顺时针方向转动为正，绕隔离体逆时针方向转动为负；轴力以拉力为正，压力为负。

用截面法求某截面的内力时，宜选取荷载较简单的部分为隔离体，以简化计算。应根据隔离体受力图灵活选用投影方程或力矩方程，力求使每个平衡方程中只包含一个未知力，避免求解联立方程。

画隔离体受力图时，与隔离体相连接的所有约束要全部截断，并以相应的约束力代替。不能遗漏作用于隔离体上的荷载和被截断约束的约束力（支反力和内力），已知力按实际方向画，未知内力一般假设为正号方向，若计算结果为正值，则内力的实际方向与假设的方向一致，否则相反。

2. 内力图的特征

内力图是表示结构各截面内力分布规律的图形，包括弯矩图、剪力图和轴力图。绘制内力图的基本方法是先列出内力方程，例如弯矩方程、剪力方程等，然后根据内力方程描点连线作出内力图。内力图通常以杆轴为基线，在垂直于杆轴的方向量取表示该截面内力的竖标而绘成。规定弯矩图绘在杆轴受拉一侧，不标注正负号。剪力图和轴力图可绘在杆件的任一侧，但应标注正负号。

直杆内力图的形状具有下列特征。

①在无荷载区段，弯矩图一般为斜线，剪力图为水平线（剪力为常数）。

②在均布荷载区段，弯矩图为二次抛物线，且其凸出方向与荷载指向相同，剪力图为斜直线。

③在集中荷载作用点，弯矩图有尖角，尖角凸出方向与荷载指向相同，剪力图有突变，突变值等于该集中荷载值。

④在集中力偶作用点，弯矩图有突变，突变值等于该集中力偶值，剪力图无变化。

利用内力图的上述特征，可不列出梁的内力方程，而只算出一些控制截面的内力值，就能迅速绘出梁的内力图。

3. 用区段叠加法作直杆段的弯矩图

如图 8.2(a)所示简支梁，在两端作用有弯矩 M_A、M_B 和均布荷载 q。作弯矩图时，可分别绘出梁在两端弯矩 M_A、M_B 和均布荷载 q 单独作用下的弯矩图，如图 8.2(b)、(c)所示，然后将这两个弯矩图相应的竖标叠加，即得该简支梁的弯矩图，如图 8.2(d)所示。

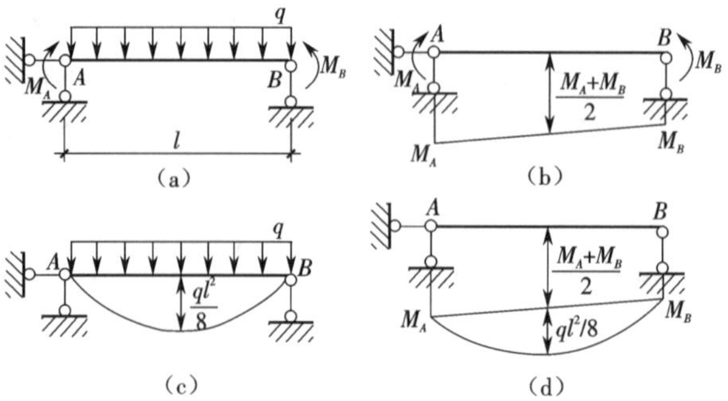

图 8.2

应当注意,这里弯矩图的叠加是相应截面弯矩竖标的叠加。在图 8.2(d) 中叠加时,跨中弯矩竖标 $ql^2/8$ 应垂直于梁轴线 AB,而不是垂直于图中的斜线。叠加后跨中截面的弯矩为 $\frac{ql^2}{8}+\frac{M_A+M_B}{2}$。

上述作简支梁弯矩图的叠加法,可以推广应用于结构中任意直杆段的弯矩图。例如作图 8.3(a)所示简支梁中 AB 段的弯矩图,可截取 AB 段为隔离体,其上除均布荷载 q 外,在杆端还有弯矩 M_A、M_B,剪力 V_A、V_B 及轴力 N_A、N_B。又设图 8.3(c)所示简支梁的跨度与区段 AB 的长度相同,并承受相同的均布荷载 q 和相同的杆端弯矩 M_A、M_B。在图 8.3(b)和(c)中分别应用平衡方程求杆端剪力 V_A、V_B 和支座反力 V_A^0、V_B^0,可知 $V_A=V_A^0$,$V_B=V_B^0$。因此,两者的弯矩图相同(轴力 N_A、N_B 不影响直杆的弯矩图),故可利用前述作简支梁弯矩图的叠加法来绘制区段 AB 的弯矩图。具体做法:先作出区段两端截面的弯矩竖标,并将这两个竖标的顶点用虚线相连;然后以此虚线为基线,叠加相应简支梁在均布荷载作用下的弯矩图;最后所得曲线与杆轴之间所包含的图形即为原梁该区段的弯矩图。利用这种叠加原理求作直杆某一区段弯矩图的方法,称为区段叠加法。

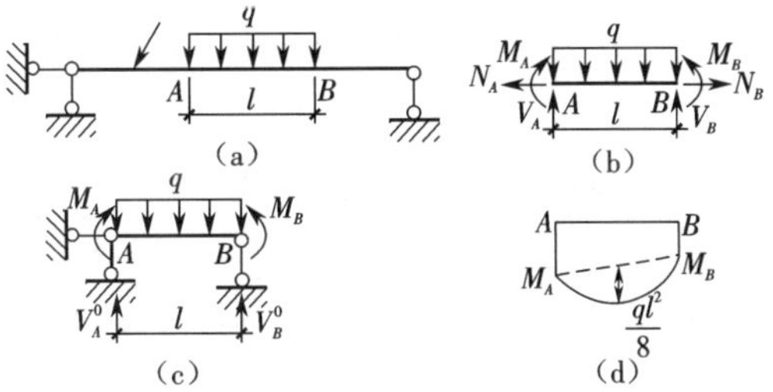

图 8.3

4. 求作内力图的步骤

当梁上作用有多个荷载时,绘制其内力图的一般步骤如下。

①求支座反力。

②将梁分段,计算各分段截面(即控制截面)的内力,控制截面一般选择在均布荷载作用的起点和终点、集中荷载和支座反力的作用点等处。

③利用各控制截面的弯矩值,逐段绘制弯矩图。对无荷载作用的区段,用直线连接两控制截面弯矩竖标的顶点;对有荷载作用的区段,先用虚线连接两端截面弯矩竖标的顶点,再叠加相应简支梁的弯矩图。

④利用各控制截面的剪力值及前述剪力图的特征,逐段连线绘制剪力图。

⑤利用各控制截面的轴力值,逐段连线绘制轴力图。

【例 8.1】试作图 8.4(a)所示伸臂梁的内力图。

解 ①计算支座反力。由梁的整体平衡条件求得支座反力为

$$R_{Ax}=0,R_{Ay}=9\ \text{kN}(\uparrow),R_{Ey}=18\ \text{kN}(\uparrow)$$

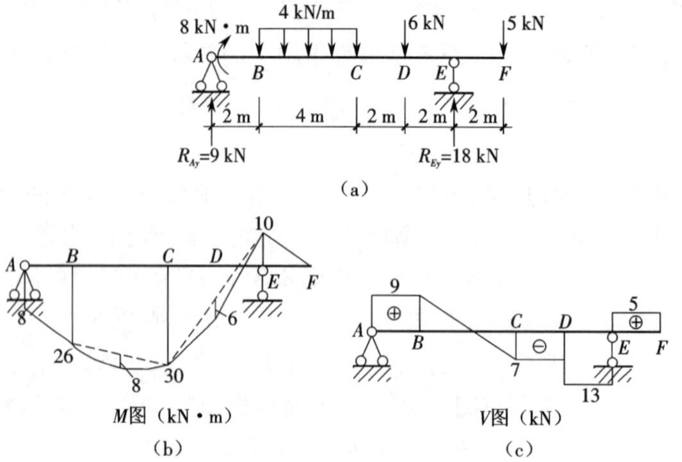

图 8.4

②作弯矩图。选择 A、B、C、E、F 为控制截面，用截面法求得其弯矩值为

$$M_A = 8\ \text{kN} \cdot \text{m}$$

$$M_B = 8 + 9 \times 2 = 26\ \text{kN} \cdot \text{m}$$

$$M_C = 8 + 9 \times 6 - 4 \times 4 \times 2 = 30\ \text{kN} \cdot \text{m}$$

$$M_E = -5 \times 2 = -10\ \text{kN} \cdot \text{m}$$

$$M_F = 0$$

将上述控制截面弯矩的竖标画在梁受拉的一侧，对于 AB、EF 区段，分别用直线连接其两端截面弯矩竖标的顶点；对于 BC、CE 区段，分别用虚线连接其两端截面弯矩竖标的顶点，然后分别叠加以 BC、CE 为跨度的简支梁分别在均布荷载、集中荷载作用下的弯矩图。全梁的弯矩图如图 8.4(b)所示。

③作剪力图。用截面法求得各控制截面的剪力值：

$$V_A = 9\ \text{kN}, V_B = 9\ \text{kN}$$

$$V_C - 9 - 4 \times 4 = -7\ \text{kN}$$

$$V_{E左} = 5 - 18 = -13\ \text{kN}, V_{E右} = 5\ \text{kN}$$

然后根据剪力图的特征，即可逐段作出梁的剪力图[图 8.4(c)]。

8.1.2 多跨静定梁

多跨静定梁是由若干根梁用铰连接而成，用来跨越几个相连跨度的静定梁。桥梁、房屋建筑的檩条经常采用这种结构形式。如图 8.5(a)所示一多跨木檩条，在檩条接头处采用斜搭接的形式，中间用一个螺栓拧紧，这种接头不能抵抗弯矩，可防止所连构件在横向或纵向相对移动，故可看作铰接。其计算简图如图 8.5(b)所示。

从几何组成来看，多跨静定梁可分为基本部分和附属部分。例如，图 8.5 中所示的多跨静定梁，其中伸臂梁 AC 直接由支座链杆固定于基础，是几何不变部分，故称之为基本部分；对于

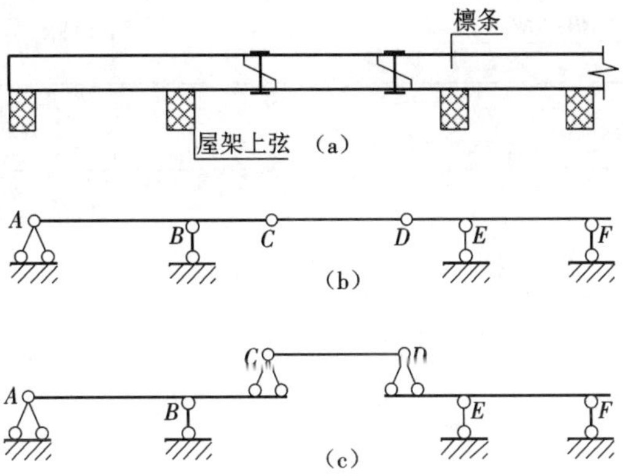

图 8.5

伸臂梁 *DF*,因它在竖向荷载作用下仍能独立地维持平衡,故在竖向荷载作用下,也可把它当作几何不变部分;而悬跨梁 *CD* 则必须依靠基本部分才能保持几何不变性,故称之为附属部分。为清晰起见,在竖向荷载作用下,它们之间的支承可用图 8.5(c)表示。这种图称为层次图,它是按照附属部分支承于基本部分之上作出的。基本部分和附属部分的基本特征表现为基本部分可不依靠附属部分而保持其几何不变性,附属部分则相反。但是,从整体看,多跨静定梁是几何不变的,也是静定的。

从受力分析来看,基本部分能独立承受荷载并能保持平衡,作用在基本部分上的荷载不会影响附属部分;而附属部分只有依靠基本部分才能承受荷载并保持平衡,作用在附属部分上的荷载必传至基本部分。

以上分析说明,多跨静定梁的计算,应先计算附属部分,再计算基本部分。将附属部分的支座反力反方向加于基本部分,就是附属部分传至基本部分的荷载。这样,多跨静定梁可拆成若干单跨静定梁,分别计算。而后将各单跨梁的内力图连在一起,即得多跨梁的内力图。顺便指出:对于其他类型具有基本部分和附属部分的结构,其计算步骤在原则上也是如此。

【例 8.2】试作图 8.6(a)所示多跨静定梁的内力图。

解 先作出层次图如图 8.6(b)所示。由该图知,应先计算附属部分 *CD*。*C* 点反力 R_C 求出后,反方向加于基本部分 *AC* 上,就是附属部分传至基本部分的荷载,然后再计算基本部分 *AC*。

①计算反力。如图 8.6(c)所示,由附属部分开始,因集中荷载作用在 *CD* 段的中点,故

$$R_C = R_{Dy} = 60\ \text{kN}$$

再由基本部分 *AC* 梁的平衡条件,可得

$$R_A = 100\ \text{kN}, R_B = 200\ \text{kN}$$

②作剪力图和弯矩图。支座反力及铰 *C* 处的约束力求出后,梁的剪力图和弯矩图即可绘出,分别如图 8.6(d)、(e)所示。

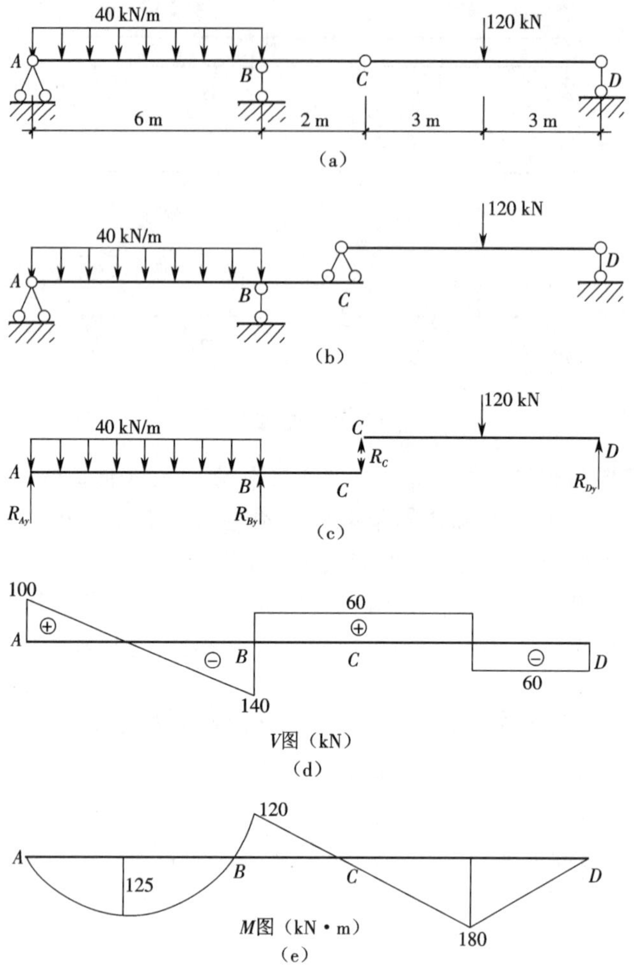

图 8.6

8.2 静定平面刚架

8.2.1 刚架的特征

刚架是由若干根梁和柱主要通过刚接组成的结构。当刚架各杆轴线和外力作用线都处于同一平面内时，称为平面刚架，如图 8.7 所示。

在刚架中，它的几何不变性主要依靠节点刚性来维持，无须斜向支撑联系，因而可使结构内部具有较大的净空，便于使用。图 8.8(a)所示桁架是一几何不变体系，如果把 C 节点改为刚节点，并去掉斜杆，则该结构即为静定平面刚架，如图 8.7(b)所示。显然，其内部净空增大了。从变形角度来看，在任何荷载作用下，刚节点处的各杆端都不能发生相对移动和相对转动。如图 8.7(b)所示，刚架在受力变形后，刚节点 C 处虽有线位移和转动，但仍保持与变形前相同的角度。从受力角度来看，由于刚节点能约束杆端之间的相对移动和转动，故能承受和传递弯矩，从而使结构中的内力分布比较均匀、合理。

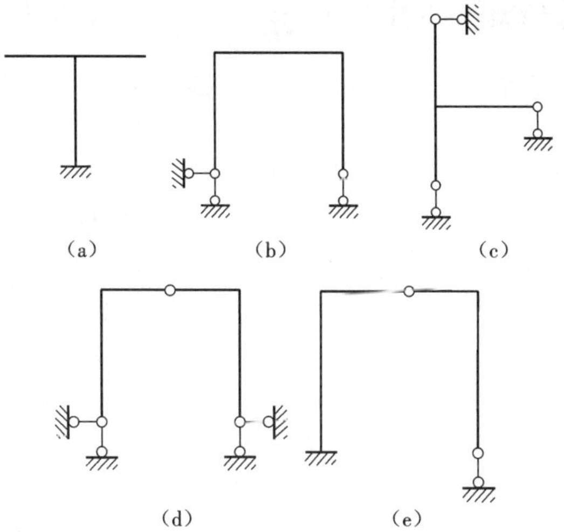

图 8.7

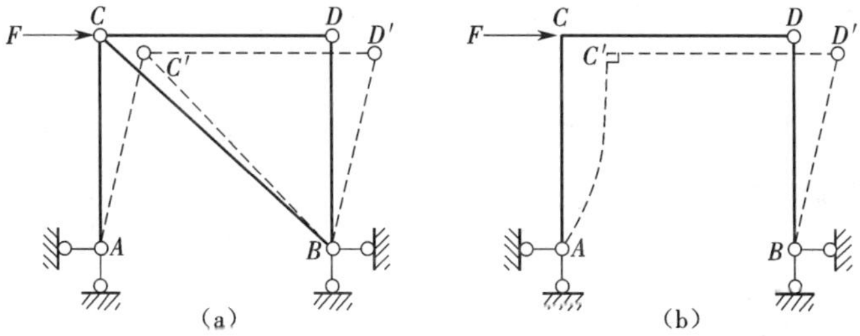

图 8.8

刚架中的反力和内力可全部由静力平衡条件确定的称为静定刚架。本节只讨论静定平面刚架。

8.2.2 静定平面刚架的分类

静定平面刚架主要有以下四种类型。

①悬臂刚架，如图 8.7(a)所示。刚架本身为几何不变体系，且无多余约束，它用固定支座与地基相连。

②简支刚架，如图 8.7(b)、(c)所示。刚架本身为几何不变体系，且无多余约束，它用一个固定铰支座和一个可动铰支座与地基相连或用三根既不平行也不相交于一点的链杆与地基分别相连。

③三铰刚架，如图 8.7(d)所示。刚架本身由两个构件组成，中间用铰相连，其底部用两个固定铰支座与地基相连，从而形成没有多余约束的几何不变体系。

④组合刚架,如图8.7(e)所示。此种刚架一般分为基本部分和附属部分,基本部分一般为前述三种刚架中的一种,附属部分则是根据几何不变体系的组成规则连接上去的。从整体结构而言,它仍是一个无多余约束的几何不变体系。

8.2.3 静定平面刚架的内力计算

静定刚架的内力计算同梁一样,仍是用截面法截取隔离体,然后用平衡条件求解。其解题步骤通常如下。

①由整体或某些部分的平衡条件求出支座反力或连接处的约束反力。

②根据荷载情况,将刚架分解成若干杆段,由平衡条件求出杆端内力。

③根据杆端内力运用叠加法逐杆绘制内力图,从而得到整个刚架的内力图。

注意:刚架若为组合刚架,则与多跨静定梁一样,应先计算附属部分,然后计算基本部分。

在计算内力时,为了使内力的符号不致发生混淆,我们在内力符号的右下方加两个下标来表明内力所属的杆及杆端截面,两个下标一起表示内力所属的杆,而第一个下标表示该内力所属的杆端截面。以弯矩为例,我们以 M_{AB} 和 M_{BA} 分别表示 AB 杆的 A 端和 B 端的弯矩。

在刚架中,弯矩图纵坐标规定画在杆件受拉纤维一侧,不用注明正负号。剪力以使隔离体有顺时针转动趋势为正,反之为负,剪力图可画在杆件的任一侧,但要注明正负号。轴力以拉力为正,压力为负,轴力图可画在杆件的任一侧,但要注明正负号。

【例8.3】计算图8.9所示刚架的支座反力并绘制内力图。

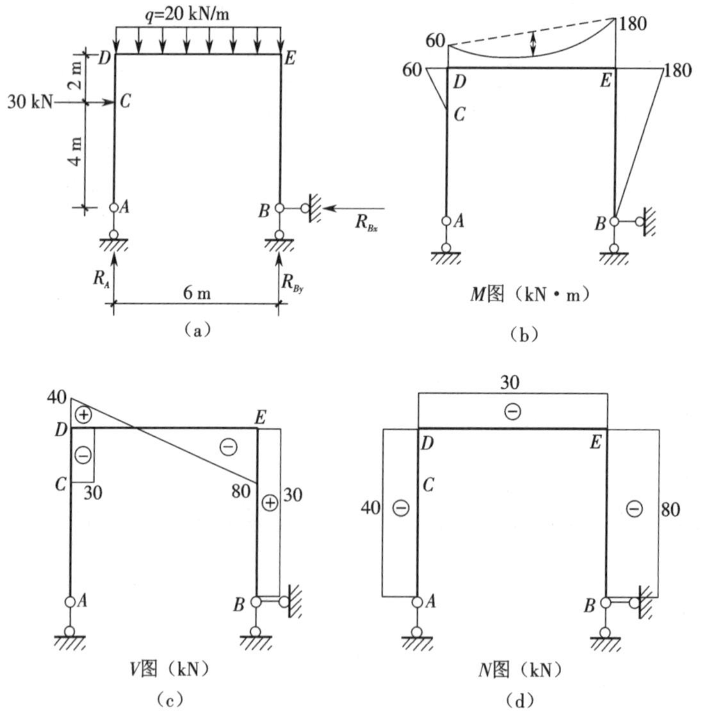

图8.9

解 ①计算支座反力。

取整个刚架为隔离体,假设反力方向如图所示。

由 $\sum F_x=0$ 得

$$30-R_{Bx}=0 \quad R_{Bx}=30\ \text{kN}(\leftarrow)$$

由 $\sum M_B=0$ 得

$$R_A\times6+30\times4-20\times6\times3=0 \quad R_A=40\ \text{kN}(\uparrow)$$

由 $\sum M_A=0$ 得

$$-R_{By}\times6+30\times4+20\times6\times3=0 \quad R_{By}=80\ \text{kN}(\uparrow)$$

然后根据其他平衡条件,例如 $\sum F_y=0$ 进行校核。因

$$\sum F_y=40+80-20\times6=0$$

故计算无误。

②作弯矩图。作弯矩图时,应逐杆考虑,算出各控制截面的弯矩,然后用叠加法作弯矩图。

现按上述方法计算图 8.9(a)所示刚架各杆的弯矩并绘出弯矩图。

AD 杆:杆件上作用有集中荷载,弯矩图为一带尖角的图形。先求出控制截面 *A* 和 *D* 的弯矩值,然后与按相应简支梁求得的弯矩图进行叠加。

$$M_{AD}=0, M_{DA}=30\times2=60\ \text{kN}\cdot\text{m}(\text{左侧受拉})$$

DE 杆:杆件上作用有均布荷载,弯矩图为二次抛物线图形。先求出控制截面 *E* 和 *D* 的弯矩值,然后与按相应简支梁求得的弯矩图进行叠加。

$$M_{DE}=30\times2=60\ \text{kN}\cdot\text{m}(\text{上侧受拉})$$

$$M_{ED}=30\times6=180\ \text{kN}\cdot\text{m}(\text{上侧受拉})$$

BE 杆:无荷载作用,弯矩图为一直线。

$$M_{EB}=30\times6=180\ \text{kN}\cdot\text{m}(\text{右侧受拉})$$

$$M_{BE}=0$$

各个控制截面的弯矩求出后,即可作出弯矩图[图 8.9(b)]。

③作剪力图。作剪力图时,仍逐杆进行,先根据已知的作用荷载和反力或约束力求出杆端的剪力,然后按照单跨静定梁作出该杆的剪力图。

AD 杆:*AC* 段的剪力等于零,*CD* 段的剪力图为一平行于杆轴的直线。

$$V_{CD}=-30\ \text{kN} \quad V_{DC}=-30\ \text{kN}$$

DE 杆:剪力图为一斜直线。

$$V_{DE}=R_A=40\ \text{kN} \quad V_{ED}=-R_{By}=-80\ \text{kN}$$

BE 杆:剪力图为平行于杆轴的直线。

$$V_{BE}=R_{Bx}=30\ \text{kN} \quad V_{EB}=R_{Bx}=30\ \text{kN}$$

作出的剪力图如图 8.9(c)所示。

④作轴力图。作轴力图时,根据已知的作用荷载和反力或约束力,即可逐杆算出其轴力。

$$N_{AD}=-R_A=-40\ \text{kN} \quad N_{DA}=-40\ \text{kN}$$

$$N_{DE}=-30\ \text{kN}\quad N_{ED}=-30\ \text{kN}$$

$$N_{BE}=-R_{By}=-80\ \text{kN}\quad N_{EB}=-80\ \text{kN}$$

作出的轴力图如图 8.9(d)所示。

⑤校核内力图。为了校核内力图,可截取刚架的任一部分为隔离体,检查其是否满足静力平衡条件。通常是校核该点处的内力。例如,取节点 D 为隔离体,如图 8.10 所示,可见作用在隔离体上的力满足静力平衡条件。

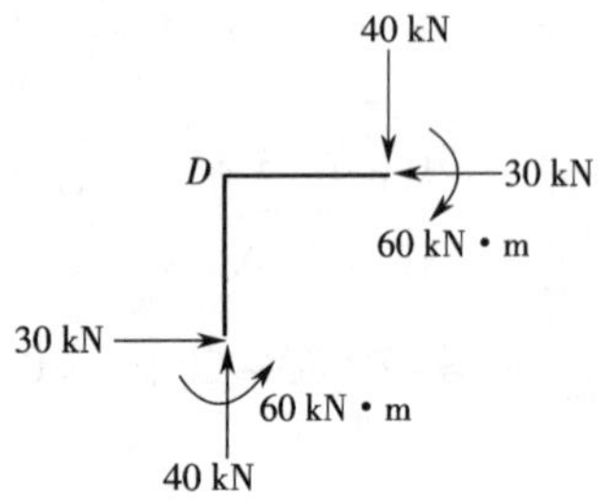

图 8.10

【例 8.4】试作图 8.11(a)所示刚架的弯矩图。

解 这是一个组合刚架,其中简支刚架 ADE 是附属部分,右边的三铰刚架是基本部分。应先计算附属部分,杆 DA 的弯矩图可按悬臂梁绘出。将附属部分在铰 E 处的约束反力反向作用于基本部分,如图 8.11(b)所示。考虑三铰刚架的整体平衡,由 $\sum F_x=0$,求得支座 C 的水平反力 $R_{Cx}=6\ \text{kN}(\leftarrow)$,由此得

$$M_{HC}=6\times6=36\ \text{kN}\cdot\text{m}(\text{右侧受拉})$$

再由 $\sum M_D$ 得

$$M_{HG}=36-12=24\ \text{kN}\cdot\text{m}(\text{上侧受拉})$$

考虑杆件 GH 的平衡,得杆端剪力

$$V_{GH}=-6\ \text{kN}$$

如图 8.11(b)所示,杆件 FE、FG 的弯矩图可按悬臂梁绘出,其刚接端的弯矩为

$$M_{FE}=30-4.5\times4=12\ \text{kN}\cdot\text{m}(\text{上侧受拉})$$

$$M_{FG}=(14-6)\times4=32\ \text{kN}\cdot\text{m}(\text{上侧受拉})$$

再考虑节点 F,由 $\sum M_F=0$ 得

$$M_{FB}=32-12=20\ \text{kN}\cdot\text{m}(\text{左侧受拉})$$

由定向支座 B 可知,杆件 FB 无剪力,是纯弯曲杆,故

$$M_{BF}=M_{FB}=20\ \text{kN}\cdot\text{m}(\text{左侧受拉})$$

至此,可作出整个刚架的弯矩图如图 8.11(c)所示。

现将求作静定平面刚架内力图的要点归纳如下。

①要正确计算支座反力及各部分之间的相互作用力。当刚架较复杂时,宜先进行几何组成分析。

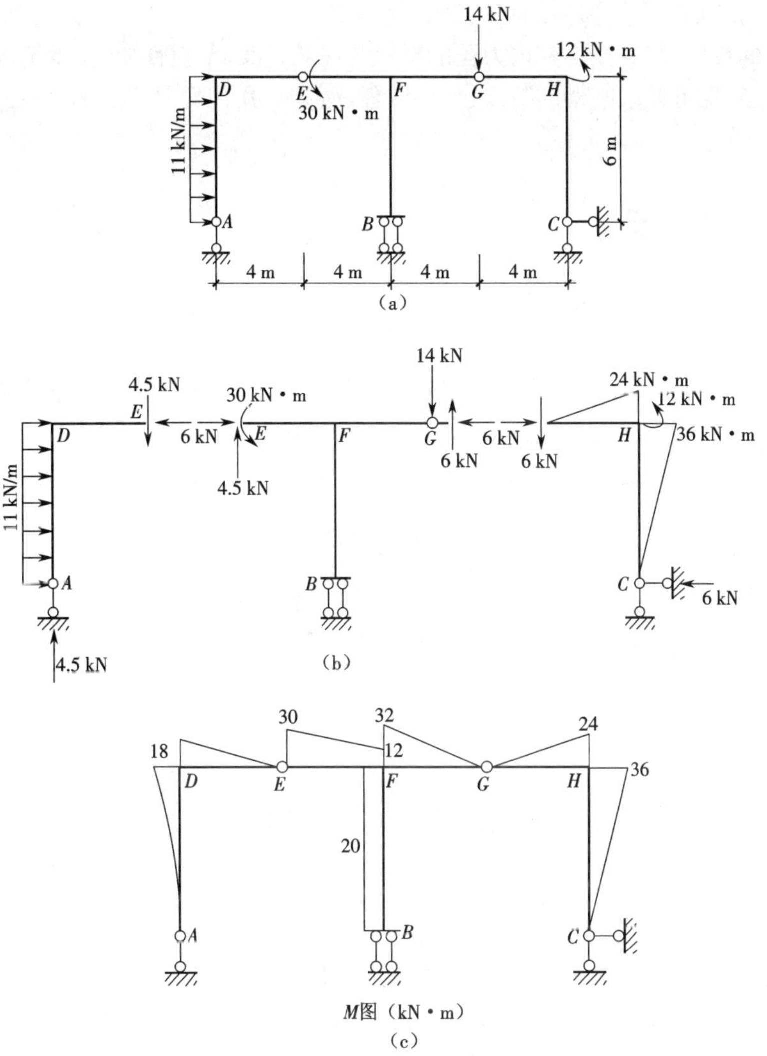

图 8.11

②作弯矩图时，先求各杆的杆端弯矩，再用区段叠加法逐杆绘出弯矩图。弯矩图绘在杆件受拉的一侧，不标注正负号。杆件的铰接端或自由端若无外力偶作用，则端弯矩为零；若有外力偶作用，则端弯矩等于外力偶矩。两端铰接直杆若无横向荷载作用，弯矩为零，剪力也为零，只有轴力；若有横向荷载作用，其弯矩图与简支梁一样，可直接绘出。杆端的剪力为零时，弯矩为常量，弯矩图为平行于杆轴的直线。

③作剪力图时，先计算各杆的杆端剪力。一般可根据截面一边的荷载和支反力直接计算杆端剪力；也可取杆件为隔离体，根据杆上荷载和已求得的杆端弯矩，用力矩平衡方程求杆端剪力。杆端剪力求出后，杆件的剪力图可按简支梁的规律作出。剪力图需要注明正负号。

④作轴力图时，先计算各杆的杆端轴力。一般可根据截面一边的荷载和支反力直接计算杆端轴力；也可取刚架的节点为隔离体，根据节点上的荷载和已求得的杆端剪力，用投影平衡

方程求杆端轴力。轴力图需要注明正负号。

⑤内力图的校核,可直接观察内力图的形状与荷载种类、节点性质、支承情况等是否相符,以作出定性判断;也可截取刚架的节点、杆件或任一部分,用内力计算过程中未使用的平衡条件校核。

8.3 静定平面桁架

8.3.1 概述

桁架的计算简图是由多根直杆两端用铰连接而成的几何不变体系。同梁和刚架相比,桁架各杆只有轴力,截面上的应力分布均匀,可以充分发挥材料的作用,重量轻,承受荷载大,是大跨度结构常用的一种形式。图 8.12(a)为厂房中常采用的钢筋混凝土屋架。

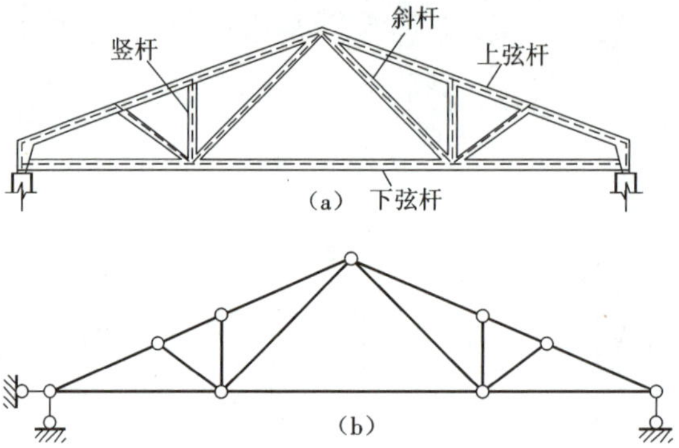

图 8.12

桁架中,上边缘的杆件称为上弦杆,下边缘的杆件称为下弦杆,上下弦杆之间的杆件称为腹杆,腹杆又分为斜杆和竖杆,连接上下弦杆的斜向杆件称为斜杆,连接上下弦杆的竖向杆件称为竖杆。

桁架可分为平面桁架和空间桁架。凡各杆轴线和荷载作用线位于同一平面内的桁架称为平面桁架。实际工程中的桁架一般都是空间桁架,但有很多能简化为平面桁架来分析。

实际桁架受力复杂,为了简化计算,通常对桁架内力计算采用下列假设。

①桁架的节点都是光滑的铰节点;

②桁架各杆轴线都是直线,并通过铰的中心;

③荷载和支座反力都作用在节点上。

根据以上假设,桁架的各杆为二力杆,只承受轴力。图 8.12(b)是根据以上假设所得出的图 8.12(a)的计算简图,屋盖及各杆的重量转化为集中荷载作用在节点上。

实际桁架与上述假设并不完全相同。首先,在杆的连接处,不同的材料有不同的连接方式。钢桁架采用焊接或铆接,钢筋混凝土采用整体浇筑,而木结构为榫接或螺栓连接,因而各杆轴线不一定准确交于节点上。其次,桁架荷载也不是只承受节点荷载作用。但工程实践证明，以上因素对桁架计算的影响是次要的，我们将按照上述桁架假设计算的内力称为主内力，将与上述假设不同而产生的附加内力称为次内力，我们只研究主内力的计算问题。

根据桁架的几何组成特点，桁架可以分为三类。

①简单桁架：由基础或一个基本铰接三角形开始，依次增加二元体而组成的桁架，如图 8.13(a)、(b)所示。

②联合桁架：由几个简单桁架按几何不变规律联合组成的桁架，如图 8.13(c)所示。

③复杂桁架：不按上述两种方式组成的其他形式的桁架，如图 8.13(d)所示。

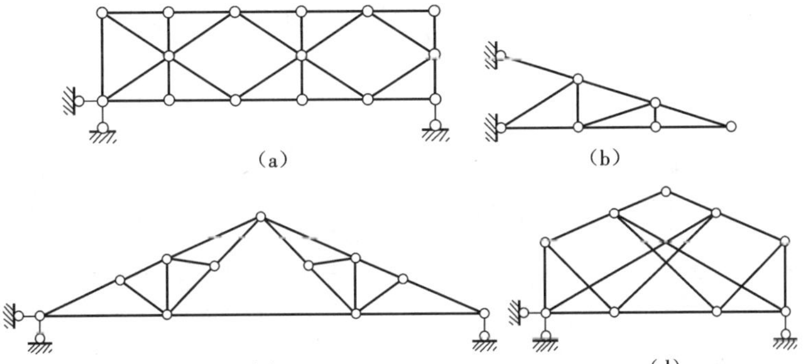

(a)　(b)　(c)　(d)

图 8.13

8.3.2　静定平面桁架的内力计算

1. 节点法

节点法是以桁架的节点为研究对象，适用于计算简单桁架。当截取桁架中某一节点为隔离体后，得到一平面汇交力系，根据平面汇交力系的平衡条件可求得各杆内力。又因为根据平面汇交力系的平衡条件，对于每一节点只能列出两个平衡方程，因此每次所选研究对象（节点）上未知力的个数不应多于两个。

计算中通常先假设杆的未知轴力为拉力，计算结果为正值表示拉力，为负值则表示压力。

在建立平衡方程时，有时需要把杆 AB 的轴力 N 分解为水平分力 X 和竖向分力 Y，若该斜杆杆长 L 的水平投影为 L_x，竖向投影为 L_y，见图 8.14，根据相似三角形的比例关系有

$$\frac{N}{L}=\frac{X}{L_x}=\frac{Y}{L_y} \tag{8.1}$$

利用这个比例关系可以方便地由 N 推算出 X 和 Y，或由 X 推算出 N 和 Y，由 Y 推算出 N 和 X。这样计算要比使用三角函数方便得多。

下面举例说明节点法的计算过程。

【**例 8.5**】试计算图 8.15(a)所示桁架的各杆轴力。

解　此桁架为简单桁架，用节点法计算各杆轴力较为方便。

①计算支座反力。

由整体平衡条件 $\sum M_F=0$，得

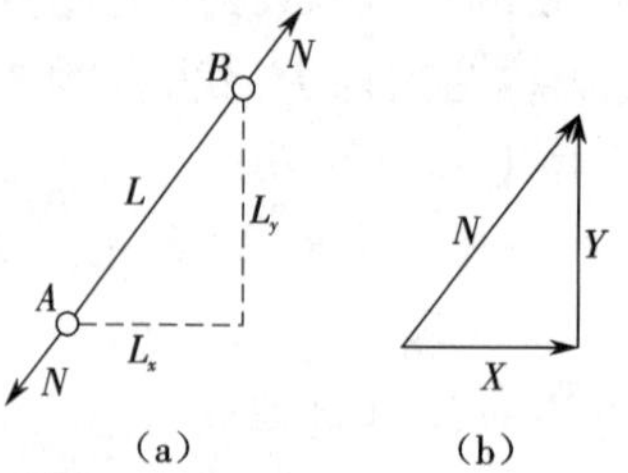

图 8.14

(a)杆长及其投影　(b)轴力及其投影

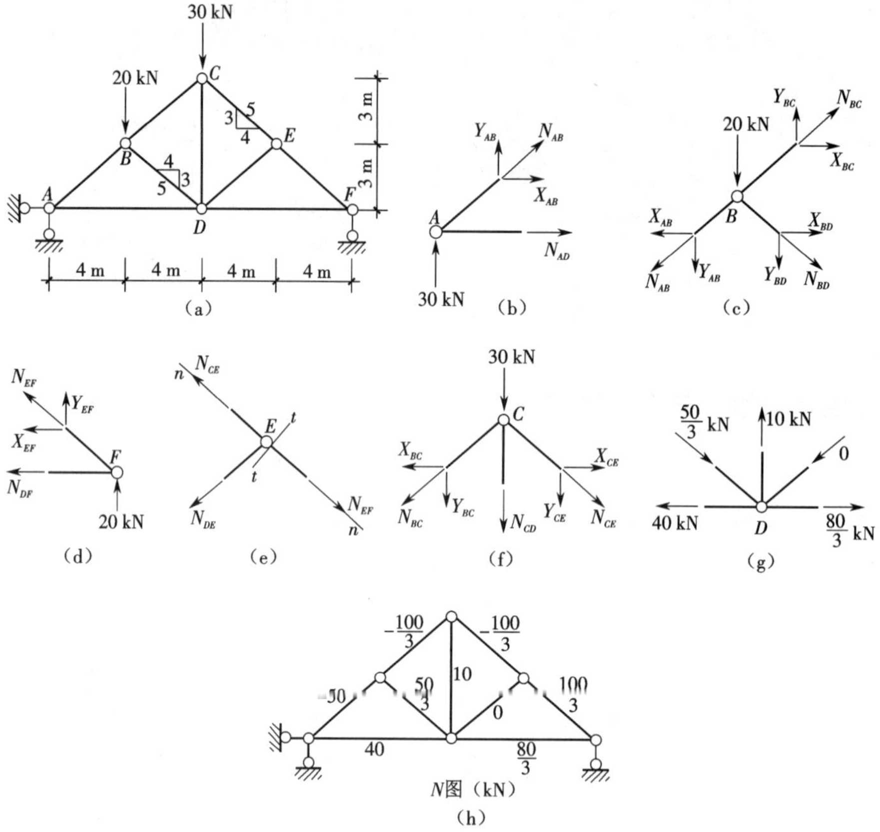

图 8.15

$$R_{Ay}=30\ \text{kN}(\uparrow)$$

由 $\sum M_A=0$ 得

$$R_F=20\ \text{kN}(\uparrow)$$

由 $\sum X=0$ 得

$$R_{Ax}=0$$

②计算各杆轴力。一个简单桁架往往可以按不同的节点次序组成，在运用节点法时，应视具体情况灵活选择计算顺序，只要每次所取节点包含未知内力的杆件不多于两根就可以。比如本题若以节点 A、B、F、E、C 为路径，D 为校核节点，计算将很简单。

计算出杆件的几何关系并标于图 8.15(a)中。

取节点 A 为隔离体，如图 8.15(b)所示，由 $\sum Y=0$ 得

$$Y_{AB}=-30\ \text{kN}$$

由比例关系 $\frac{N_{AB}}{5}=\frac{X_{AB}}{4}=\frac{Y_{AB}}{3}$ 得

$$N_{AB}=-50\ \text{kN(压力)},X_{AB}=-40\ \text{kN}$$

由 $\sum X=0$，得

$$N_{AD}=40\ \text{kN(拉力)}$$

取节点 B 为隔离体，利用垂直于杆件 AB、BC 方向的平衡条件虽可避免解联立方程，直接求出 N_{BD}，但确定几何关系较为困难，因此仍利用水平和竖向两个投影平衡方程计算 N_{BC}、N_{BD}，可知：

$$X_{BC}=\frac{4}{5}N_{BC}\quad Y_{BC}=\frac{3}{5}N_{BC}\quad X_{BD}=\frac{4}{5}N_{BD}\quad Y_{BD}=\frac{3}{5}N_{BD}$$

由 $\sum X=0$ 和 $\sum Y=0$ 得

$$\begin{cases}\frac{4}{5}N_{BC}+\frac{4}{5}N_{BD}-(-40)=0\\ \frac{3}{5}N_{BC}-\frac{3}{5}N_{BD}-(-30)-20=0\end{cases}$$

解得

$$N_{BC}=-\frac{100}{3}\ \text{kN(压力)}\quad N_{BD}=-\frac{50}{3}\ \text{kN(压力)}$$

同理，取节点 F 为隔离体，则由 $\sum Y=0$ 得

$$Y_{EF}=-20\ \text{kN}$$

由式(8.1)得

$$N_{EF}=-\frac{100}{3}\ \text{kN}\quad X_{EF}=-\frac{80}{3}\ \text{kN}$$

由 $\sum X=0$ 得

$$N_{DF}=\frac{80}{3}\ \text{kN(拉力)}$$

取节点 E 为隔离体，则由 $\sum F_t=0$ 得

$$N_{DE}=0$$

由 $\sum F_n=0$，得

$$N_{CE}=N_{EF}=-\frac{100}{3}\ \text{kN}(\text{压力})$$

取节点 C 为隔离体，则由 $\sum Y=0$ 得

$$N_{CD}+Y_{BC}+Y_{CE}+30=0$$

所以

$$N_{CD}=10\ \text{kN}(\text{拉力})$$

③校核。

取节点 D 为隔离体，按照计算结果将各杆轴力标于图中，有

$$\sum X=40+\frac{4}{5}\times\left(-\frac{50}{3}\right)-\frac{80}{3}=0$$

$$\sum Y=10-\frac{3}{5}\times\frac{50}{3}=0$$

满足平衡条件。

在计算桁架内力时，往往会遇到内力为零的杆件，这种杆件称为零杆。如果我们在进行内力计算之前根据节点平衡的一些特殊情况，将桁架中的零杆找出来，可省去部分计算工作量。现将几种主要的特殊情况列举如下。

①两杆节点[图 8.16(a)]，当节点上无荷载作用时，两杆内力都为零。

②三杆汇交的节点[图 8.16(b)]上无荷载作用时，若两杆在同一直线上，则第三杆必为零杆，而共线两杆内力相等且符号相同。

③四杆汇交的节点[图 8.16(c)]上无荷载作用时，若杆件两两在同一直线上，则在同一直线上的两杆内力相等且符号相同。

④四杆汇交的节点[图 8.16(d)]上无荷载作用时，若两根杆件在同一直线上，而另两根杆件在此直线的同一侧，且 $\theta_1=\theta_2$，则不同线的两杆内力大小相等、符号相反。

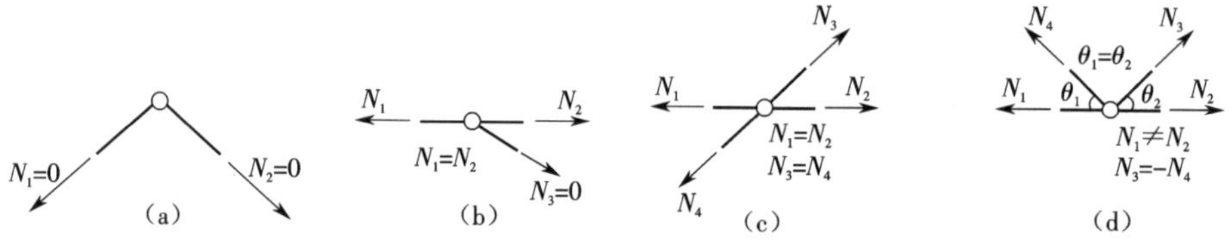

图 8.16

上述结论可由节点的平衡条件得到证明。

【例 8.6】求图 8.17(a)所示桁架中 a 杆的内力。

解 求 a 杆的轴力 N_a 时，不必求出支座反力。可利用上述节点平衡的特殊情况，先找出零杆，然后由节点 5 的平衡条件直接求出 N_a。

依次由节点 1、2、3、4 可知，

$$N_{12}=N_{23}=N_{34}=N_{45}=0$$

取节点 5 为隔离体，如图 8.17(b)所示，由 $\sum Y=0$ 得

$$N_a \sin 45° - 30 = 0$$

$$N_a = 42.5\ \text{kN}(\text{拉力})$$

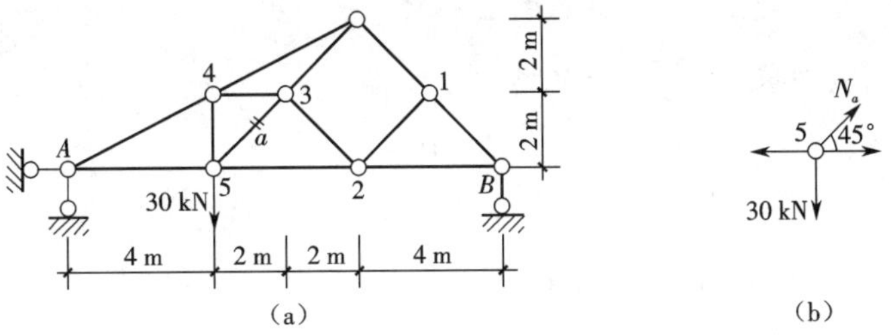

图 8.17

2. 截面法

截面法一般是用一截面将桁架分成两部分，然后取任一部分为隔离体（隔离体包含两个以上的节点），利用平面一般力系的三个平衡方程，可计算出所切断杆件的内力。

截面法一般应用于求桁架中指定杆件的内力。

应用截面法时，注意以下几个方面可使计算简化。

①适当选取截面，选取的截面可以为平面，也可以为曲面，或者为闭合截面，但一定要将桁架分成两部分。一般来说，截面所截断的杆件不多于三根。

②适当选取矩心，一般以未知内力的交点作为矩心，应用力矩方程求解内力较方便。同时，注意使用投影方程，适当选择投影轴，并将未知内力沿坐标轴分解，再利用比例关系求得内力。

【例 8.7】求解图 8.18(a)所示桁架中 a、b 杆的轴力。

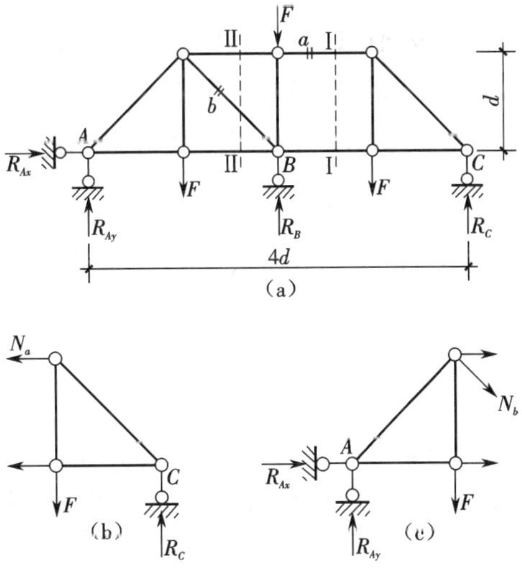

图 8.18

解 ①计算支座反力。

用截面Ⅰ—Ⅰ截取桁架右半部分为隔离体,如图8.18(b)所示。

由$\sum Y=0$得

$$R_C=F(\uparrow)$$

取整体结构为研究对象,由$\sum X=0$得

$$R_{Ax}=0$$

由$\sum M_A=0$得

$$R_B\times 2d+R_C\times 4d-F\times d-F\times 2d-F\times 3d=0$$
$$R_B=F(\uparrow)$$

由$\sum Y=0$得

$$R_{Ay}+R_B+R_C-F-F-F=0$$
$$R_{Ay}=F(\uparrow)$$

②计算内力。

a杆:如图8.18(b)所示,由$\sum M_C=0$得

$$N_a\times d+F\times d=0$$
$$N_a=-F(压)$$

b杆:用截面Ⅱ—Ⅱ截取桁架左半部分为隔离体,如图8.18(c)所示。

由$\sum Y=0$得

$$N_{by}-R_{Ay}+F=0$$
$$N_{by}-F+F=0$$
$$N_{by}=0\quad N_b=0$$

用截面法求桁架内力时,有时截面截取了三根以上的杆件,但只要在被截杆件中,除一杆外,其余各杆均汇交于一点或平行,则该杆内力仍可以利用力矩方程或投影方程求得。如图8.19(a)所示桁架截面Ⅰ—Ⅰ,由$\sum M_C=0$,就可以求得N_1;又如图8.19(b)所示桁架截面Ⅰ—Ⅰ,由$\sum X=0$,就可以将N_1求出。

在桁架计算中,有时联合应用节点法和截面法更为方便,做题时应注意灵活应用。

8.4 静定结构的一般性质

尽管各类静定结构均有自身的受力特点,但其在几何组成上的共性,使得它们具有一些相同的受力特性。本节将对静定结构的一般特性进行介绍,以加深对静定结构的认识。

①静定结构是无多余约束的几何不变体系,其全部反力和内力均可由静力平衡方程求得,且解答唯一。静定结构静力解答的唯一性是静定结构的基本特性,其他特性均可由此推出。

②支座移动、温度变化和制造误差等因素在静定结构中不引起内力。结构上的非荷载因素包括支座移动、温度变化、制造误差及材料收缩等。如图8.20(a)、(b)所示,由于支座移动

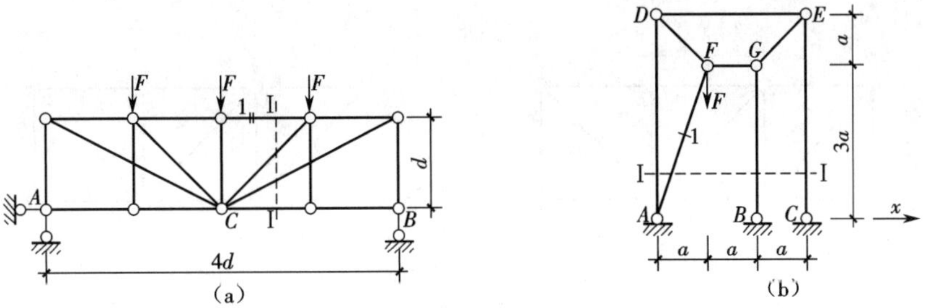

图 8.19

(a)除杆 1 外，三杆交于一点　(b)除杆 1 外，三杆平行

或温度变化的作用，结构发生刚体位移或形状改变，但因无荷载作用，利用静力平衡方程不难验证结构的反力和内力为零。

图 8.20

③静定结构的局部平衡特性：静定结构某一几何不变部分受到一平衡力系作用，则只有该部分产生内力，其余部分不产生内力。如图 8.21(a)所示多跨静定梁，*AB* 梁上的荷载与 *A*、*B* 支座的反力已构成平衡力系，因此 *CD* 梁无内力。又如图 8.21(b)所示静定桁架及图 8.21(c)所示静定梁，受到平衡力系的作用，因此结构上只有粗线所示部分有内力，其余部分内力为零。这一特性由静力平衡条件容易得到证明。

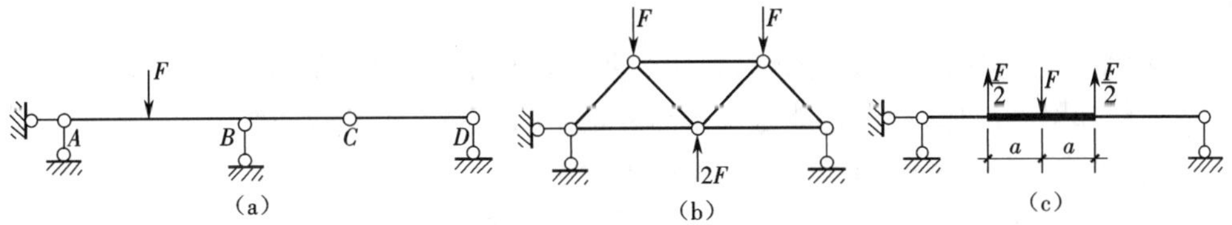

图 8.21

④静定结构的荷载等效特性：将作用于静定结构某一几何不变部分上的荷载在该部分作等效变换时，只会使该部分的内力发生变化，而其余部分的内力不变。荷载的等效变换是指将一组荷载改换成合力的大小、方向和作用位置均不改变的另一组荷载(即等效荷载)。图 8.22(a)中的荷载 F 与节点 A、B 上的两个荷载$\frac{F}{2}$是等效荷载。将图 8.22(a)改为图 8.22(b)时，只有杆 AB 的内力改变，其余各杆内力均不变。以上结论可通过支座反力和内力的计算说明。因两个结构的支座反力相同，所以除 AB 杆外，其余各杆内力均不变。

⑤静定结构的构造变换特性：当对静定结构的一个内部几何不变部分进行构造变换时，其

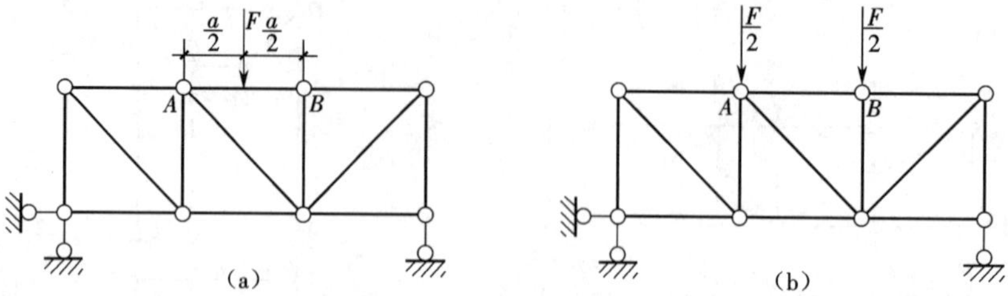

图 8.22

余部分内力不变。如图 8.23(a)所示桁架,将上弦杆 *AB* 改为一个小桁架,如图 8.23(b)所示,因两个结构的支座反力没有改变,所以除 *AB* 杆外,其余各杆内力均不变。

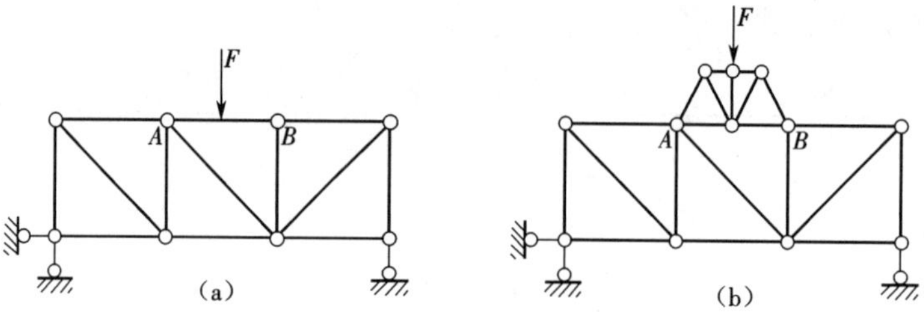

图 8.23

思 考 题

8.1 多跨静定梁的基本部分和附属部分的划分在有些情况下是否与所受的荷载有关?试举例说明。

8.2 绘制多跨静定梁的内力图时,为什么要先计算附属部分,后计算基本部分?如果不划分基本部分和附属部分,是否也能求出多跨静定梁的全部支座反力并作出内力图。

8.3 静定梁和静定平面刚架的内力如何进行校核?

8.4 计算桁架的两种基本方法是什么?其基本原理是什么?

8.5 实际桁架和理想桁架有哪些区别?

习 题

8.1 作图示结构的内力图。

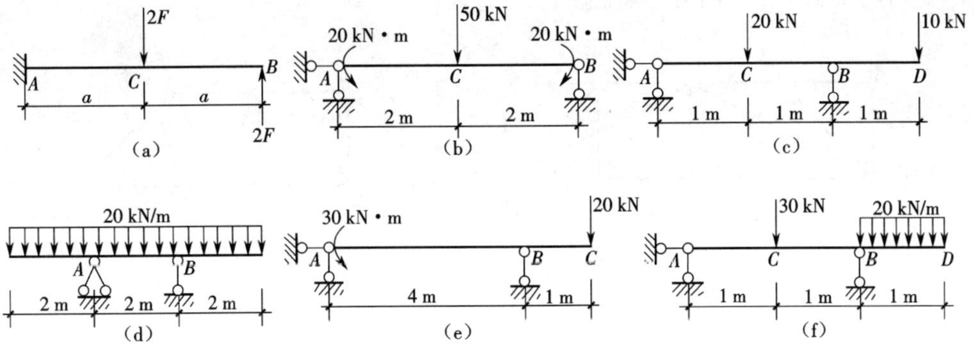

习题 8.1 图

8.2　作图示多跨梁的剪力图和弯矩图。

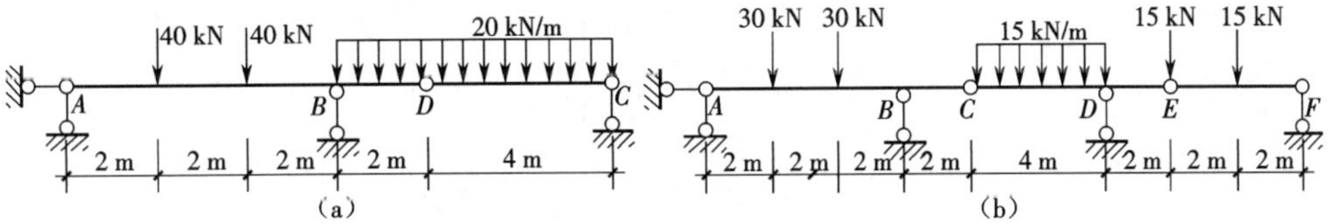

习题 8.2 图

8.3　作图示刚架的内力图。

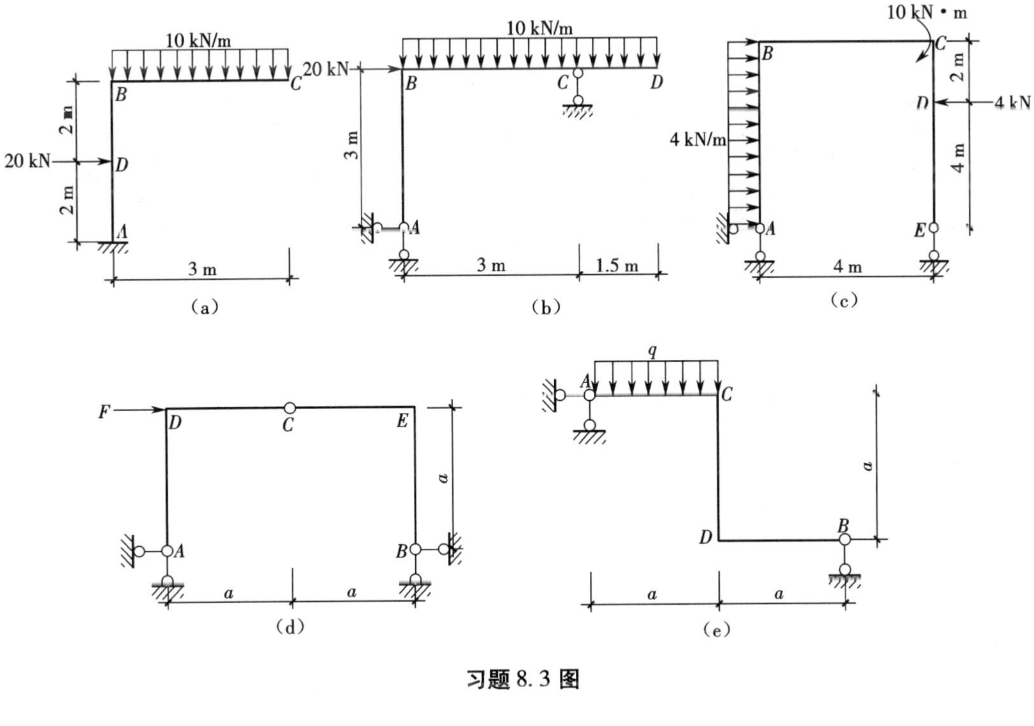

习题 8.3 图

8.4　指出图示桁架中内力为零的杆件。

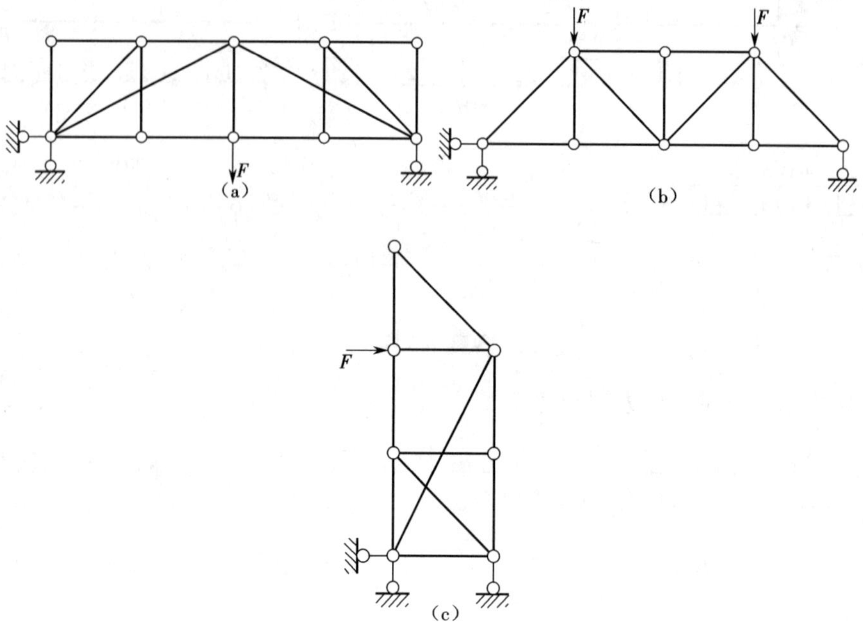

习题 8.4 图

8.5　求图示桁架中指定杆的内力。

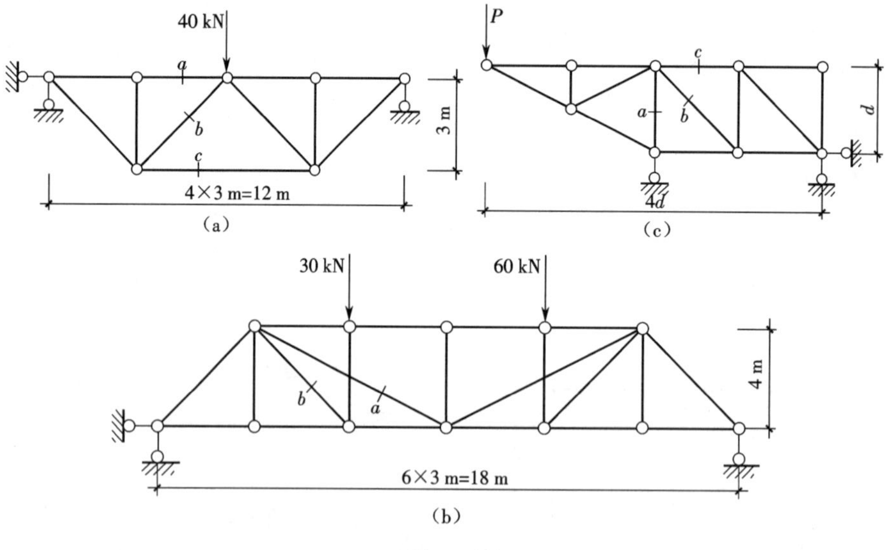

习题 8.5 图

9 静定结构的位移计算

【学习目标】

1. 理解静定结构位移计算的意义。
2. 会利用积分法计算静定结构的位移。
3. 会利用图乘法计算静定结构的位移。

【学习重点】

1. 理解静定结构位移计算的意义。
2. 单位荷载法的原理及公式的应用。
3. 利用图乘法计算位移的方法和步骤。

【学习难点】

1. 用图乘法计算静定结构位移的方法。
2. 用图乘法计算静定结构位移的应用。

9.1 概述

图9.1所示为一悬臂梁，在荷载 F 的作用下，产生了如图中虚线所示变形（弯曲、剪切、轴向拉压变形）。图中截面 C 移至 C'，截面 C 的形心产生线位移 Δ_C，Δ_C 可由水平线位移 Δ_{Cx} 和竖向线位移 Δ_{Cy} 两个分量来表示。此外，截面 C 还旋转了一个角度（角位移）φ_C，φ_C 常常用变形后的轴线在截面 C' 形心点的切线与圆轴线间的夹角来表示。

图9.2(a)所示简支梁，由于其下部温度(t_1)较上部温度(t_2)高而发生变形。梁变形后截面 C 将发生线位移 Δ_C 和角位移 φ_C。

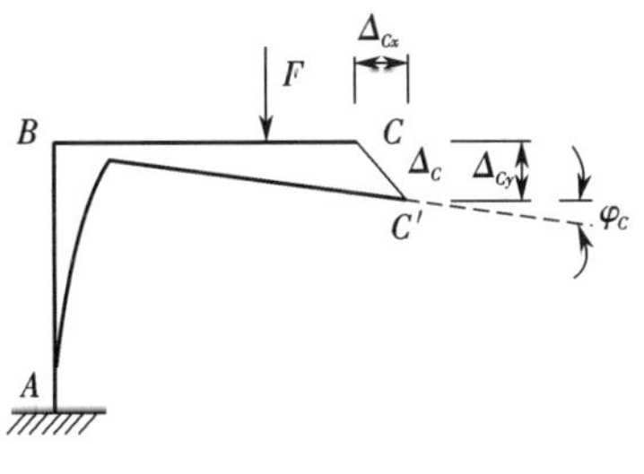

图9.1

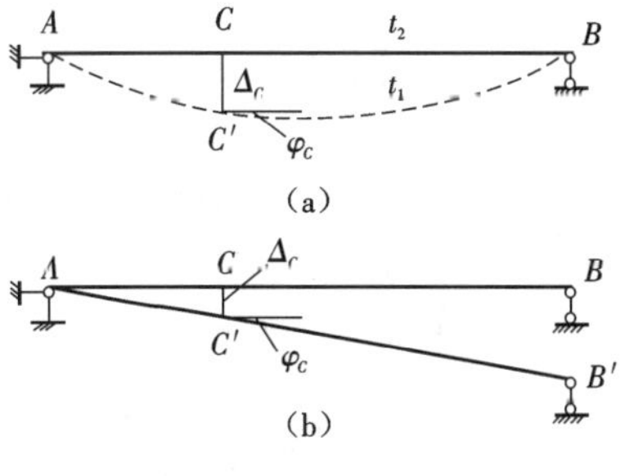

图9.2

图9.2(b)所示简支梁，由于支座 B 的沉降，截面 C 将产生线位移 Δ_C 和角位移 φ_C。但是

静定结构由支座沉降引起的位移，是刚体位移。所谓刚体位移，是指在杆件形状并未改变的前提下，位移一段距离、转动一个角度。

可见，工程结构在荷载、温度变化、支座沉降等作用下将产生变形。由于变形，结构杆件上的任一截面将产生两种形式的位移，即线位移(Δ)和角位移(φ)。线位移指的是截面形心所移动的距离，角位移指的是该截面转动的角度。

结构位移的计算在工程应用和结构内力分析中都有着实际意义。计算结构位移的主要目的：从工程应用的方面看，是用于核算结构的刚度；从结构内力分析的角度看，是为超静定结构的计算服务。我们知道，静力平衡方程只有三个，只能求解无多余约束的静定结构内力，而求解有多余约束的超静定结构内力，利用静力平衡条件不足以解出所有的未知数，需由结构的位移条件来建立补充方程。以两跨连续梁为例，它有四个未知反力，三个静力平衡方程不足以解出所有未知数，还需由梁的位移条件建立一个补充方程。

9.2 静定结构在荷载作用下的位移计算

计算静定结构位移的方法很多，本节只介绍一种工程上最常用的、以功能原理为基础进行计算的方法——单位荷载法。

9.2.1 弹性杆件的功能原理

弹性杆件在外力的作用下要产生变形，在杆件变形的过程中，外力在相应的位移上做了功。而弹性杆件在外力作用下产生变形的同时，在弹性杆件内积蓄了弹性变形。根据能量守恒定律，若不计弹性杆件受力变形过程中少量的热能损失，外力在弹性变形过程中所做的功 W，应等于弹性杆件内相应储存的变形能 U，即

$$W = U \tag{9.1}$$

这个原理称为弹性杆件的功能原理。我们通过弹性杆件外力功与变形能的关系以及变形能和位移(弹性变形)的关系，就可找到位移计算的途径。

9.2.2 弹性杆件的外力功

1. 功的概念

功是力的大小与其作用点沿力的作用线方向所发生位移的乘积。这里，力的大小是不变的，简称为常力。

图 9.3(a)表示一个物体，在力作用下产生了沿力 P 的作用线方向的位移 $AA' = \Delta$，力 P 所做的功为 $W = P\Delta$。

当位移 Δ 的方向与力 P 的方向一致时，力做正功；反之，力做负功。

图 9.3(b)表示一个位于光滑平面上的物体，在力 P 的作用下，沿光滑平面产生位移 S，沿力 P 的作用线方向则产生位移 $\Delta = S\cos\alpha$，力 P 所做的功为 $W = P\Delta$。

图 9.3(c)表示一个半径为 r 的转盘，有两个大小相等、方向相反的常力 P 作用，若转盘转动时，两个力 P 始终与直径垂直，当转盘绕铰 O 点转动一角度时，两个常力 P 所做的功为

$$W = 2Pr\varphi$$

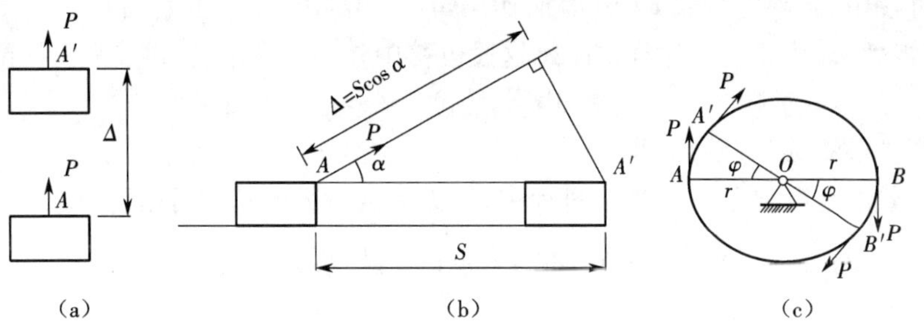

图 9.3

因 $P \cdot 2r$ 为两个大小相等、方向相反的常力所形成的力偶矩，若以 M 表示此力偶矩，则有

$$W = M\varphi$$

由上述所见，力和受力物体作用点沿力的作用线方向上的位移是功不可缺少的两个因素。常力所做的功，可用一个统一的计算式来表达：

$$W = P\Delta \tag{9.2}$$

式中：P 可代表集中力，也可代表力偶，统称为广义力；Δ 为相应的广义位移，若广义力代表集中力，则 Δ 代表线位移，若广义力代表力偶，则 Δ 表示角位移。

2. 静力所做的功

所谓静力，是指力由零开始，连续缓慢地增加到最后数值，并不产生加速度的力。当弹性杆件受到静力荷载作用时，杆件的弹性变形会使静力荷载作用点处发生位移，也会使其他各处产生位移。

图 9.4(a)表示的简支梁，受静力荷载作用，与荷载相对应的位移也由零逐渐增大到最后数值 Δ。假定梁是理想的弹性材料，根据胡克定律，$P(x)$ 与 x 之间成直线关系，如图 9.4(b)所示。

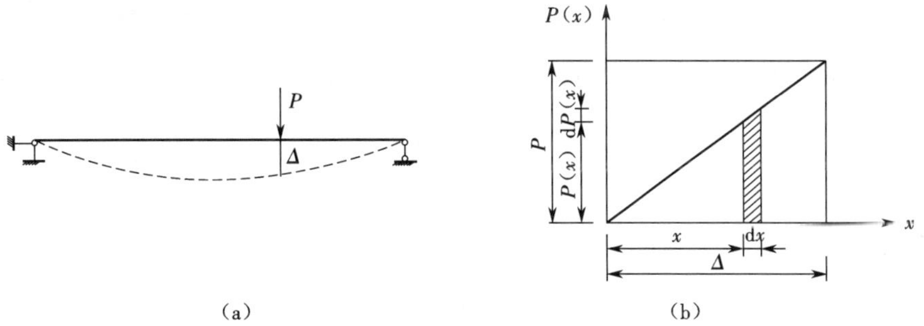

图 9.4

此时，力 P 是位移的函数，表达为

$$P(x) = kx$$

式中：k 为比例常数。当静力荷载 $P(x)$ 达到 P 时，与荷载相对应的位移也由零逐渐增大到最后数值 Δ。此时有

$$P=k\Delta$$

在加载过程中，当静力荷载 $P(x)$ 增加 $\mathrm{d}P(x)$ 时，相应的位移也增加 $\mathrm{d}x$。在 $\mathrm{d}x$ 这段位移中，我们可以视 $P(x)$ 为常力。这样，在 $\mathrm{d}x$ 这段位移中外力所做的功 $\mathrm{d}W$，就可用下式计算：

$$\mathrm{d}W=P(x)\cdot\mathrm{d}x$$

式中：$\mathrm{d}W$ 为图中阴影线的矩形面积。

在静力荷载由 0 到 P 的全部加载过程中，静力荷载所做的总功可由积分求得：

$$W=\int_0^{\Delta}P(x)\,\mathrm{d}x=\int kx\mathrm{d}x=k\int_0^{\Delta}x\mathrm{d}x=k\frac{\Delta^2}{2}$$

将 $P=k\Delta$ 代入上式得

$$W=\frac{1}{2}P\Delta \tag{9.3}$$

这一结论可概括为：在弹性结构中，静力荷载所做的功等于广义力的最后值与对应广义位移的最后值乘积的一半。

9.2.3 弹性杆件的外力功计算

在此，我们只研究与结构位移计算有关的拉压杆和平面弯曲杆件弹性变形能的计算。

1. 静力所做的功

如图 9.5 所示轴向拉伸和压缩的杆件，所受内力均为 N，其轴向变形为

$$\Delta l=\frac{Nl}{EA}$$

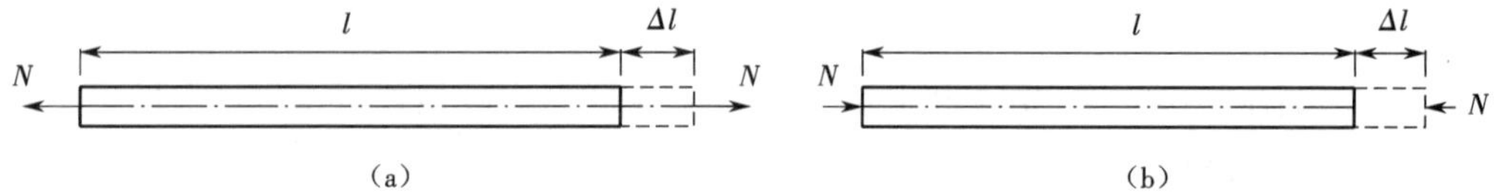

图 9.5

在杆件变形的过程中，弹性拉压杆内力由零开始逐渐增加到最后数值，所以内力所做的功为

$$W=\frac{1}{2}N\cdot\Delta l=\frac{N^2l}{2EA}$$

根据功能原理，拉压杆的弹性变形能为

$$U=W=\frac{N^2l}{2EA} \tag{9.4}$$

2. 平面弯曲杆件弹性变形能的计算

结构的杆件在荷载作用下，杆件各截面的内力一般是不一样的，因此各截面的变形也不相同，所以应该从结构杆件中截取微段来研究变形及计算变形能。

图 9.6 所示简支梁，在荷载作用下产生平面弯曲，梁的内力弯矩和剪力均沿梁轴变化。如图 9.6 所示，截取微段 $\mathrm{d}x$，可认为微段两侧面上具有相同的弯矩 M 和剪力 V，弯矩在相应的弯

曲变形上做功，剪力在相应的剪切变形上做功。而在一般的梁中，剪力所做的功远小于弯矩所做的功，通常可忽略不计，而只计算弯矩所做的功。

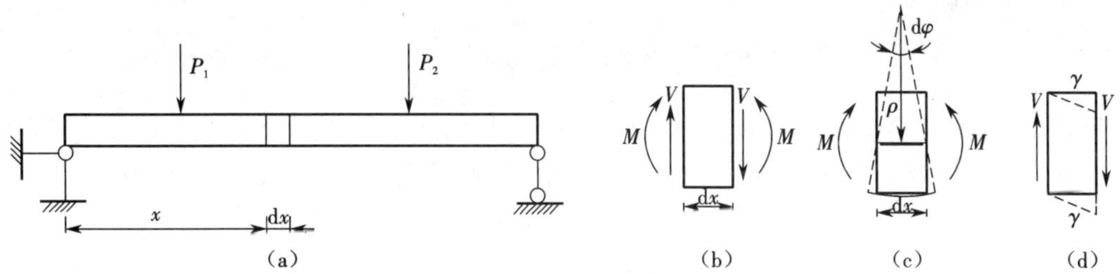

图 9.6

由梁的弯曲变形与内力 M 之间的关系可知，在弯矩 M 的作用下，微段两端横截面的相对转角为

$$d\varphi=\frac{1}{\rho}dx=\frac{M}{EI}dx$$

则梁微段 dx 在内力 M 作用下的变形能为

$$dU=dW=\frac{1}{2}Md\varphi=\frac{M^2}{2EI}dx$$

沿梁长积分，得梁的变形能为

$$U=\int_l\frac{M^2}{2EI}dx \tag{9.5}$$

这就是平面弯曲杆件弹性变形能的计算表达式。

9.2.4　单位荷载法

图 9.7(a)所示简支梁，在荷载（广义力）$P_1,P_2,\cdots,P_n$ 的作用下，$P_1,P_2,\cdots,P_n$ 作用处相应的位移为 $\Delta_1,\Delta_2,\cdots,\Delta_n$，现要求梁中任一截面（点）$k$ 沿某一指定方向 $k-k$ 的位移 Δ_{kP}。

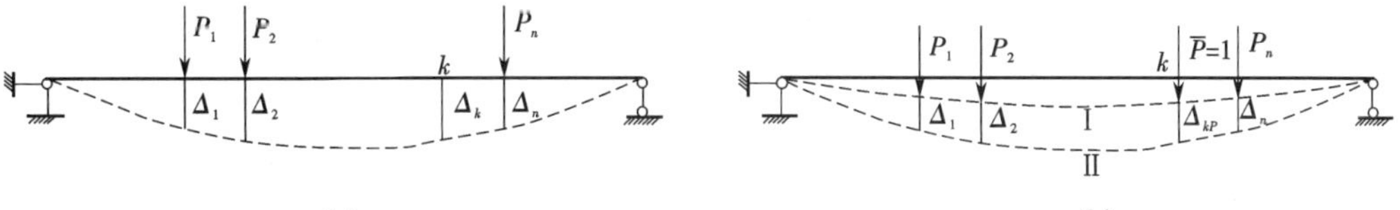

图 9.7

为了求 Δ_{kP}，我们首先在简支梁 k 点处，沿指定方向 $k-k$ 加一个数值等于 1 的虚拟力，设此虚拟力无量纲，并称之为单位荷载（广义单位力）。

在单位荷载作用下，简支梁变形到曲线 I 的位置，点 k 沿某一指定方向 $k-k$ 的位移挠度记为 δ。然后，再加实际荷载 $P_1,P_2,\cdots,P_n$，梁的位置由位置 I 变到位置 II。此时，$P_1,P_2,\cdots,P_n$ 作用处相应的位移为 $\Delta_1,\Delta_2,\cdots,\Delta_n$，$k$ 点的挠度为 Δ_{kP}，如图 9.7(b)所示。

由于先加单位力，后加实际荷载，所以单位荷载在相应位移 δ 上为静力做功，在 Δ_{kP} 上为常力做功，而荷载 $P_1, P_2, \cdots, P_n$ 在相应的位移 $\Delta_1, \Delta_2, \cdots, \Delta_n$ 上做的功则为静力做功。因此，外力在简支梁上所做的功为

$$W = \frac{1 \cdot \delta}{2} + 1 \cdot \Delta_{kP} + \sum_{i=1}^{n} \frac{P_i \Delta_i}{2}$$

另外，设该简支梁单位荷载单独作用下梁内 x 截面的弯矩为 $\overline{M}$，荷载 $P_1, P_2, \cdots, P_n$ 单独作用时梁同一截面的弯矩为 M_P。因此，当单位力与实际荷载同时作用时，x 截面的弯矩为

$$M_x = \overline{M} + M_P$$

根据平面弯曲杆件弹性变形能的计算公式，该简支梁在位置Ⅱ的变形能为

$$\begin{aligned} U &= \int_l \frac{M_x^2}{2EI} \mathrm{d}x = \int_l \frac{(\overline{M} + M_P)^2}{2EI} \mathrm{d}x \\ &= \int_l \frac{\overline{M}^2}{2EI} \mathrm{d}x + \int_l \frac{\overline{M} M_P}{EI} \mathrm{d}x + \int_l \frac{M_P^2}{2EI} \mathrm{d}x \end{aligned}$$

根据功能原理 $W = U$ 有

$$\frac{1 \cdot \delta}{2} + 1 \cdot \Delta_{kP} + \sum_{i=1}^{n} \frac{P_i \Delta_i}{2} = \int_l \frac{\overline{M}^2}{2EI} \mathrm{d}x + \int_l \frac{\overline{M} M_P}{EI} \mathrm{d}x + \int_l \frac{M_P^2}{2EI} \mathrm{d}x \tag{a}$$

而图 9.8(a)所示单位荷载在简支梁变形过程中所做的功为 $\frac{1 \cdot \delta}{2}$，此时梁内储存的变形能为 $\int_l \frac{\overline{M}^2}{2EI} \mathrm{d}x$，根据功能原理有

$$\frac{1 \cdot \delta}{2} = \int_l \frac{\overline{M}^2}{2EI} \mathrm{d}x \tag{b}$$

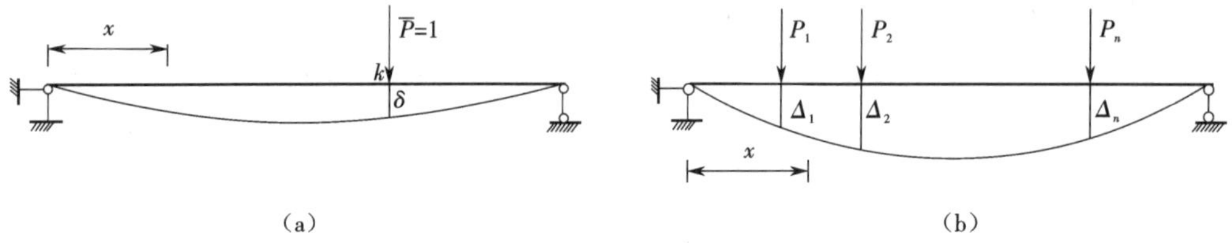

图 9.8

同理，对于图 9.8(b)有

$$\sum_{i=1}^{n} \frac{P_i \Delta_i}{2} = \int_l \frac{M_P^2}{2EI} \mathrm{d}x \tag{c}$$

将式(b)和式(c)代入式(a)，得到由于荷载引起任一截面(点)k 沿某一指定方向 $k-k$ 的位移为

$$\Delta_{kP} = \int_l \frac{\overline{M} M_P}{EI} \mathrm{d}x \tag{9.6}$$

这就是梁上任一截面(点)k 沿某一指定方向 $k-k$ 的位移 Δ_{kP} 的计算公式。计算结果若为正，则表示所求位移的方向与假设的单位荷载的方向相同，若为负则相反。

由于在求解结构位移过程中施加了单位荷载，故这种求位移的方法称为单位荷载法。需要注意的是，应用单位荷载法不仅可以求结构的线位移，而且可以用来计算结构的角位移或其他性质的位移。也就是说，用单位荷载法施加单位力时，是在所求广义位移方向上加相应的广义单位力。

求图9.8(b)所示简支梁在荷载 $P_1, P_2, \cdots, P_n$ 作用下，梁上截面沿指定方向 $k-k$ 的位移时，按图9.8(a)所示加单位荷载。求图9.9(a)所示简支梁在荷载 P 作用下，梁上截面 k 的转角时，按图9.9(b)所示加单位荷载。

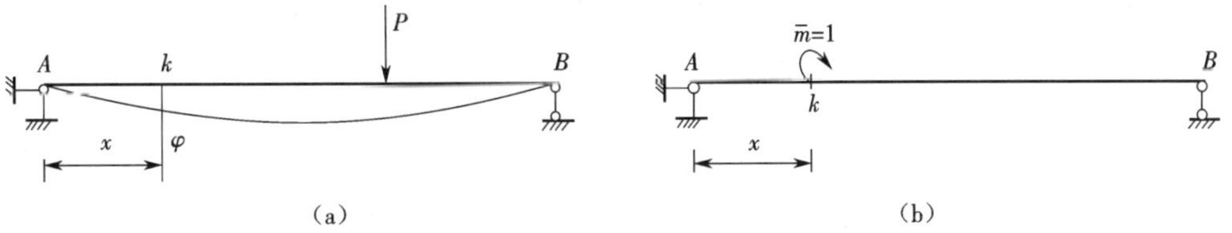

图9.9

对于刚架，杆件内力有弯矩 M、剪力 V 和轴力 N。在实际计算中，考虑到刚架与梁类似，结构位移主要是弯曲变形引起的，剪切变形和轴向变形的影响很小，可以忽略不计。刚架只考虑弯矩引起的位移，仍用式(9.6)，但计算时应对每一杆件进行积分后求和，即

$$\Delta_{kP} = \sum \int_l \frac{\overline{M}M_P}{EI}\mathrm{d}x \tag{9.7}$$

对于桁架，杆件内力只有轴力，参照式(9.6)推导，可以得到

$$\Delta_{kP} = \sum \frac{\overline{N}N_P l}{EA} \tag{9.8}$$

式中：$\overline{N}$ 为单位荷载作用下各杆的轴力；N_P 为荷载作用下各杆的轴力。

同样，计算结果若为正，则表示所求位移的方向与假设的单位荷载的方向相同，若为负则相反。

利用单位荷载法推出的求结构位移的方法[式(9.7)]，简称积分法，其计算步骤概括如下。

①在所求位移点沿所求位移方向加一个相应的广义单位力。

②每一杆段应用同一坐标原点，分别列出各杆段在荷载和单位力作用下的内力方程。

③将内力方程分别代入位移计算公式，分段积分求总和，就可得到所求位移值，计算结果为正，说明所求位移与假设的单位力方向一致，若为负则相反。

下面举例说明梁、刚架和桁架在荷载作用下的位移计算。

【例9.1】求图9.10(a)所示简支梁跨中截面 C 的挠度 Δ_{Cx} 和支座 B 端的转角 φ_B。简支梁 EI 为常数。

解　①求 Δ_{Cx}。

首先，在简支梁跨中截面 C 施加一个单位力 $\overline{P}$，如图9.10(b)所示。然后，分别列出在单位力和荷载作用下的 $\overline{M}$、M_P 方程。

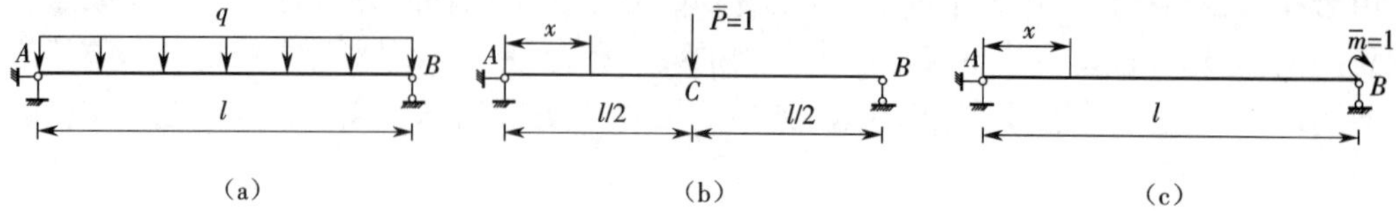

（a）　　（b）　　（c）

图 9.10

选取 A 点为坐标原点，由于 M 图对称，可以取左半部分 AC 段进行计算。AC 段（$0 \leqslant x \leqslant l/2$）的方程为

$$\bar{M}=\frac{1}{2}x \quad (0 \leqslant x \leqslant l/2)$$

$$M_P=\frac{1}{2}q(lx-x^2) \quad (0 \leqslant x \leqslant l/2)$$

将 M 和 M_P 代入式(9.6)，有

$$\begin{aligned}\Delta_{Cx}&=2\int_0^{\frac{l}{2}}\frac{\bar{M}M_P}{EI}\mathrm{d}x\\&=2\int_0^{\frac{l}{2}}\frac{1}{EI}\cdot\frac{1}{2}x\cdot\frac{1}{2}q(lx-x^2)\mathrm{d}x=\frac{q}{2EI}\int_0^{\frac{l}{2}}(lx^2-x^3)\mathrm{d}x\\&=\frac{5ql^4}{384EI}(\downarrow)\end{aligned}$$

计算结果为正，说明位移与单位力 $\bar{P}$ 的方向一致，括号内所示方向为实际方向。

②计算支座 B 端的转角 φ_B。

在简支梁支座 B 端施加一个单位力 $\bar{m}$，如图 9.10(c)所示。同样选取点 A 为坐标原点，此时单位力作用下的 $\bar{M}$ 方程为

$$\bar{M}=\frac{1}{l}x \quad (0 \leqslant x \leqslant l)$$

将 $\bar{M}$ 和 M_P 代入式(9.6)，有

$$\begin{aligned}\varphi_B&=\int_0^{l}\frac{\bar{M}M_P}{EI}\mathrm{d}x\\&=\int_0^{l}\frac{1}{EI}\cdot\frac{1}{l}x\cdot\frac{1}{2}q(lx-x^2)\mathrm{d}x=\frac{q}{2EI\cdot l}\int_0^{l}(lx^2-x^3)\mathrm{d}x\\&=\frac{ql^3}{34EI}(\downarrow)\end{aligned}$$

计算结果为正，说明位移与单位力 $\bar{m}$ 的方向一致。

【例 9.2】求图 9.11(a)所示刚架 C 端的竖向位移 Δ_{Cy}。刚架的 EI 为常数。

解　在 C 点施加与所求位移相对应的竖向单位力 $\bar{P}$，分别列出在单位力和荷载作用下的 $\bar{M}$、M_P 方程。

CB 杆：以 C 为原点，有

$$\bar{M}=-x(0 \leqslant x \leqslant a)$$

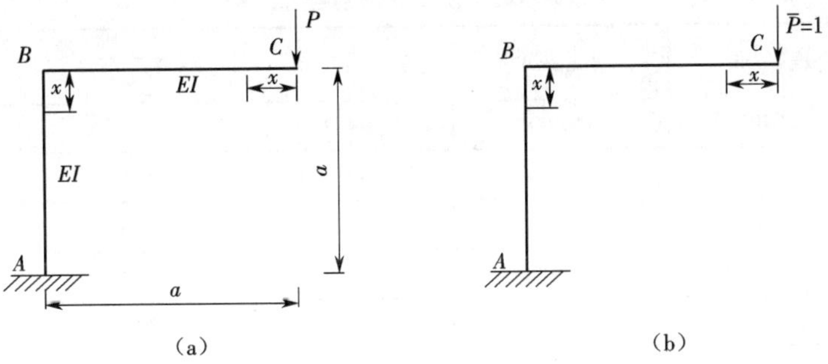

图 9.11

BA 杆:以 *B* 为原点,有

$$M_P = -Pa(0 \leqslant x \leqslant a)$$

因结构由杆 *CB* 及杆 *BA* 组成,将 $\overline{M}$ 和 M_P 代入位移计算公式,对各杆进行积分再求和,得

$$\Delta_{Cy} = \frac{1}{EI}\int_0^a (-x)(-Px)\mathrm{d}x + \frac{1}{EI}\int_0^a (-a)(-Pa)\mathrm{d}x$$

$$= \frac{1}{EI}\left(\frac{1}{3}Pa^3\right) + \frac{1}{EI}(Pa^3) = \frac{4Pa^3}{3EI}(\downarrow)$$

计算结果为正,说明位移与单位力的方向一致。

【**例 9.3**】求图 9.12(a)所示木桁架 *D* 点的竖向位移。已知:$P = 18$ kN,设各杆材料相同,弹性模量 $E = 8.5 \times 10^3$ MPa,各杆的截面面积均为 $A = 120 \times 120 = 14\ 400$ mm^2。

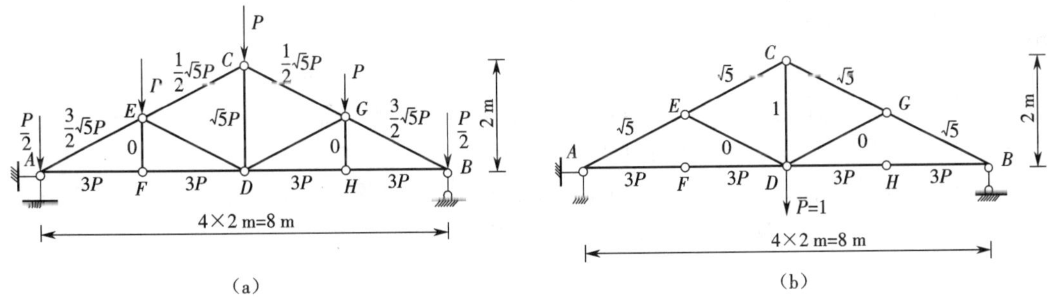

图 9.12

解 在 *C* 点施加与所求位移相对应的竖向单位力 $\overline{P}$,分别计算在单位力和荷载作用下各杆的内力,根据公式 $\Delta_{kP} = \sum \frac{\overline{N}N_P l}{EA}$,将 $P = 18$ kN 和 $E = 8.5 \times 10^3$ MPa 代入公式计算,结果列于表 9.1 中。

表 9.1　例 9.3 计算结果

杆件		杆长 l(mm)	A(mm^2)	$\overline{N}$	N_P(kN)	$\frac{\overline{N}N_Pl}{EA}$(mm)
上弦	AE	2 240	14 400	-1.12	-60.37	1.2
	EC	2 240	14 400	-1.12	-40.25	0.8
下弦	AF	2 000	14 400	1	54	1.8
	DF	2 000	14 400	1	54	1.8
斜杆	ED	2 240	14 400	0	20.12	0.0
竖杆	EF	1 000	14 400	0	0	0.0
	CD	2 000	14 400	1	18	0.3
总和						5.9

由此求得 D 点的竖向位移为

$$\Delta_{DP} = \sum \frac{\overline{N}N_Pl}{EA} = 5.9\ \text{mm}(\downarrow)$$

计算结果为正,说明 D 点的竖向位移向下。

9.3　用图乘法计算位移

由单位荷载法求位移的应用可知,计算梁和刚架在荷载作用下的位移时,先要写出 $\overline{M}$ 和 M_P 方程,然后代入式(9.7)进行积分运算。

当荷载比较复杂或杆件数目较多时,计算就比较麻烦了。但如果积分杆段能满足三个条件,即:①杆段的抗弯刚度为常数;②杆段为直杆;③$\overline{M}$ 图和 M_P 图至少有一个是直线图形,积分运算就可以用下述的图乘法来代替,使计算简化。

图 9.13 所示为等截面直杆段 AB 的两个弯矩图,其中 $\overline{M}$ 图为直线,而 M_P 图为任意形状,建立坐标系如图所示。在 $\overline{M}$ 图上,坐标为 x 处的 $\overline{M}$ 值为

$$\overline{M} = x\tan\alpha \tag{a}$$

M_P 图中相应位置处的微面积为

$$\mathrm{d}\omega = M_P\mathrm{d}x \tag{b}$$

将式(a)、(b)代入积分式 $\int_l \frac{\overline{M}M_P}{EI}\mathrm{d}x$,并注意到 EI 和 $\tan\alpha$ 为常数,则有

$$\int_l \frac{\overline{M}M_P}{EI}\mathrm{d}x = \frac{1}{EI}\int_A^B \overline{M}M_P\mathrm{d}x = \frac{\tan\alpha}{EI}\int_A^B x\mathrm{d}\omega \tag{c}$$

$x\mathrm{d}\omega$ 是微面积 $\mathrm{d}\omega$ 对 y 轴静矩,因而积分 $\int_A^B x\mathrm{d}\omega$ 表示 M_P 图对 y 轴静矩的总和。根据合力矩定理,它应等于其总面积对同一轴的静矩,所以

$$\int_A^B x\mathrm{d}\omega = \omega x_C \tag{d}$$

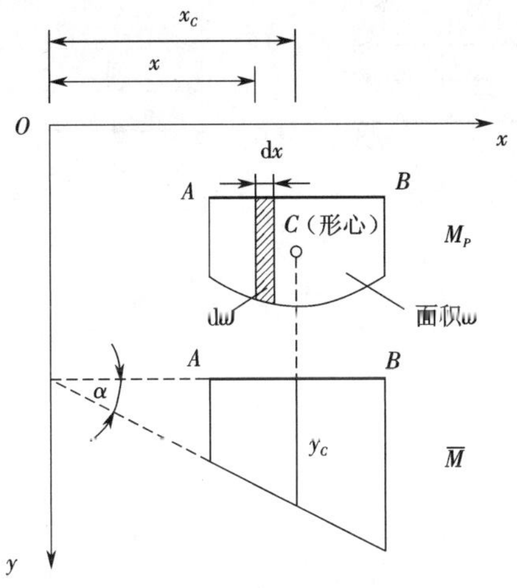

图 9.13

将式(d)代入式(c)，并注意到$\overline{M}$图的形心到轴的距离$y_C = x_C\tan\alpha$，得到

$$\int_A^B \frac{\overline{M}M_P}{EI}\mathrm{d}x = \frac{1}{EI}\omega x_C \tan\alpha = \frac{1}{EI}\omega y_C$$

式中：y_C是M_P图形心位置对应于$\overline{M}$图的y坐标。

位移计算式(9.7)可写为

$$\Delta_{kP} = \sum \int_l \frac{\overline{M}M_P}{EI}\mathrm{d}x = \sum \frac{1}{EI}\omega y_C \tag{9.9}$$

这就是图乘法公式。这种将积分运算转化为图形相乘的计算方法称为图乘法。

利用图乘法计算位移，应注意下列问题。

①应用图乘法必须同时满足条件：EI = 常数，杆段为直杆，$\overline{M}$图和M_P图至少有一个是直线图形。

②ω与y_C分属两个弯矩图。ω对应的另一个图形必须是直线，y_C必须从直线图形中取得。

③如果两个弯矩图都是直线，则面积ω可取其中任一图形，而从另一图形中取y_C。

④图乘时，当ω与y_C位于同侧时为正，位于异侧时为负。

为了方便，图 9.14 给出了几种常见弯矩图图形面积和形心位置，以备查用。其中抛物线图形的“顶点”是指切线平行于底边的点，而顶点在中点或端点的抛物线则称为标准抛物线。

利用图乘法计算结构位移的步骤归纳如下。

①作出结构在各种作用下的M_P图。

②作出结构在单位荷载作用下的$\overline{M}$图。

③代入式(9.9)计算位移。

【例 9.4】用图乘法求图 9.15 所示简支梁跨中截面C的挠度Δ_{Cx}和支座B端的转角φ_B。简支梁的EI为常数。

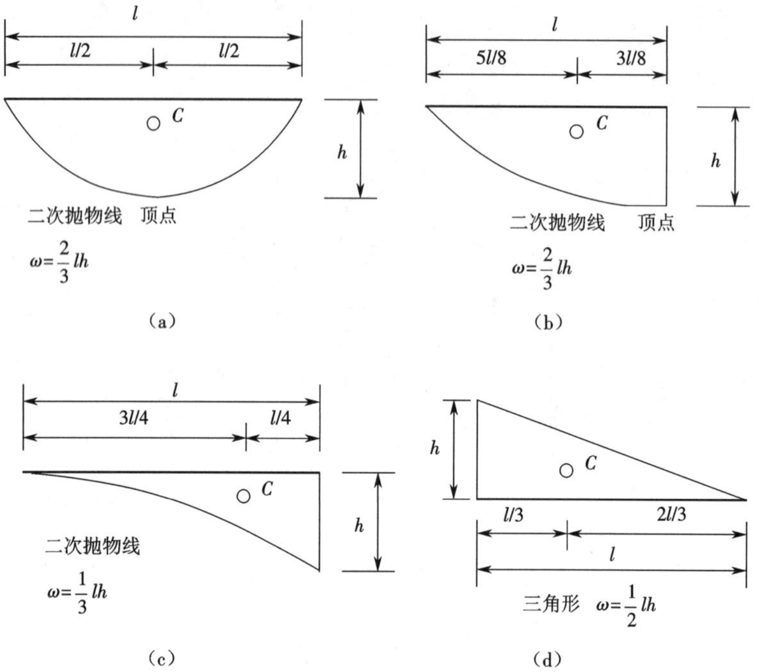

图 9. 14

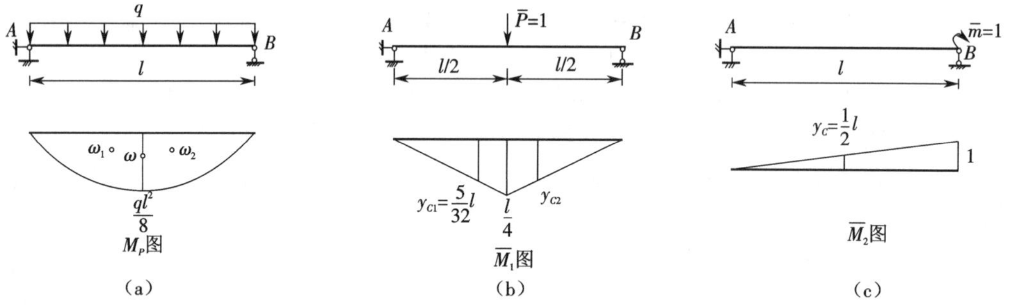

图 9. 15

解 ①求 Δ_{Cx}。

作荷载作用下的弯矩图 M_P[图 9. 15(a)]和简支梁跨中截面 C 施加一个单位力 $\overline{P}$ 时的弯矩图 $\overline{M}_1$[图 9. 15(b)]。由于 AB 段 M_P 图为抛物线，而 $\overline{M}_1$ 图为两段直线组成的折线，因此应该分两段(AC 段和 CB 段)分别图乘，然后将其计算结果相加。即

$$\Delta_{Cx}=\sum\int_l\frac{\overline{M}_1 M_P}{EI}\mathrm{d}x=\sum\frac{1}{EI}\omega y_C=\frac{1}{EI}\omega_1 y_{C1}+\frac{1}{EI}\omega_2 y_{C2}$$

由于 $\overline{M}_1$ 图和 M_P 图都是相对称的，故

$$\Delta_{Cx}=2\frac{1}{EI}\omega_1 y_{C1}=\frac{2}{EI}\left(\frac{2}{3}\times\frac{l}{2}\times\frac{ql^2}{8}\times\frac{5l}{32}\right)=\frac{5ql^4}{384EI}(\downarrow)$$

计算结果为正，说明位移与单位力 $\overline{P}$ 的方向一致。

②计算支座 B 端的转角 φ_B。

作简支梁支座 B 端施加一个单位力 $\bar{m}$ 时的弯矩图 $\bar{M}_2$[图9.15(c)]。由于 AB 段 $\bar{M}_2$ 图为直线,故

$$\varphi_B = \sum \frac{1}{EI}\omega y_C = \frac{1}{EI}\omega y_C = \frac{1}{EI}\left(\frac{2}{3}\times l\times\frac{ql^2}{8}\times\frac{1}{2}\right) = \frac{ql^3}{24EI}(\downarrow)$$

计算结果为正,说明位移与单位力 $\bar{m}$ 的方向一致。

【例9.5】求图9.16(a)所示悬臂刚架节点 C 的水平位移 Δ_{Cy} 和点的转角 φ_C。已知 EI 为常数。

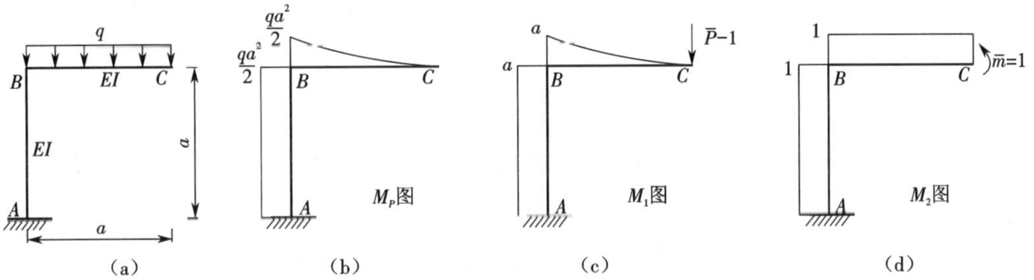

图9.16

解　①作给定荷载的 M_P 图,如图9.16(b)所示。

②在 C 点施加水平单位力 $\bar{P}$,作相应的$\bar{M}_1$ 图,如图9.16(c)所示。

③在 C 点施加单位力 $\bar{m}$,作相应的$\bar{M}_2$ 图,如图9.16(d)所示。

④用图乘法求 Δ_{Cy}。分 AB、BC 两段图乘,得

$$\Delta_{Cy} = \frac{1}{EI}\left(a\cdot\frac{qa^2}{2}\cdot a\right) + \frac{1}{EI}\left(\frac{1}{3}\cdot a\cdot\frac{qa^2}{2}\cdot\frac{3}{4}a\right) = \frac{5qa^4}{8EI}(\downarrow)$$

计算结果为正,说明位移与单位力 $\bar{P}$ 的方向一致。

⑤用图乘法求 φ_C。分 AB、BC 两段图乘,得

$$\varphi_C = \frac{1}{EI}\left(a\cdot\frac{qa^2}{2}\cdot 1\right) + \frac{1}{EI}\left(\frac{1}{3}\cdot a\cdot\frac{qa^2}{2}\cdot 1\right) = \frac{2qa^3}{3EI}(\downarrow)$$

计算结果为正,说明位移与单位力 $\bar{P}$ 的方向一致。

思　考　题

9.1　计算结构位移的目的是什么?

9.2　何为单位荷载法?在求结构的线位移、角位移时,如何施加单位力?如果所加的力不是1,而是2、3等,是否可以?

9.3　简述用单位荷载法计算结构位移的步骤。

9.4　简述图乘法的适用条件。

9.5　应用图乘法时,在什么情况下要分段?

习　题

9. 1　用积分法求图示悬臂梁 B 端的竖向位移和转角。已知 EI = 常数。

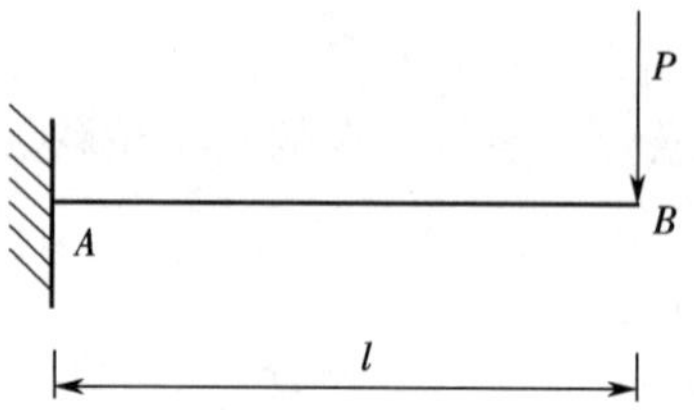

习题 9. 1 图

9. 2　用积分法求图示简支梁跨中竖向位移 Δ_C 及 B 截面转角 φ_B。已知 EI = 常数。

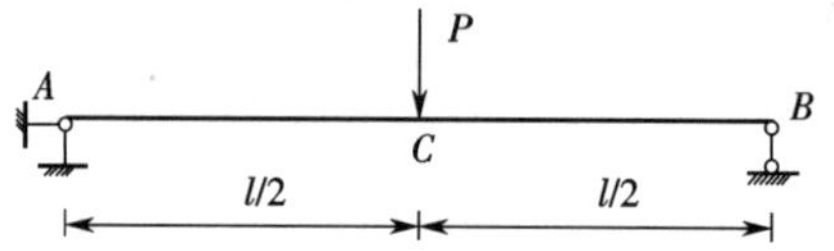

习题 9. 2 图

9. 3　用图乘法求图示外伸梁跨中竖向位移 Δ_C 及 B 截面转角 φ_B。已知 EI = 常数。

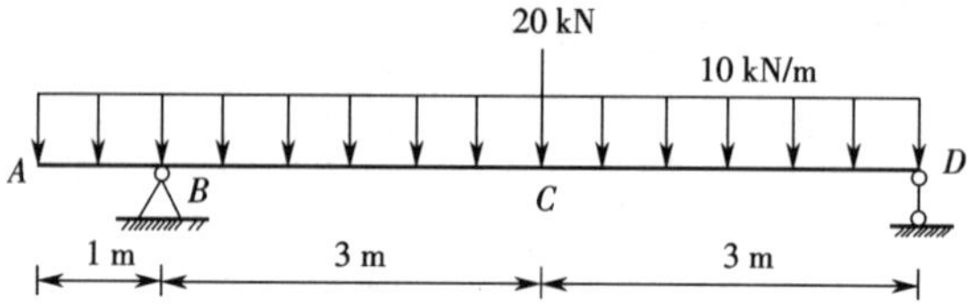

习题 9. 3 图

9. 4　用图乘法求图示刚架 C 点的转角 φ_C 和 B 点的竖向位移 Δ_B。已知 EI = 常数。

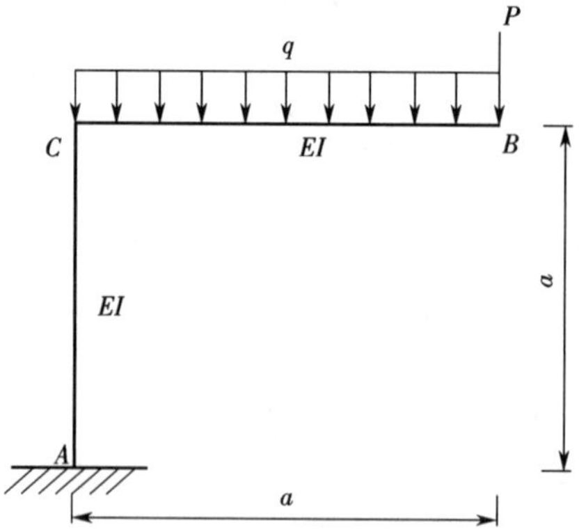

习题 9. 4 图

9.5 求图示桁架 C 点的竖向位移，已知各杆的 EA 都相等。

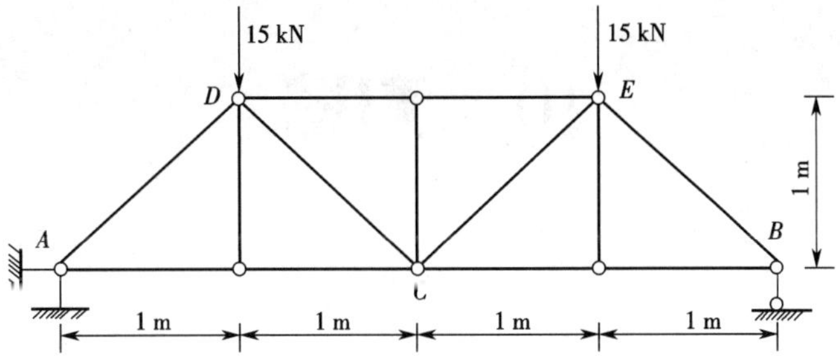

习题 9.5 图

9.6 用图乘法求图示桁架 C 点的水平位移 Δ_{Cx}。已知 EI = 常数。

9.7 用图乘法求图示刚架 B 点的水平位移 Δ_{Bx}。已知 EI = 常数。

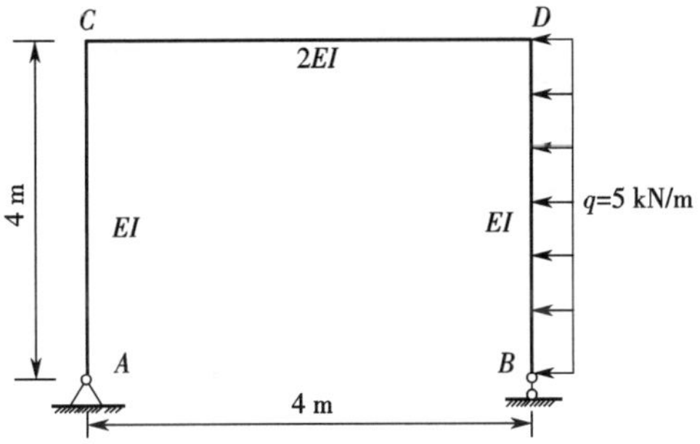

习题 9.6 图

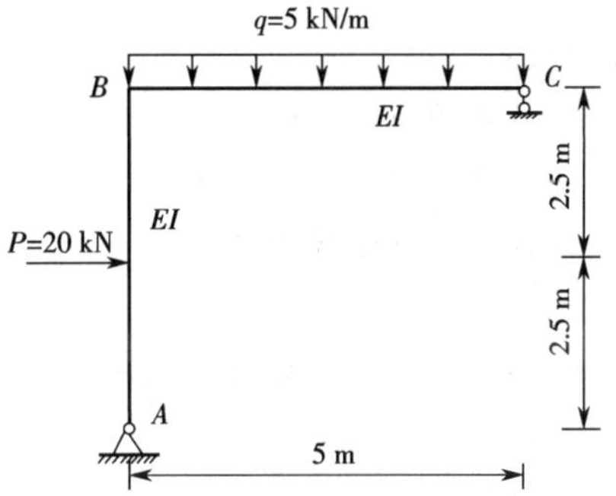

习题 9.7 图

静定部分综合测试及答案

10 力法

【学习目标】

1. 能基本掌握力法的基本原理。
2. 能正确计算超静定结构和超静定次数。
3. 能正确用力法计算超静定刚架的内力并绘制内力图。
4. 能基本用力法计算超静定桁架、排架的内力并绘制内力图。
5. 能计算温度改变和支座移动的超静定结构的内力并绘制内力图。

【学习重点】

1. 力法的典型方程。
2. 超静定结构和超静定次数。
3. 超静定结构的内力。

【学习难点】

1. 超静定结构和超静定次数。
2. 建立力法典型方程。
3. 超静定刚架、桁架和排架的内力计算。
4. 温度改变和支座移动时超静定结构的计算。

10.1 超静定结构和超静定次数

10.1.1 超静定结构的概念

静定结构和超静定结构的概念我们早在第 7 章就介绍过。所谓静定结构,是指没有多余约束的几何不变体系,其所有的未知力仅用平衡方程即可完全确定的结构。相反,超静定结构是有多余约束的几何不变体系,其结构的所有未知力不能仅用平衡方程确定。这里所说的未知力包括支反力和截面内力。

图 10.1(a)所示的简支梁是一个静定结构,其支座反力和截面内力均可由平衡方程确定。再看图 10.1(b),它是通过在简支梁上增加了一根链杆(或活动铰支座)C 而得到的,这种结构称为连续梁。连续梁是土木工程中常见的结构形式,常被用来作为主梁、次梁及吊车梁等。此连续梁有四个支座反力,而平衡方程却只有三个,仅用平衡方程不能求解,因此截面内力也就无法确定,所以它是一个超静定结构。

从几何组成分析来看,图 10.1(a)、(b)都是几何不变体系。如果从图 10.1(a)所示的简

（a）　　　　（b）

图 10.1

支梁中去掉链杆 B，就变成了几何可变体系。所以，对简支梁来说，为了保持其几何不变性，链杆 B 是必需的。这种使体系保持几何不变所必需的约束称为必要约束。而从图 10.1(b)所示的连续梁中去掉链杆 B，则仍是几何不变体系，从几何组成上看链杆 B 是多余约束。所谓"多余"，是指约束对保持结构的几何不变性来说不是必要的。事实上，图 10.1(b)所示的连续梁中，三根竖向链杆中的任何一根均可看成多余约束，但水平链杆却是必要约束。

上述结构的支座反力和内力都不能用平衡方程确定，因此是超静定的。还有另外一种情况，虽然支座反力可由平衡方程确定，但内力却不能用平衡方程确定，这样的结构也是超静定结构，它称为内部超静定结构。如图 10.2(a)所示的结构，就属于这种情况。

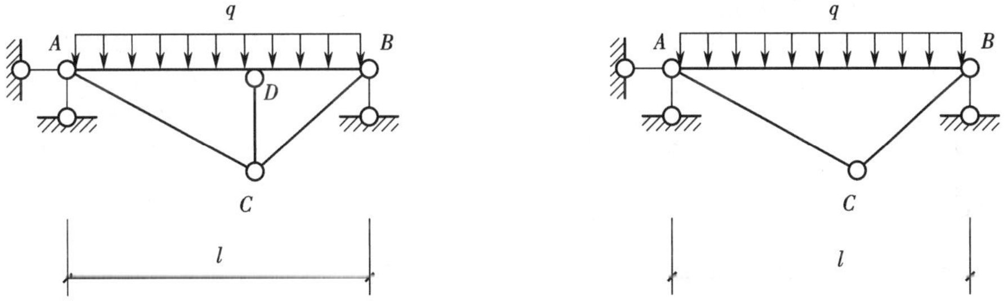

（a）　　　　（b）

图 10.2

如图 10.2(a)所示结构，其支座反力由平衡方程很容易求出，$F_{Ax}=0, F_{Ay}=F_B=\frac{1}{2}ql$。但由于三根桁架杆 AC、CD 和 BC 中的任何一根均可看成多余约束，所以该组合结构的内力不能用平衡方程确定，它是超静定的。图 10.2(b)所示为该超静定结构所对应的静定结构中的一种(去掉链杆 CD)。

总之，从几何组成上看，静定结构是没有多余约束的几何不变体系；而超静定结构是有多余约束的几何不变体系。有多余约束是超静定结构区别于静定结构的基本特征。

10.1.2 超静定次数的确定及基本结构

超静定结构中多余约束的个数称为超静定次数。图 10.1(b)所示结构的超静定次数为 1，我们可以这样说：此连续梁为一次超静定。同理，图 10.2(a)所示结构也是一次超静定。

从几何组成上分析，超静定结构可以看成是在静定结构的基础上增加若干多余约束而构成的。因此，确定超静定次数最直接的方法就是在原结构上去掉多余约束，直至超静定结构变成静定结构，所去掉的多余约束的数目，就是原结构的超静定次数。通过去掉多余约束而使超静定结构变成的静定结构，称为该超静定结构的基本结构。

很显然，基本结构不是唯一的。如图 10.1(b)所示的超静定结构，既可去掉链杆 C 变成10.1(a)所示的静定结构——简支梁，也可去掉链杆 B 变成另外一种静定结构——外伸梁；还可以去掉支座 A 的竖向链杆而变成另外一种形式的静定结构。同样，在图 10.2(a)所示的超静定结构中，其基本结构也不是唯一的，也有三种形式的基本结构。

①去掉或切断一个链杆相当于去掉一个约束。如图 10.3(a)所示的超静定结构，在去掉三个链杆 C、D 和 E 后，可变成静定结构[见图 10.3(b)，用虚线表示]，因此其超静定次数为 3 次。如图 10.3(c)所示的超静定桁架，在去掉三根桁架杆(也是一种链杆)后[图 10.3(d)]，也变成静定结构，因此其超静定次数也为 3 次。

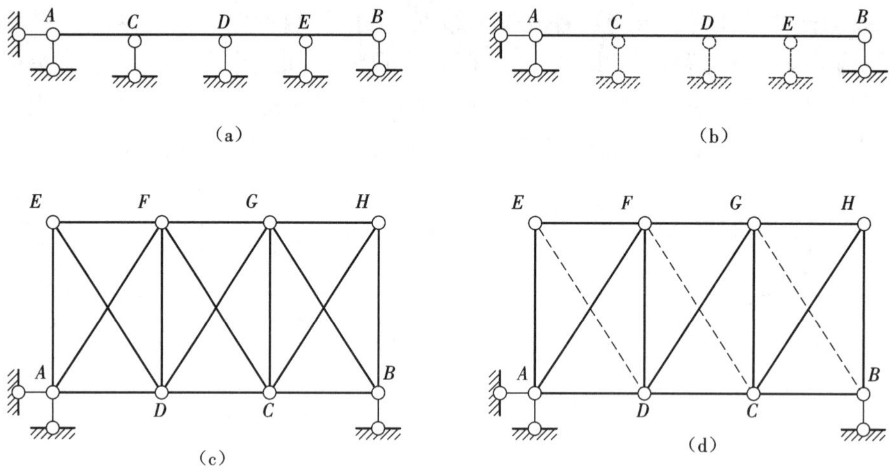

图 10.3

②去掉一个固定铰支座或去掉一个单铰相当于去掉两个约束。如图 10.4(a)所示的超静定结构，把单铰 C 去掉后，得到图 10.4(b)所示的两个悬臂刚架，即变成了静定结构，因此其超静定次数为 2 次。在图 10.4(c)所示的超静定刚架中，去掉固定铰支座 B 后[图 10.4(d)]，也变成静定结构，因此其超静定次数也是 2 次。

③去掉一个固定端约束(固定支座)或切断一根梁式杆相当于去掉三个约束。如图 10.5(a)所示的超静定结构，在把水平梁式杆切断后，得到图 10.5(b)所示的两个悬臂刚架，即变成了静定结构，因此其超静定次数为 3 次。另外，该超静定结构也可通过去掉一个固定端约束而变成静定刚架[图 10.5(c)]，这样也可判断其超静定次数为 3 次。从图 10.5(a)、(b)、(c)我们可以得到如下结论：一个封闭的刚性框格其超静定次数等于 3 次。所以，当一个结构有 n 个封闭的刚性框格时，其超静定次数等于 $3n$。图 10.5(d)所示结构的超静定次数等于 $3\times4=12$。

④将一刚节点改为单铰连接或把一个固定端约束改为固定铰支座相当于去掉一个约束。

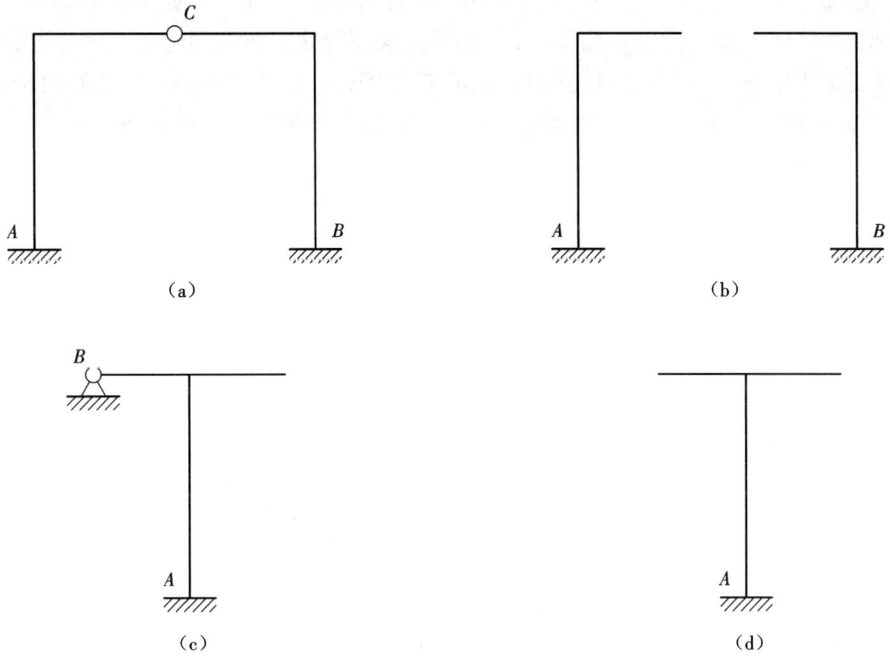

图 10.4

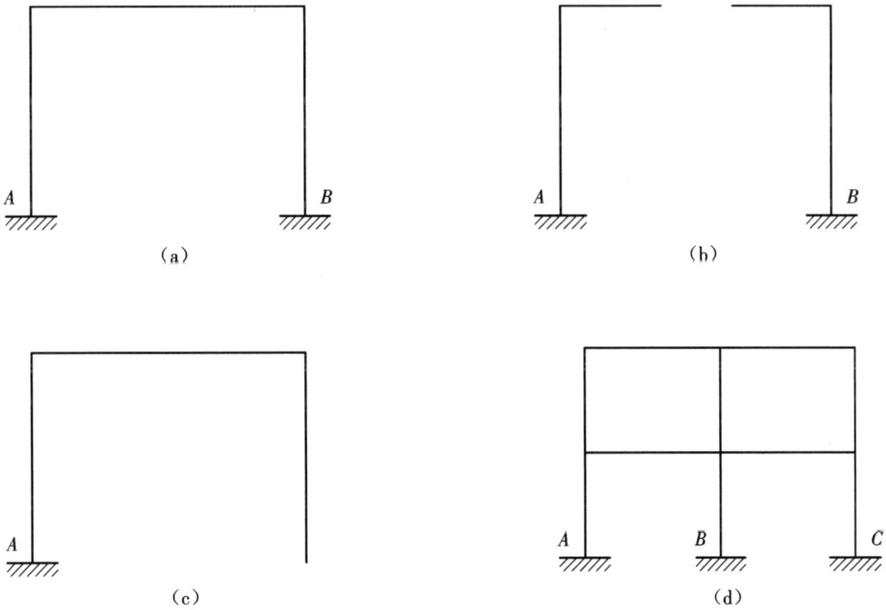

图 10.5

如图 10.6(a)所示的超静定结构，先把固定端约束 A、B 改为固定铰支座，共去掉了两个约束；再把刚节点 C(组成刚节点的两杆件所成的夹角可以是直角，可以是钝角，也可以是平角，即可以是任意角)改为单铰连接,又去掉了一个约束,此时的超静定结构才变成静定结构——三铰拱[图 10.6(b)],因此其超静定次数为 3 次。另外,该超静定结构也可通过去掉一个固定约束 B 而变成静定结构[图 10.6(c)],这样也可判断其超静定次数为 3 次;或在 C 处切断(相当于切断了一根梁式杆),也去掉了三个约束,同样判断它为三次超静定[图 10.6(d)]。

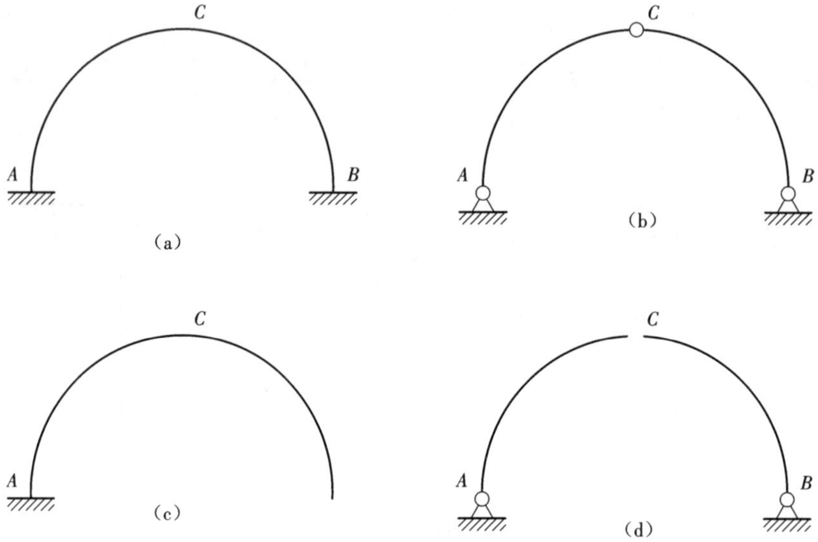

图 10.6

利用去掉多余约束的方式④也可判断图 10.3(a)所示超静定结构的超静定次数。把连续梁上的 C、D、E 三处均看成夹角为 180°的刚节点(这一点很重要,在位移法和力矩分配法中,常需要这样来看),然后把这三个刚节点改为单铰连接,相当于去掉了三个约束,它即变为一个静定结构(图 10.7),因此也可判断其超静定次数为 3 次。

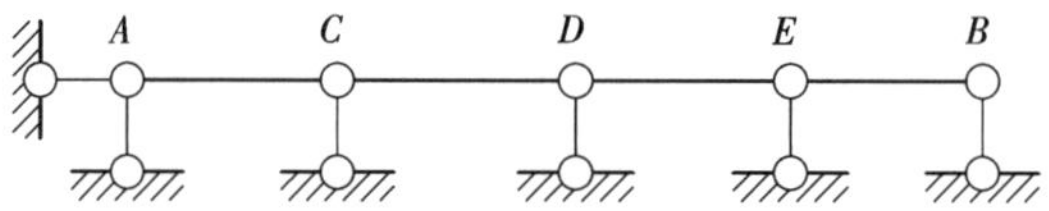

图 10.7

10.2 力法的典型方程

10.2.1 力法的基本思路

力法的基本思路是把超静定结构的计算转化为静定结构的计算,利用已熟悉的静定结构的计算方法,来解决超静定结构的问题。

如图 10.8(a)所示结构,显然是一次超静定结构。其 B 处的竖向链杆是多余约束。拆去链杆支座,以支座反力 X_1 代替约束作用,如图 10.8(b)所示。现在只要解出未知力 X_1,那么

图 10.8(a)所示的超静定结构就转化成如图 10.8(b)所示的静定结构，即可按前面所讲的内容进行所有的内力计算和内力图绘制。现在问题的关键是如何求出未知力 X_1。

1. 原结构

要求解的超静定结构如图 10.8(a)所示，由于没有作任何处理，所以称为原超静定结构，简称原结构。

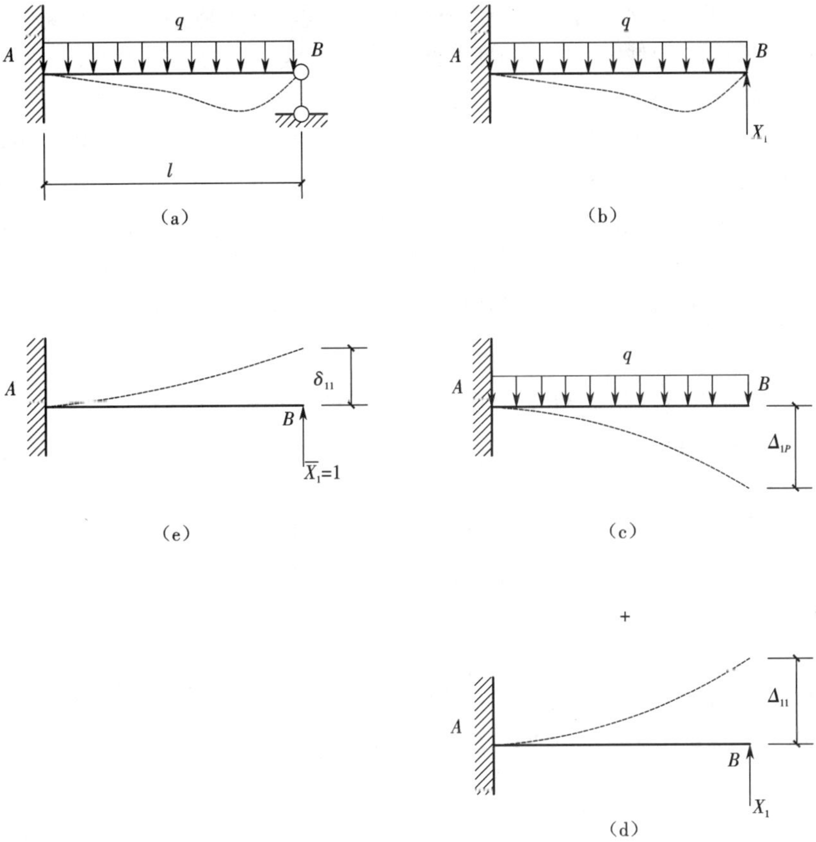

图 10.8

2. 力法的基本结构

把原结构中所有多余的约束去掉，并用多余的未知力(简称多余力)代替，从而把原结构转化成一个带多余力的静定结构，如图 10.8(b)所示。在不至于和前节中所介绍的基本结构相混淆的情况下(前节中所介绍的基本结构是超静定结构通过去掉多余约束而转化成的静定结构，在此静定结构中只是去掉了多余约束，并没有用多余力来代替)，我们也把它称为原结构的基本结构，或力法的基本结构。也有人为了区分这两种基本结构，而把带有多余力的，即如 10.8(b)所示的结构，称为力法的基本静定系统或力法的基本体系。在本书中我们一律叫基本结构。

3. 力法的基本未知量

力法把上述的多余力 X_1 选作自己的基本未知量，“力法”的名称就是由此而来。

4. 变形协调条件

试想：我们可以调节 X_1 的大小，总有某一个值使得基本结构的受力与变形状态和原结构完全相同，这个值就是 X_1 真实的大小。

如上所示，为了求多余力 X_1，应从受力和变形上考虑。我们已经知道只从受力上考虑是行不通的，因为只能列三个独立方程，而所要求解的力有四个（支座 B 处再加上多余力 X_1），所以必须从变形上考虑，再增加一个方程。由原结构与基本结构的变形可知，原结构在支座 B 处由于有多余约束而不能有竖直位移；而基本结构则因该约束已被去掉，在 B 处可能产生位移；只有当多余力 X_1 的数值与原结构的链杆 B 实际产生的反力相等时，才能使基本结构在原荷载和 X_1 共同作用下，B 处的竖直位移等于零。所以，用来确定多余力 X_1 的条件是：基本结构在原荷载和多余力的共同作用下，去掉多余约束处的位移与原结构中的相应位移相等。这个条件也称为变形协调条件，利用它可得到所需补充的方程。

5. 力法的基本方程

把上述的变形协调条件用数学的方法表达出来，即可得到力法的基本方程。具体过程如下：如图 10.8(a)所示，我们用 Δ_1 表示 B 点沿 X_1 方向的位移，则根据变形协调条件有

$$\Delta_1 = 0 \tag{10.1}$$

我们可以把图 10.8(b)看成图 10.8(c)和(d)的叠加。只有荷载作用时，我们用 Δ_{1P}表示 B 点沿 X_1 方向的位移[图 10.8(c)]；而用 Δ_{11} 表示只有多余力作用时 B 点沿 X_1 方向的位移[图 10.8(d)]。且规定这两个位移 Δ_{1P}和 Δ_{11} 与所设的 X_1 方向相同时为正，反之为负。其中右下方的两个角标的含义是：第一个角标表示位移的位置和方向；第二个角标表示产生该位移的原因。例如 Δ_{1P}表示在荷载作用下在 X_1 的作用点沿 X_1 方向所产生的位移；Δ_{11} 表示在多余力 X_1 作用下在 X_1 的作用点沿 X_1 方向所产生的位移。由叠加原理有

$$\Delta_1 = \Delta_{11} + {}_{1P} = 0 \tag{10.2}$$

图 10.8(e)所示为 X_1 为单位力($\bar{X}_1$)时的变形图，该单位力在 X_1 的作用点沿 X_1 方向所产生的位移用 δ_{11} 表示，很显然，$\Delta_{11} = \delta_{11} X_1$，将其代入式(10.2)有

$$\delta_{11} X_1 + \Delta_{1P} = 0 \tag{10.3}$$

式(10.3)称为力法的基本方程。它是一次超静定结构的力法基本方程的标准形式，也称为一次超静定结构用力法求解的典型方程。

下面按式(10.3)求解图 10.8(a)所示的超静定结构，并画出其弯矩图。为了求出位移 δ_{11} 和 Δ_{1P}，可用第 9 章介绍的图乘法。为此需画出只有荷载作用时的弯矩图[称为 M_P 图，图 10.9(a)]和只有单位力 $\bar{X}_1 = 1$ 作用时的弯矩图[称为 $\bar{M}_1$ 图，图 10.9(b)]。

δ_{11} 可通过 $\bar{M}_1$ 图乘 $\bar{M}_1$ 图（叫作 $\bar{M}_1$ 图的自乘）得到，即

$$\delta_{11} = \frac{1}{EI} \times \frac{1}{2} \times l \times l \times \frac{2}{3} \times l = \frac{l^3}{3EI}$$

Δ_{1P}可通过 M_P 图与 $\bar{M}_1$ 图进行图乘得到，即

$$\Delta_{1P} = -\frac{1}{EI} \times \frac{1}{3} \times l \times \frac{q}{2} l^2 \times \frac{3}{4} \times l = -\frac{ql^4}{8EI}$$

代入式(10.3)得

$$X_1 = \frac{\Delta_{1P}}{\delta_{11}} = \frac{3}{8} ql(\uparrow)$$

计算结果为正，说明多余力 X_1 的实际方向与基本结构中假设的方向相同。

多余力 X_1 求出后，便可作原结构的弯矩图。此时有两种方法可供采用：一种是把原结构转化为图 10.9(c)所示的静定结构，其内力图可按以前学的方法画；另一种是利用已画出的 $\overline{M}_1$ 图和 M_P 图按叠加原理画出，即

$$M = \overline{M}_1 X_1 + M_P$$

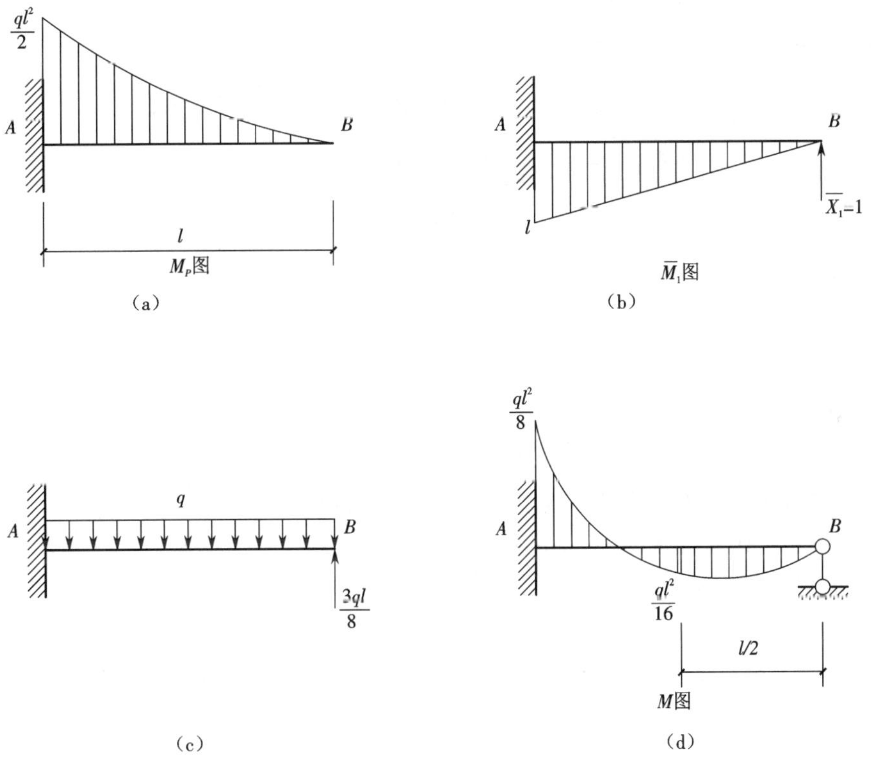

图 10.9

应用上式绘制弯矩图时，将 $\overline{M}_1$ 图的纵标乘以 X_1 倍，再和 M_P 图的相应纵标叠加，即可画出原结构最后的弯矩图。如在 A 端的右截面 $\overline{M}_1 = l$，而 $X_1 = \frac{3}{8}ql$，所以 $\overline{M}_1 X_1 = \frac{3}{8}ql^2$，$M_P = -\frac{1}{2}ql^2$（因在轴线以上，上部受拉规定为负），两者叠加即 $M_{AB} = \overline{M}_1 X_1 + M_P = \frac{3}{8}ql^2 - \frac{1}{2}ql^2 = -\frac{1}{8}ql^2$（在轴线以上），如图 10.9(d)所示。显然，$M_{BA} = 0$，再由区间叠加法即可画出弯矩图。

总之，力法的基本原理就是首先把所有的多余约束都去掉而代之以多余力，然后再利用变

形协调条件求出多余力，把超静定结构转化为静定结构进行计算。

【例 10.1】如图 10.10(a)所示，已知 EI = 常数，$q=600\ \text{N/m}$，试绘出其 M、V 图。

解　图 10.10(a)所示结构显然是一次超静定结构。位于 C 处的竖向链杆是多余约束。拆去 C 处链杆支座，以支座反力 X_1 代替其约束作用，得到基本结构，如图 10.10(b)所示。

由于有链杆支座 C，此时的变形协调条件为 $\Delta_1=0$。(从图 10.10(b)中可以很直观地想象到只有荷载 q 作用时，在 C 处的位移是向下的；当只有多余力 X_1 作用时，它在 C 处所产生的位移是向上的，只要 X_1 适合，就可使 C 处的竖向位移 Δ_1 等于零。)

先画出 M_P 图和 $\overline{M}_1$ 图，如图 10.10(c)、(d)所示。

由 $\overline{M}_1$ 图自乘得

$$\delta_{11}=\frac{2}{EI}\left(\frac{1}{2}\times 2\times 1\times\frac{2}{3}\times 1\right)=\frac{4}{3EI}$$

由 M_P 图和 $\overline{M}_1$ 图进行图乘得

$$\Delta_{1P}=-\frac{2}{EI}\left(\frac{2}{3}\times 2\times 1\ 200\times\frac{5}{8}\right)=-\frac{2\ 000}{EI}$$

将 δ_{11} 和 Δ_{1P} 代入一次超静定结构力法方程中的典型方程

$$\delta_{11}X_1+\Delta_{1P}=0$$

有

$$\frac{4}{3EI}X_1-\frac{2\ 000}{EI}=0$$

解得

$$X_1=1\ 500\ \text{N}(\uparrow)$$

最后画出原结构的弯矩图、剪力图如图 10.10(e)、(f)所示。画弯矩图时可用叠加原理，同时注意 $\overline{M}_1$ 图和 M_P 图所在轴线的位置，如截面 C 处的弯矩 M_C 为

$$M_C=\overline{M}_1X_1+M_P=(-1)\times 1\ 500+1\ 200=-300\ \text{N}\cdot\text{m}$$

负号表示 M_C 应在轴线的下方。

讨论：

①本题实际上是三个身高相同的人同抬一根粗细均匀的圆木的力学模型。按题意该圆木的重量为 4 m×600 N/m=2 400 N。从剪力图中可看到，位于中间的人需要承担 1 500 N 的圆木重量，而两边的人却只需承担 450 N，即位于中间的人承担的圆木重量是两边每个人的 3.33 倍。这与你的感受相同吗？

②中间是否加支座对梁的承载能力影响很大，中间没有支座 C 时，梁的最大弯矩是 1 200 N·m，而加上支座 C 后，其最大弯矩只有原来的四分之一，即 300 N·m。

③把支座 B 看成多余约束进行计算，观察计算结果是否与上述结果一致，繁简程度又怎么样。请读者自己做做看。

10.2.2　用力法求解二次超静定问题

上面我们以一次超静定的问题为例说明了力法的基本原理，现在我们来研究二次超静定

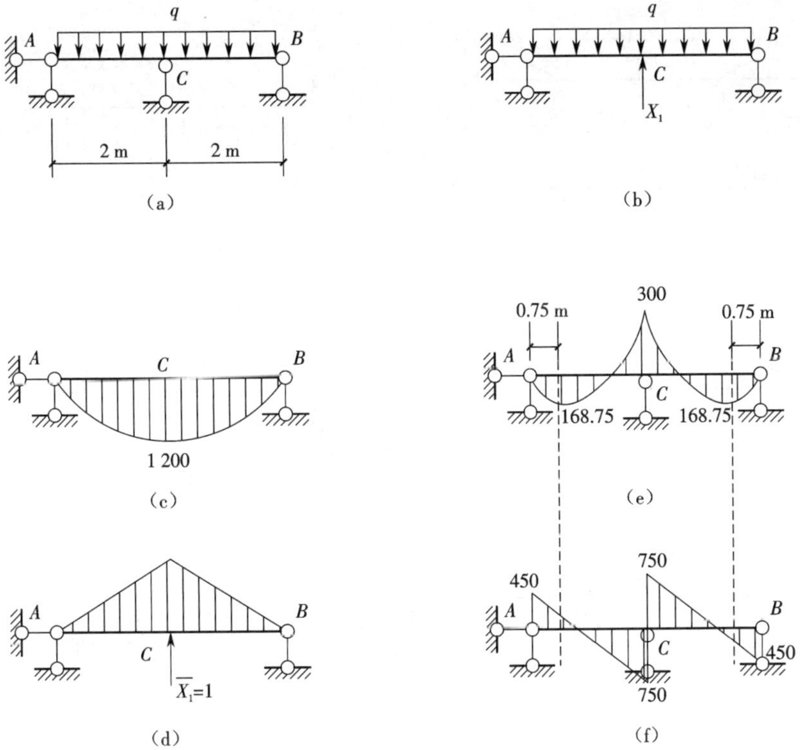

图 10.10

(a)原结构　(b)基本结构　(c)M_P 图(N·m)　(d)$\overline{M}_1$ 图(m)　(e)M 图(N·m)　(f)V 图(N)

问题,因为二次超静定和一次超静定在求解多余力时有很大的不同,它会涉及多余力之间的相互影响问题。一旦掌握了二次超静定结构的求解,我们就会求三次的、四次的直至 n 次的超静定结构。

图 10.11(a)所示为一个三跨连续梁,设 EI 为常数,它有两个多余约束分别位于 C、D,去掉这两个约束,并用多余力 X_1、X_2代替得到其基本结构[图 10.11(b)]。基本结构可看成分别单独作用荷载[图 10.11(c)]、多余力 X_1[图 10.11(d)]和多余力 X_2[图 10.11(e)]三种情况的叠加。

现在考查在 X_1的作用点位置沿 X_1方向的位移,由于有链杆 C 的存在,显然第一个变形协调条件为

$$\Delta_1=0$$

观察有哪些力对 Δ_1 有贡献,首先荷载对其有贡献,从图 10.11(c)可看出,当只有荷载作用时,它在 X_1的作用点位置沿 X_1方向的位移是向下的,记作 Δ_{1P};其次,多余力 X_1对其有贡献,从图 10.11(d)可看出,当只有多余力 X_1作用时,它在 X_1的作用点位置沿 X_1方向的位移是向上的,记作 Δ_{11};最后,再看作用在位置 D 的多余力 X_2是否也在 X_1作用点位置(即 C 位置)沿 X_1方向产生位移,如图 10.11(e)所示,当只有 X_2作用时,它在 X_1作用点位置沿 X_1方向也产生位移且是向上的,这就是前面提到的多余力之间的相互影响,我们把这个由于 X_2引起的在 X_1作用

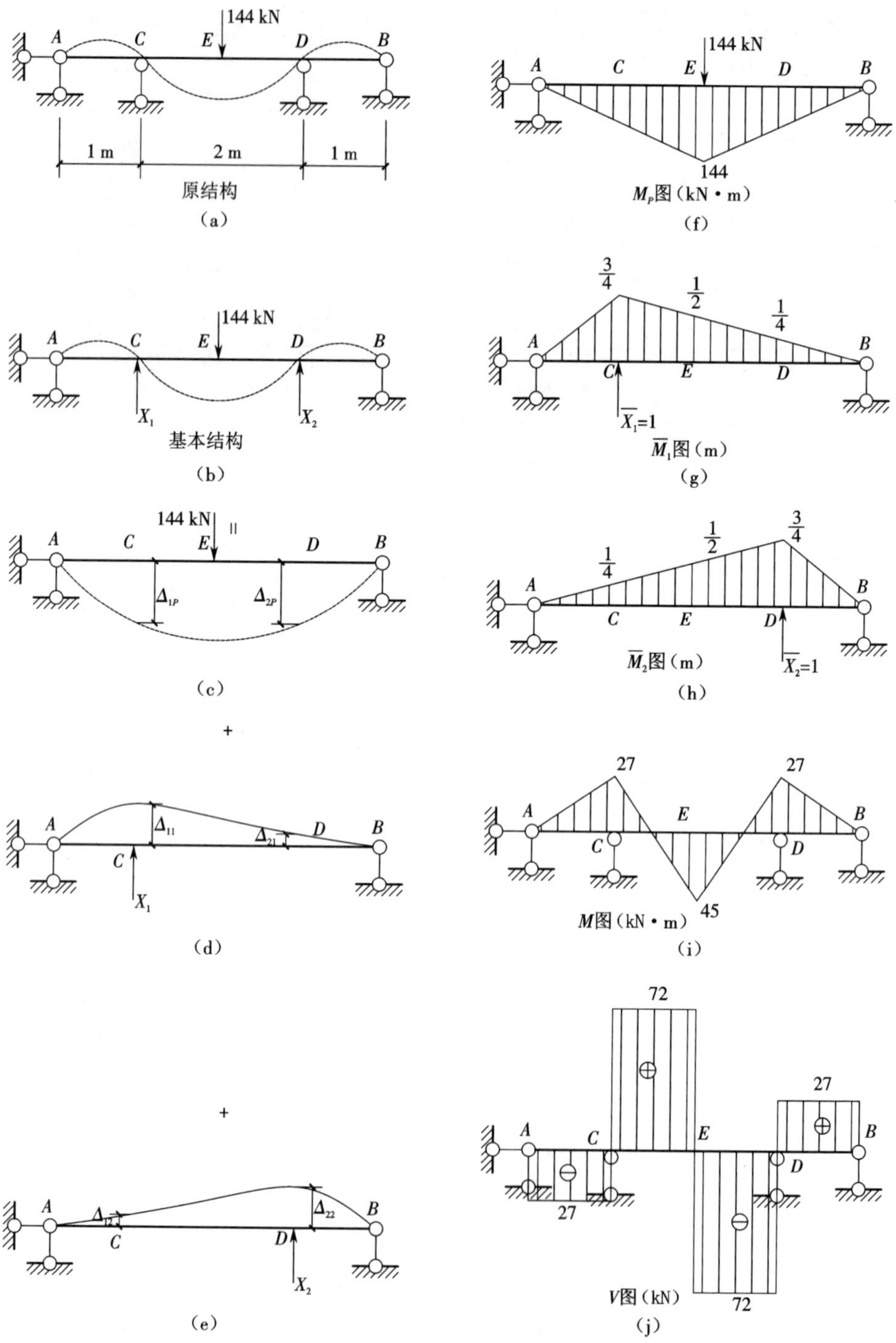
144 kN
A C E D B
1 m 2 m 1 m
原结构
(a)
144 kN
A C E D B
M_P图（kN·m）
144
(f)
144 kN
A C E D B
X_1 X_2
基本结构
(b)
$\frac{3}{4}$ $\frac{1}{2}$ $\frac{1}{4}$
A C E D B
$\overline{X}_1=1$
$\overline{M}_1$图（m）
(g)
144 kN
=
A C E D B
Δ_{1P} Δ_{2P}
(c)
$\frac{1}{4}$ $\frac{1}{2}$ $\frac{3}{4}$
A C E D B
$\overline{M}_2$图（m）
$\overline{X}_2=1$
(h)
+
A C D B
Δ_{11} Δ_{21}
X_1
(d)
27 27
A E B
C D
45
M图（kN·m）
(i)
+
A C D B
Δ_{12} Δ_{22}
X_2
(e)
72
27
A C E D B
⊕ ⊖ ⊕ ⊖
27
72
V图（kN）
(j)

图 10.11

点位置沿 X_1 方向的位移记为 Δ_{12}。所以有

$$\Delta_1=\Delta_{11}+\Delta_{12}+\Delta_{1P}=0 \tag{10.4}$$

同样，在 X_2 的作用点位置沿 X_2 方向的位移 Δ_2 也等于零，即第二个变形协调条件为

$$\Delta_2=0$$

考虑其各分量同样可以得出

$$\Delta_2=\Delta_{21}+\Delta_{22}+\Delta_{2P}=0 \tag{10.5}$$

式中：Δ_2 为在 X_2 的作用点位置沿 X_2 方向的位移；Δ_{21} 为在 X_2 的作用点位置沿 X_2 方向由于 X_1 的作用而产生的位移，见图 10.11(d)；Δ_{22} 为在 X_2 的作用点位置沿 X_2 方向由于 X_2 的作用而产生的位移，见图 10.11(e)；Δ_{2P} 为在 X_2 的作用点位置沿 X_2 方向由于荷载的作用而产生的位移，见图 10.11(c)。

按前述关于 Δ_{11} 的计算，有 $\Delta_{11}=\delta_{11}X_1$，其中 δ_{11} 通过 $\bar{M}_1$ 图自乘得到。与此类似，这里有 $\Delta_{22}=\delta_{22}X_2$，其中 δ_{22} 通过 $\bar{M}_2$ 图[图 10.11(h)]自乘得到。

考虑到 Δ_{12} 表示的是在 X_1 的作用点位置沿 X_1 方向由于 X_2 的作用而产生的位移，利用第 9 章图乘法求位移的方法：先画 X_2 作用时的弯矩图，再画 $\bar{M}_1$ 图，然后用这两图进行图乘即可；当然也可不画 X_2 作用时的弯矩图，而是画 X_2 为单位力($\bar{X}_2=1$)时的弯矩图——$\bar{M}_2$ 图，用这两个单位力的弯矩图 $\bar{M}_1$ 图和 $\bar{M}_2$ 图进行图乘(其结果记为 δ_{12})后再放大 X_2 倍，即 $\Delta_{12}=\delta_{12}X_2$。

同样地，$\Delta_{21}=\delta_{21}X_1$，其中 δ_{21} 为两个单位力的弯矩图 $\bar{M}_2$ 图和 $\bar{M}_1$ 图图乘的结果，显然

$$\delta_{21}=\delta_{12} \tag{10.6}$$

为了描述方便，我们把式(10.4)和式(10.5)写到一起，并考虑到大写 Δ 和小写 δ 的关系，有

$$\begin{cases}\delta_{11}X_1+\delta_{12}X_2+\Delta_{1P}=0\\ \delta_{21}X_1+\delta_{22}X_2+\Delta_{2P}=0\end{cases} \tag{10.7}$$

式(10.7)称为二次超静定结构用力法求解的典型方程。

比较一次和二次超静定结构用力法求解的典型方程，前者为 $\delta_{11}X_1+\Delta_{1P}=0$，只有一个系数 δ_{11} 和一个自由项 Δ_{1P}，只需进行两次图乘；而超静定次数为二次时则有四个系数 δ_{11}、δ_{12}、δ_{21}、δ_{22} 和两个自由项 Δ_{1P}、Δ_{2P}，需进行六次图乘(可只做五次，因为 $\delta_{21}=\delta_{12}$)。由此可见，尽管超静定次数只增加了一次，其计算量却增加了很多。再试想如果超静定次数为三次时，需做多少次图乘?

现在，接着做上面的题目。

由 $\bar{M}_1$ 图自乘得 δ_{11} 为

$$\delta_{11}=\frac{1}{EI}\left(\frac{1}{2}\times1\times\frac{3}{4}\times\frac{2}{3}\times\frac{3}{4}+\frac{1}{2}\times3\times\frac{3}{4}\times\frac{2}{3}\times\frac{3}{4}\right)=\frac{3}{4EI}$$

由 $\bar{M}_2$ 图自乘可求得 δ_{22}，由于本题中两个多余力是对称的，$\bar{M}_2$ 图自乘的结果与上式相同，注意这只是巧合，没有普遍意义。

$$\delta_{22}=\frac{3}{4EI}$$

由 $\bar{M}_1$ 图和 $\bar{M}_2$ 图进行图乘可求得 δ_{12}、δ_{21} 为

$$\delta_{12}=\delta_{21}$$

$$=\frac{1}{EI}\left[\frac{1}{2}\times1\times\frac{3}{4}\times\frac{2}{3}\times\frac{1}{4}+\frac{1}{2}\times\frac{3}{4}\times2\times\left(\frac{2}{3}\times\frac{1}{4}+\frac{1}{3}\times\frac{3}{4}\right)+\frac{1}{2}\times\frac{1}{4}\times2\times\left(\frac{2}{3}\times\frac{3}{4}+\frac{1}{3}\times\frac{1}{4}\right)+\frac{1}{2}\times1\times\frac{3}{4}\times\frac{1}{4}\times\frac{2}{3}\right]$$

$$=\frac{7}{12EI}$$

由 M_P 图和 $\overline{M}_1$ 图进行图乘可求得 Δ_{1P}，因为两个弯矩图在轴线的异侧，所以图乘结果为负，即

$$\Delta_{1P}=-\frac{1}{EI}\left[\frac{1}{2}\times1\times\frac{144}{2}\times\frac{2}{3}\times\frac{3}{4}+\frac{1}{2}\times1\times\frac{144}{2}\times\left(\frac{2}{3}\times\frac{3}{4}+\frac{1}{3}\times\frac{2}{4}\right)\right]-\frac{1}{EI}\left[\frac{1}{2}\times1\times144\times\left(\frac{1}{3}\times\frac{3}{4}+\frac{2}{3}\times\frac{2}{4}\right)+\frac{1}{2}\times2\times144\times\frac{2}{3}\times\frac{2}{4}\right]$$

$$=-\frac{132}{EI}$$

由 M_P 图和 $\overline{M}_2$ 图进行图乘可求得 Δ_{2P}，由于本题中两个多余力是对称的，M_P 图和 $\overline{M}_2$ 图图乘的结果与 Δ_{1P} 相同。即

$$\Delta_{2P}=-\frac{132}{EI}$$

把所有的数值代入式(10.7)中，有

$$\begin{cases}\frac{3}{4EI}X_1+\frac{7}{12EI}X_2-\frac{132}{EI}=0\\ \frac{7}{12EI}X_1+\frac{3}{4EI}X_2-\frac{132}{EI}=0\end{cases}$$

简化后，得

$$\begin{cases}9X_1+7X_2=1\ 584\\ 7X_1+9X_2=1\ 584\end{cases}$$

解联立方程，得

$$X_1=99\ \text{kN}(\uparrow)$$
$$X_2=99\ \text{kN}(\uparrow)$$

计算结果为正，说明多余力 X_1、X_2 的实际方向与基本结构中假设的方向相同。

最后画出原结构的弯矩图、剪力图如图 10.11(i)、(j)所示。同样画弯矩图时可用叠加原理，如截面 C 处的弯矩 M_C，设弯矩位于轴线下方为正，则

$$M_C=\overline{M}_1\cdot X_1+\overline{M}_2\cdot X_2+M_P$$
$$=\left(-\frac{3}{4}\right)\times99+\left(-\frac{1}{4}\right)\times99+72$$
$$=-27\ \text{kN}\cdot\text{m}$$

负号表示 M_C 应在轴线的上方。

10.2.3 力法的典型方程

上面我们研究了一次和二次超静定结构的问题,已经知道了求解超静定结构的基本原理。依此类推,我们可求解更高次的超静定结构。

设有某一超静定结构,其超静定次数为 n 次。也就是说它有 n 个多余约束,现在把这 n 个多余约束去掉,而代之以 n 个多余力 $X_1, X_2, \cdots, X_n$,当原结构在去掉多余约束处的位移为零时,相应地也就有 n 个已知的变形协调条件:

$$\begin{cases}\Delta_1 = 0 \\ \Delta_2 = 0 \\ \quad\vdots \\ \Delta_n = 0\end{cases} \tag{10.8}$$

荷载和 n 个多余力对 X_i 作用点位置沿 X_i 方向的位移都有贡献,荷载对该位移的贡献为 Δ_{iP},每个多余力 $X_j(j=1,2,\cdots,n)$ 对该位移的贡献为 Δ_{ij},所以实际上方程组(10.8)中每一个方程的左边都包含了 $n+1$ 项,写开来即

$$\begin{cases}\Delta_{11} + \Delta_{12} + \cdots + \Delta_{1n} + \Delta_{1P} = 0 \\ \Delta_{21} + \Delta_{22} + \cdots + \Delta_{2n} + \Delta_{2P} = 0 \\ \qquad\qquad\vdots \\ \Delta_{n1} + \Delta_{n2} + \cdots + \Delta_{nn} + \Delta_{nP} = 0\end{cases} \tag{10.9}$$

和前述解一次和二次超静定结构的问题一样,方程组(10.9)中的系数 Δ_{ij}用 δ_{ij}表示,即

$$\begin{cases}\delta_{11}X_1 + \delta_{12}X_2 + \cdots + \delta_{1n}X_n + \Delta_{1P} = 0 \\ \delta_{21}X_1 + \delta_{22}X_2 + \cdots + \delta_{2n}X_n + \Delta_{2P} = 0 \\ \qquad\qquad\vdots \\ \delta_{n1}X_1 + \delta_{n2}X_2 + \cdots + \delta_{nn}X_n + \Delta_{nP} = 0\end{cases} \tag{10.10}$$

把它写成矩阵的形式,有

$$\begin{pmatrix}\delta_{11} & \delta_{12} & \cdots & \delta_{1n} \\ \delta_{21} & \delta_{22} & \cdots & \delta_{2n} \\ \vdots & \vdots & & \vdots \\ \delta_{n1} & \delta_{n2} & \cdots & \delta_{nn}\end{pmatrix}\begin{pmatrix}X_1 \\ X_2 \\ \vdots \\ X_n\end{pmatrix} + \begin{pmatrix}\Delta_{1P} \\ \Delta_{2P} \\ \vdots \\ \Delta_{nP}\end{pmatrix} = \begin{pmatrix}0 \\ 0 \\ \vdots \\ 0\end{pmatrix} \tag{10.11}$$

其中最左边的 $n \times n$ 矩阵称为系数矩阵,下面研究一下这个矩阵。

位于主对角线上的系数 δ_{ii}称为主系数,对于梁和刚架来说,它由 $\overline{M}_i$ 图自乘而获得,它的值恒为正(对其他形式的结构,也可用相应的方法证明);主系数以外的系数称为副系数,具体到梁和刚架来说,它由 $\overline{M}_i$ 图和 $\overline{M}_j$ 图$(i \neq j)$图乘而获得,其数值可正、可负也可为零,且有 $\delta_{ij} = \delta_{ji}$,即该矩阵为对称矩阵。

另外,和副系数一样,自由项 Δ_{iP}可正、可负也可为零。

上列方程组在组成上具有一定的规律,只要是 n 次超静定结构,它们用力法求解的方程形式都与式(10.10)或式(10.11)相同,故把这两式称为力法的典型方程。

利用力法的典型方程解出多余未知力 $X_1, X_2, \cdots, X_n$ 后，便可求出所有的约束反力和内力，进而绘制各种内力图。在求各有关截面的弯矩时，常用叠加原理，即

$$M = \bar{M}_1 \cdot X_1 + \bar{M}_2 \cdot X_2 + \cdots + \bar{M}_n \cdot X_n + M_P$$

在利用上式时应注意 $\bar{M}_1$ 图，$\bar{M}_2$ 图，…，$\bar{M}_n$ 图和 M_P 图所在轴线的位置，一般规定在某一侧时为正，则上式转化为一个代数和，以最终结果的正负来确定 M 的位置。

10.2.4　用力法解超静定结构的步骤

①把原结构中的多余约束去掉，用多余力 $X_1, X_2, \cdots, X_n$ 代替，得到其基本结构。

②根据变形协调条件——在多余力和原荷载的共同作用下，去掉多余约束处的位移应与原结构中相应的位移相同（此位移不一定都等于零，以后有专门研究，如研究有支座位移的超静定结构时），建立力法的典型方程。

③画弯矩图，包括设 $\bar{X}_i = 1$ 时的单位弯矩图（$\bar{M}_1$ 图，$\bar{M}_2$ 图，…，$\bar{M}_n$ 图）和 M_P 图。

④做图乘求力法典型方程的系数和自由项。其中，系数 δ_{ij} 为 $\bar{M}_i$ 图和 $\bar{M}_j$ 图图乘的结果；自由项 Δ_{iP} 为 $\bar{M}_i$ 图和 M_P 图图乘的结果。

⑤解方程，求多余力 $X_1, X_2, \cdots, X_n$。

⑥画原结构的内力图。

上述解题步骤最适用于超静定梁和超静定刚架，对其他形式的结构需进行适当的调整（如桁架位移的计算用不着图乘法），这方面内容在后面的内容中会详细叙述。

讨论：

用力法解 n 次超静定结构时，从上面的分析可知，为了建立力法的典型方程，需要求 $n \times n$ 个系数和 n 个自由项，共计 $n(n+1)$ 个。尽管系数矩阵是对称矩阵，但每个数据若通过图乘求得，可想而知其工作量非常大，因此力法适用于解超静定次数较低的结构。

10.3　用力法求解超静定刚架及对称性的应用

10.3.1　用力法求解超静定刚架

我们已经知道，超静定结构所需补充的方程，实际上是变形协调条件的数学描述。而考虑变形无非就是位移的计算，由于求静定梁和静定刚架位移的方法相同，所以上节主要研究超静定梁，而总结的解超静定结构的步骤完全适用于超静定刚架。

【例 10.2】用力法计算图 10.12 所示刚架，并画内力图。

解　①本刚架为两次超静定。去掉 B 处的两根链杆，并用多余力 X_1、X_2 代替，得到其基本结构，如图 10.12(b)所示。

②其变形协调条件为 $\Delta_1 = 0$ 和 $\Delta_2 = 0$，所以用力法求解的典型方程为

$$\begin{cases} \delta_{11}X_1 + \delta_{12}X_2 + \Delta_{1P} = 0 \\ \delta_{21}X_1 + \delta_{22}X_2 + \Delta_{2P} = 0 \end{cases}$$

③画 $\bar{M}_1$ 图、$\bar{M}_2$ 图和 M_P 图，分别如图 10.12(c)、(d)和(e)所示。

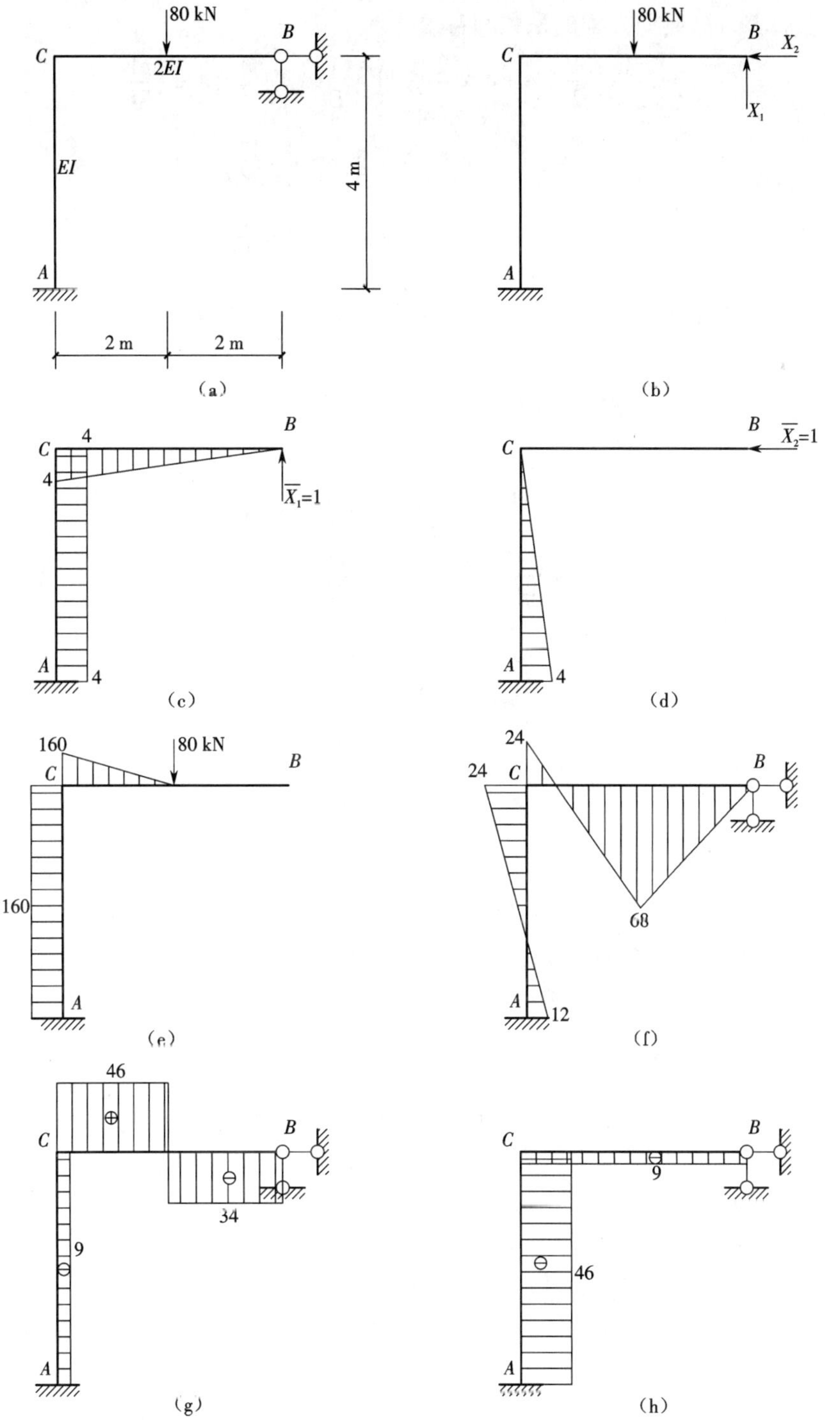

图 10.12

(a)原结构 (b)基本结构 (c)$\overline{M}_1$ 图(m) (d)$\overline{M}_2$ 图(m) (e)M_P 图(kN·m)

(f)M 图(kN·m) (g)V 图(kN) (h)N 图(kN)

④用图乘法求力法典型方程的系数和自由项。

$$\delta_{11}=\frac{1}{2EI}\left(\frac{1}{2}\times4\times4\times\frac{2}{3}\times4\right)+\frac{1}{EI}\times4\times4\times4=\frac{224}{3EI}$$

$$\delta_{22}=\frac{1}{EI}\left(\frac{1}{2}\times4\times4\times\frac{2}{3}\times4\right)=\frac{64}{3EI}$$

$$\delta_{12}=\delta_{21}=\frac{1}{EI}\left(\frac{1}{2}\times4\times4\times4\right)=\frac{32}{EI}$$

$$\Delta_{1P}=-\frac{1}{2EI}\left[\frac{1}{2}\times2\times160\times\left(\frac{1}{3}\times2+\frac{2}{3}\times4\right)\right]-\frac{1}{EI}\times160\times4\times4=-\frac{8\ 480}{3EI}$$

$$\Delta_{2P}=-\frac{1}{EI}\times160\times4\times\frac{1}{2}\times4=-\frac{1\ 280}{EI}$$

⑤把所求系数和自由项代入上述典型方程得

$$\begin{cases}\dfrac{224}{3EI}X_1+\dfrac{32}{EI}X_2-\dfrac{8\ 480}{3EI}=0\\ \dfrac{32}{EI}X_1+\dfrac{64}{3EI}X_2-\dfrac{1\ 280}{EI}=0\end{cases}$$

整理得

$$\begin{cases}7X_1+3X_2=265\\ 3X_1+2X_2=120\end{cases}$$

解得

$$\begin{cases}X_1=34\ \text{kN}(\uparrow)\\ X_2=9\ \text{kN}(\leftarrow)\end{cases}$$

⑥画原结构的 M 图、V 图和 N 图,分别如图 10.12(f)、(g)和(h)所示。

画内力图时,可用计算出的 X_1、X_2,在基本结构上按第 8 章介绍的方法来绘制,也可用节点、杆件的平衡条件及叠加原理来画。

10.3.2 对称性的应用

在建筑工程中,有很多结构都是对称的。利用结构对称的特性,可使力法典型方程中的较多副系数和自由项为零,从而使计算简化,我们以对称刚架为例来说明对称性的应用。

所谓对称结构包括两个方面:

①结构的几何形状和支承情况关于某一轴对称;

②杆件的截面尺寸和材料的性质(即 EI)也关于此轴对称。

例如图 10.13(a)、(b)所示的为对称刚架;而图 10.13(c)、(d)所示的为非对称刚架。

1. 选取对称的基本结构

图 10.14(a)所示为一对称的超静定刚架,用力法求解时可从整个刚架中的任何位置截开,并代之以多余力而得到其基本结构,例如可从 B 截面截开,见图 10.14(b)。即该刚架的基本结构有无数个。但为了简化计算,应选用对称的基本结构,即从截面 E 截开,见图 10.14(c)。

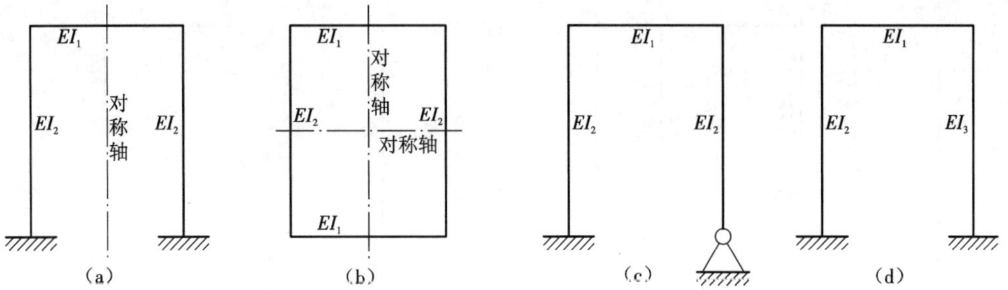

图 10.13

2. 正对称多余力与反对称多余力

在图 10.14(c)中有三对多余力 X_1、X_2 和 X_3，如果对称轴两边的多余力大小相等，绕对称轴对折后作用点重合且指向相同，则称为正对称多余力；如果对称轴两边的多余力大小相等，绕对称轴对折后作用点重合但指向相反，则称为反对称多余力。图 10.14(c)中的多余力 X_1 和 X_3(即截面轴力和弯矩)为正对称多余力；而 X_2(即截面剪力)为反对称多余力。

作单位力弯矩图，如图 10.14(d)、(e)、(f)所示，从图中可以看到，正对称多余力的单位力弯矩图(即 $\bar{M}_1$ 图和 $\bar{M}_3$ 图)也是对称的；而反对称多余力的单位力弯矩图(即 $\bar{M}_2$ 图)则是反对称的。

由于该刚架为三次超静定，所以其力法的典型方程为

$$\begin{cases}\delta_{11}X_1+\delta_{12}X_2+\delta_{13}X_3+\Delta_{1P}=0\\ \delta_{21}X_1+\delta_{22}X_2+\delta_{23}X_3+\Delta_{2P}=0\\ \delta_{31}X_1+\delta_{32}X_2+\delta_{33}X_3+\Delta_{3P}=0\end{cases}$$

把它写成矩阵的形式有

$$\begin{pmatrix}\delta_{11}&\delta_{12}&\delta_{13}\\ \delta_{21}&\delta_{22}&\delta_{23}\\ \delta_{31}&\delta_{32}&\delta_{33}\end{pmatrix}\begin{pmatrix}X_1\\X_2\\X_3\end{pmatrix}+\begin{pmatrix}\Delta_{1P}\\ \Delta_{2P}\\ \Delta_{3P}\end{pmatrix}=\begin{pmatrix}0\\0\\0\end{pmatrix}$$

其中，δ_{ij} 由 $\bar{M}_i$ 图和 $\bar{M}_j$ 图进行图乘获得。

现在来计算 δ_{12}，它可由 $\bar{M}_1$ 图和 $\bar{M}_2$ 图图乘得到，因为这两个单位力弯矩图一个是正对称的，而另一个是反对称的，它们图乘的结果为零，即 $\delta_{12}=0$。由于 $\delta_{12}=\delta_{21}$，所以 $\delta_{21}=0$。同样地，$\bar{M}_3$ 图和 $\bar{M}_2$ 图图乘的结果也为零，又有 $\delta_{23}=\delta_{32}=0$。即系数矩阵中有四个零，这时的方程变为

$$\begin{pmatrix}\delta_{11}&0&\delta_{13}\\ 0&\delta_{22}&0\\ \delta_{31}&0&\delta_{33}\end{pmatrix}\begin{pmatrix}X_1\\X_2\\X_3\end{pmatrix}+\begin{pmatrix}\Delta_{1P}\\ \Delta_{2P}\\ \Delta_{3P}\end{pmatrix}=\begin{pmatrix}0\\0\\0\end{pmatrix}\tag{10.12}$$

或

$$\begin{cases}\delta_{11}X_1+\delta_{13}X_3+\Delta_{1P}=0\\ \delta_{31}X_1+\delta_{33}X_3+\Delta_{3P}=0\\ \delta_{22}X_2+\Delta_{2P}=0\end{cases}\tag{10.13}$$

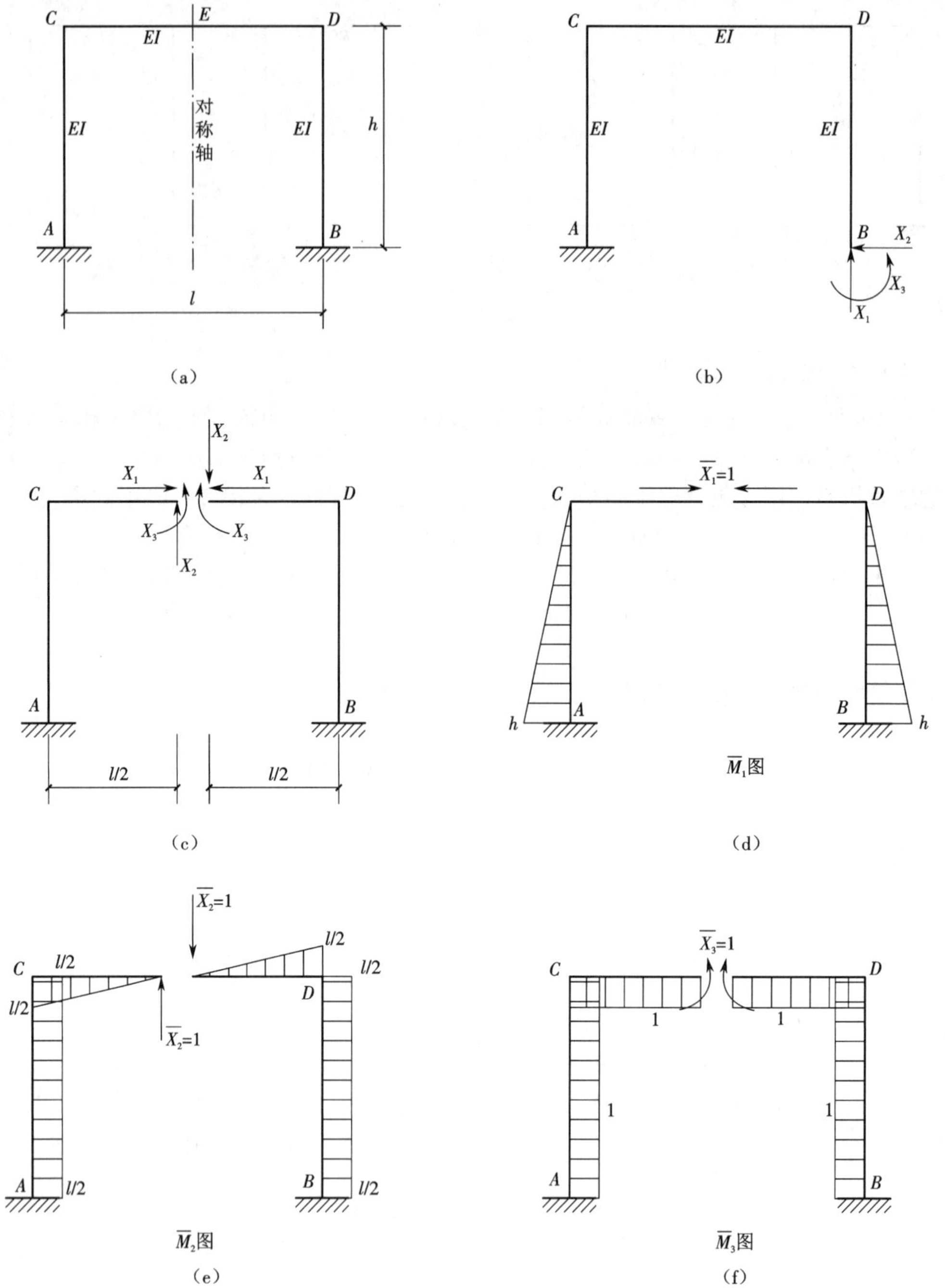

图 10.14

显然,简化了计算。

通过上述的处理使系数矩阵中的四个副系数变成了零,那么能否同时使自由项也变成零呢？如果能的话,不就更简单了吗？下面研究这个问题。

3. 正对称荷载与反对称荷载

像多余力可分为正对称和反对称一样，荷载也可分为正对称荷载和反对称荷载。

如图 10.15 所示的位于对称轴两边的荷载大小相等，绕对称轴对折后作用点重合且指向相同，我们把其称为正对称荷载；相反，如果对称轴两边的荷载大小相等，绕对称轴对折后作用点重合但指向相反，则称为反对称荷载，如图 10.16 所示 。

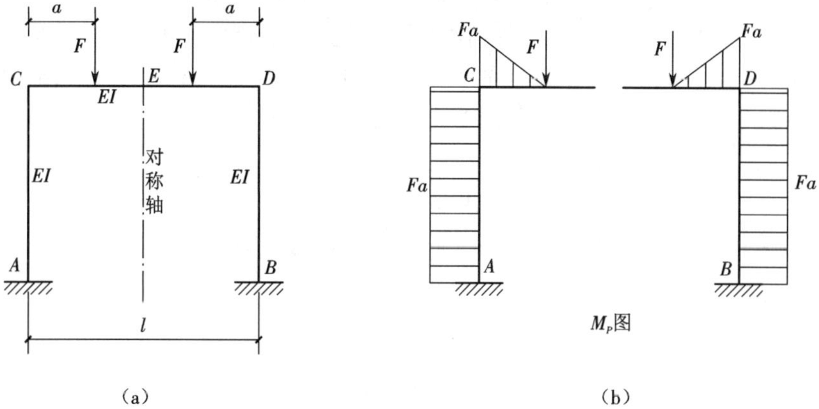

图 10.15　正对称荷载及其弯矩图

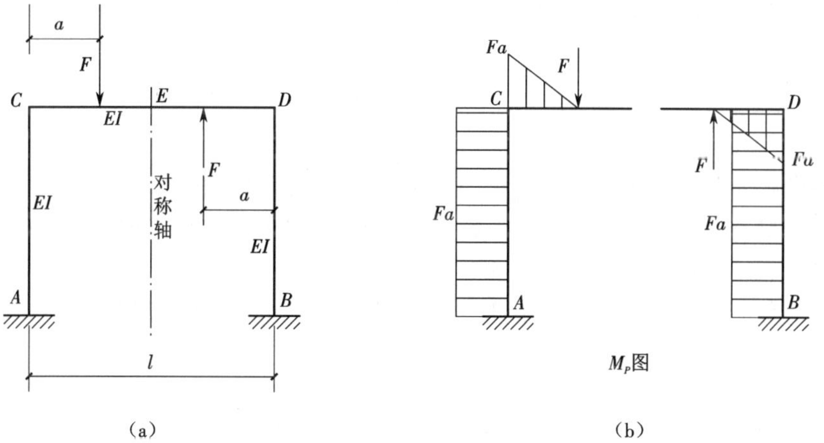

图 10.16　反对称荷载及其弯矩图

图 10.15(b)为对称结构作用正对称荷载的荷载弯矩图，即 M_P图，从图中可看到，其弯矩图也是正对称的。当它与反对称多余力的单位力图[图 10.14(e)]进行图乘求自由项 Δ_{iP}时，其结果必为零。对图 10.14 所示的情况，即 $\Delta_{2P}-0$，这时式(10.12)变为

$$\begin{pmatrix}\delta_{11} & 0 & \delta_{13}\\ 0 & \delta_{22} & 0\\ \delta_{31} & 0 & \delta_{33}\end{pmatrix}\begin{pmatrix}X_1\\ X_2\\ X_2\end{pmatrix}+\begin{pmatrix}\Delta_{1P}\\ 0\\ \Delta_{3P}\end{pmatrix}=\begin{pmatrix}0\\ 0\\ 0\end{pmatrix}$$

或式(10.13)变为

$$\begin{cases}\delta_{11}X_1+\delta_{13}X_3+\Delta_{1P}=0\\ \delta_{31}X_1+\delta_{33}X_3+\Delta_{3P}=0\\ \delta_{22}X_2=0\end{cases}$$

由于主系数δ_{22}恒为正值，所以X_2肯定为零。于是我们得到如下结论：对称的超静定结构，在正对称荷载作用下，只有正对称的多余力存在，而反对称的多余力必为零。

图10.16(b)为对称结构作用反对称荷载的荷载弯矩图，即M_P图，从图中可看到，其弯矩图也是反对称的。当它与正对称多余力的单位力图[图10.14(d)、(f)]进行图乘求自由项Δ_{iP}时，其结果必为零。对图10.14所示情况，$\Delta_{1P}=0$，$\Delta_{2P}=0$。这时式(10.12)变为

$$\begin{pmatrix}\delta_{13} & 0 & \delta_{13}\\ 0 & \delta_{22} & 0\\ \delta_{31} & 0 & \delta_{33}\end{pmatrix}\begin{pmatrix}X_1\\ X_2\\ X_3\end{pmatrix}+\begin{pmatrix}0\\ \Delta_{2P}\\ 0\end{pmatrix}=\begin{pmatrix}0\\ 0\\ 0\end{pmatrix}$$

或式(10.13)变为

$$\begin{cases}\delta_{11}X_1+\delta_{13}X_3=0\\ \delta_{31}X_1+\delta_{33}X_3=0\\ \delta_{22}X_2+\Delta_{2P}=0\end{cases}$$

所以，有$X_1=0$和$X_2=0$。于是我们得到如下结论：对称的超静定结构，在反对称荷载作用下，只有反对称的多余力存在，而正对称的多余力必为零。

4.荷载分组

从上述内容知道，当对称结构作用正对称荷载时原本需要求解的三元一次方程组简化成求解二元一次方程组(因为反对称的多余力为零)；而当对称结构作用反对称荷载时，则更简单，原本需要求解的三元一次方程组简化成求解一元一次方程(因为有两个正对称的多余力为零)。之所以简化了计算是因为荷载的特殊性，我们知道，一般情况下，荷载并不对称，那么研究它还有什么意义呢？

事实上，任何荷载都可以分解成正对称荷载和反对称荷载，这常称为荷载分组，见图10.17。

【例10.3】利用对称性计算图10.18(a)所示的超静定刚架，并画内力图。

解 ①本题为对称刚架作用正对称荷载的情况，选对称的基本结构，如图10.18(b)所示。这时的反对称多余力(截面剪力)为零，所以只画两个多余力X_1和X_2即可。

②根据刚架横梁CD变形连续，在切口处两侧截面的相对线位移和相对角位移等于零，即其变形协调条件为$\Delta_1=0$和$\Delta_2=0$，所以用力法求解的典型方程为

$$\begin{cases}\delta_{11}X_1+\delta_{12}X_2+\Delta_{1P}=0\\ \delta_{21}X_1+\delta_{22}X_2+\Delta_{2P}=0\end{cases}$$

③画单位力弯矩图，$\overline{M}_1$图和$\overline{M}_2$图分别见图10.18(c)、(d)；再画荷载单独作用时的弯矩图M_P图，见图10.18(e)。

④进行图乘求系数和自由项，分别如下：

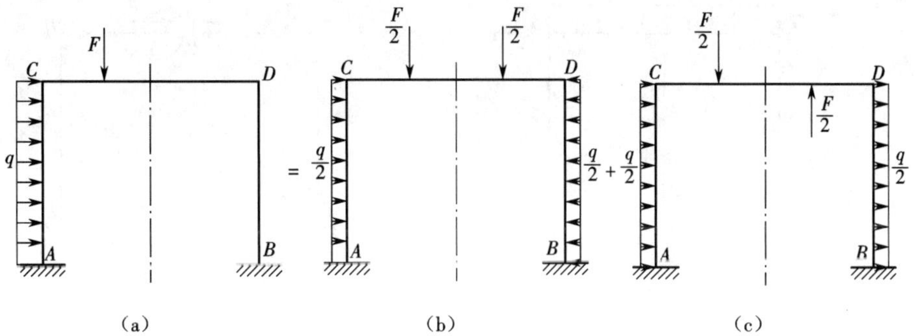

图 10.17

$$\delta_{11}=\frac{2}{EI}\left(\frac{1}{2}\times 6\times 6\times \frac{2}{3}\times 6\right)=\frac{144}{EI}$$

$$\delta_{22}=\frac{2}{EI}\times 6\times 1\times 1+\frac{1}{4EI}\times 12\times 1\times 1=\frac{15}{EI}$$

$$\delta_{12}=\delta_{21}=-\frac{2}{EI}\left(\frac{1}{2}\times 6\times 6\times 1\right)=-\frac{36}{EI}$$

$$\Delta_{1P}=\frac{2}{EI}\times\frac{1}{2}\times 6\times 6\times 108=\frac{3\ 888}{EI}$$

$$\Delta_{2P}=-\frac{2}{EI}\times 108\times 6\times 1-\frac{2}{4EI}\times\frac{1}{3}\times 108\times 6\times 1=-\frac{1\ 404}{EI}$$

⑤把求得的系数和自由项代入典型方程得

$$\begin{cases}\dfrac{144}{EI}X_1-\dfrac{36}{EI}X_2+\dfrac{3\ 888}{EI}=0\\ -\dfrac{36}{EI}X_1+\dfrac{15}{EI}X_2-\dfrac{1\ 404}{EI}=0\end{cases}$$

整理得

$$\begin{cases}144X_1-36X_2+3\ 888=0\\ -36X_1+15X_2-1\ 404=0\end{cases}$$

解得

$$\begin{cases}X_1=-9\ \text{kN}\\ X_2=72\ \text{kN}\end{cases}$$

⑥画原结构的 M 图、V 图和 N 图，分别见图 10.18(f)、(g)和(h)。

画内力图时，可用计算出的 X_1 和 X_2，在基本结构上按第 8 章所介绍的方法来绘制，也可用节点、杆件的平衡条件及叠加原理来画。如截面 A 的弯矩 M_{AC}，设该截面右侧受拉时为正，则

$$\begin{aligned}M_{AC}&=\overline{M}_1\cdot X_1+\overline{M}_2\cdot X_2+M_P\\&=(-6)\times(-9)+1\times 72+(-108)\\&=18\ \text{kN}\cdot\text{m}\end{aligned}$$

结果为正值，说明 M_{AC} 应画在轴线的右侧。

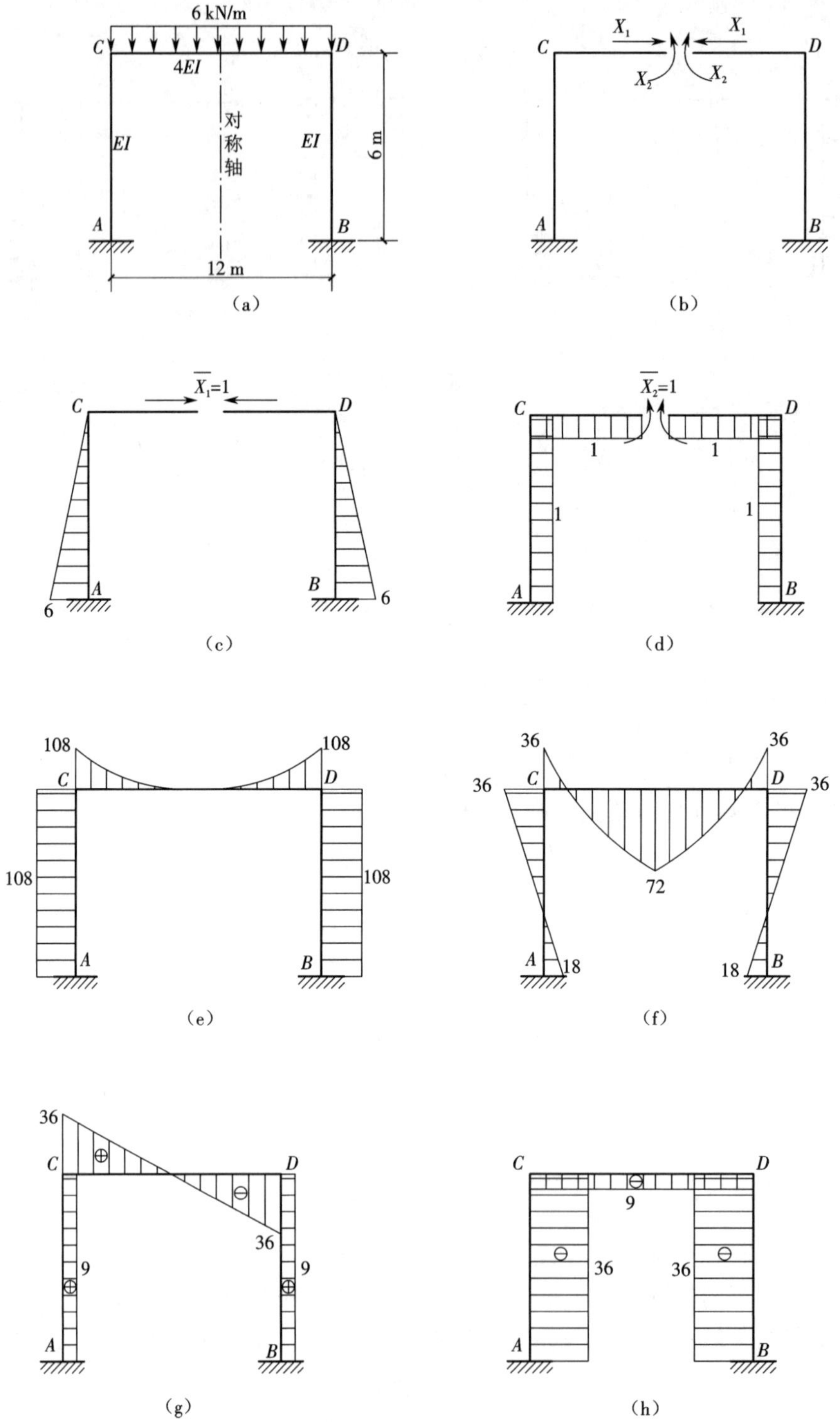

图 10.18

(a)原结构 (b)基本结构 (c)$\overline{M}_1$ 图(m) (d)$\overline{M}_2$ 图(m) (e)M_P 图(kN·m)

(f)M 图(kN·m) (g)V 图(kN) (h)N 图(kN)

10.4 用力法求超静定桁架、排架和组合结构

10.4.1 超静定桁架的计算

超静定桁架的计算与刚架、梁的计算原理和计算步骤相同。只是由于组成桁架各杆的内力只有轴力，在求力法典型方程中的系数和自由项时要进行调整：

$$\begin{cases}\delta_{ii}=\sum\dfrac{\overline{N}_i^2}{EA}l\\ \delta_{ij}=\sum\dfrac{\overline{N}_i\overline{N}_j}{EA}l\\ \delta_{iP}=\sum\dfrac{\overline{N}_iN_P}{EA}l\end{cases}$$

各杆的最终轴力为

$$N=\overline{N}_1\cdot X_1+\overline{N}_2\cdot X_2+\cdots+\overline{N}_n\cdot X_n+N_P$$

【例 10.4】试计算图 10.19(a)所示的超静定桁架。已知各杆的材料和截面面积相同(即 EA 相同)。

解 ①此桁架为一次超静定。把链杆 BC 看成多余约束，切断链杆 BC，并用多余力 X_1 代替，得到其基本结构，如图 10.19(b)所示。

②在切口处的相对轴向位移为零是本题的变形协调条件，即 $\Delta_1=0$，相应的力法典型方程为

$$\delta_{11}X_1+\Delta_{1P}=0$$

③计算当多余力 $\overline{X}_1=1$ 时，桁架各杆件的轴力 $\overline{N}_1$，见图 10.19(c)。再计算只有荷载时，桁架中各杆件的轴力 N_P，见图 10.19(d)。

④求系数和自由项。

$$\begin{aligned}\delta_{11}&=\sum\frac{\overline{N}_i^{\,2}}{EA}l\\&=\frac{1}{EA}[2\times(-0.8)^2\times4+2\times(-0.6)^2\times3+2\times1^2\times5]\\&=\frac{17.28}{EA}\end{aligned}$$

$$\begin{aligned}\delta_{1P}&=\sum\frac{\overline{N}_iN_P}{EA}l\\&=\frac{1}{EA}[(-10\ 000)\times(-0.8)\times4+12\ 500\times1\times5+(-7\ 500)\times(-0.6)\times3]\\&=\frac{108\ 000}{EA}\end{aligned}$$

⑤把求得的系数和自由项代入典型方程得

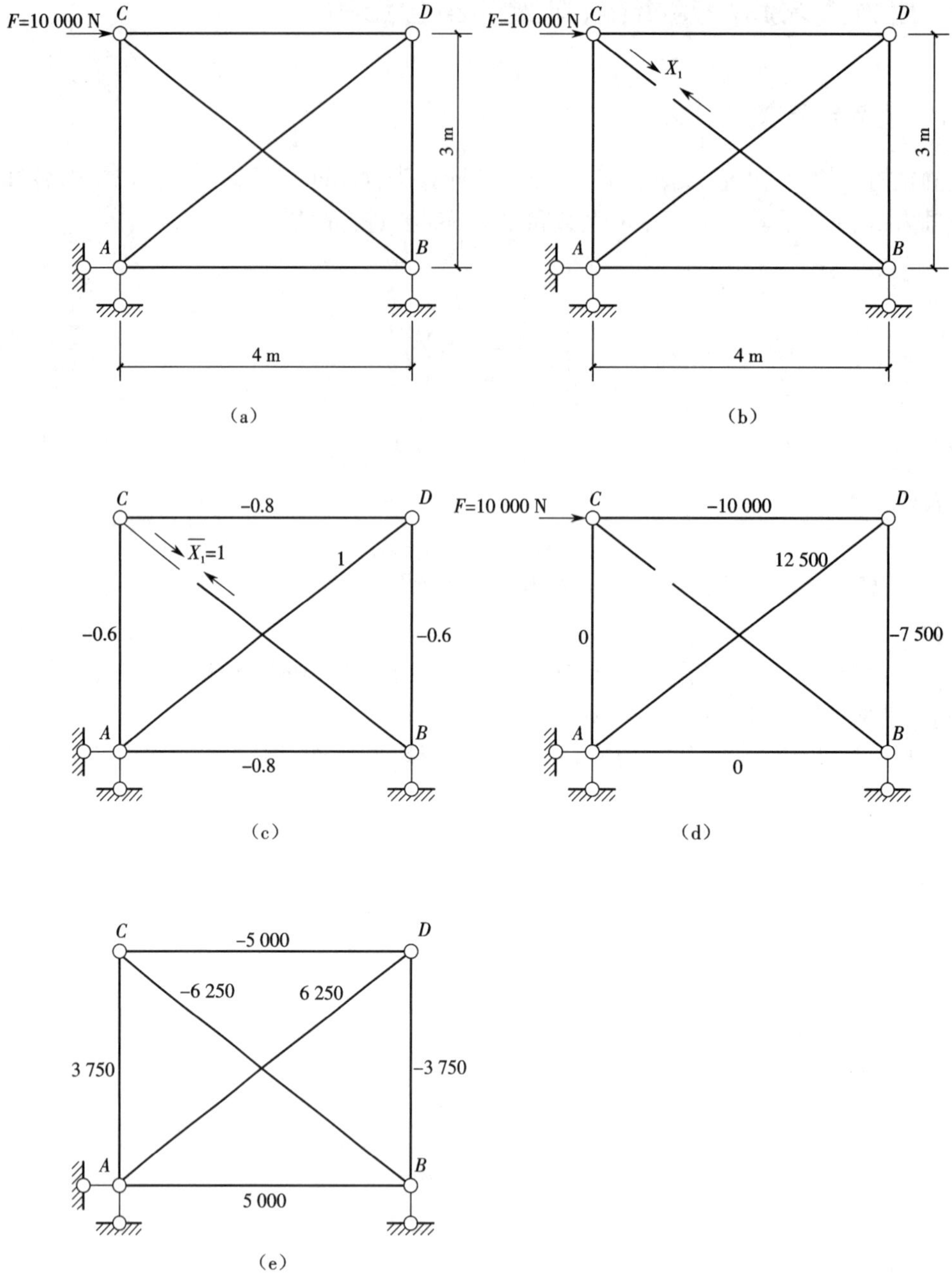

图 10.19

(a)原结构 (b)基本结构 (c)$\overline{N}_1$ 图 (d)N_P 图(N) (e)N 图(N)

$$\frac{17.28}{EA}\cdot X_1+\frac{108\ 000}{EA}=0$$

$$X_1=-\frac{108\ 000}{17.28}=-6\ 250\ \text{N}$$

负值说明实际方向与假设的方向相反，即杆件 BC 受压。

⑥用上述介绍的叠加公式，求每一根杆最终的轴力，并画在图上，见图 10.19(e)。如 CD 杆，其最终的轴力为

$$\begin{aligned}N_{CD}&=\overline{N}_1X_1+N_P\\&=(-0.8)\times(-6\ 250)+(-10\ 000)\\&=-5\ 000\ \text{N}\end{aligned}$$

10.4.2 铰接排架的计算

单层工业厂房通常采用排架结构。排架结构由屋架和柱组成。图 10.20(a)所示为装配式单层厂房的横剖面示意图。柱子的下端与基础刚性连接，屋架与柱顶则为铰接。屋架可视为刚度无穷大的链杆。由于柱子要安放吊车梁，往往做成阶梯形，其计算模型见图 10.20(b)。

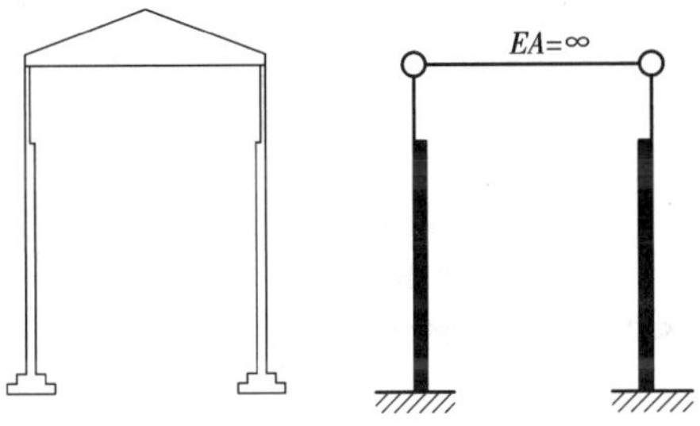

图 10.20

在用力法计算排架时，一般把横梁视作多余约束。详细过程见下面的例题。

【例 10.5】试求图 10.21(a)所示铰接排架在吊车横向制动力作用下的弯矩图。

解 ①此排架为一次超静定。把横梁 CD 看成多余约束，切断横梁 CD 并用多余力 X_1 代替，得到其基本结构，如图 10.21(b)所示。

②在切口处的相对轴向位移为零是本题的变形协调条件，即 $\Delta_1=0$，相应的力法典型方程为

$$\delta_{11}X_1+\Delta_{1P}=0$$

③画 $\overline{M}_1$ 图、M_P 图，分别如图 10.21(c)、(d)所示。

④求系数和自由项。

$$\delta_{11}=\frac{2}{EI}\left[\frac{1}{2}\times4\times4\times\frac{2}{3}\times4\right]+\frac{2}{6EI}\left[\frac{1}{2}\times4\times6\times\left(\frac{2}{3}\times4+\frac{1}{3}\times10\right)+\frac{1}{2}\times10\times6\times\left(\frac{1}{3}\times4+\frac{2}{3}\times10\right)\right]$$

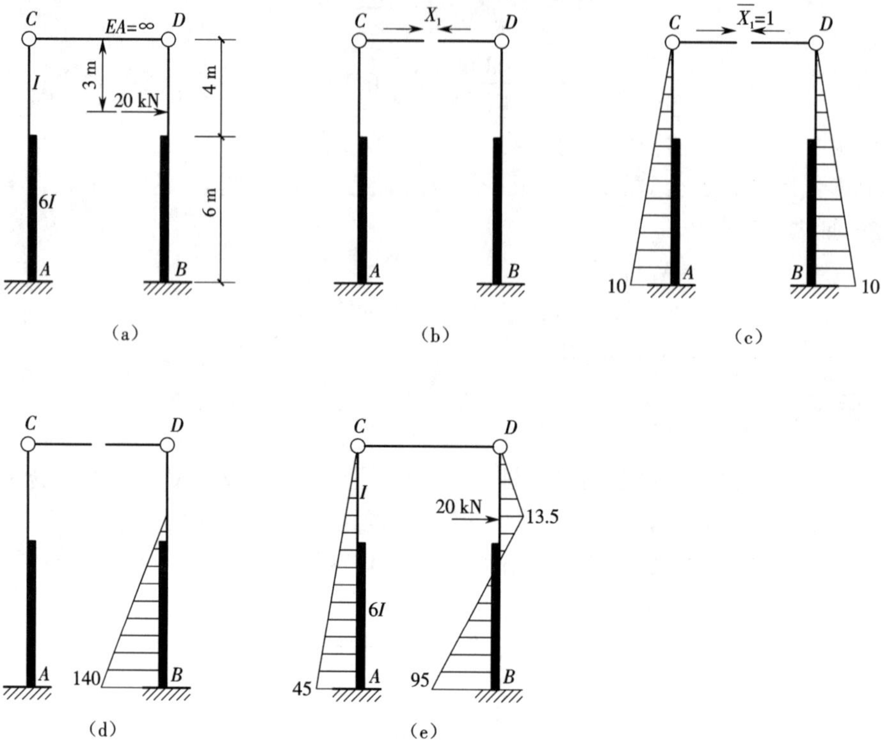

图 10.21

(a)原结构　(b)基本结构　(c)$\overline{M}_1$ 图(m)　(d)M_P 图(kN·m)　(e)M 图(kN·m)

$$=\frac{440}{3EI}$$

$$\Delta_{1P}=-\frac{1}{EI}\left[\frac{1}{2}\times 1\times 20\times\left(\frac{2}{3}\times 4+\frac{1}{3}\times 3\right)\right]-\frac{1}{6EI}\left[\frac{1}{2}\times 20\times 6\times\left(\frac{2}{3}\times 4+\frac{1}{3}\times 10\right)+\frac{1}{2}\times 140\times 6\times\left(\frac{1}{3}\times 4+\frac{2}{3}\times 10\right)\right]$$

$$=-\frac{1\,970}{3EI}$$

⑤把求得的系数和自由项代入典型方程得

$$\frac{440}{3EI}\cdot X_1-\frac{1\,970}{3EI}=0$$

$$X_1=4.5\ \text{kN}$$

⑥用叠加原理,$M=\overline{M}_1\cdot X_1+M_P$,求出最终的弯矩并画在图上,见图 10.21(e)。

10.4.3　超静定组合结构的计算

由于组合结构中存在两种形式的杆件:梁式杆和桁架杆,前者主要承受弯矩,而后者只有轴力。因此，在计算力法典型方程中的系数和自由项时，这两种内力都得考虑。具体解法见下面的例题。

【**例 10.6**】试计算图 10.22(a)所示的超静定组合结构。已知各桁架杆的 $EA = 8 \times 10^5$ kN，梁式杆的 $EI = 1.2 \times 10^6$ kN·m²。

解 ①此组合结构为一次超静定。把桁架杆 CD 看成多余约束，切断杆 CD，并用多余力 X_1 代替，得到其基本结构，如图 10.22(b)所示。

②在切口处的相对轴向位移为零是本题的变形协调条件，即 $\Delta_1 = 0$，相应的力法典型方程为

$$\delta_{11} X_1 + \Delta_{1P} = 0$$

③当多余力 $\bar{X}_1 = 1$ 时，画各桁架杆的轴力 $\bar{N}_1$ 图及梁式杆的 $\bar{M}_1$ 图，见图 10.22(c)；再画 M_P 图，见图 10.22(d)。

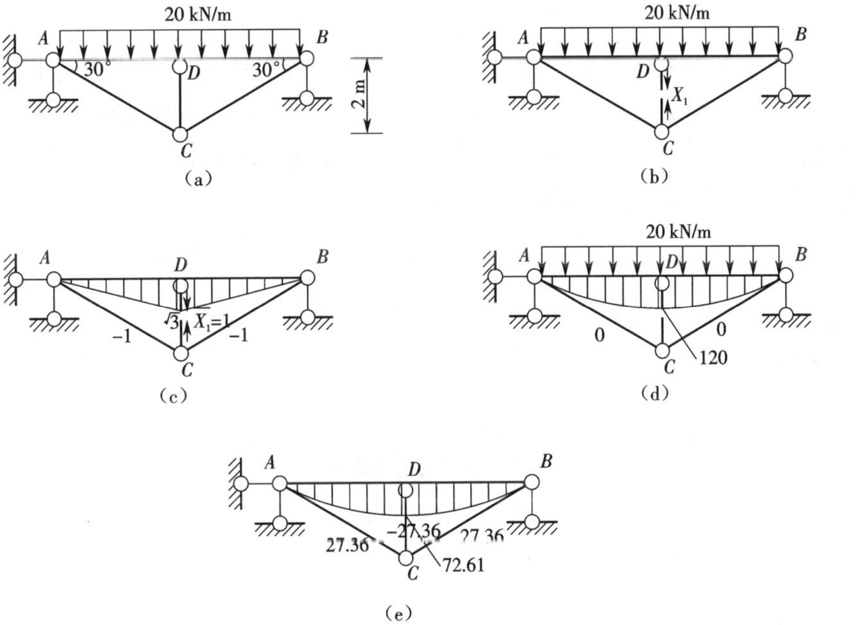

图 10.22

(a)原结构 (b)基本结构 (c)$\bar{M}_1$ 图(m)、$\bar{N}_1$ 图 (d)M_P 图(kN·m) (e)M 图(kN·m)、N 图(kN)

④求系数和自由项。

$$\delta_{11} = \frac{1}{EA}\left[(-1)^2 \times 4 \times 2 + 1^2 \times 2\right] + \frac{1}{EI}\left[\frac{1}{2} \times 2\sqrt{3} \times \sqrt{3} \times \frac{2}{3} \times \sqrt{3}\right] \times 2$$

$$= \frac{10}{8 \times 10^5} + \frac{4\sqrt{3}}{1.2 \times 10^6}$$

$$= \frac{(30 + 8\sqrt{3})}{2.4 \times 10^6}$$

$$\Delta_{1P}=\frac{1}{1.2\times10^6}\left(\frac{2}{3}\times120\times2\sqrt{3}\times\frac{5}{8}\times\sqrt{3}\right)\times2+0$$

$$=\frac{1}{2\ 000}$$

⑤把求得的系数和自由项代入典型方程得

$$\frac{(30+8\sqrt{3})}{2.4\times10^6}X_1+\frac{1}{2\ 000}=0$$

$$X_1=-27.36\ \text{kN}$$

负值说明实际方向与假设的方向相反,即杆件 CD 受压。

⑥用叠加原理,$M=\overline{M}_1\cdot X_1+M_P$,$N=\overline{N}_1\cdot X_1+N_P$,求出最终的轴力和弯矩并画在图上,见图 10.22(e)。如梁式杆跨中的最终弯矩为

$$M=\overline{M}_1\cdot X_1+M_P=\sqrt{3}\times(-27.36)+120=72.61\ \text{kN}\cdot\text{m}$$

讨论:

如图 10.22(a)所示组合结构,实际上是建筑工程中加劲梁的力学模型。加劲梁由实体梁(梁式杆)和加劲杆件(桁架杆)组成。通过上述计算可发现,当没有加劲杆件时,梁 AB 的最大弯矩是 120 kN · m;而当加上这些杆件后,其最大弯矩减为 72.61 kN · m。其减少的幅度和 EI 与 EA 的比值有关,且该比值越大,减少的幅度越小。

本题中 EI 与 EA 的比值为$\frac{1.2\times10^6}{8\times10^5}=1.5$,当其比值为 6(假设 $EA=2\times10^5$kN,而 EI 保持不变)时,其内力图见图 10.23。

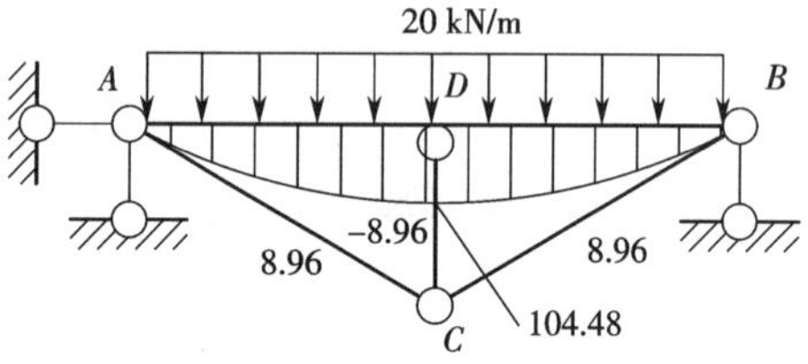

当$EA=2\times10^5$ kN,$EI=1.2\times10^6$ kN · m²时

M图(kN · m)、N图(kN)

图 10.23

10.5 温度改变时超静定结构的计算

静定结构在温度改变时会产生变形,但不产生内力。如图 10.24(a)所示的静定刚架,在温度发生改变时,刚架将自由伸缩和弯曲而不受任何阻碍。

而超静定结构在温度改变时既会产生变形,也会引起内力。如图 10.24(b)所示,在静定刚架的自由端 B 加上一个链杆约束,当温度再发生改变时,刚架在 B 处竖直方向上的位移就受到限制,因而在刚架内产生内力。温度改变时产生内力是超静定结构的特性之一。

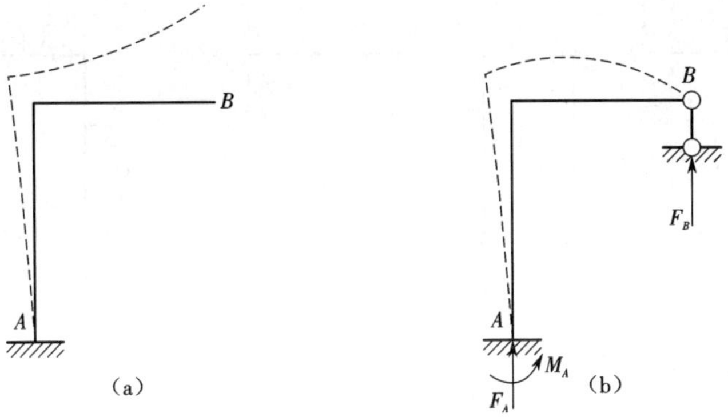

图 10.24

用力法计算温度改变时的超静定结构，其基本原理与荷载作用下的情况类似，所不同的是力法典型方程中的自由项不再是由荷载引起的，而是由温度改变所引起。具体方法见下面的例题。

【例 10.7】图 10.25(a)所示刚架在夏季施工时的温度为 20 ℃，冬季使用时室外温度为 −25 ℃、室内温度为 15 ℃，试计算此时由于温度改变在刚架内产生的内力。已知各杆的 EI 为常数，且材料的 $E=20$ GPa，线膨胀系数 $\alpha=1\times10^{-5}/℃$，截面尺寸 $b=400$ mm，$h=600$ mm。

解 ①此刚架为一次超静定。把链杆 B 看成多余约束，切断并用多余力 X_1 代替，得到其基本结构，如图 10.25(b)所示。

②在切口处的相对轴向位移为零是本题的变形协调条件，即 $\Delta_1=0$，相应的力法典型方程为 $\delta_{11}X_1+\Delta_{1t}=0$。

③当多余力 $\bar{X}_1=1$ 时，画各刚架杆的 $\bar{M}_1$ 图及 $\bar{N}_1$ 图，分别见图 10.25(c)、(d)。

④求系数和自由项。

$$\delta_{11}=\frac{1}{EI}\left(\frac{1}{2}\times4\times4\times\frac{2}{3}\times4+4\times4\times4\right)=\frac{256}{3EI}$$

$$\begin{aligned}\Delta_{1t}&=1\times10^{-5}\times25\times1\times4-1\times10^{-5}\times\frac{40}{0.6}\times\left(\frac{1}{2}\times4\times4+4\times4\right)\\&=-15\times10^{-3}\end{aligned}$$

⑤把所求系数和自由项代入典型方程得

$$\frac{256}{3EI}X_1-15\times10^{-3}=0$$

$$X_1=\frac{3\times15\times10^{-3}}{256}\cdot EI \tag{1}$$

从上述结果可以看到，由于自由项中不含公因子 EI，因此在解方程时无法消去 EI。这说明当温度改变时，超静定结构的内力与各杆的绝对抗弯刚度有关。并且一般情况下，各杆由于温度变化而产生的内力随其 EI 的增大而增大，因此为改善结构在温度作用下的受力，加大尺寸并不是一个有效的途径，甚至会适得其反。

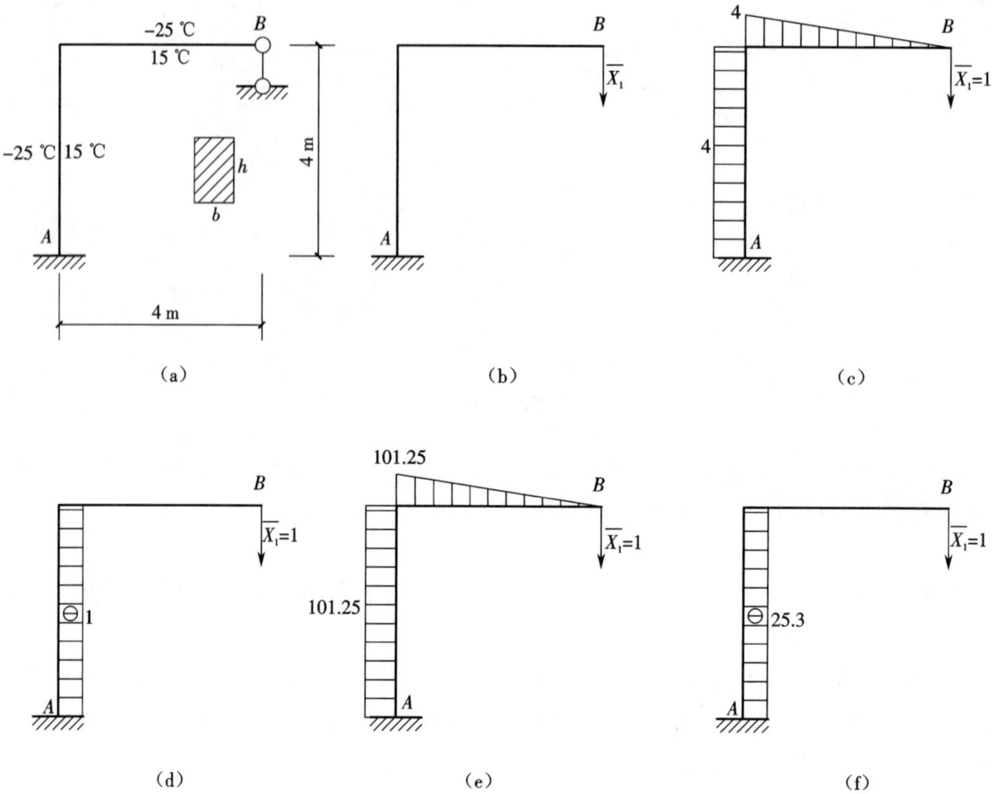

图 10.25

(a)原结构 (b)基本结构 (c)$\overline{M}_1$ 图(m) (d)$\overline{N}_1$ 图 (e)M图(kN·m) (f)N图(kN)

计算惯性矩 I:

$$I=\frac{bh^3}{12}=\frac{0.4\times0.6^3}{12}=0.0072\ \text{m}^4$$

所以

$$EI=2\times10^{10}\times0.0072=1.44\times10^8\ \text{N}\cdot\text{m}^2$$

将 EI 代入式(1)得

$$\begin{aligned}X_1&=\frac{3\times15\times10^{-3}}{256}\times1.44\times10^8\\&=2.53\times10^4\ \text{N}\\&=25.3\ \text{kN}\end{aligned}$$

⑥因为基本结构是静定的,温度对内力没有影响,所以最终的轴力和弯矩只由多余力引起。最后的弯矩图和轴力图分别见图 10.25(e)、(f)。

10.6 支座位移时超静定结构的计算

静定结构在支座移动时产生刚体位移，但不产生内力。而超静定结构在支座移动时既会产生变形，也可以引起内力。支座移动时产生内力也是超静定结构的特性之一。

用力法计算支座移动时的超静定结构，其基本原理与荷载作用下或温度改变时的情况基本类似，系数矩阵的计算相同，不同之处首先表现在力法典型方程中自由项的确定上，其次是前面所用的力法典型方程等号右侧均为零，而当支座移动时，等号右侧有时可能不等于零。具体情况见下面的例题。

【例 10.8】图 10.26(a)所示为一单跨等截面超静定梁，其固定端绕 A 点顺时针转动了 φ 角，计算此时在梁内产生的内力，并画内力图。

解 ①此梁为一次超静定。把链杆 B 看成多余约束，切断并用多余力 X_1 代替，得到其基本结构，见图 10.26(b)。

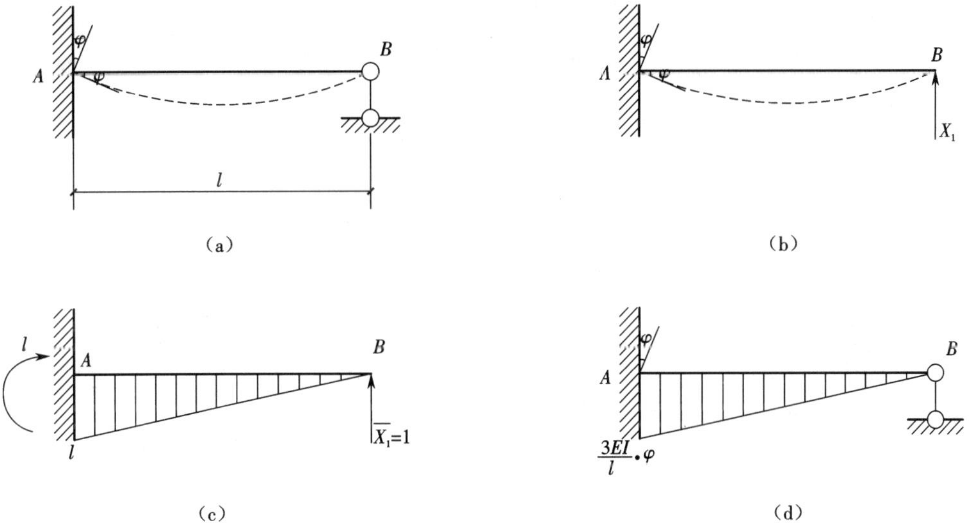

图 10.26

(a)原结构 (b)基本结构 (c)$\overline{M}_1$ 图 (d)M 图

②在切口处的相对轴向位移为零是本题的变形协调条件，即 $\Delta_1=0$，相应的力法典型方程为 $\delta_{11}X_1+\Delta_{1\Delta}=0$。

③当多余力 $\overline{X}_1=1$ 时，画 $\overline{M}_1$ 图，见图 10.26(c)。

④求系数和自由项。

$$\delta_{11}=\frac{1}{EI}\left(\frac{1}{2}\times l\times l\times\frac{2}{3}\times l\right)=\frac{l^2}{3EI}$$

$$\Delta_{1\Delta}=-l\varphi$$

⑤把所求系数和自由项代入典型方程得

$$\frac{l^3}{3EI}X_1 - l\varphi = 0$$

$$X_1 = \frac{3EI}{l^2}\varphi$$

从上述结果可以看到,由于自由项中不含有公因子 EI ,因此和温度改变时的超静定结构一样,在解方程时无法消去 EI。这说明当支座移动时,超静定结构的内力也与各杆的绝对抗弯刚度有关。

⑥因为基本结构是静定的,支座移动对内力没有影响,所以最终的弯矩只由多余力引起。最后的弯矩图见图 10.26(d)。

【例 10.9】图 10.27(a)所示为一单跨等截面超静定梁,其 B 端下沉了 a,计算此时在梁内产生的内力,并画内力图。

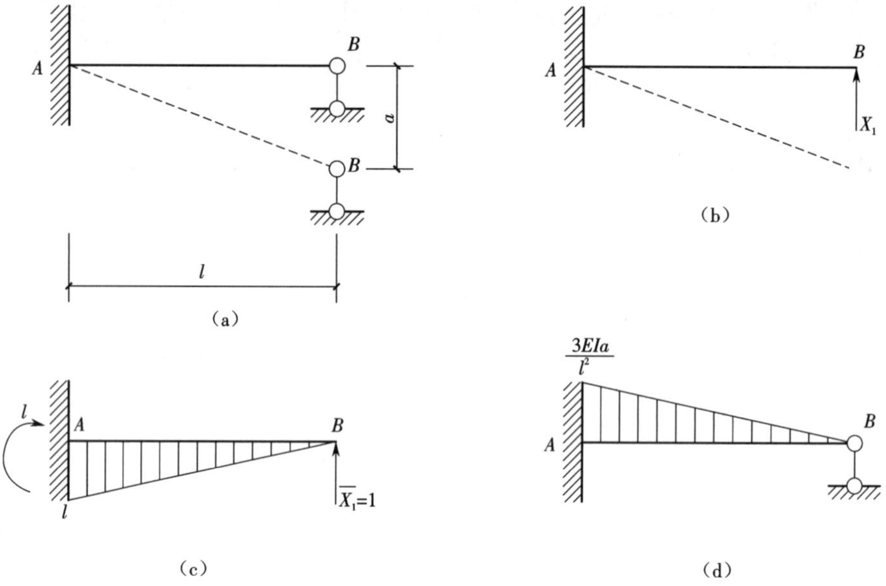

图 10.27

(a)原结构 (b)基本结构 (c)$\overline{M}_1$ 图 (d)M 图

解 ①此梁为一次超静定。把支座 B 看成多余约束,去掉支座 B 并用多余力 X_1代替,得到其基本结构,见图 10.27(b)。

②B 端的竖向位移等于 a 是本题的变形协调条件,即 $\Delta_1 = -a$(因为下沉的方向与假设的 X_1 方向相反,所以取负值),相应的力法典型方程为 $\delta_{11}X_1 = -a$。

③当多余力 $\overline{X}_1 = 1$ 时,画 $\overline{M}_1$ 图,见图 10.27(c)。

④求系数和自由项。

$$\delta_{11} = \frac{1}{EI}\left(\frac{1}{2} \times l \times l \times \frac{2}{3} \times l\right) = \frac{l^3}{3EI}$$

⑤把所求系数和自由项代入典型方程得

$$\frac{l^3}{3EI}X_1 = -a$$

$$X_1 = -\frac{3EIa}{l^3}$$

从上述结果可以看到，计算结果也含有 EI。

⑥因为基本结构是静定的，支座移动对内力没有影响，所以最终的弯矩只由多余力引起。最后的弯矩图见图 10.27(d)。

10.7 单跨等截面超静定梁的应用图表

在本章前面曾研究过三种单跨等截面超静定梁的情况，为了便于本节的讨论，把它归结如下。

①图 10.8(a)所示情况见图 10.28(a)，该单跨等截面梁的一端为固定支座，而另一端为活动铰支座，其上作用着均布线荷载 q。该单跨等截面超静定梁的弯矩图见图 10.28(b)［实际上，就是图 10.9(d)］。另外，补充其剪力图见图 10.28(c)。

②例 10.8，补充其剪力图(图 10.29)。

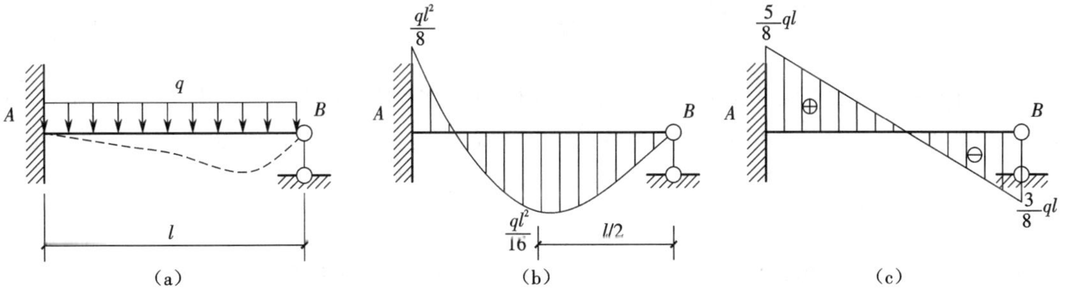

图 10.28

(a)原结构　(b)M 图　(c)V 图

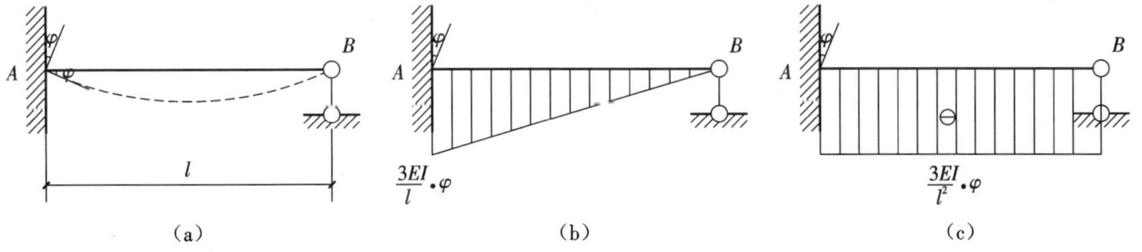

图 10.29

(a)原结构　(b)M 图　(c)V 图

③例 10.9，补充其剪力图(图 10.30)。

在以后研究求解超静定结构的其他方法中，还需用到其他各种各样单跨等截面超静定梁

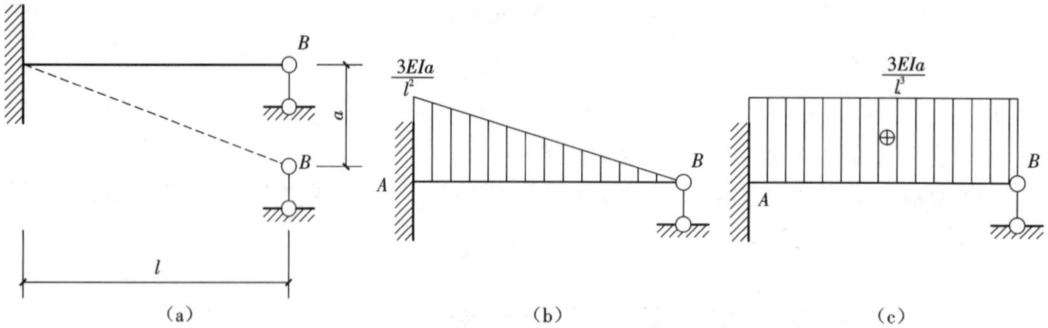

图 10.30

(a)原结构 (b)M图 (c)V图

的情况，它们的共同点是单跨、等截面和超静定，在该梁中产生的内力可能是由荷载引起的，也可能是由于支座移动或温度改变引起的。本节主要讨论的就是这些梁，且最后以图表的形式给出所有情况的内力特征值，以便用后面讨论的其他方法计算超静定结构时查用。

10.7.1 杆端量的表示

杆端量是指杆端弯矩和杆端剪力，它们是单跨等截面超静定梁的特征量，研究其有着很重要的意义。

如图 10.31 所示刚架，可看成由三根杆即 AB、AD 和 AC 组成（或者说刚架由三个单跨等截面超静定梁组成，在后面介绍的求解超静定结构的其他方法中会有详细的叙述）。这样我们就有了六个杆端，为了能准确地区别和描述这些杆端的弯矩和剪力，规定了如下的表示方法：杆端弯矩和杆端剪力均采用两个下标表示，其中第一个下标表示该弯矩或剪力所作用的杆端（近端），第二个下标表示杆件的另一端（远端）。如图 10.31(e)所示的节点 A 是三根杆的汇交点，假设要选该节点为研究对象，则需切断三根杆，于是就出现了三个截面，按上述规定，可以很方便地区分和表示每个截面。各杆端量的表示见图 10.31(b)、(c)、(d)、(e)。

特殊地，只由荷载引起的杆端量称为固端弯矩或固端剪力，其符号是在上述杆端量符号的基础上再加一上标 F，如表 10.1 中的第 6 个编号，其固端弯矩可表示为

$$M_{AB}^{F} = -\frac{Fl}{8} \quad M_{BA}^{F} = \frac{Fl}{8}$$

其中，正负号的规定见下面所述。

10.7.2 杆端量正负号的规定

杆端弯矩正负号的规定：对直杆而言[图 10.31(b)、(c)、(d)]，杆端弯矩以绕杆端顺时针为正，逆时针为负；对节点或支座而言[图 10.31(e)]，杆端弯矩绕节点（或支座）逆时针为正，顺时针为负。图 10.31 中所画出的杆端弯矩均为正。

杆端剪力正负号的规定：若杆端剪力对隔离体（包括直杆、节点、支座）内任何一点的矩的转向是顺时针，规定为正，反之为负。图 10.31 中所画出的杆端剪力均为正。

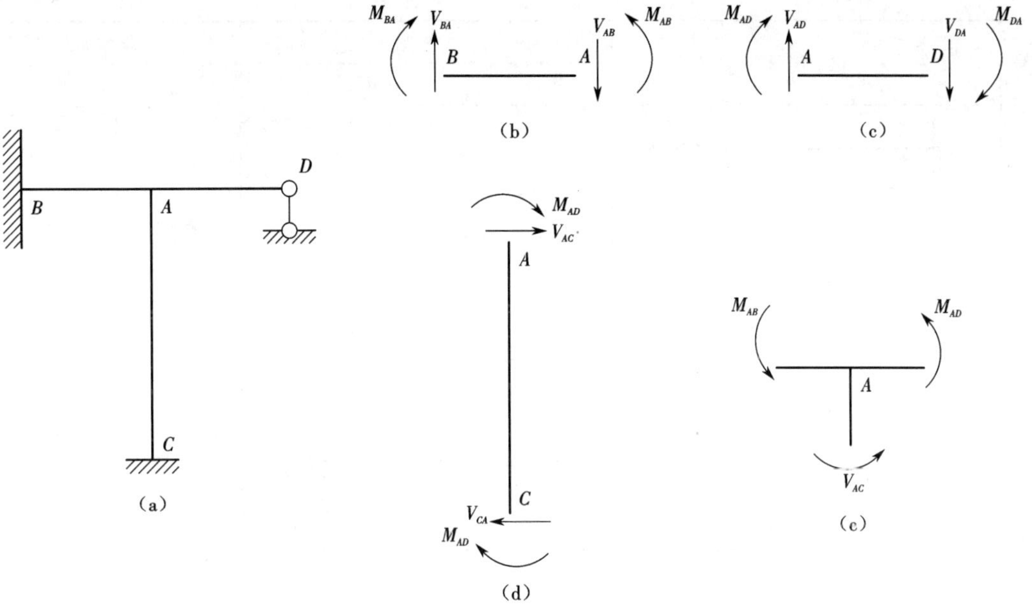

图 10.31

10.7.3 杆端量应用一览表

为了便于以后查用,我们把上述三种及其他各种单跨等截面超静定梁的杆端量汇总成表10.1。其中任何一种情况均可由力法算出,$i = EI/l$。

表 10.1 杆端量汇总表

编号	梁的简图	弯矩图		杆端剪力	
		M_{AB}	M_{BA}	V_{AB}	V_{BA}
1	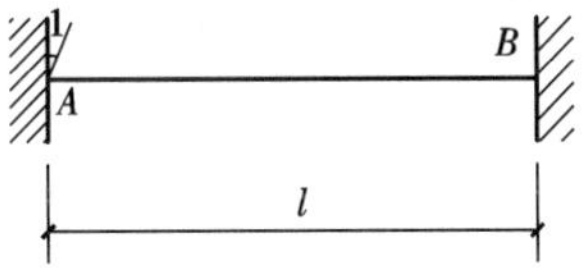	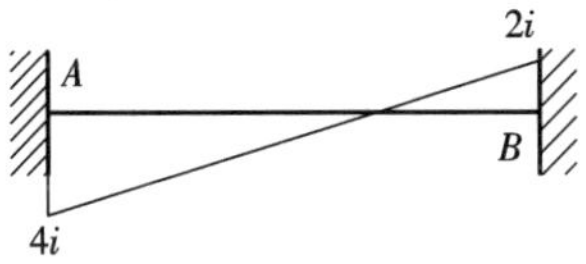		$-6\ \frac{i}{l}$	$-6\ \frac{i}{l}$
2	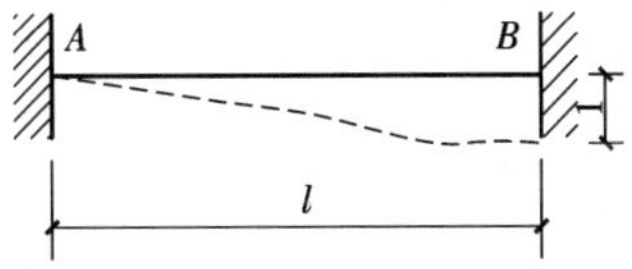	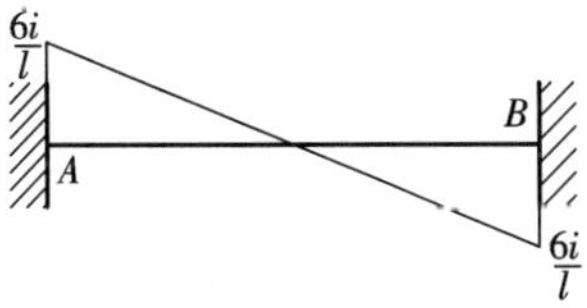		$12\ \frac{i}{l^2}$	$12\ \frac{i}{l^2}$
3	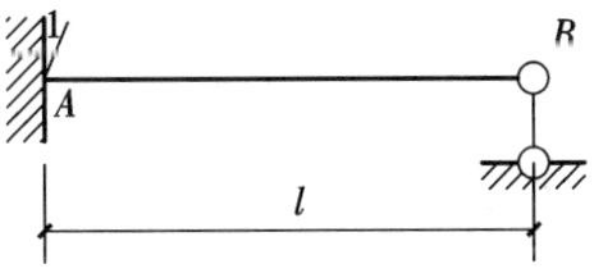	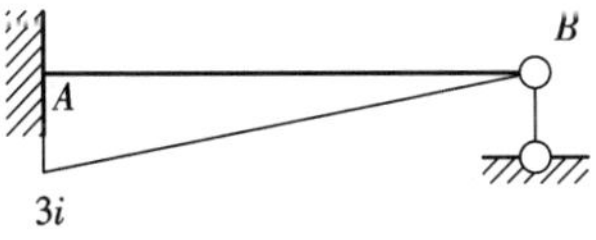		$-3\ \frac{i}{l}$	$-3\ \frac{i}{l}$

续表

编号	梁的简图	弯矩图		杆端剪力	
		M_{AB}	M_{BA}	V_{AB}	V_{BA}
4	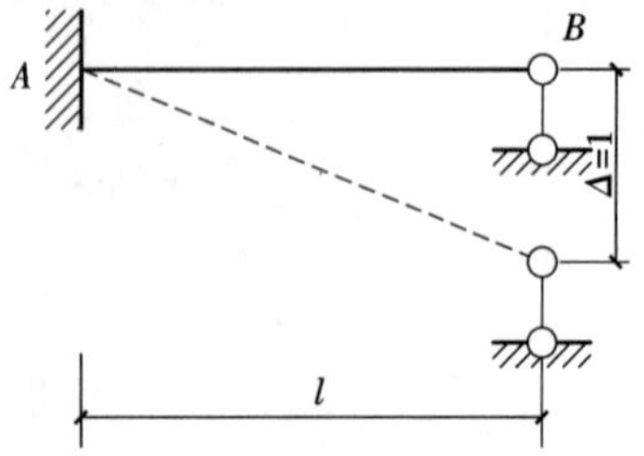	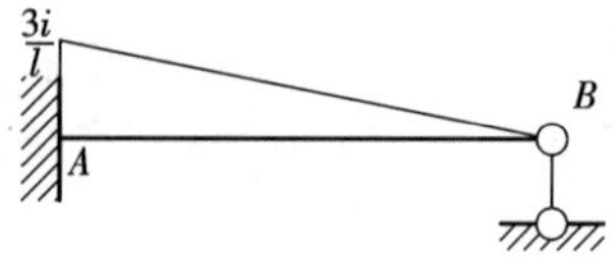		$3\frac{i}{l^2}$	$3\frac{i}{l^2}$
5	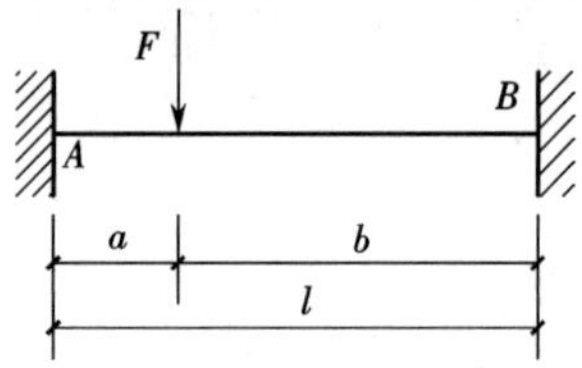	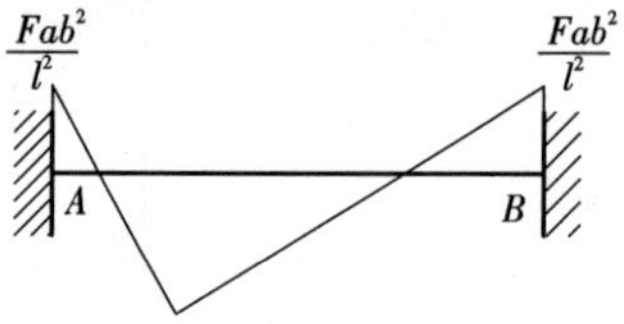		$\frac{Fb^2(l+2a)}{l^3}$	$-\frac{Fa^2(l+2b)}{l^3}$
6	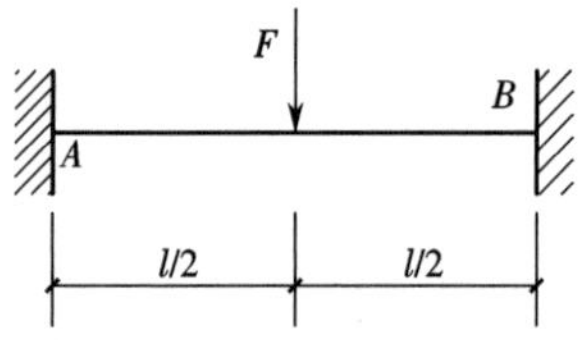	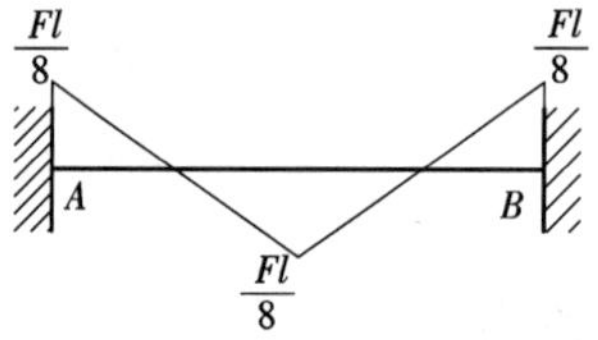		$\frac{F}{2}$	$\frac{F}{2}$
7	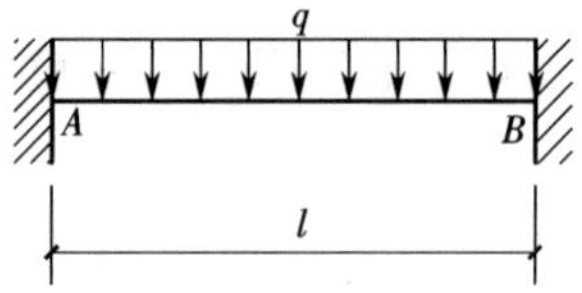	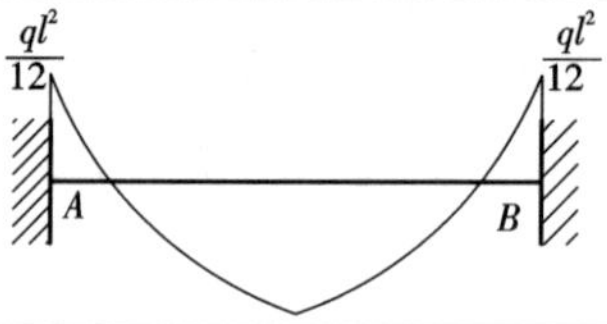		$\frac{ql}{2}$	$-\frac{ql}{2}$
8	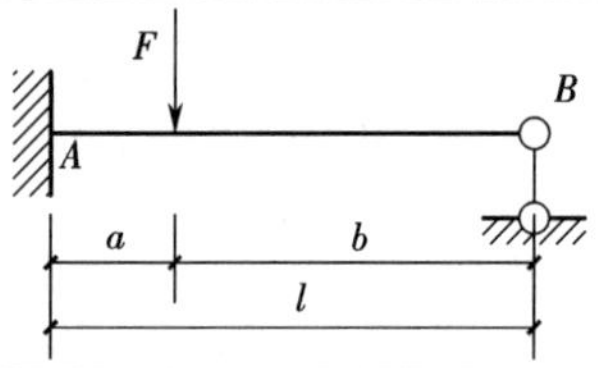	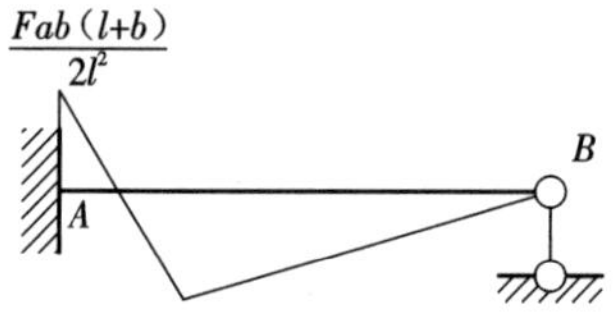		$\frac{Fb(3l^2-b^2)}{2l^3}$	$-\frac{Fa^2(2l+b)}{2l^3}$
9	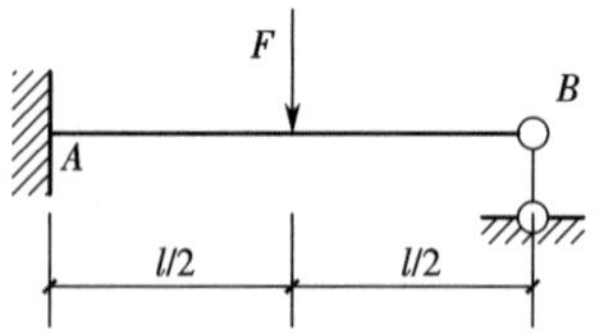	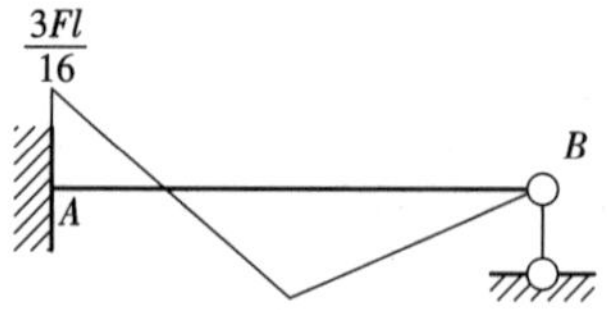		$\frac{6F}{11}$	$-\frac{5F}{16}$
10	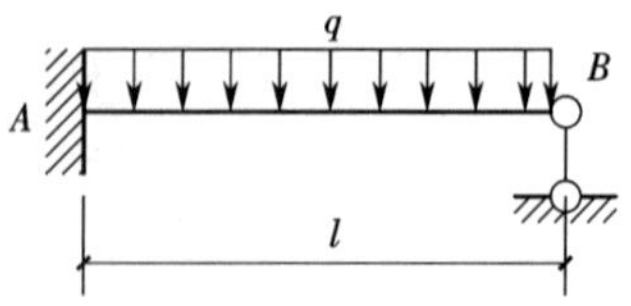	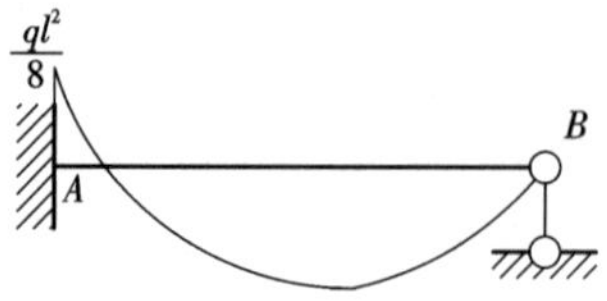		$\frac{5ql}{8}$	$-\frac{3ql}{8}$

续表

编号	梁的简图	弯矩图		杆端剪力	
		M_{AB}	M_{BA}	V_{AB}	V_{BA}
11	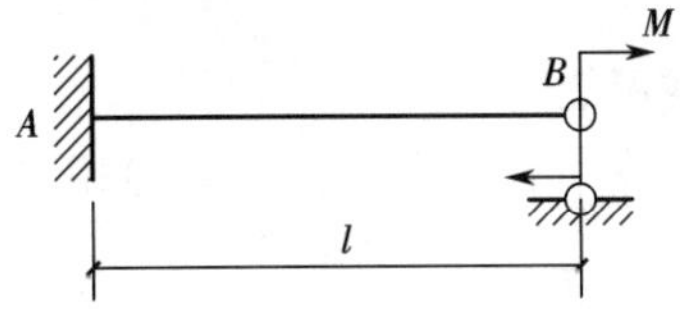	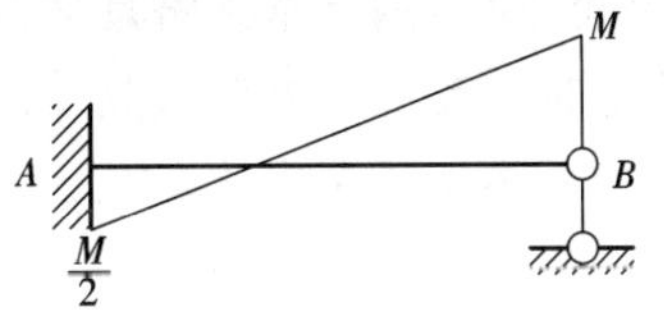		$-\frac{3}{2l}M$	$-\frac{3}{2l}M$
12	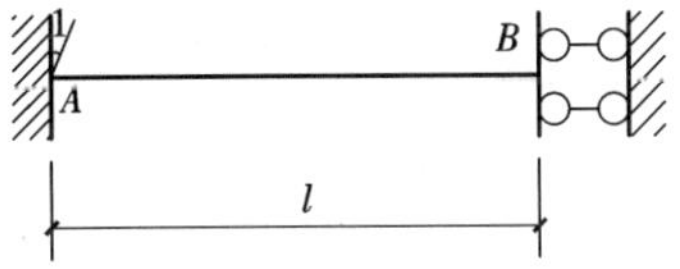	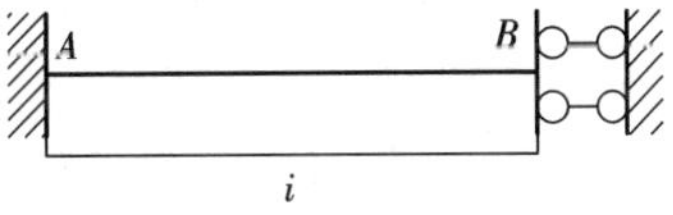		0	0
13	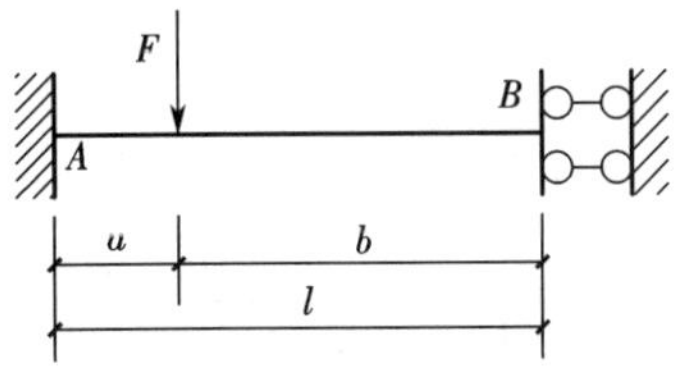	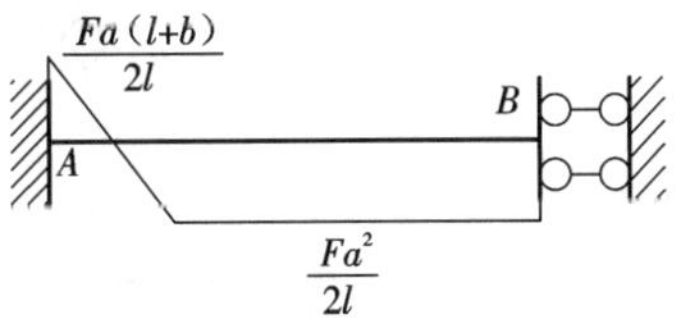		F	0
14	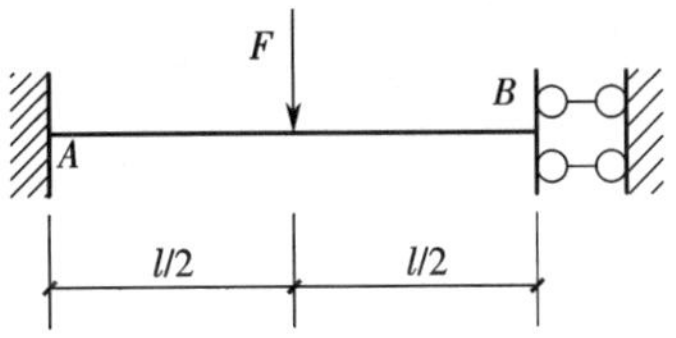	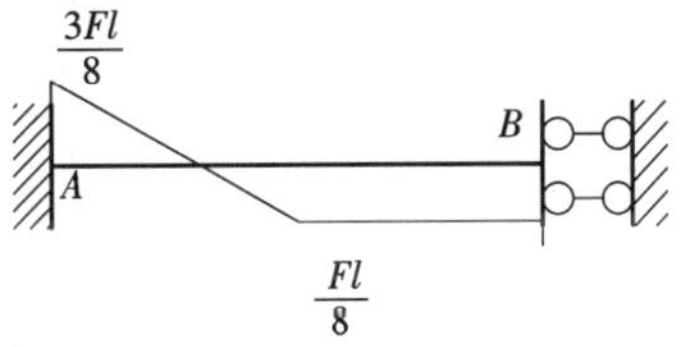		F	0
15	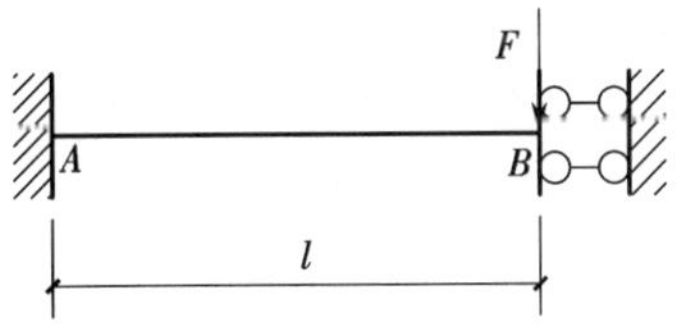	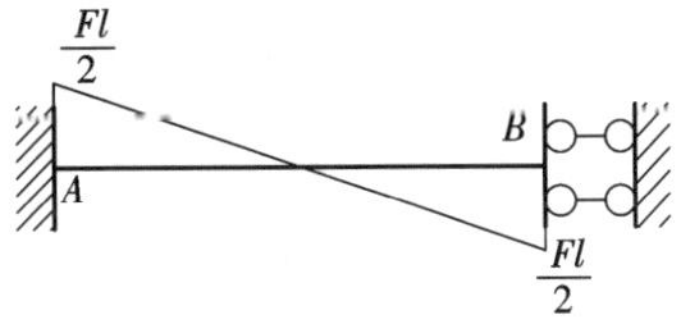		F	0
16	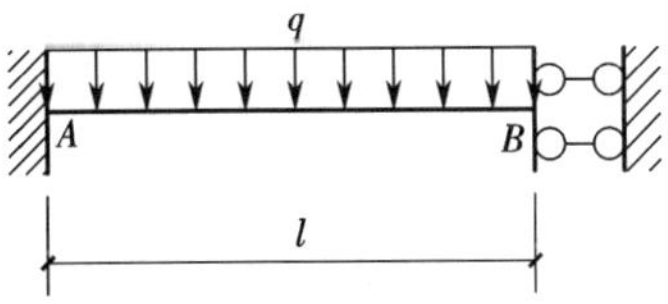	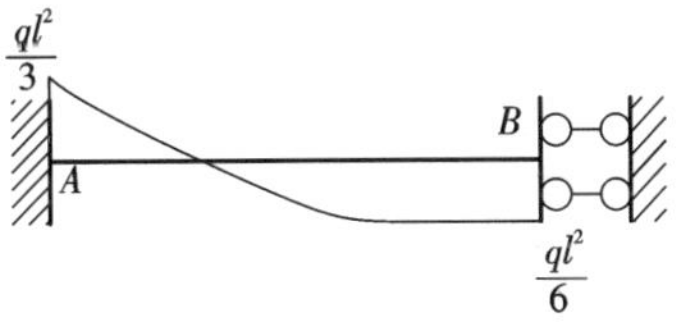		ql	0

思　考　题

10.1　用力法求解超静定结构的基本思路是什么?

10.2　什么是超静定结构?超静定结构次数是如何确定的?

10.3　力法的基本结构和基本体系指什么?它们在计算中有何作用?原结构和力法的基本结构有何异同?

10.4　力法的典型方程指什么?有何物理意义?

10.5　用力法求解超静定结构内力的步骤有哪些?

10.6　什么是对称结构?如何利用对称性来简化力法计算?

10.7　用力法求解超静定梁、刚架、桁架、组合结构和排架,试比较有何异同。

10.8　温度改变时,静定结构和超静定结构的变形和内力有何异同?

习　题

10.1　试确定图示结构的超静定次数。

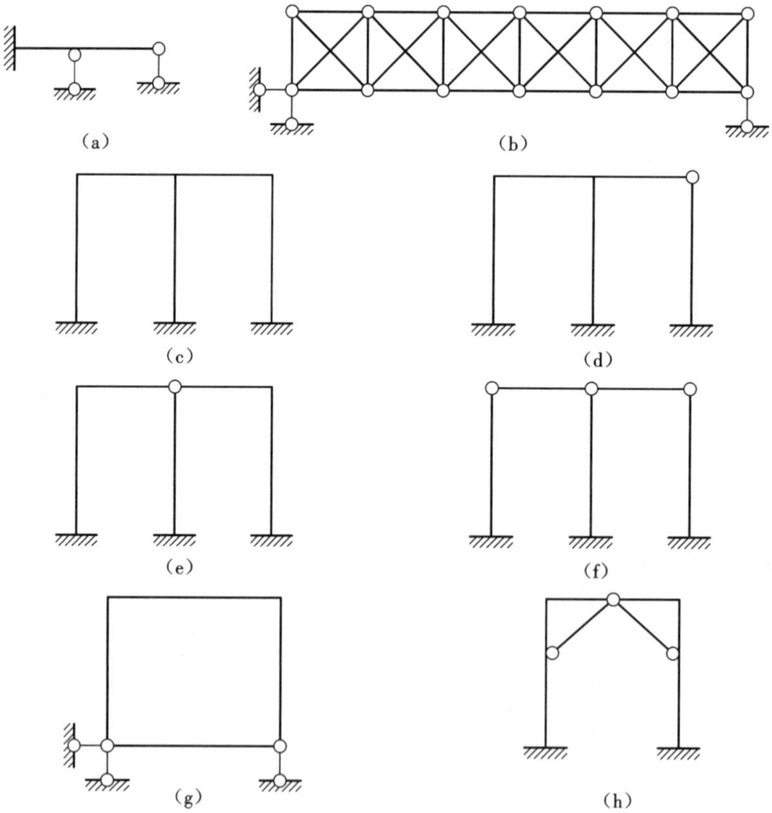

习题 10.1 图

10.2　用力法计算如图所示的超静定梁，并绘制其弯矩图和剪力图。

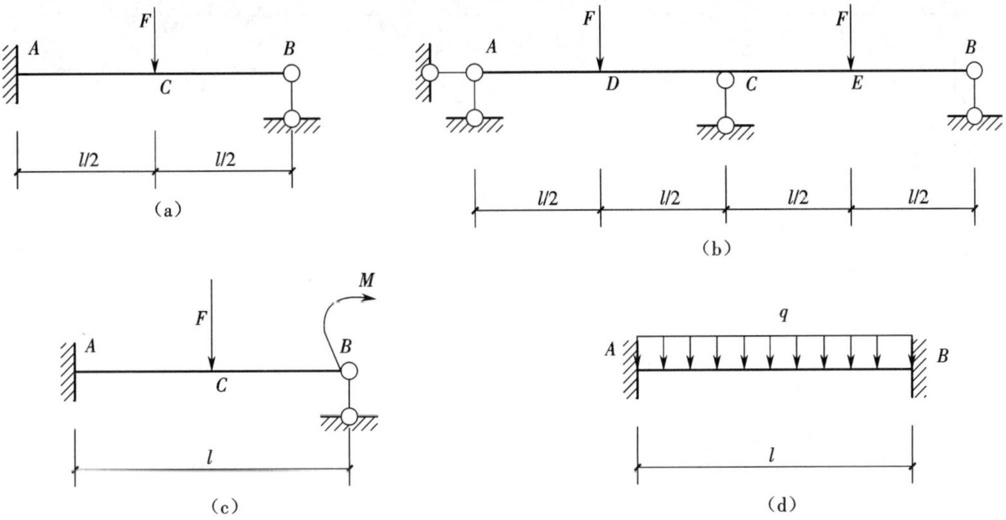

习题 10.2 图

10.3　用力法计算如图所示的超静定刚架，并绘制其弯矩图和剪力图。

10.4　用力法计算如图所示的超静定结构，并绘制其弯矩图和剪力图。

10.5　如图所示刚架，施工时的温度为 10 ℃，夏季室外温度为 35 ℃，室内温度为 15 ℃，求由于温度改变所产生的内力，并绘制其内力图。已知各杆件的 $E=20$ GPa，温度的线膨胀系数 $\alpha=1\times10^{-5}/℃$，该刚架的截面尺寸为 400 mm × 600 mm。

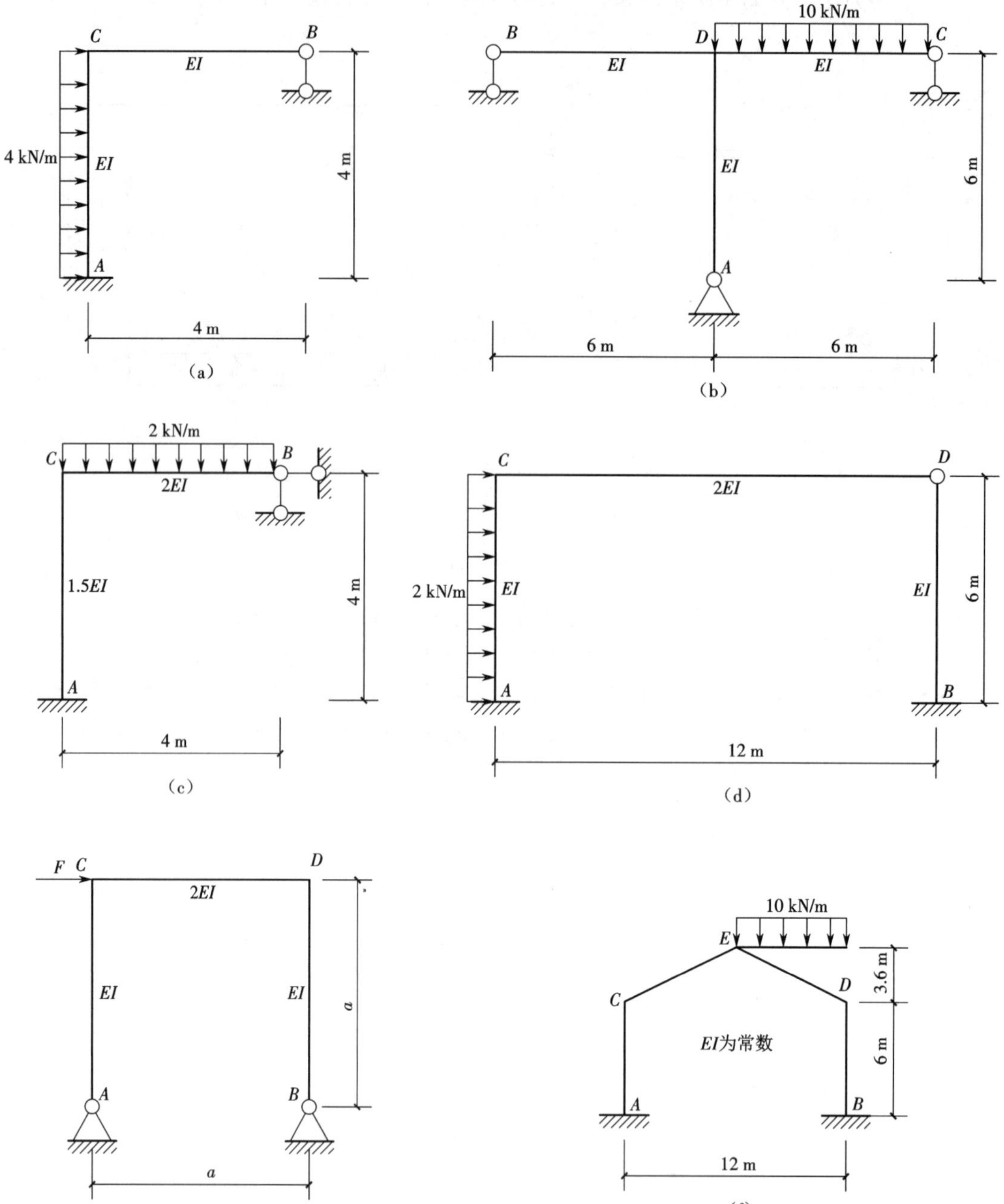
C
B
EI
4 kN/m
EI
4 m
A
4 m
(a)
10 kN/m
B
D
C
EI
EI
EI
6 m
A
6 m
6 m
(b)
2 kN/m
C
B
2EI
1.5EI
4 m
A
4 m
(c)
C
D
2EI
2 kN/m
EI
EI
6 m
A
B
12 m
(d)
F
C
D
2EI
EI
EI
a
A
B
a
(e)
10 kN/m
E
3.6 m
D
C
EI为常数
6 m
A
B
12 m
(f)

习题 10.3 图

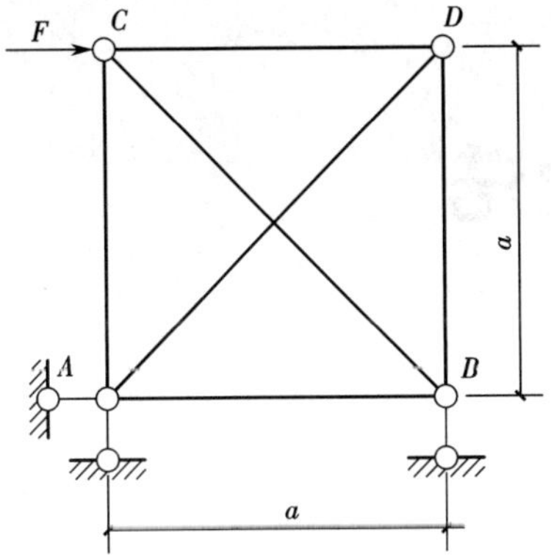

（a）

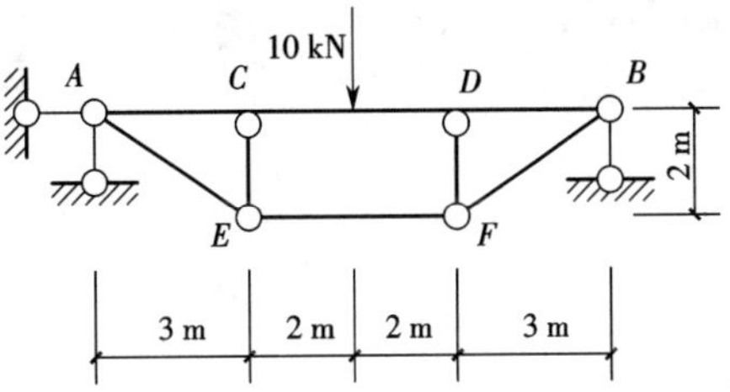

（b）

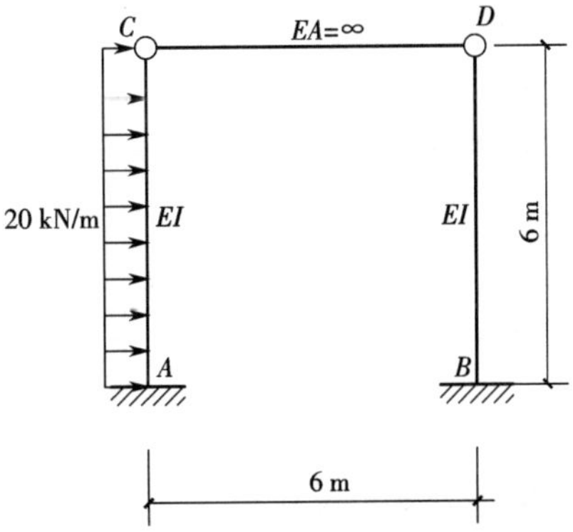

（c）

习题 10.4 图

10.6 如图所示刚架，设 B 支座下沉了 0.2 cm，求由于支座移动所产生的内力，并画出其内力图。已知各杆件的材料相同，$EI=3\times10^5\ \text{kN}\cdot\text{m}^2$。

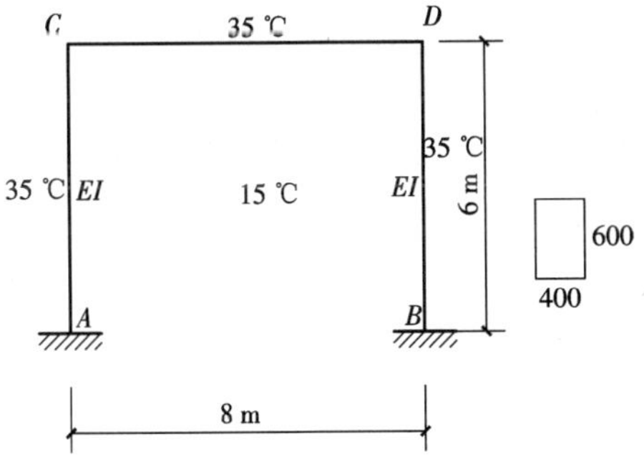

习题 10.5 图

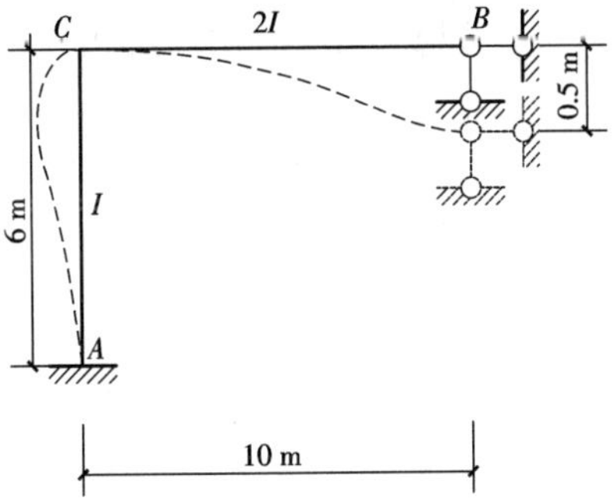

习题 10.6 图

11 位移法

【学习目标】

1. 理解位移法的作用。
2. 理解位移法的基本原理。
3. 理解位移法基本结构未知量的确定。
4. 理解位移法典型方程的应用。
5. 会利用位移法计算超静定结构的受力。

【学习重点】

1. 位移法的基本原理。
2. 位移法基本结构未知量的确定。
3. 位移法典型方程的应用。

【学习难点】

利用位移法计算超静定结构未知量的方法和步骤。

位移法是结构力学的经典方法之一,是求解超静定结构的另一基本方法。它是以位移作为基本未知量的超静定结构计算方法。为了减少基本未知量,这里一般不考虑杆件的轴向变形。

11.1 位移法的基本原理

图 11.1 所示连续梁,由于荷载作用,结构产生变形(如图中虚线所示),中间的刚节点处将产生角位移 Z_1。

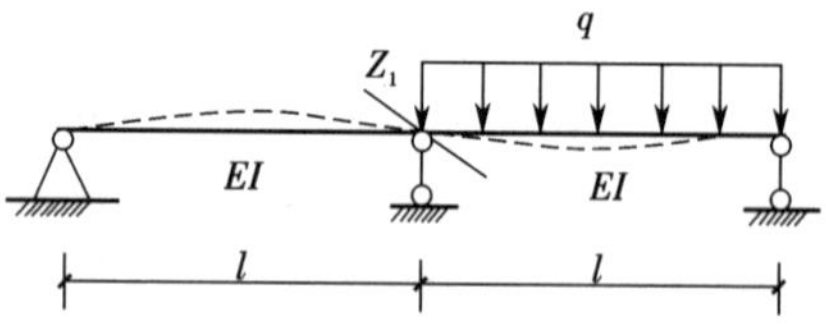

图 11.1

用基本结构来代替原结构,即在中间刚节点处加一个限制转动的约束(附加刚臂),再将刚臂强行转动一个角度 Z_1,见图 11.2(a)。这样一来,相当于将原结构拆分为图 11.2(b)所示两个固定端有转动 Z_1的单跨静定梁。

同时,原结构的受力情况也可以视为以下两种基本结构工况的叠加:图 11.3(a)所示工况,基本结构上仅有附加刚臂的转动 Z_1;图 11.3(b)所示工况,基本结构仅受荷载作用。

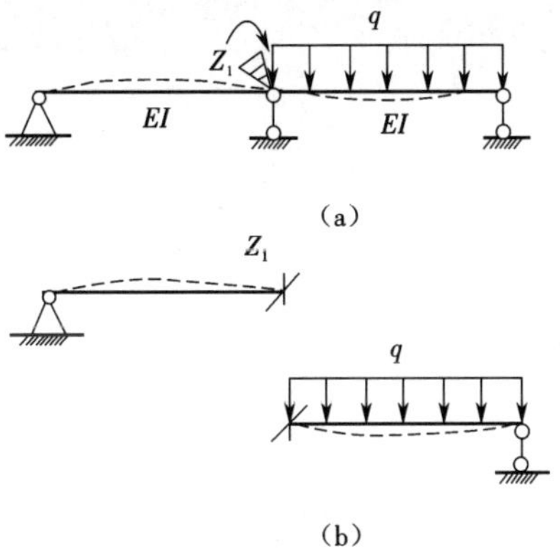

图 11.2

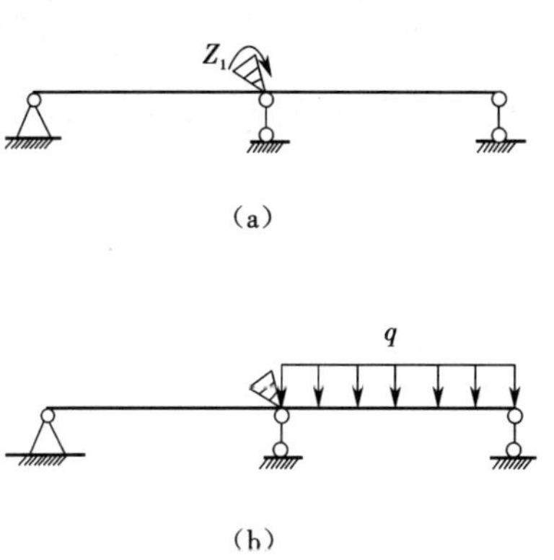

图 11.3

当仅有附加刚臂的转动 Z_1 发生在基本结构上时,基本结构的弯矩图为图 11.4(a)所示单位弯矩图的 Z_1 倍,即 $M_1 = \overline{M}_1 Z_1$。

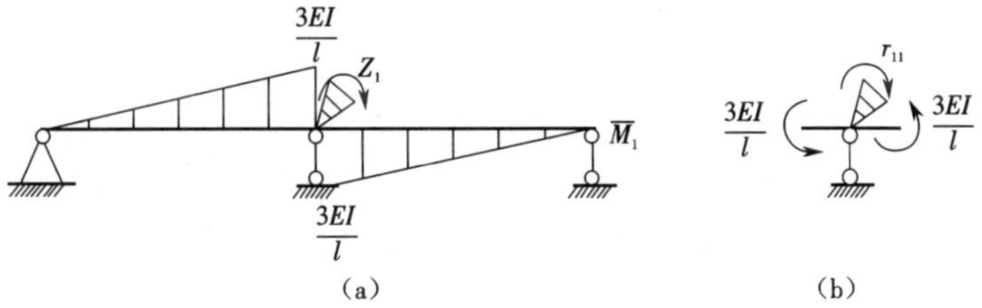

图 11.4

附加刚臂处由于转动 Z_1 引起的反力 R_{11},可由该处的力矩平衡条件[图 11.4(b)]得到:

$$R_{11} = r_{11} Z_1 \tag{11.1}$$

r_{11} 为 $\overline{Z_1} = 1$ 时附加刚臂处的反力:

$$r_{11} = \frac{3EI}{l} + \frac{3EI}{l} = \frac{6EI}{l} \tag{11.2}$$

当荷载单独作用于基本结构时,仅右跨梁有弯矩[图 11.5(a)]。

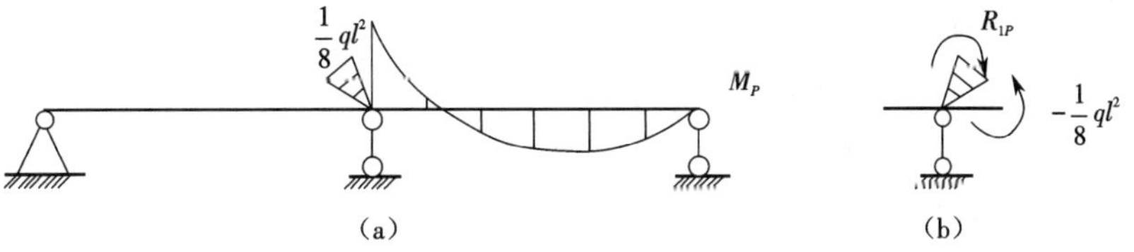

图 11.5

荷载在附加刚臂处引起的反力[图 11.5(b)],可由该处的力矩平衡条件得到:

$$R_{1P} = -\frac{1}{8}ql^2 \tag{11.3}$$

根据平衡条件,附加刚臂处总的反力为零,即

$$R_1 = R_{11} + R_{1P} = r_{11}Z_1 + R_{1P} = 0 \tag{11.4}$$

将求出的 r_{11} 和 R_{1P} 代入上式,则有

$$\frac{6EI}{l}Z_1 - \frac{1}{8}ql^2 = 0$$

解方程,可得

$$Z_1 = \frac{ql^3}{48EI}$$

原结构的弯矩图由两种工况下的弯矩图叠加得到(图 11.6),即

$$M = \overline{M}_1 Z_1 + M_P \tag{11.5}$$

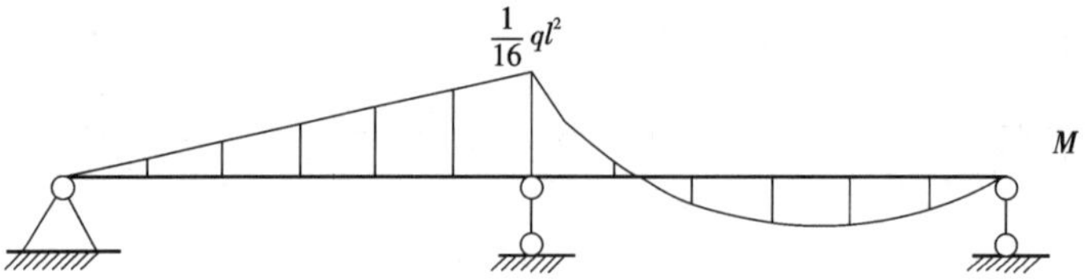

图 11.6

通过以上算例分析可以看出,力法和位移法是不同的。力法是以多余未知力作为基本未知量,以静定结构作为基本结构,根据多余约束处的位移条件建立力法方程。而位移法是以位移作为基本未知量,以单跨超静定梁的组合体作为基本结构,根据附加约束处的静力平衡条件建立位移法基本方程。

11.2 位移法的基本结构和基本未知量

11.2.1 基本结构

位移法的基本结构是单跨超静定梁的组合体。因此,在原结构上附加约束,即附加刚臂和附加链杆,可以使其拆分为单跨静定梁。附加刚臂为限制刚节点转动的约束,附加链杆为限制线位移的约束。

图 11.7(a)所示刚架,在刚节点处附加一刚臂[图 11.7(b)],可将原结构拆分为两个单跨超静定梁,其中一个为两端固定梁,另一个为一端固定一端铰支梁。

图 11.8(a)所示刚架,在两个刚节点处附加刚臂并附加一水平链杆[图 11.8(b)],可将原结构拆分为三个两端固支梁。

11.2.2 基本未知量的数目

位移法基本未知量的数目等于基本结构上所有附加约束的数目,即附加刚臂和附加链杆

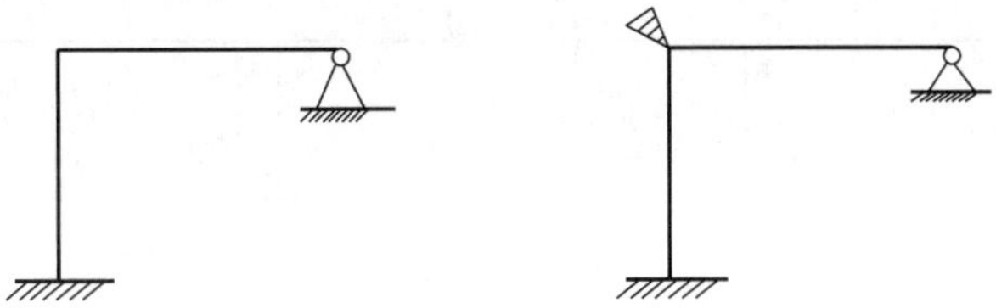

（a）　　（b）

图 11.7

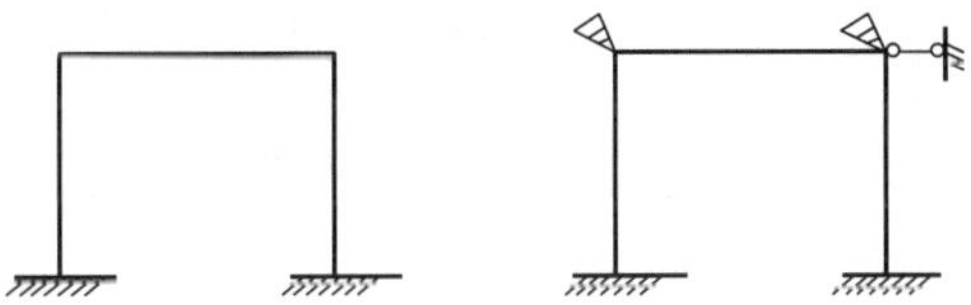

（a）　　（b）

图 11.8

之和。一般,附加刚臂的数目等于结构中刚节点的数日,附加链杆的数目等于结构独立节点线位移的数目。而结构独立节点线位移的数目就是原结构全部铰化后,要保持几何不变所需添加的链杆数。

下面给出一些具体算例。

【例 11.1】确定图 11.9(a)所示结构的位移法基本结构和基本未知量数目。

解　图 11.9(a)所示结构有两个刚节点,原结构全部铰化后需添加一根链杆才能保持几何不变,因此共需附加两个刚臂和一根水平链杆[图 11.9(b)],才能将原结构拆分成五个单跨超静定梁。所以,用位移法计算时有三个基本未知量数目。

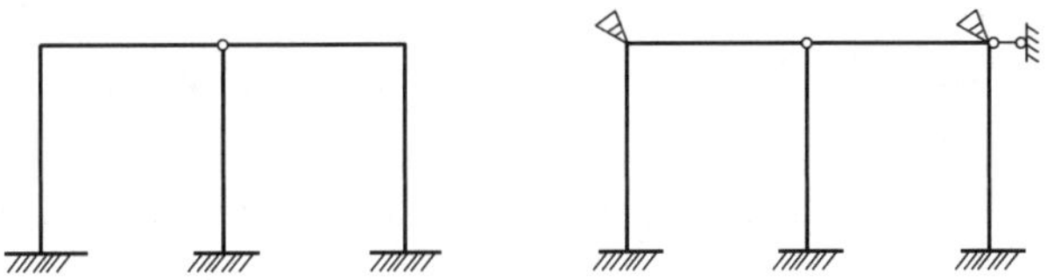

（a）　　（b）

图 11.9

【例 11.2】确定图 11.10(a)所示结构的位移法基本结构和基本未知量数量。

解　该结构有两个刚节点,原结构全部铰化后需添加一根链杆才能保持几何不变,共需要附加两个刚臂和一根竖向链杆[图 11.10(b)],才能将原结构拆分成六个单跨超静定梁。因此,用位移法计算时有三个基本未知量。

【例 11.3】确定图 11.11(a)所示结构的位移法基本结构和基本未知量数目。

解　图 11.11(b)、(c)给出两种方案,均需附加三个刚臂和两根链杆,才能将原结构拆分成四个单跨超静定梁。所以,用位移法计算时有五个基本未知量。

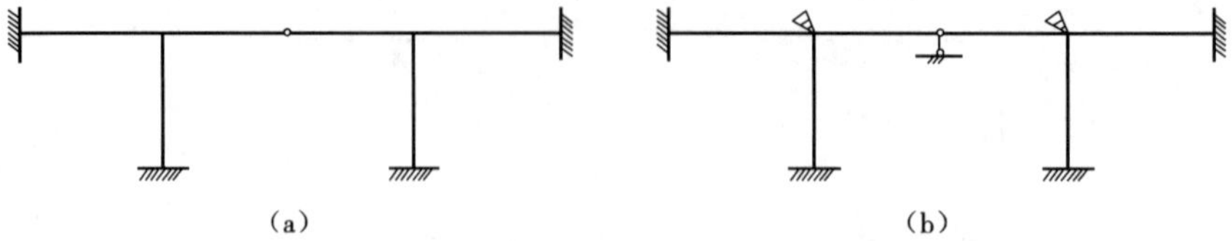

图 11.10

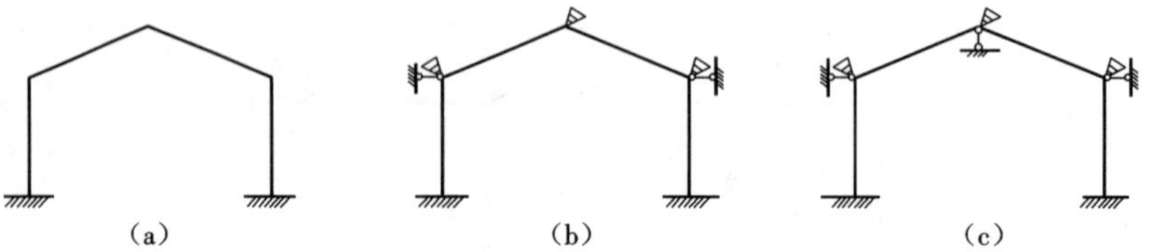

图 11.11

11.3 位移法的典型方程

对于具有 n 个位移法基本未知量的结构,必须附加 n 个附加约束,根据每个附加约束处相应的一个平衡条件,能建立以下 n 个位移法基本方程:

$$\begin{cases} r_{11}Z_1 + r_{12}Z_2 + \cdots + r_{1n}Z_n + R_{1P} = 0 \\ r_{21}Z_1 + r_{22}Z_2 + \cdots + r_{2n}Z_n + R_{2P} = 0 \\ \cdots \\ r_{n1}Z_1 + r_{n2}Z_2 + \cdots + r_{nn}Z_n + R_{nP} = 0 \end{cases}$$

式中:r_{ii}为主系数,表示附加约束 i 发生单位位移$\overline{Z_i}=1$ 时附加约束 i 处产生的反力;r_{ij}为副系数,表示附加约束 j 发生单位位移$\overline{Z_j}=1$ 时附加约束 i 处产生的反力;R_{iP}为自由项,表示荷载单独作用时在附加约束 i 处产生的反力。

上述这些系数的第一个下标表示产生反力的地点;第二个下标表示产生反力的原因。主系数 r_{ii}为正值,副系数 r_{ij}和自由项可为正值、负值或零。由虚功原理可以证明 $r_{ij}=r_{ji}$(反力互等)。

原结构的最终弯矩图,根据 $M=\overline{M}_1Z_1+\overline{M}_2Z_2+\cdots+\overline{M}_nZ_n+M_P$ 可得。

【例 11.4】用位移法计算图 11.12 所示三跨连续梁的弯矩。(无侧移结构)

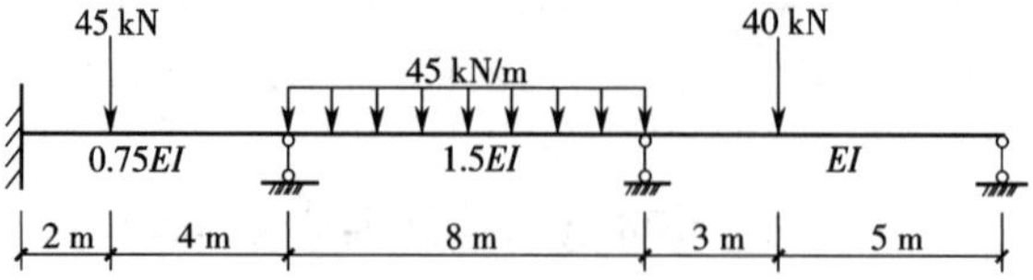

图 11.12

解 ①取基本结构(图 11.13)。附加两个刚臂,将原结构拆分为三个单跨超静定梁。因此,有两个位移法基本未知量:Z_1 和 Z_2。

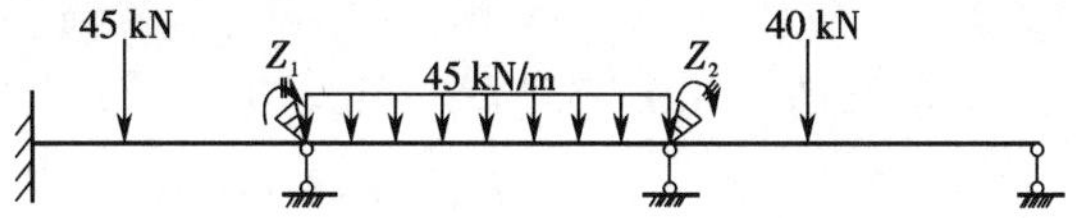

图 11.13

②作$\overline{M_1}$、$\overline{M_2}$和 M_P 图。$\overline{M_1}$图为$\overline{Z_1}=1$ 时基本结构的弯矩图[图 11.14(a)];$\overline{M_2}$图为$\overline{Z_2}=1$ 时基本结构的弯矩图[图 11.14(b)];M_P 图为荷载单独作用时基本结构的弯矩图[图 11.14(c)]。

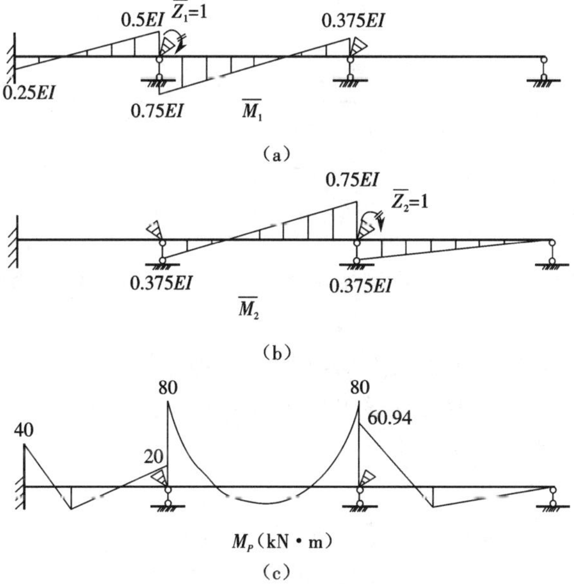

图 11.14

③计算系数和自由项。

由图 11.14(a)中附加刚臂 1 处和 2 处的力矩平衡条件,分别得到

$$r_{11}=0.5EI+0.75EI=1.25EI$$

$$r_{21}=0.375EI$$

由图 11.14(b)中附加刚臂 2 处和 1 处的力矩平衡条件,分别得到

$$r_{22}=0.75EI+0.375EI=1.125EI$$

$$r_{12}=0.375EI$$

由图 11.14(c)中附加刚臂 2 处和 1 处的力矩平衡条件,分别得到

$$R_{1P}=20-80=-60\ \text{kN}\cdot\text{m}$$

$$R_{2P}=80-60.94=19.06\ \text{kN}\cdot\text{m}$$

④解位移法方程,求基本未知量。将求出的系数和自由项代入位移法方程

$$\begin{cases} r_{11}Z_1 + r_{12}Z_2 + R_{1P} = 0 \\ r_{21}Z_1 + r_{22}Z_2 + R_{2P} = 0 \end{cases}$$

可得

$$\begin{cases} 1.25EIZ_1 + 0.375EIZ_2 - 60 = 0 \\ 0.375EIZ_1 + 1.125EIZ_2 + 19.06 = 0 \end{cases}$$

解方程可得

$$Z_1 = \frac{58.98}{EI} \quad Z_2 = -\frac{36.6}{EI}$$

⑤作弯矩图。利用 $M = \overline{M_1}Z_1 + \overline{M_2}Z_2 + M_P$，可得到结构的弯矩图(图 11.15)。

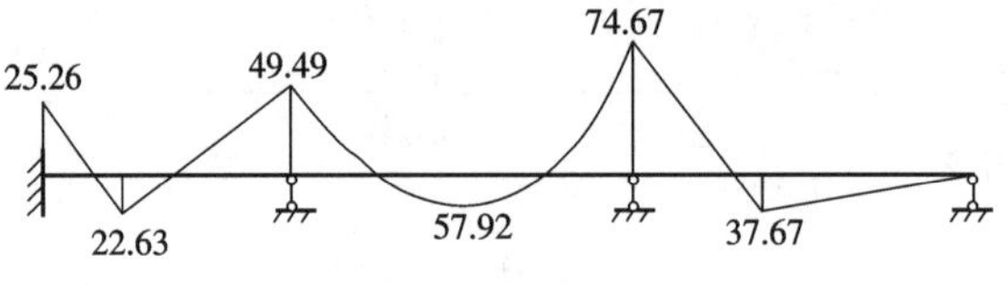

图 11.15

通过以上算例的分析可知，无侧移刚架和连续梁的基本未知量均为角位移。总之，用位移法解题的基本步骤如下。

①确定原结构的基本未知量，插入附加约束，得到基本结构。

②作$\overline{M}_i$ 和 M_P 图，即单位位移和荷载单独作用时基本结构的弯矩图。

③计算主系数 r_{ii}、副系数 r_{ij}和自由项 R_{iP}。

④解位移法方程，求出基本未知量 Z_i。

⑤利用 $M = \overline{M_1}Z_1 + \overline{M_2}Z_2 + \cdots + \overline{M_n}Z_n + M_P$ 作弯矩图。

【例 11.5】用位移法计算图 11.16(a)所示刚架，作弯矩图，已知各杆 EI 相等且为常数。(有侧移结构)

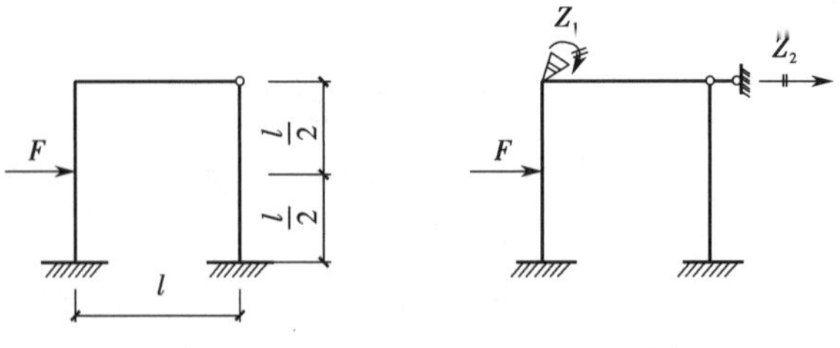

图 11.16

解 ①取基本结构。该结构有一个刚节点，原结构全部铰化后需加一根链杆方能保持几何不变，因此需要用一个附加刚臂和一根附加水平链杆，将原结构拆分成三个单跨超静定梁，见图 11.16(b)。位移法的基本未知量有两个：Z_1和 Z_2。

②作$\overline{M_1}$、$\overline{M_2}$和 M_P 图。分别作附加刚臂 1 处有单位转角和附加链杆 2 处有单位水平位移时基本结构的弯矩图$\overline{M_1}$和$\overline{M_2}$，荷载单独作用下基本结构的弯矩图 M_P 及相应的隔离体图，如图 11.17 所示。

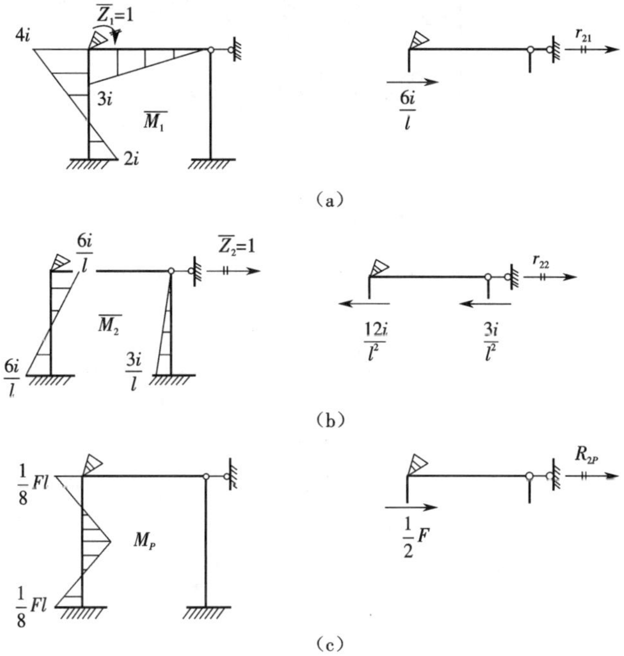

图 11.17

③计算系数和自由项。

由$\overline{M_1}$图及相应的横梁隔离体图，分别得到

$$r_{11}=3i+4i=7i$$

$$r_{21}=-\frac{6i}{l}$$

由$\overline{M_2}$图及相应的横梁隔离体图，分别得到

$$r_{12}=-\frac{6i}{l}$$

$$r_{22}=\frac{12i}{l^2}+\frac{3i}{l^2}=\frac{15i}{l^2}$$

由 M_P 图及相应的横梁隔离体图，分别得到

$$R_{1P}=\frac{1}{8}Fl$$

$$R_{2P}=-\frac{1}{2}F$$

④解位移法方程，求基本未知量。将求出的系数和自由项代入位移法方程

$$\begin{cases} r_{11}Z_1 + r_{12}Z_2 + R_{1P} = 0 \\ r_{21}Z_1 + r_{22}Z_2 + R_{2P} = 0 \end{cases}$$

可得

$$\begin{cases} 7iZ_1 - \dfrac{6i}{l}Z_2 + \dfrac{1}{8}Fl = 0 \\ -\dfrac{6i}{l}Z_1 + \dfrac{15i}{l^2}Z_2 - \dfrac{1}{2}F = 0 \end{cases}$$

解方程得到

$$Z_1 = \frac{3Fl}{184i} \quad Z_2 = \frac{11Fl^2}{276i}$$

⑤作弯矩图。利用 $M = \overline{M_1}Z_1 + \overline{M_2}Z_2 + M_P$，得到弯矩图(图 11.18)。

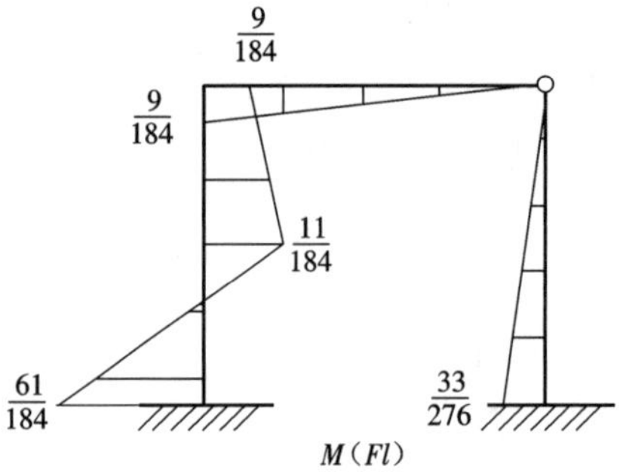

图 11.18

思　考　题

11.1　什么是位移法？位移法的作用是什么？

11.2　位移法基本结构的基本未知量数目与力法有何区别？

11.3　简述确定位移法基本结构的基本未知量数目的步骤。

11.4　位移法的典型方程中，主系数与副系数有何特点，主系数和副系数中的下标代表什么？

11.5　简述利用位移法解题的步骤。

习　题

11.1　确定下图的位移法基本未知量。

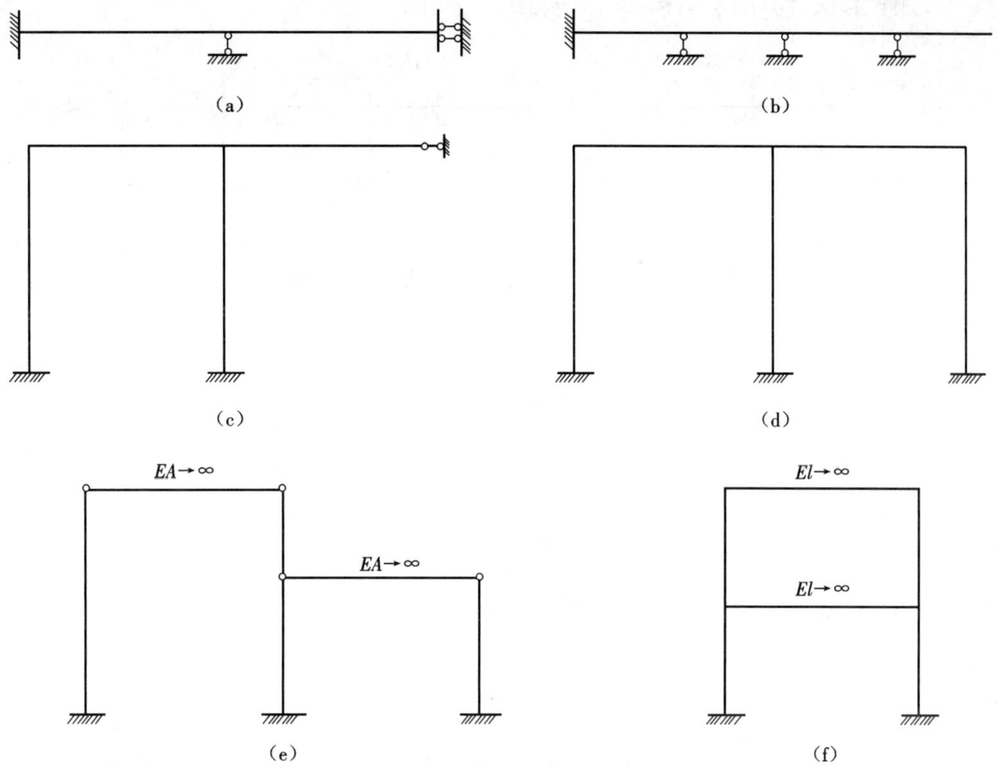

习题 11.1 图

11.2 用位移法计算图示结构,并作内力图。

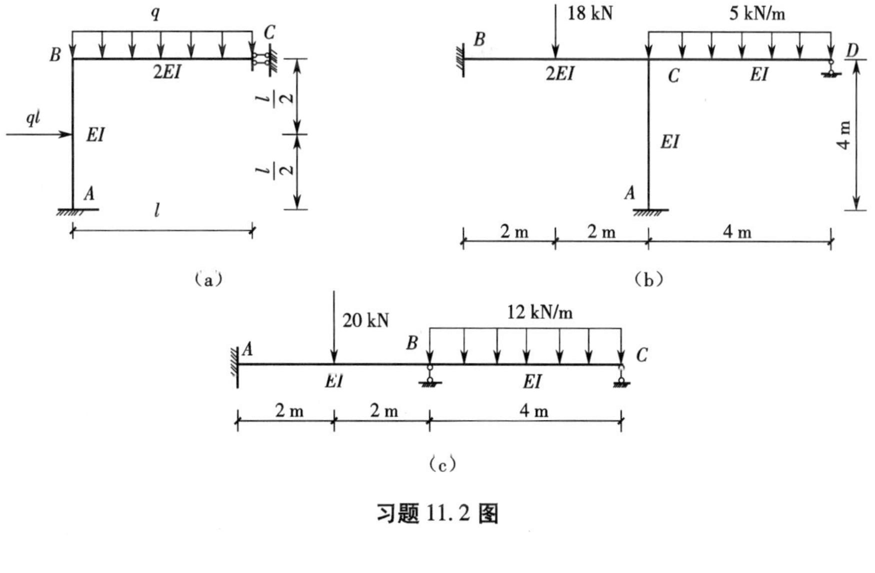

习题 11.2 图

11.3　用位移法计算图示结构,并作内力图。

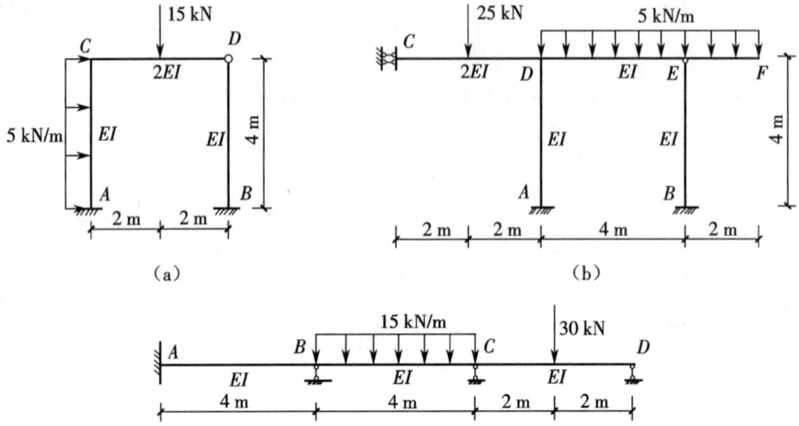

（a）　（b）

（c）

习题 11.3 图

11.4　用位移法计算图示结构,并作内力图。

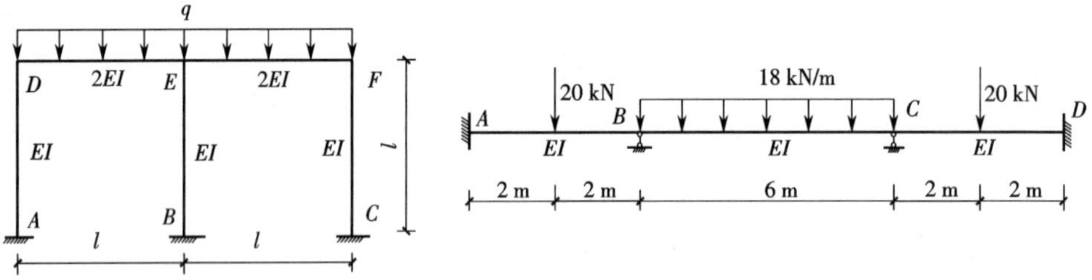

（a）　（b）

习题 11.4 图

12 力矩分配法和剪力分配法

【学习目标】

1. 能正确陈述力矩分配法的基本思路和基本概念。
2. 能熟练应用力矩分配法计算连续梁和无侧移刚架的内力。
3. 能熟练应用剪力分配法计算连续梁和无侧移刚架的内力。

【学习重点】

1. 应用力矩分配法计算连续梁和无侧移刚架的内力。
2. 应用剪力分配法计算连续梁和无侧移刚架的内力。

【学习难点】

1. 应用力矩分配法计算连续梁和无侧移刚架的内力。
2. 应用剪力分配法计算连续梁和无侧移刚架的内力。

12.1 力矩分配法的基本思路和概念

力矩分配法是一种渐进法，通过逐步调整、修正，最后收敛于其真值。力矩分配法适用于分析连续梁和无侧移刚架。

12.1.1 力矩分配法的基本思路

先看一简单的情况，图 12.1(a)所示为 外伸梁，其弯矩图很容易画出，如图 12.1(b)所示。分析刚节点 B，按 10.7 节关于杆端量正负号的规定，$M_{BA}=8\ \text{kN}\cdot\text{m}$，$M_{BC}=-8\ \text{kN}\cdot\text{m}$，见图 12.1(c)。从该图我们得到，对于任何一个处于平衡状态的刚节点，下式恒成立：

$$M_{BA}+M_{BC}=0 \tag{12.1}$$

一般，若某 刚节点 A 是两个以上杆件的连接点，见图 12.2，当结构处于平衡状态时，下式恒成立：

$$M_{A1}+M_{A2}+\cdots+M_{An}=0 \tag{12.2}$$

值得说明的是，式(12.1)和式(12.2)实际上就是合力矩为零，因此它与结构是否超静定无关。

再来看图 12.3(a)所示的超静定梁，设 AB 段和 BC 段的 EI 相同，$i_{AB}=i_{BC}=\dfrac{EI}{2}=i$。

把 B 看成刚节点，拆分整个梁为 AB、BC 两部分，然后和位移法一样，分别查表 10.1 画出只在荷载作用下两个单跨超静定梁的弯矩图，见图 12.3(b)。选节点 B 为研究对象，画出其力

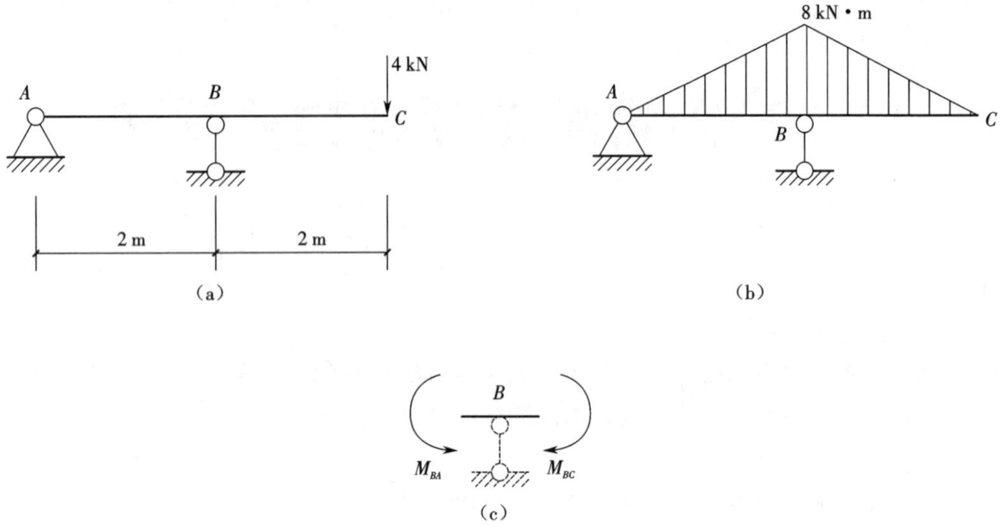

图 12.1

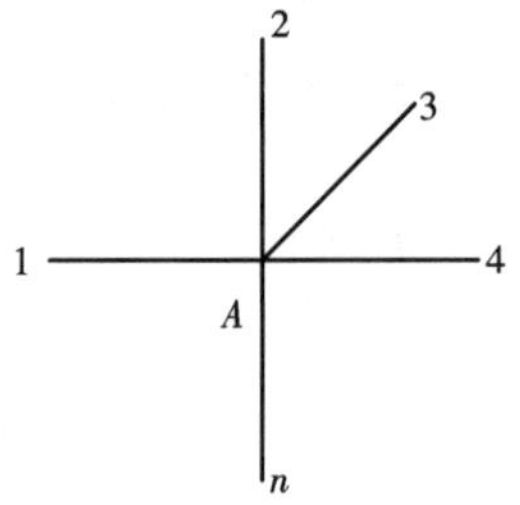

图 12.2

矩图,见图 12.3(c),此时

$$M_{BA}^{F}=2\text{kN}\cdot\text{m}\quad M_{BC}^{F}=-9\ \text{kN}\cdot\text{m}$$

$$M_{BA}^{F}+M_{BC}^{F}=2-9=-7\ \text{kN}\cdot\text{m}\neq 0$$

上式不满足式(12.1)或式(12.2),这说明图 12.3(c)所示的状态不是真实的平衡状态,现在尚有 −7 kN · m 的力矩需要去平衡,我们把这个 −7 kN · m 的力矩称为不平衡力矩,记为 ΔM,见图 12.3(d)。

在图 12.3(d)中,若在 B 节点加上 ΔM,杆 BA 和杆 BC 肯定会以力矩的形式产生抵抗,我们把此抵抗力矩分别记为 M_{BA}^{μ} 和 M_{BC}^{μ},显然有

$$M_{BA}^{\mu}+M_{BC}^{\mu}+\Delta M=0$$

即

$$M_{BA}^{\mu}+M_{BC}^{\mu}=-\Delta M=7\ \text{kN}\cdot\text{m}$$

M_{BA}^{μ} 与 M_{BC}^{μ} 之和为 $-\Delta M$(即 7 kN · m),换句话说也就是将 $-\Delta M$ 的力矩分配给 M_{BA}^{μ} 和 M_{BC}^{μ},因此 M_{BA}^{μ} 和 M_{BC}^{μ} 称为分配力矩。那么它们是按什么比例来分配的呢?不难想象出此力矩

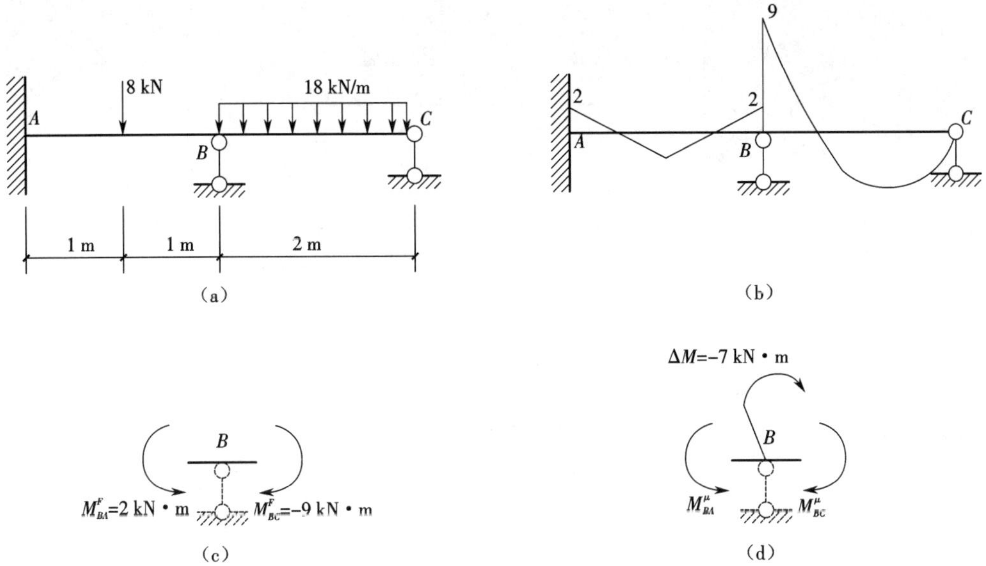

图 12.3

的分配比例肯定与 AB 段和 BC 段的抵抗能力有关，即与各杆件的材料性质(E)、截面尺寸(I)、杆件的长度 l 及远端的支承情况等有关。下面用位移法来推导此不平衡力矩的分配比例。

从图 12.3(c)、(d)可看出，杆端最终弯矩 M_{BA}和 M_{BC}分别为

$$M_{BA} = M^F_{BA} + M^\mu_{BA} \tag{12.3}$$

$$M_{BC} = M^F_{BC} + M^\mu_{BC} \tag{12.4}$$

即对于本问题来说，各杆端的最终弯矩应等于其原有的固端弯矩与其分配弯矩的代数和。

按位移法分析图 12.4(a)所示原结构，它有一个节点角位移 θ 位于 B 处。拆分原结构，画弯矩图，对节点 B 列方程：

$$4i\theta + 3i\theta + 2 - 9 = 0$$

解方程得

$$\theta = \frac{1}{4i + 3i} \times 7 \text{ kN} \cdot \text{m}$$

于是

$$M_{BA} = 2 + 4i\theta = 2 + 4i \frac{1}{4i + 3i} \times 7$$

$$= 2 + \frac{4i}{4i + 3i} \times 7(\text{kN} \cdot \text{m})$$

与式(12.3)比较，并注意到 $M^F_{BA} = 2$ kN·m，所以

$$M^\mu_{BA} = \frac{4i}{4i + 3i} \times 7 \text{ kN} \cdot \text{m} \tag{12.5}$$

同样地，

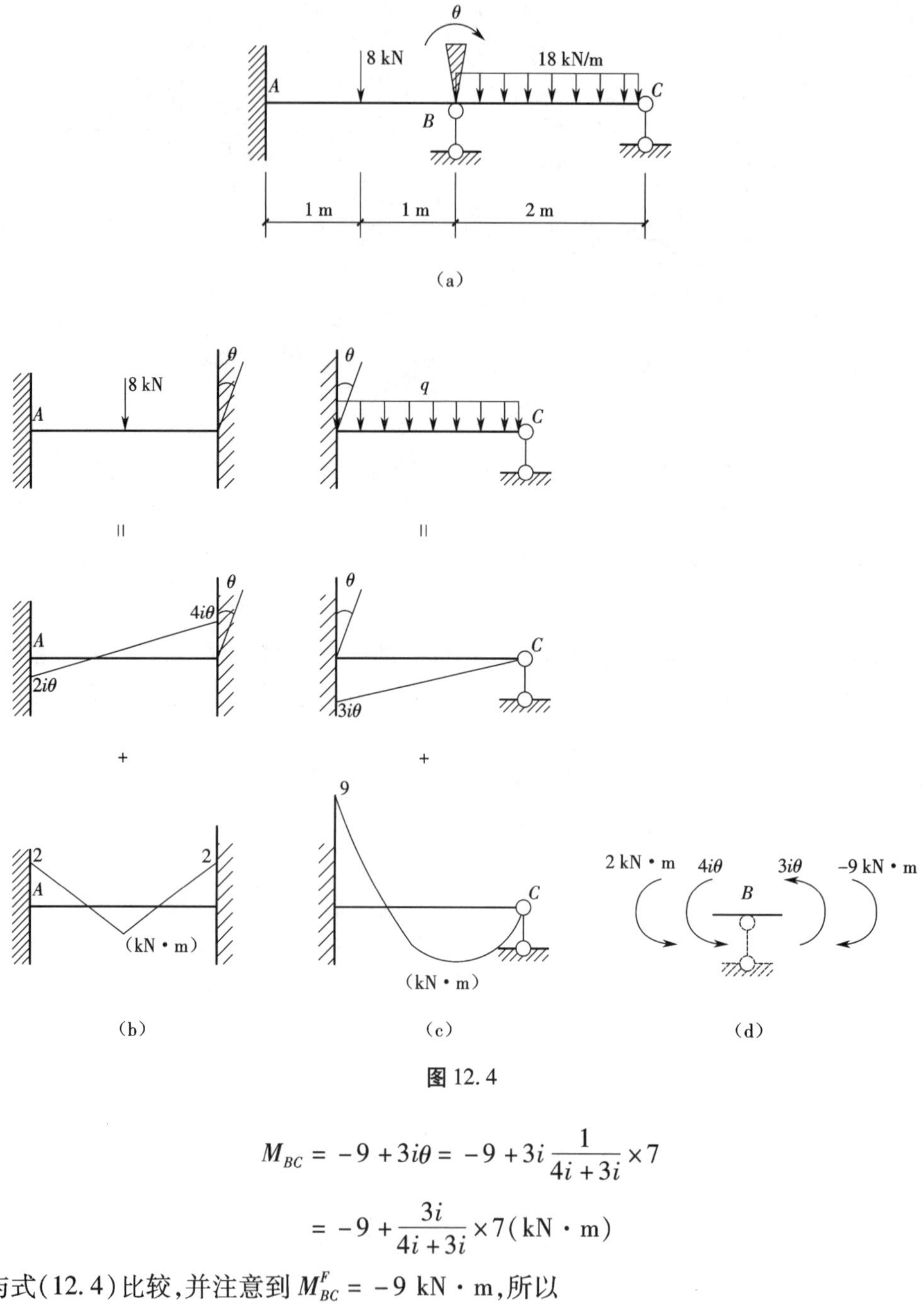

图 12.4

$$M_{BC} = -9 + 3i\theta = -9 + 3i\frac{1}{4i+3i}\times 7$$

$$= -9 + \frac{3i}{4i+3i}\times 7(\text{kN}\cdot\text{m})$$

与式(12.4)比较,并注意到 $M_{BC}^{F} = -9\ \text{kN}\cdot\text{m}$,所以

$$M_{BC}^{\mu} = \frac{3i}{4i+3i}\times 7\ \text{kN}\cdot\text{m} \qquad (12.6)$$

这样,从式(12.5)和式(12.6)得到了不平衡力矩的分配比例,我们称其为分配系数,并分别记为 μ_{BA}、μ_{BC},则

$$\left.\begin{aligned}\mu_{BA}&=\frac{4i}{4i+3i}=\frac{4}{7}\\ \mu_{BC}&=\frac{3i}{4i+3i}=\frac{3}{7}\end{aligned}\right\}\tag{12.7}$$

现在把各杆端的最终弯矩算出

$$M_{BA}=2+\frac{4}{7}\times 7=6\ \text{kN}\cdot\text{m}$$

$$M_{BC}=-9+\frac{3}{7}\times 7=-6\ \text{kN}\cdot\text{m}$$

$$M_{CB}=0$$

$$M_{AB}=-2+2i\theta=-2+\frac{1}{2}M_{BA}^{\mu}$$

$$=-2+\frac{1}{2}\times\frac{4}{7}\times 7=0$$

在上式中，计算 M_{AB} 过程中的 $\frac{1}{2}$ 称为传递系数，最后画出该结构的弯矩图，见图 12.5。

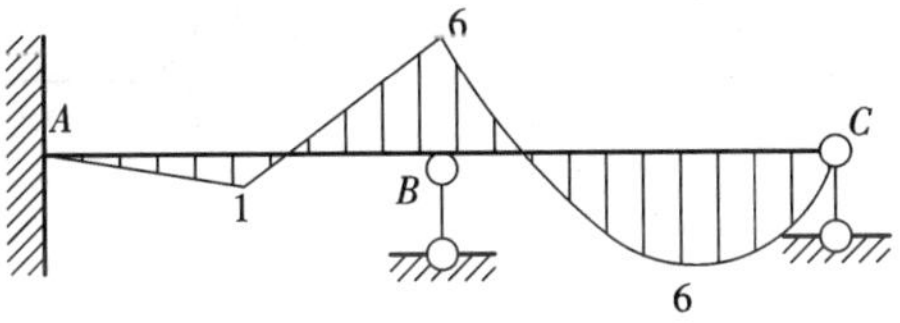

M图（kN·m）

图 12.5

通过以上分析，我们得到力矩分配法的基本思路：首先和位移法一样，把结构拆分成若干个单跨梁，然后查表 10.1，计算出由荷载引起的所有杆端的固端弯矩，这时各刚节点的力矩代数和一般不为零，即存在不平衡力矩 ΔM。其实也正是由于这个不平衡力矩才使得刚节点产生了转角位移，为了保持平衡，汇交于刚节点的各杆件会以力矩的形式产生抵抗，总的抵抗力矩为 $-\Delta M$，而每根杆是按一定的分配系数来承担 $-\Delta M$ 的，此分配系数与 i 和杆端的支承情况有关。另外，各杆件所分担的 $-\Delta M$，还会以一定的比例（即传递系数）传到该杆件的远端。最后把各杆端的固端弯矩、分配的弯矩和传递来的弯矩相加即得到该杆端的最终弯矩。这样就避免了解联立方程组。

12.1.2 力矩分配法的基本概念

1. 杆端量正负号的规定

力矩分配法杆端量的正负号规定同位移法，即对杆端来说，杆端弯矩绕杆端顺时针为正，逆时针为负；对节点来说，杆端弯矩绕节点逆时针为正，顺时针为负。

2. 转动刚度 S_{AB}

转动刚度表示杆端对转动的抵抗能力。它在数值上等于使杆端产生单位转角时需要施加的力矩。如图 12.6(a)所示,当只在 A 端(也称近端)产生单位转角时,在 A 端所需施加的力矩称为该端的转动刚度,用 S_{AB}表示。S_{AB}的大小与杆件的线刚度 $i=\dfrac{EI}{l}$和杆件的另一端(远端)的支承情况有关。若把 A 端看成刚节点,并选其为研究对象,由合力矩为零可知,S_{AB}等于当节点 A 产生单位转角时在杆端 A 所引起的杆端弯矩。S_{AB}共有四种情况,见图 12.6。

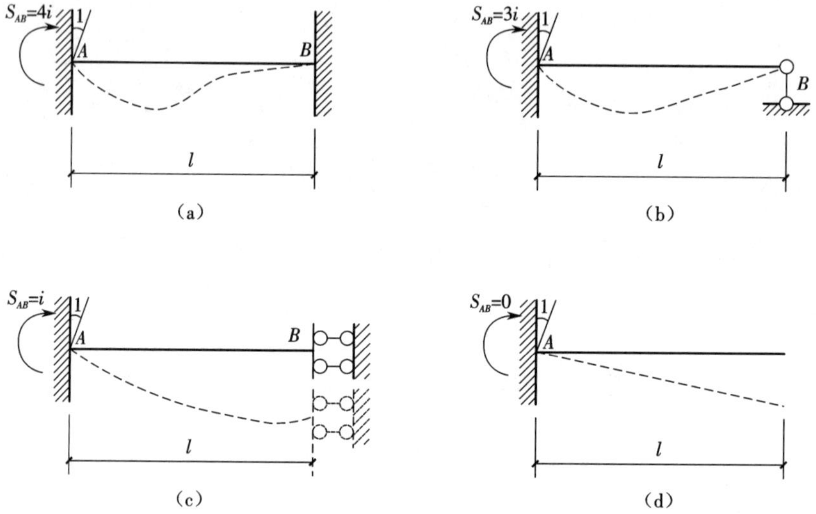

图 12.6

①远端固定时,$S_{AB}=4i$。

②远端铰接时,$S_{AB}=3i$。

③远端滑动时,$S_{AB}=i$。

④远端自由时,$S_{AB}=0$。

3. 分配系数

在刚刚讨论的力矩分配法基本思路中,我们曾得到了该结构的力矩分配系数,即式(12.7),现在用转动刚度来描述

$$\begin{cases}\mu_{BA}=\dfrac{4i}{4i+3i}=\dfrac{4}{7}\\[2mm]\mu_{BC}=\dfrac{3i}{4i+3i}=\dfrac{3}{7}\end{cases}$$

先给出分配系数的一般表达式,当刚节点 A 为 n 根杆件的汇交点时,则

$$\mu_{Aj}=\frac{S_{Aj}}{S_{A1}+S_{A2}+\cdots+S_{An}}$$

显然,在同一个刚节点各杆分配系数之间存在如下关系:

$$\mu_{A1}+\mu_{A2}+\cdots+\mu_{An}=1$$

4. 传递系数

传递系数表示当近端有转角时,远端弯矩与近端弯矩的比值,用符号 C 表示。对等截面直杆来说,传递系数 C 由远端的支承情况决定。从图 12.7 可以看出,传递系数 C 共有三种情况。

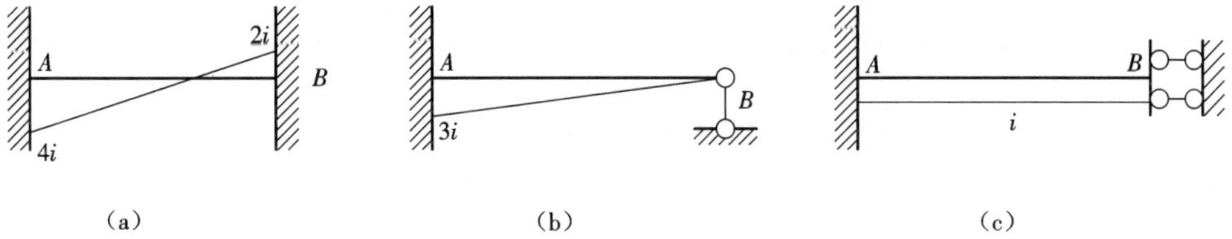

图 12.7

①远端固定时,$C=\frac{1}{2}$。

②远端铰支时,$C=0$。

③远端滑动时,$C=-1$。

12.2 力矩分配法应用举例

12.2.1 连续梁

为了使计算简捷、明了,力矩分配法常采用列表的形式来计算相关的参数。例如上节所分析的结构,其计算过程如图 12.8 所示。

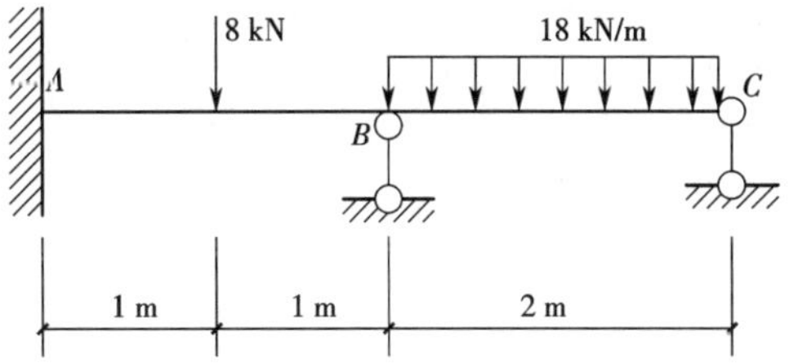

分配系数			0.571	0.429	
固端弯矩	-2		2	-9	0
分配与传递	2.00	←	4.00	3.00	
最终弯矩	0		6.00	-6.00	0

图 12.8

下面通过几个例题,说明力矩分配法的解题步骤。

【**例 12.1**】试用力矩分配法计算图 12.9(a)所示的等截面连续梁的各杆端弯矩,并画出弯矩图。

解 ①计算分配系数。把杆 CD 的线刚度 $i_{CD}=\frac{EI}{2}$ 设为 i，即 $i_{CD}=\frac{EI}{2}=i$；由于杆 AC、DB 的线刚度 i_{AC}、i_{DB} 相同，均为 $\frac{EI}{1}$，故 $i_{AC}=i_{DB}=2i$。于是转动刚度

$$S_{CA}=6i,S_{CD}=4i,S_{DC}=4i,S_{DB}=6i$$

分配系数

$$\mu_{CA}=\frac{6i}{6i+4i}=0.6 \qquad \mu_{CD}=\frac{4i}{6i+4i}=0.4$$

$$\mu_{DC}=\frac{4i}{6i+4i}=0.4 \qquad \mu_{DB}=\frac{6i}{6i+4i}=0.6$$

核算：

$$\mu_{CA}+\mu_{CD}=1 \quad \mu_{DC}+\mu_{DB}=1$$

把分配系数分别填在表中相应的 C、D 节点处。

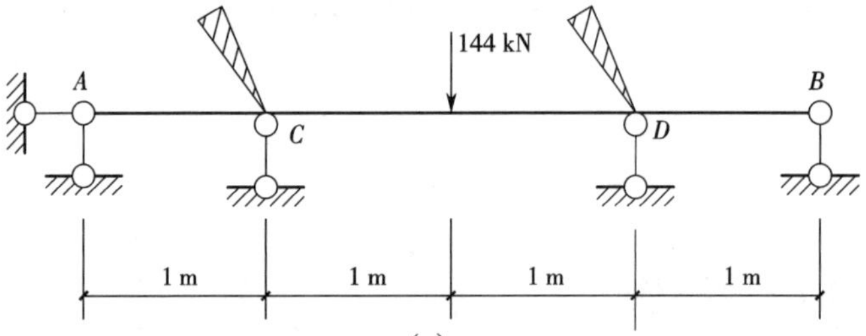

(a)

分配系数		0.6	0.4	0.4	0.6	
固端弯矩	0	0	−36	36	0	0
分配与传递	0 ←	21.6	14.4 →	7.2		
			−8.64	← −17.28	−25.92 →	0
	0 ←	5.18	3.46 →	1.73		
			−0.35	← −0.69	−1.04 →	0
	0 ←	0.21	0.14 →	0.07		
				−0.03	−0.04	
最终弯矩	0	26.99	−26.99	26.99	−26.99	0

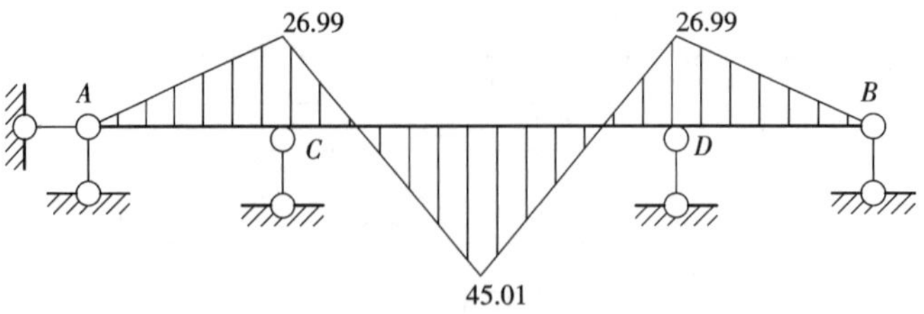

M图（kN·m）
(b)

图 12.9

②计算由荷载产生的固端弯矩：

$$M_{CD}^{F}=-\frac{1}{8}\times144\times2=-36\ \text{kN}\cdot\text{m}$$

$$M_{DC}^{F}=\frac{1}{8}\times144\times2=36\ \text{kN}\cdot\text{m}$$

把上述计算出的固端弯矩填在表格的第二行。

③分配与传递。节点 C、D 的不平衡力矩分别为 $0-36=-36$ kN·m 和 $0+36=36$ kN·m，两者的绝对值相等，可先分配任何一个不平衡力矩（为了提高计算收敛速度，应首先分配绝对值较大的不平衡力矩），例如先分配节点 C 的不平衡力矩。要注意在分配 C 节点弯矩时，要同时固定 D 节点。另外，要分配的力矩和不平衡力矩互为相反数，即 C 节点的分配力矩为 36 kN·m，把它与分配系数相乘，即

$$M_{CA}^{\mu}=0.6\times36=21.6\ \text{kN}\cdot\text{m}$$

$$M_{CD}^{\mu}=0.4\times36=14.4\ \text{kN}\cdot\text{m}$$

把上述计算出的分配力矩填在表格的第三行，并在分配力矩下画一横线，表示该节点已达到暂时的平衡。

传递力矩按传递系数进行传递，也填在第三行。

然后，进行 D 节点处不平衡力矩的分配，注意这时的不平衡力矩还要加上刚才传递来的力矩 7.2 kN·m，即不平衡力矩为 $36+7.2=43.2$ kN·m，或分配力矩为 -43.2 kN·m。把它与分配系数相乘，即

$$M_{DC}^{\mu}=0.4\times(-43.2)=-17.28\ \text{kN}\cdot\text{m}$$

$$M_{DB}^{\mu}=0.6\times(-43.2)=-25.92\ \text{kN}\cdot\text{m}$$

把上述计算出的分配力矩填在表格的第四行，并在分配力矩下也画一横线，表示该节点已达到暂时的平衡。

传递力矩按传递系数进行传递，也填在第四行。

在 C 处由于又从 D 处传来力矩（-8.64 kN·m）而打破其原来的平衡状态，于是还要进行第二次分配、传递。如此反复将各节点轮流分配和传递，则各节点的不平衡力矩越来越小，直至满足所需精度后，便可停止计算。值得注意的是，在最后只分配不传递。

④叠加求最终弯矩，并画弯矩图。最后将各杆端的固端弯矩、历次分配的弯矩和传递来的弯矩相加，便得到各杆端的最终弯矩，据此即可画出最后的弯矩图，见图 12.8(b)。

讨论：

该例题实际是图 10.11 所示的问题，比较两者发现：由于力矩分配法在计算过程中的四舍五入而使计算结果出现误差。

【例 12.2】试用力矩分配法计算图 12.10 所示等截面连续梁的各杆端弯矩，并画弯矩图。已知各杆的 E 相同。

解 ①计算分配系数。杆 AB、BC、CD、DE 的线刚度分别为 $\frac{EI}{4}$、$\frac{EI}{6}$、$\frac{EI}{6}$、$\frac{EI}{4}$，分配系数为

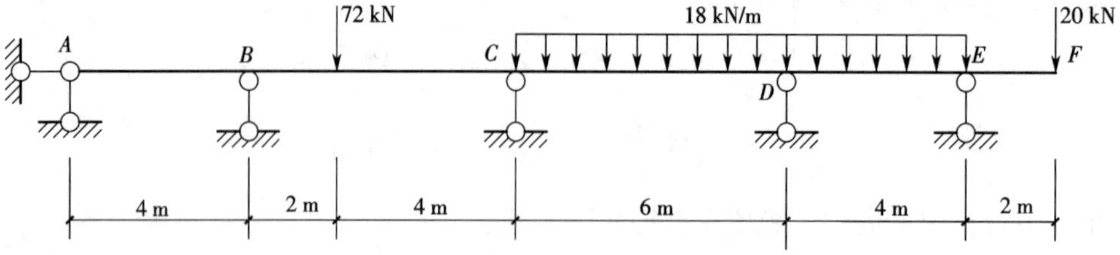

(a)

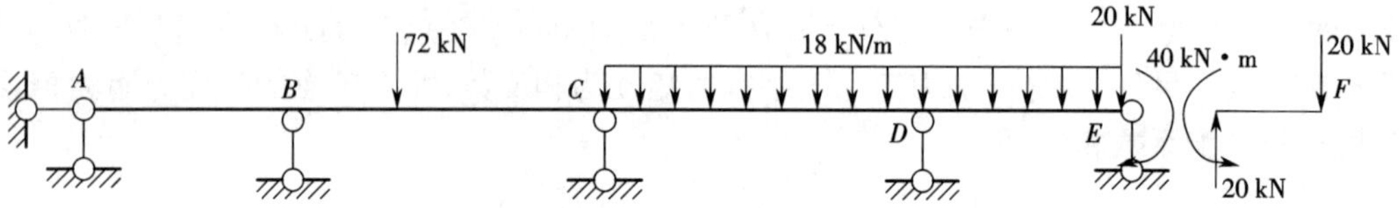

(b)

μ		0.529	0.471		0.5	0.5		0.471	0.529		
M^F	0	0	−64		32	−54		54	−16	40	−40
B、D		33.86	30.14	→	15.07	−8.95	←	−17.90	−20.10		
C			3.97	←	7.94	7.94	→	3.97			
B、D		−2.10	−1.87	→	−0.93	−0.93	←	−1.87	−2.10		
C			0.47	←	0.93	0.93	→	0.47			
B、D		−0.25	−0.22	→	−0.11	−0.11	←	−0.22	−0.25		
C			0.06	←	0.11	0.11	→	0.06			
B、D		−0.03	−0.03	→	−0.02	−0.02	←	−0.03	−0.03		
C					0.02	0.02					
M	0	31.48	−31.48		55.01	−55.01		38.48	−38.48	40	−40

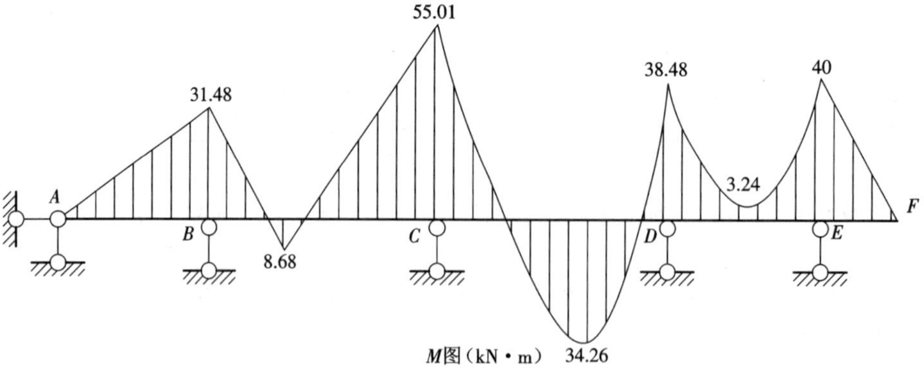

(c)

图 12.10

$$\mu_{BA}=\frac{3\times\frac{EI}{4}}{3\times\frac{EI}{4}+4\times\frac{EI}{6}}=0.529\quad \mu_{BC}=\frac{4\times\frac{EI}{6}}{3\times\frac{EI}{4}+4\times\frac{EI}{6}}=0.471$$

同样地，可计算出

$$\mu_{CB}=0.5\quad \mu_{CD}=0.5\quad \mu_{DC}=0.471\quad \mu_{DE}=0.529$$

把分配系数分别填在表中相应的 B、C、D 节点处。

②计算由荷载产生的弯矩。杆件 EF 可看成悬臂梁，把集中力 20 kN 平移到 E 点，得到一个力和一个力偶，见图 12.10(b)。对于杆件 DE，相当于一端固定、另一端铰支的单跨超静定梁，则 DE 段上作用着三种荷载：均布荷载、作用在 E 处的集中力偶和集中力，其中集中力由支座承担，在梁内不产生弯矩。所以

$$M_{DE}^{F}=-\frac{1}{8}\times18\times4^{2}+\frac{1}{2}\times40=-16\ \text{kN}\cdot\text{m}$$

$$M_{ED}^{F}=40\ \text{kN}\cdot\text{m}$$

其余各杆端弯矩均可查表得出，将其填入表中的第二行。

③分配与传递。为了提高计算收敛速度，分配从不平衡力矩绝对值最大的 B 节点开始。此外，由于分配 B 节点时，C 节点是固定的，所以又可同时分配 D 节点处的不平衡力矩。整个分配和传递的过程见表格。

④叠加求最终弯矩，并画弯矩图。最后将各杆端的固端弯矩、历次分配的弯矩和传递来的弯矩相加，便得到各杆端的最终弯矩，据此即可画出最后的弯矩图，见图 12.10(c)。

12.2.2 无侧移刚架

【例 12.3】试用力矩分配法计算图 12.11 所示无侧移刚架，已知 $q=10$ kN/m，$F=20$ kN，绘出其 M 图。

节点	A	C		D			E	B
杆端	AC	CA	CD	DC	DB	DE	ED	BD
分配系数		0.5	0.5	0.4	0.2	0.4		
固端弯矩（kN·m）						−45	45	
分配与传递			9	18	9	18	9	4.5
	−2.25	−4.5	−4.5	−2.25				
			0.45	0.9	0.45	0.9	0.45	0.225
	−0.113	−0.225	−0.225	−0.113				
			0.023	0.045	0.023	0.045	0.023	0.011
		−0.011	−0.011					
最终弯矩（kN·m）	−2.363	−4.736	4.737	16.583	9.473	−26.055	54.473	4.736

解 ①计算分配系数：

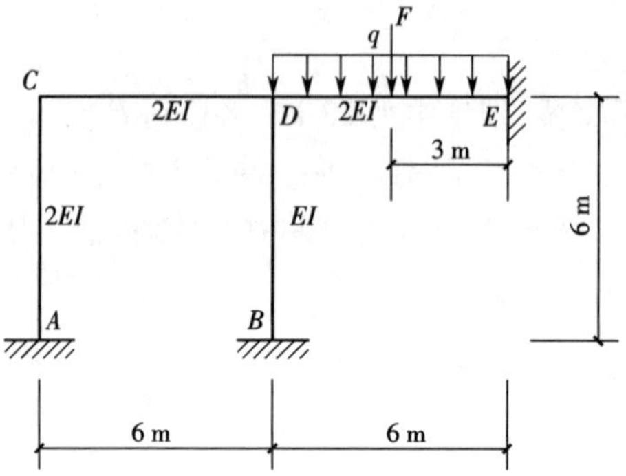

(a)

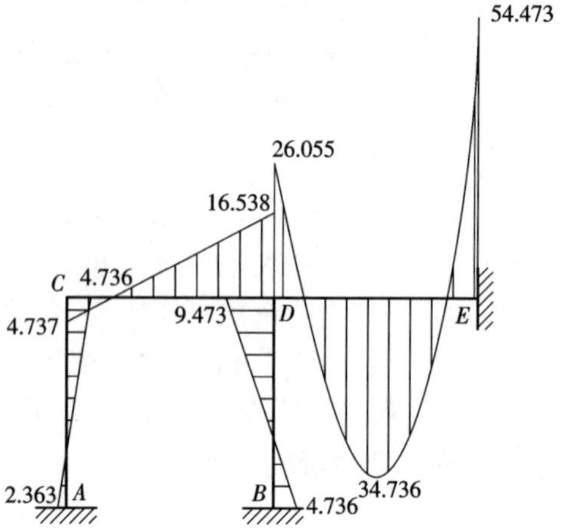

M图（kN·m）
(b)

图 12.11

$$\mu_{DC}=\frac{4\times\frac{2EI}{6}}{4\times\frac{2EI}{6}+4\times\frac{2EI}{6}+4\times\frac{EI}{6}}=0.4$$

$$\mu_{DE}=\frac{4\times\frac{2EI}{6}}{4\times\frac{2EI}{6}+4\times\frac{2EI}{6}+4\times\frac{EI}{6}}=0.4$$

$$\mu_{DB}=\frac{4\times\frac{EI}{6}}{4\times\frac{2EI}{6}+4\times\frac{2EI}{6}+4\times\frac{EI}{6}}=0.2$$

同样计算出 $\mu_{CA}=\mu_{CD}=0.5$。

把分配系数分别填在表中相应的 C、D 节点处。

②计算由荷载产生的固定弯矩：

$$M_{DE}^{F}=-\frac{1}{8}\times20\times6-\frac{1}{12}\times10\times6^{2}=-45\ \text{kN}\cdot\text{m}$$

$$M_{ED}^{F}=\frac{1}{8}\times20\times6+\frac{1}{12}\times10\times6^{2}=45\ \text{kN}\cdot\text{m}$$

③分配与传递。整个分配与传递的过程见表格。

④叠加求最终弯矩，并画弯矩图。最后将各杆端的固端弯矩、历次分配的弯矩和传递来的弯矩相加，便得到各杆端的最终弯矩，据此即可画出最后的弯矩图，见图 12.11(b)。

12.3 剪力分配法

剪力分配法是位移法的一种变形。当只有节点线位移而无节点角位移时，位移法可转化为较简单的剪力分配法。

图 12.12(a)所示为装配式单层厂房的横剖面示意图。柱子的下端与基础刚性连接，屋架与柱顶则为铰接，屋架可视为刚度无穷大的链杆。其计算模型[12.12(b)]称为铰接排架，又由于各柱的柱顶位于同一水平线上，所以也称为等高铰接排架。当作用在其上的荷载为水平荷载时[图 12.12(c)]，该结构只有柱顶的一个线位移，而无节点角位移。类似这样的结构适于用剪力分配法。

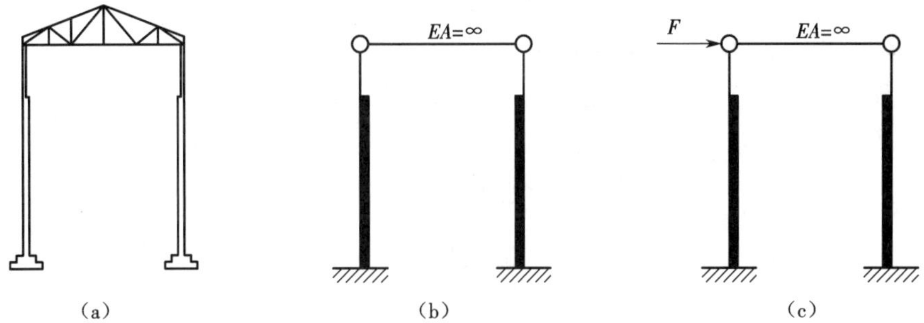

图 12.12

12.3.1 剪力分配法的基本思路

图 12.13(a)所示为一等高铰接排架，在柱顶作用一水平集中荷载 F。设共有 n 根竖柱，每根竖柱的高度 h_j、抗弯刚度 $EI_j(j=1,2,\cdots,n)$、集中荷载 F 均为已知。

计算步骤同位移法。

①确定节点位移。该结构只在柱顶有一水平线位移 Δ，见图 12.13(a)。

②拆分原结构。把每根竖杆看成一端固定、另一端铰支的单跨超静定梁，见图 12.13(b)。

③查表 10.1 中的第四种情况，得柱顶剪力与柱顶水平位移 Δ 之间的关系为

$$V_j=\frac{3i_j}{h_j^2}\cdot\Delta=\frac{3EI_j}{h_j^3}\cdot\Delta(j=1,2,\cdots,n) \tag{a}$$

④列平衡方程。选水平横梁为研究对象，见图 12.13(c)。水平方向合力为零，得

$$F=\sum_{j=1}^{n}V_j$$

将 V_j 代入，即

$$F=\sum_{j=1}^{n}V_j=\sum_{j=1}^{n}\frac{3EI_j}{h_j^3}\cdot\Delta=\Delta\cdot\sum_{j=1}^{n}\frac{3EI_j}{h_j^3} \tag{b}$$

解得线位移 Δ 为

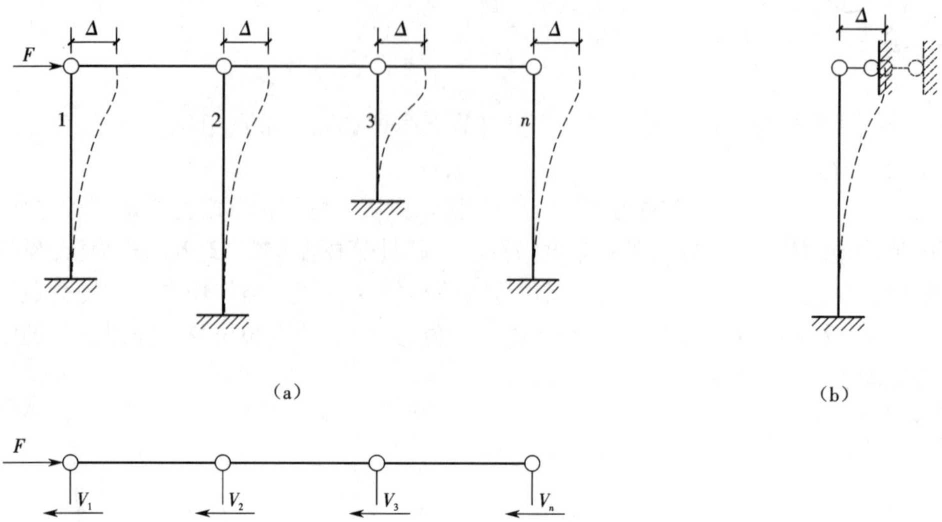

（a）　（b）

（c）

图 12.13

$$\Delta = \frac{F}{\sum_{j=1}^{n} \frac{3EI_j}{h_j^3}} \tag{c}$$

⑤利用位移和内力的关系确定内力并画内力图。将式(c)代入式(a)中得各柱顶的剪力为

$$V_j = \frac{\frac{3EI_j}{h_j^3}}{\sum_{j=1}^{n} \frac{3EI_j}{h_j^3}} \cdot F(j=1,2,\cdots,n) \tag{d}$$

为了简化计算，设 $\gamma_j = \frac{3EI_j}{h_j^3}$，并称其为侧移刚度系数，具体意义见下面的叙述；设 $\eta_j = \frac{\gamma_j}{\sum_{j=1}^{n} \gamma_j}$，并称其为剪力分配系数，则式(d)可简化为

$$V_j = \eta_j F(j=1,2,\cdots,n)$$

从上式可看出，每一根竖杆均承担 F 的一部分，且是按一定的比例进行分配，这就是剪力分配法名称的由来。

求得杆端剪力后，可把每一竖杆看成杆端作用有集中荷载 F 的悬臂梁，其弯矩图很容易画出。

12.3.2 剪力分配法的基本概念

1. 侧移刚度

侧移刚度表示杆端对平动的抵抗能力。它在数值上等于使杆端产生沿杆轴垂直方向的单位线位移 $\Delta=1$ 时，所需要施加的力。如图 12.14(a)所示，当只在 B 端产生单位线位移时，在 B 端所需施加的力称为该杆端的侧移刚度，用 γ 表示。γ 在数值上等于当支座 B 产生单位线位移时在杆端 B 所引起的杆端剪力，可通过查表 10.1 得到 γ。常用的有两种情况，见图 12.14。

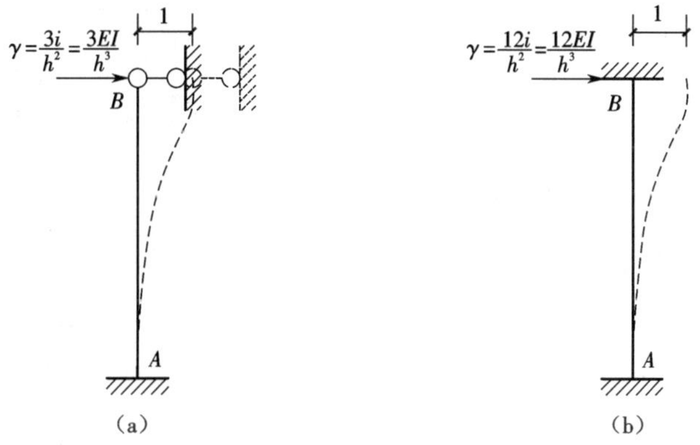

图 12.14

2. 剪力分配系数

剪力分配系数 η_j 为

$$\eta_j=\frac{\gamma_j}{\sum_{j=1}^{n}\gamma_j}$$

显然，各杆的剪力分配系数之间存在如下关系：

$$\eta_1+\eta_2+\cdots+\eta_n=1$$

12.4 剪力分配法应用举例

下面通过几个例题，说明剪力分配法的解题步骤。

【例 12.4】试用剪力分配法计算图 12.15 所示结构，并画出其弯矩图。

解 ①计算各竖柱的侧移刚度：

$$\gamma_1=\gamma_2=\frac{3EI}{4^3}\quad \gamma_3=\frac{3EI}{5^3}$$

为了简化计算，可先计算出三个侧移刚度之比，即

$$\gamma_1:\gamma_2:\gamma_3=1:1:\frac{4^3}{5^3}=1:1:0.512$$

②计算各竖柱的剪力分配系数：

$$\eta_1=\eta_2=\frac{1}{1+1+0.512}=0.40\quad \eta_3=\frac{0.512}{1+1+0.512}=0.20$$

核算：$\eta_1+\eta_2+\eta_3=1$。

③计算各竖柱柱顶的杆端剪力：

$$V_1=\eta_1F=0.40\times90=36\ \text{kN}\quad V_2=\eta_2F=0.40\times90=36\ \text{kN}$$

$$V_3=\eta_3F=0.20\times90=18\ \text{kN}$$

④画弯矩图。每个竖柱按杆端作用有集中荷载的悬臂梁画出弯矩图，见图 12.16。

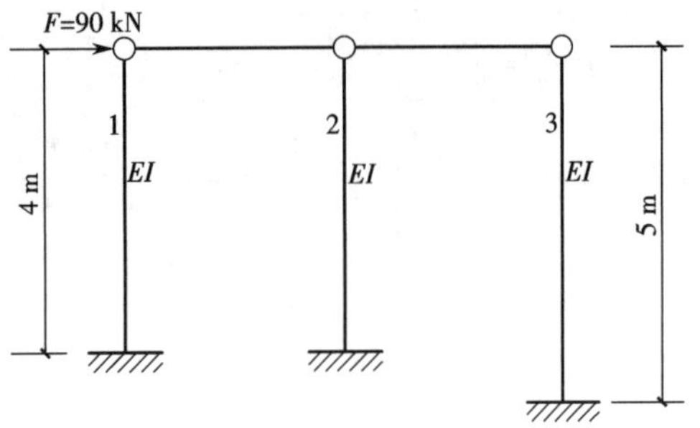

图 12.15

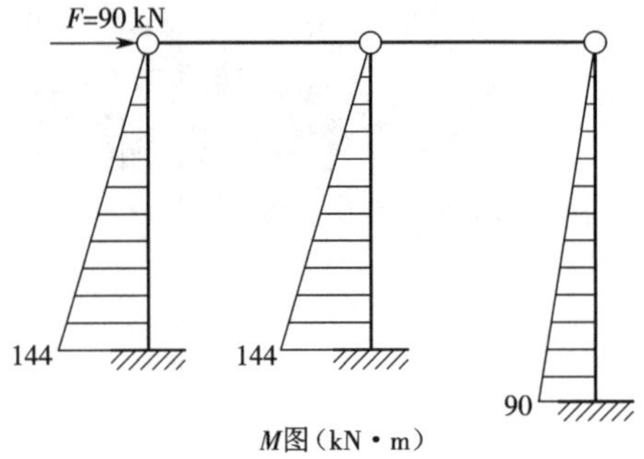

图 12.16

【例 12.5】试用剪力分配法计算图 12.17 所示结构，并画出其弯矩图。

解 本题只是把例 12.4 中各竖柱与横梁的连接由铰接变成了刚接，其余条件不变。该力学模型的实际情况是对多层多跨刚架，当只有水平荷载时，可把各层的横梁简化成刚度为无穷大的刚性梁，此时刚架各节点只有沿横梁方向的线位移，而无节点角位移。

①计算各竖柱的侧移刚度：

$$\gamma_1=\gamma_2=\frac{12EI}{4^3}\quad \gamma_3=\frac{12EI}{5^3}$$

为了简化计算，可先计算出三个侧移刚度之比，即

$$\gamma_1:\gamma_2:\gamma_3=1:1:\frac{4^3}{5^3}=1:1:0.512$$

②计算各竖柱的剪力分配系数：

$$\eta_1=\eta_2=\frac{1}{1+1+0.512}=0.40\quad \eta_3=\frac{0.512}{1+1+0.512}=0.20$$

核算：$\eta_1+\eta_2+\eta_3=1$。

③计算各竖柱柱顶的杆端剪力：

$$V_1=\eta_1F=0.40\times90=36\ \text{kN}$$

$$V_2=\eta_2F=0.40\times90=36\ \text{kN}$$

$$V_3=\eta_3F=0.20\times90=18\ \text{kN}$$

④画弯矩图。查表 10.1 中的第二种情况，其杆端弯矩为剪力与竖柱高度一半的乘积，据此画弯矩图，见图 12.18。

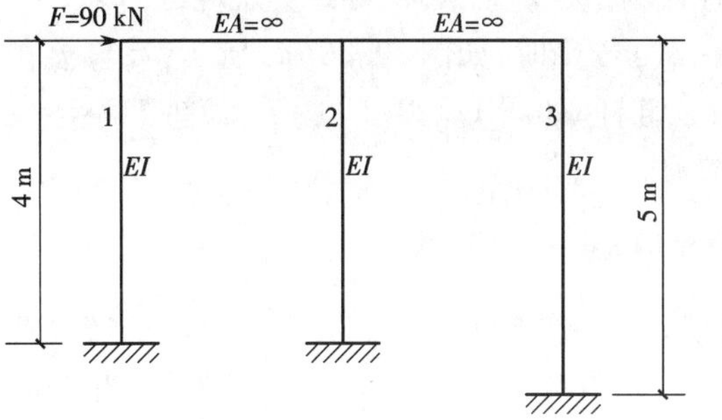

图 12.17

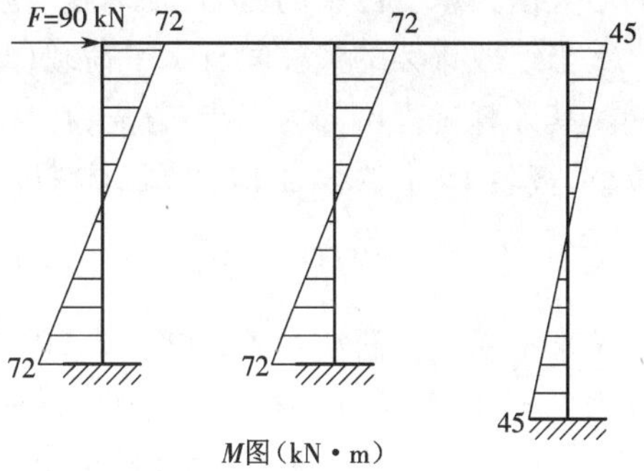

图 12.18

讨论：

①从上述两个例题的计算结果可以看出，不管上端是铰接还是刚接，当各竖柱的 EI 相同时，短柱承受的剪力要比长柱大得多（两个例题中分配给短柱的剪力均为 36 kN，分配给长柱的剪力均为 18 kN）。因为两种情况下竖杆的侧移刚度都与其长度的三次方成反比，所以各竖柱高度的较小改变即可引起剪力分配系数的很大变化。为了突出反映这种变化，我们看图 12.19 所示情况，柱 1、2 的高度均为 4 m，柱 3 的高度为 2 m，三者的 EI 相同。进行与例 12.4 同样的计算，各竖柱的侧移刚度为 $\gamma_1=\gamma_2=\dfrac{12EI}{4^3}$，$\gamma_3=\dfrac{12EI}{2^3}$；$\gamma_1:\gamma_2:\gamma_3=1:1:\dfrac{4^3}{2^3}=1:1:8$，则各竖柱的剪力分配系数为 $\eta_1=\eta_2=\dfrac{1}{1+1+8}=0.10$，$\eta_3=\dfrac{8}{1+1+8}=0.80$。

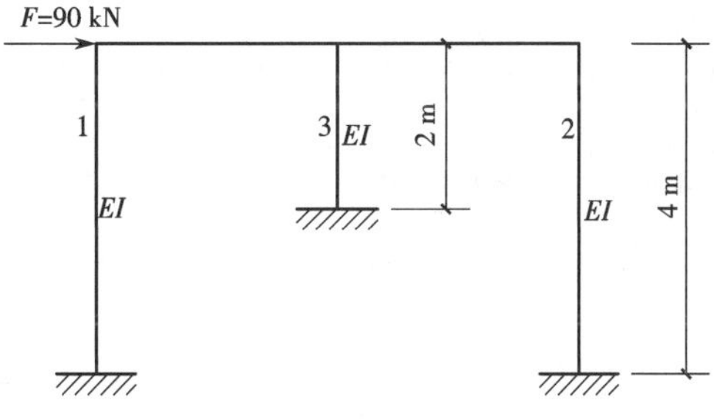

图 12.19

计算各竖柱的剪力：

$$V_1=V_2=\eta_1 F=0.10\times 90=9\ \text{kN}$$

$$V_3=\eta_3 F=0.80\times 90=72\ \text{kN}$$

从计算结果可以看到，短柱的高度为长柱的二分之一，而其剪力却是长柱的 8 倍，这么大的剪力很容易使该柱遭到破坏。在实际的建筑结构中，这种情况并不少见，如图 12.19 所示结构可看成实际中的钢筋混凝土框架结构，集中荷载 F 可看成地震力，柱 1、2 的高度为设计高度，而柱 3 由于在施工时非结构部分砌体或混凝土填充物与柱子硬性连接而使其形成短柱，刚度的增大使其承受巨大的剪力，在地震中该类柱极易造成剪切破坏，导致灾难性的后果。

②当组成排架的竖柱间有水平荷载(如风荷载)作用时，如图 12.20(a)所示，计算会稍复杂些。其计算过程可分为三步：首先，在柱顶加一链杆，如图 12.20(b)所示，使排架不产生水平位移，查表 10.1 的编号 10 可知，*AD* 杆的杆端剪力

$$V_{DA}^{F}=-\frac{3}{8}ql=-\frac{3}{8}\times 20\times 4=-30\ \text{kN}$$

选水平横梁为研究对象，如图 12.20(d)所示，由水平方向的合力为零，得到附加链杆的约束反力 $R=30$ kN(←)；再将 R 反向后加在排架上，如图 12.20(c)所示，这时的原结构图 12.20(a)就等于图 12.20(b)和(c)两种情况的叠加。对于图 12.20(b)的情况，可直接查表 10.1 得到；而对于图 12.20(c)的情况，可由剪力分配法求得，叠加后即可得到最后的弯矩图。具体计算过程如下。

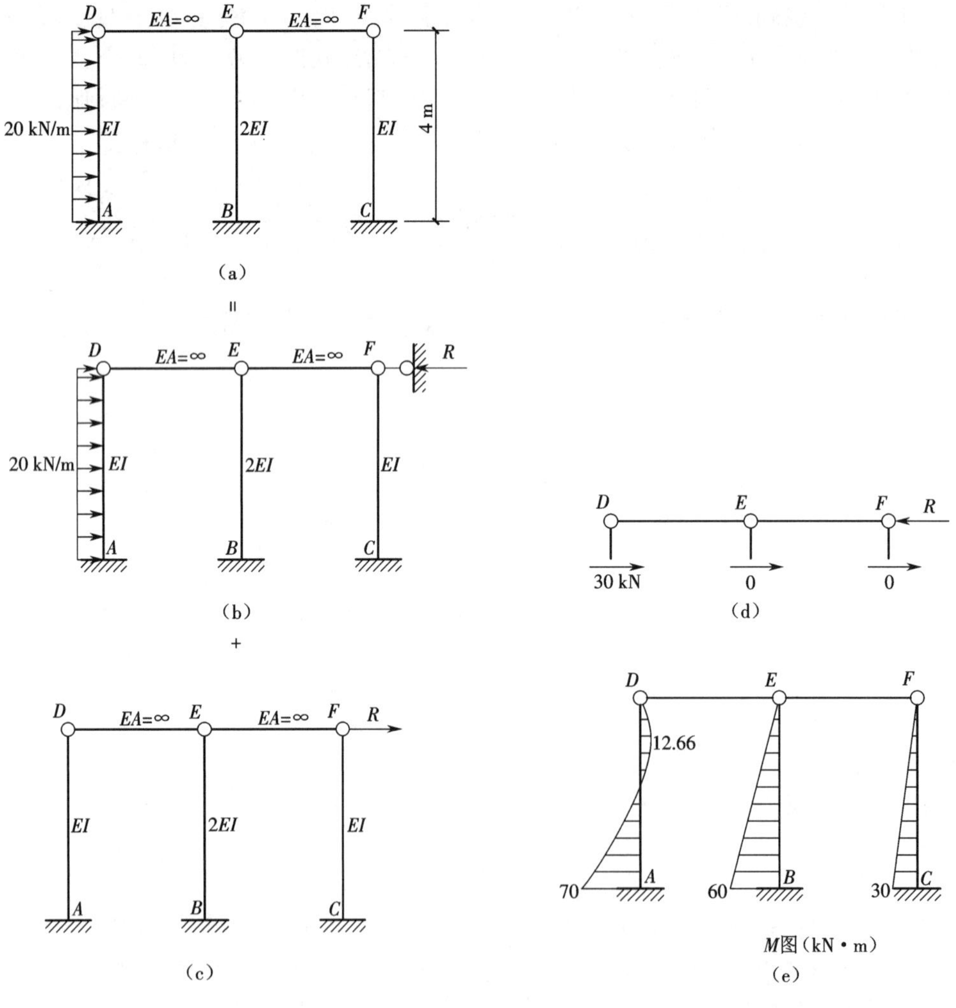

图 12.20

a. 计算各竖柱的侧移刚度：

$$\gamma_{AD}=\gamma_{CF}=\frac{3EI}{4^3}\quad \gamma_{BE}=\frac{3\times 2EI}{4^3}$$

为了简化计算，可先计算出三个侧移刚度之比，即

$$\gamma_{AD}:\gamma_{BE}:\gamma_{CF}=1:2:1$$

b. 计算各竖柱的剪力分配系数：

$$\eta_{AD}=\eta_{CF}=\frac{1}{1+2+1}=0.25\quad \eta_{BE}=\frac{2}{1+2+1}=0.50$$

核算：$\eta_1+\eta_2+\eta_3=1$。

c. 计算附加链杆的约束反力：

$$R=30\ \text{kN}(\leftarrow)$$

d. 计算各竖柱柱顶分配来的杆端剪力：

$$V_{DA分}=V_{FC分}=\eta_{AD}R=0.25\times 30=7.5\ \text{kN}(\rightarrow)$$

$$V_{EB分}=\eta_{BE}R=0.5\times 30=15\ \text{kN}(\rightarrow)$$

e. 计算各竖柱柱顶的实际杆端剪力：

$$V_{DA}=V_{DA分}+V_{DA}^F=7.5-30=-22.5\ \text{kN}(\leftarrow)$$

$$V_{EB}=V_{EB分}=15\ \text{kN}(\rightarrow)$$

$$V_{FC}=V_{FC分}=7.5\ \text{kN}(\rightarrow)$$

f. 计算各竖柱柱底的最后弯矩：

$$M_{AD}=-\frac{1}{2}\times 20\times 4^2+22.5\times 4=-70\ \text{kN}\cdot\text{m}(左侧受拉)$$

$$M_{DE}=15\times 4=-60\ \text{kN}\cdot\text{m}(左侧受拉)$$

$$M_{CF}=-7.5\times 4=-30\ \text{kN}\cdot\text{m}(左侧受拉)$$

由上述求得的弯矩值，作最后的弯矩图，如图 12.20(e)所示。

③单阶变截面柱排架的计算。如图 12.12 所示装配式单层厂房的计算模型，由于要安放吊车，所以竖柱需采用单阶变截面柱。对于单阶变截面柱排架的计算仍可以用剪力分配法，只是侧移刚度和杆端剪力的计算要复杂些，可参阅其他书籍。

④从以上等高铰接排架的剪力分配法的计算过程可以发现，每根竖柱的内力与其左右排列的顺序无关，它取决于竖柱上的荷载和几何尺寸等，且所有的计算都与竖柱间的距离无关。

思 考 题

12.1 用力矩分配法求解超静定结构的内力时，其基本思路是什么？

12.2 什么是转动刚度？什么是分配系数？传递系数是如何确定的？为什么一刚节点处各杆端的分配系数之和等于 1？

12.3 用力矩分配法求解超静定结构的内力时，其步骤有哪些？请说明每一步骤的物理意义。

12.4　剪力分配法的基本思路是什么？为什么称其为剪力分配法？

习　题

12.1　用力矩分配法计算图示超静定梁，并画出其弯矩图。

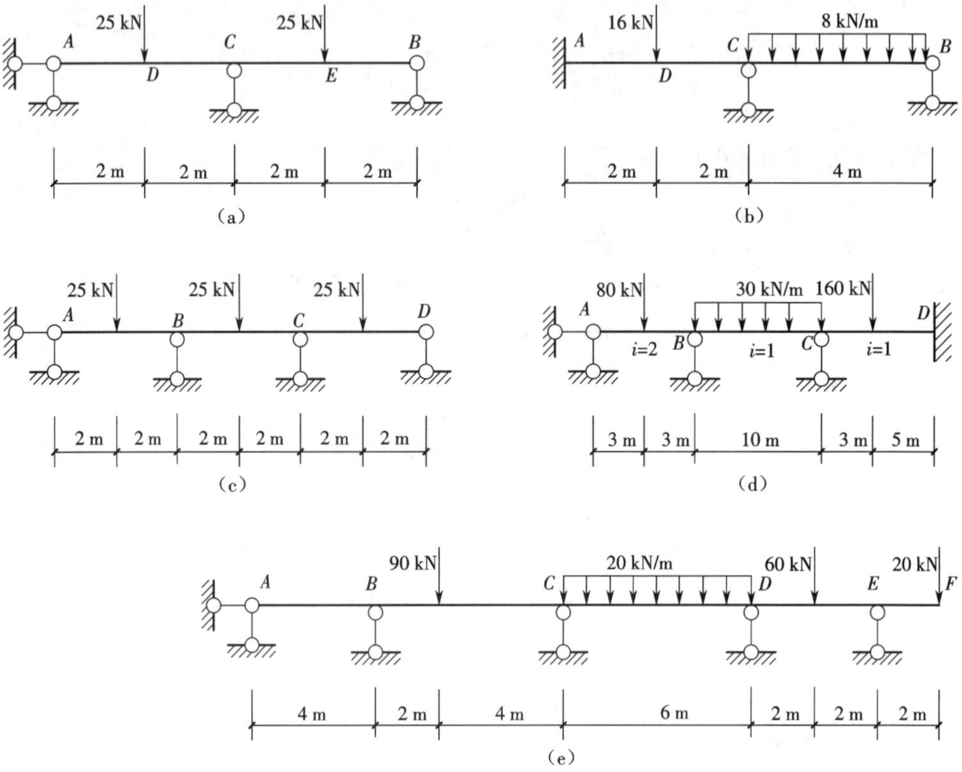

习题 12.1 图

12.2　用力矩分配法计算图示超静定刚架，并画出其弯矩图。

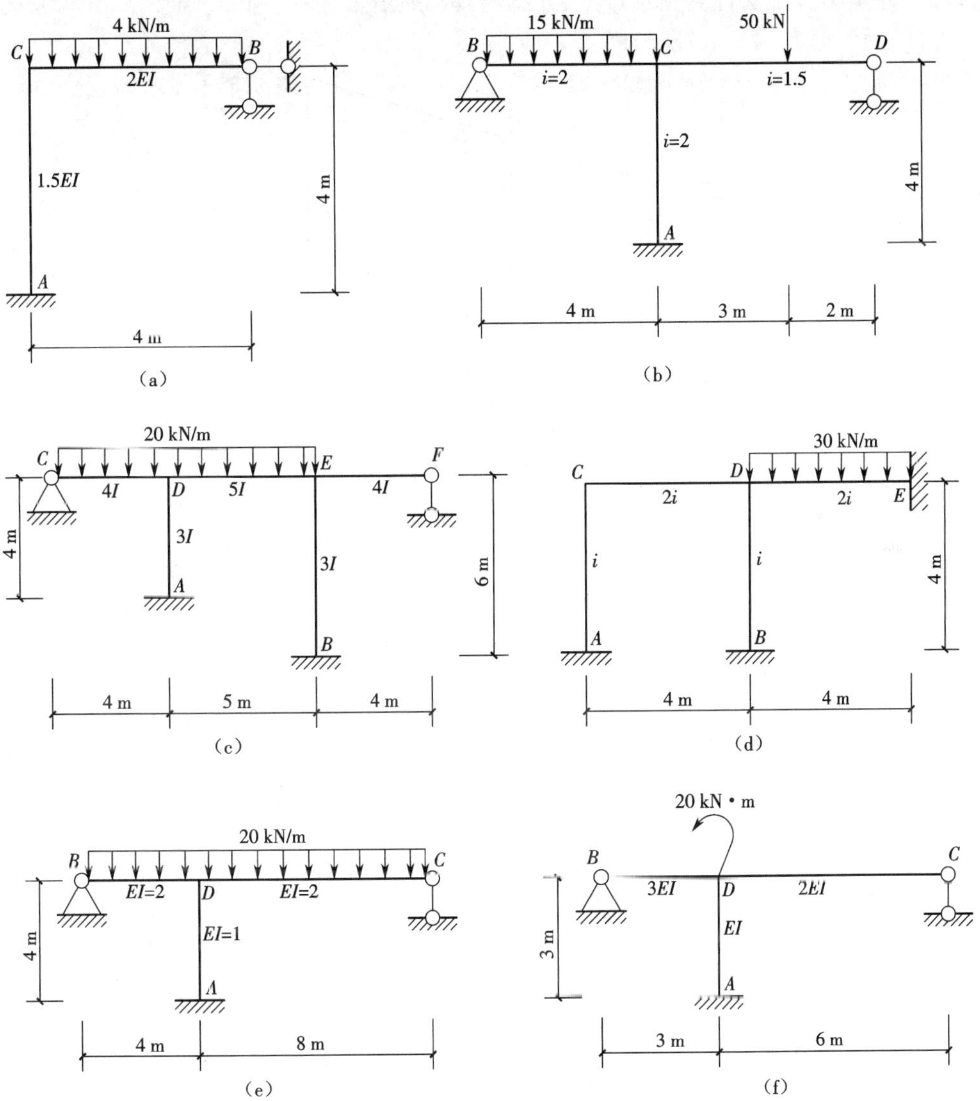
4 kN/m
C
B
2EI
1.5EI
A
4 m
4 m
(a)
15 kN/m
50 kN
B
C
D
i=2
i=1.5
i=2
A
4 m
4 m
3 m
2 m
(b)
20 kN/m
C
E
F
4I
D
5I
4I
3I
3I
A
B
4 m
6 m
4 m
5 m
4 m
(c)
30 kN/m
C
D
2i
2i
E
i
i
A
B
4 m
4 m
4 m
(d)
20 kN/m
B
C
EI=2
D
EI=2
EI=1
A
4 m
4 m
8 m
(e)
20 kN · m
B
C
3EI
D
2EI
EI
A
3 m
3 m
6 m
(f)

习题 12.2 图

12.3　用剪力分配法计算图示排架，并画出其弯矩图。

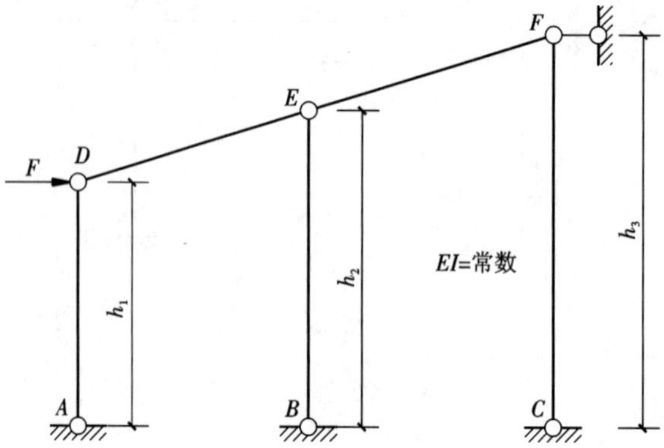

习题 12.3 图

13 影响线

【学习目标】

1. 能正确陈述影响线的概念。
2. 能熟练应用静力法和机动法绘制影响线。
3. 在不同荷载作用下能确定最不利荷载位置。

【学习重点】

1. 影响线的概念。
2. 用静力法和机动法绘制影响线。
3. 确定最不利荷载位置。

【学习难点】

1. 影响线概念的理解。
2. 影响线的绘制。
3. 最不利荷载位置的确定。

13.1 影响线的概念

前面各章讨论了结构在恒载作用下的内力计算问题。由于恒载的大小、方向及作用位置是不变的,所以在恒载作用下,结构的支座反力和任一截面的内力也是固定不变的。但实际的结构除了承受恒载外,往往还承受移动荷载和可动荷载。如工业厂房中在吊车梁上行驶的吊车[图 13.1(a)、(b)],公路和桥梁上行驶的汽车(图 13.2)以及列车的轮压等都是移动荷载;又如房屋建筑中的人群、风荷载和雪荷载等都是可动荷载。

在移动荷载和可动荷载作用下,结构的支座反力和各截面内力都随荷载作用点的移动或荷载的不同分布而变化。如吊车在吊车梁 AB 上自 A 向 B 移动时[图 13.1(b)、(c)],吊车梁 AB 的支座反力 F_A 将逐渐减小,而支座反力 F_B 将逐渐增大。因此,需研究荷载位置变化时结构支座反力和各截面内力的变化规律,以求出其最大值来为结构设计提供依据。为此,需确定移动荷载和可动荷载的最不利位置,即使结构的某一支座反力或某截面的某个内力达到最大值时荷载的位置。

移动荷载的类型和可动荷载的分布形式很多,如逐个讨论其最不利位置,需进行繁杂的计算。我们通常采用分解和叠加的方法,即将多个移动荷载视为单位移动荷载的组合,这样只要把单位移动荷载 $F=1$ 作用下的支座反力和各截面内力的变化规律分析清楚,就可以顺利地解决多个移动荷载和可动荷载作用下支座反力和各截面内力的计算及最不利荷载位置的确定

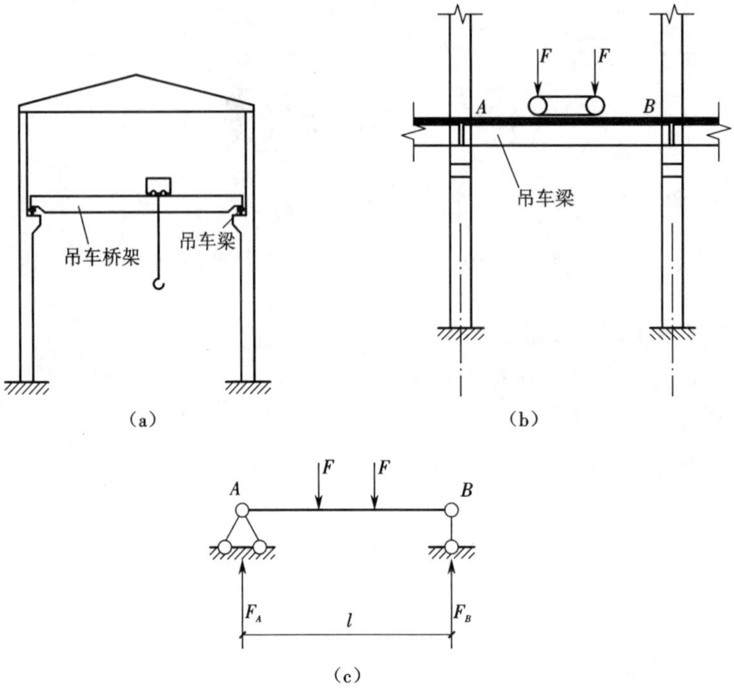

图 13.1

(a)厂房横剖图 (b)纵剖图 (c)吊车梁计算简图

问题。同时,为了清晰和直观起见,可把某量值随荷载 $F=1$ 移动而变化的规律用函数图形表示,这种图形称为该量值的影响线。下面以简支梁为例说明影响线的概念。

如图 13.3(a)所示简支梁,当单位竖向荷载 $F=1$ 在梁上移动时,研究支座反力 F_B的变化规律。

取 A 点为坐标原点,用 x 表示荷载 $F=1$ 作用点的横坐标,注意这里荷载作用点位置 x 是变量,$F=1$ 为移动荷载;用 y 表示影响线的纵坐标。

当荷载 $F=1$ 在梁上任意位置 $x(0\leqslant x\leqslant l)$时,利用平衡方程,可求出支座反力 F_B。

$$\sum M_A=-1\cdot x+F_B\cdot l=0$$

$$F_B=\frac{x}{l}(0\leqslant x\leqslant l)$$

上式是 F_B的影响线方程式,x/l 在数值上等于当 $F=1$ 时引起的支座反力 F_B,用图形表示该方程,则称为影响线。因为 x/l 是一次式,所以 F_B的影响线是直线。只要定出直线上两点的坐标,即可定出该直线。可设 $x=0$,得 $F_B=0$;再设 $x=l$,得 $F_B=1$。由此定出两点的纵坐标,将两点连成直线,便得到 F_B的影响线,如图 13.3(b)所示。

图 13.3(b)中的影响线清晰地表明了支座反力 F_B随荷载 $F=1$ 的移动而变化的规律:当荷载 $F=1$ 从 A 点开始逐渐向 B 点移动时,支座反力 F_B相应地从零开始,逐渐增大,最后达到最大值 $F_B=1$。

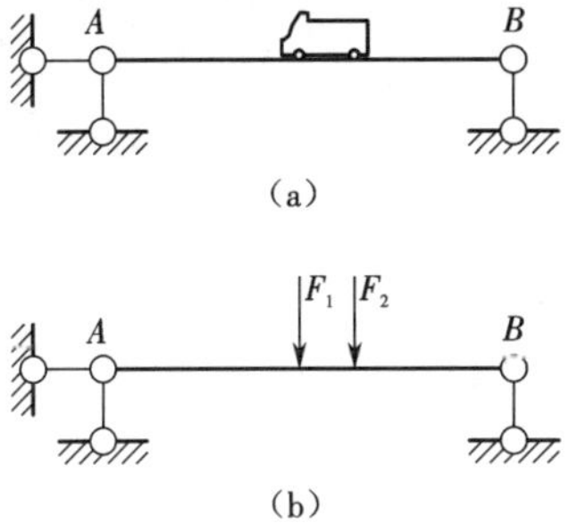

图 13.2

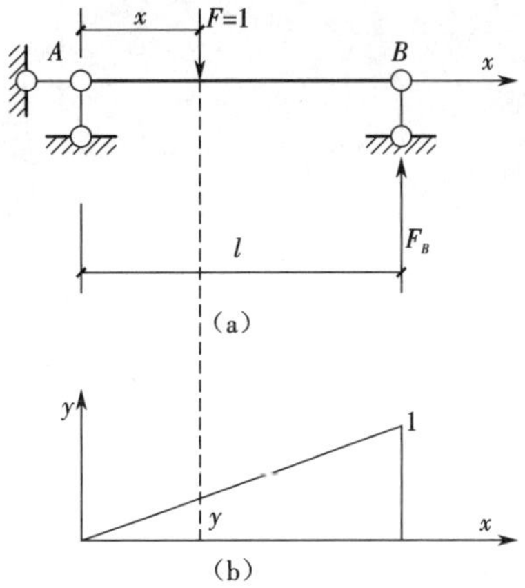

图 13.3

以上以简支梁支座反力 F_B的影响线说明影响线的概念。一般地，当一个单位集中荷载 $F=1$ 沿结构移动时，表示结构上某量 S（如支座反力，某指定截面的弯矩、剪力或轴力等）变化规律的曲线，称为 S 的影响线。影响线上任一点的横坐标 x 表示荷载位置参数，相应的纵坐标 y 表示单位荷载 $F=1$ 作用于此点时某量 S 的数值。影响线是研究移动荷载和可动荷载作用效应的基本工具。

绘制影响线图形时，正值画在基线上面，负值画在基线下面，并标明正负号。由于 $F=1$ 无单位，因此某量值 S 影响线纵坐标的单位等于 S 值的单位除以力的单位，如 F_B影响线的纵坐标无单位，即纯数。

13.2 用静力法作影响线

静定结构的支座反力和内力影响线有两种作法：静力法和机动法。本节首先介绍静力法。

静力法是以单位移动荷载 $F=1$ 的作用位置 x 为变量，利用静力平衡条件列出某指定量值与 x 之间的关系式，即该指定量值的影响线方程，最后根据该指定量值的影响线方程作出其影响线。

下面介绍用静力法绘制简支梁［图 13.4(a)］的反力、弯矩和剪力影响线。

13.2.1 反力的影响线

当单位荷载 $F=1$ 在简支梁 AB 上移动时，取 A 点为坐标原点，以 x 表示荷载 $F=1$ 距 A 点的距离，设反力向上为正。

由平衡条件 $\sum M_B=0$ 得

$$F_A \cdot l-1(l-x)=0$$

即

$$F_A=\frac{l-x}{l}(0\leqslant x\leqslant l)$$

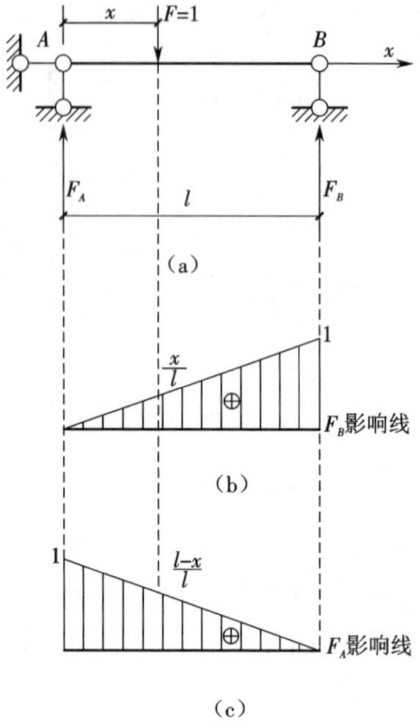

图 13.4

这就是 F_A的影响线方程。它是 x 的一次函数,故 F_A影响线必为一条直线,用两点竖标即可确定其图形。

当 $x=0$ 时,$F_A=1$;当 $x=l$ 时,$F_A=0$,在对应于梁跨的水平基线两端,分别描出上述竖标并连以直线,即得 F_A的影响线如图 13.4(c)所示。

同理,由 $\sum F_y=0$ 可得 F_B的影响线方程

$$F_B=F-F_A=1-\frac{l-x}{l}=\frac{x}{l}(0\leqslant x\leqslant l)$$

按上式绘出的 F_B影响线如图 13.4(b)所示。

支座反力影响线的纵坐标无单位。

13.2.2 剪力影响线

现绘制简支梁截面 C[图 13.5(a)]的剪力影响线。设坐标原点在 A 点,当荷载 $F=1$ 在截面以左(AC 段)移动时,可取截面 C 右边(BC 段)为隔离体,由 $\sum F_y=0$ 得

$$V_C=-F_B=-\frac{x}{l}(0\leqslant x\leqslant a)$$

这表明,V_C影响线在 AC 段上为一条直线,只要将 F_B影响线反号并截取截面 C 以左部分,即得 V_C在 AC 段的影响线,如图 13.5(c)所示,其中截面 C 处竖标可由比例关系求出。

当荷载 $F=1$ 在截面以右(CB 段)移动时,可取左端 AC 为隔离体,由 $\sum F_y=0$ 得

$$V_C = F_A = \frac{l-x}{l} (a \leqslant x \leqslant l)$$

此式表明，V_C影响线在右端 CB 上也是一条直线，只需截取 F_A 的影响线在 C 截面以右部分，即得 V_C 在 BC 段部分的影响线，如图 13.5(c)所示。

建立剪力影响线方程时，仍规定该剪力使隔离体有顺时针转动趋势为正。

剪力影响线的纵坐标无单位。

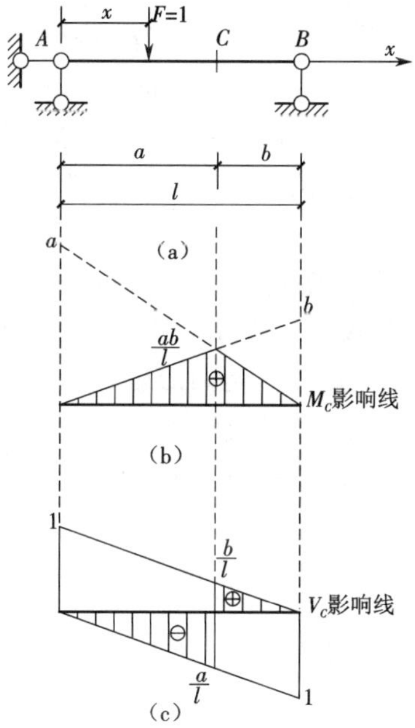

图 13.5

13.2.3 弯矩影响线

现绘制简支梁指定截面 C 的弯矩影响线，设 A 为坐标原点[图 13.5(a)]。当 $F=1$ 在 C 截面以左移动时，取 C 截面以右部分为隔离体，并规定梁的下边纤维受拉为正，由 $\sum M_C = 0$ 得

$$M_C = F_B b = \frac{x}{l} \cdot b (0 \leqslant x \leqslant a)$$

上式表明，M_C 的影响线在截面 C 以左部分是一条直线。当 $x=0$ 时，$M_C=0$；当 $x=a$ 时，$M_C = \frac{ab}{l}$，故只需连接这两点的竖标，即得 M_C 在 C 截面以左部分的影响线[图 13.5(b)]。

当 $F=1$ 在 C 截面以右移动时，取 C 截面以左部分为隔离体，由 $\sum M_C = 0$ 得

$$M_C = F_A a = \frac{l-x}{l} \cdot a (a \leqslant x \leqslant l)$$

上式表明，M_C的影响线在截面 C 以右部分也是一条直线。当 $x=a$ 时，$M_C=\frac{ab}{l}$；当 $x=l$ 时，$M_C=0$，据此绘出 M_C在 C 截面以右部分的影响线[图 13.5(b)]。

由图 13.5(b)知，M_C影响线由左、右两条直线组成，形成一个三角形，各竖标均为正号；左、右两条直线的交点(三角形顶点)与截面 C 的位置相对应，其竖标为$\frac{ab}{l}$。

弯矩影响线纵坐标是长度单位。

从上列弯矩影响线方程可以看出：M_C影响线 AC 段部分可由反力 F_B的影响线将竖标放大 b 倍而得，而 BC 段部分可由反力 F_A的影响线将竖标放大 a 倍而得。因此，可利用 F_A和 F_B的影响线来绘制 M_C的影响线。其绘制方法是在左、右两支座处分别取竖标 a、b[图 13.5(b)]，将它们的顶点分别与右、左两支座处的零点用直线相连，则这两条直线的交点与左右零点相连的部分就是 M_C影响线。

注意：影响线的图形与内力图形状相似，但含义不同，初学者易混淆二者。现以简支梁的弯矩图和弯矩影响线为例进行比较说明。图 13.6(a)为简支梁的 C 截面弯矩影响线 M_C，图 13.6(b)为荷载 F 作用于 C 点时的弯矩图。两图形相似，但各图形的竖标所代表的含义不同。例如 D 点的竖标，在 M_C影响线图 13.6(a)中是代表 $F=1$ 作用在 D 点时截面 C 的弯矩值(以 M_C^D 表示，右上标表示 $F=1$ 所在位置)，而在弯矩图 13.6(b)中 D 点的竖标则表示固定荷载 F 作用于 C 点时截面 D 的弯矩值(M_D)。

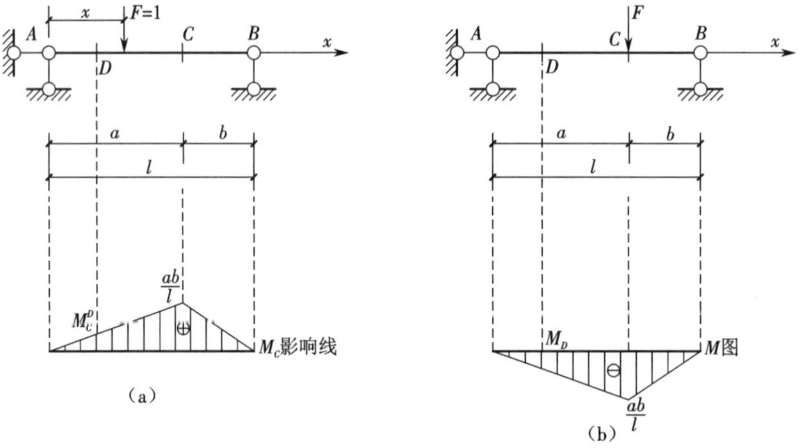

图 13.6

【例 13.1】试作图 13.7(a)所示伸臂梁的反力影响线以及截面 C 和 D 的弯矩、剪力影响线。

解 ①F_A、F_B影响线。如图 13.7(a)所示，取支座 A 为坐标原点，并分别求得反力 F_A 和 F_B 的影响线方程为

$$F_A=\frac{l-x}{l}(-d\leqslant x\leqslant l+d)$$

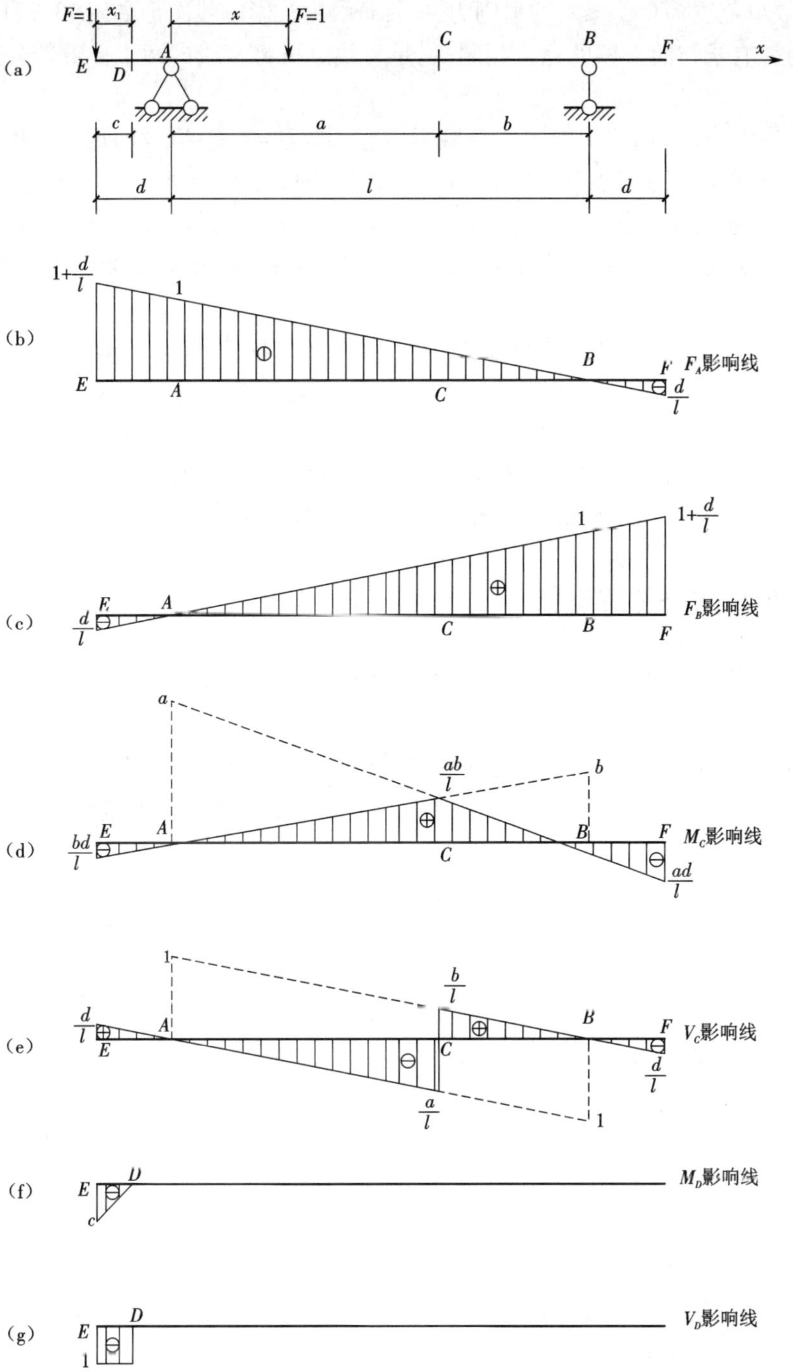

图 13.7

$$F_B=\frac{x}{l}\left(-d\leqslant x\leqslant l+d\right)$$

这两个支座反力影响线方程与简支梁相同，只是荷载 $F=1$ 的作用范围有所扩大。在简支梁中，x 的取值范围为 $0 \leqslant x \leqslant l$，这里则为 $-d \leqslant x \leqslant l+d$，影响线图形如图 13.7(b)、(c)所示。在 AB 段内的影响线与简支梁的完全相同，仍是直线。再将直线向两个伸臂部分延长，即得到整个影响线。

②M_C、V_C影响线。当 $F=1$ 作用在 C 截面以左(即 $F=1$ 在 EC 段)时，得 $M_C=F_B b$，$V_C=-F_B$；当 $F=1$ 作用在 C 截面以右(即 $F=1$ 在 CF 段)时，得 $M_C=F_A a$，$V_C=F_A$。由此可知，M_C 和 V_C的影响线方程与简支梁的相同。因而与作反力影响线一样，只需将相应简支梁上截面 C 的 M_C和 V_C的影响线向两个伸臂部分延长，即可得伸臂梁的 M_C和 V_C的影响线，如图 13.7(d)、(e)所示。

③M_D、V_D影响线。为了计算方便，此时宜取 D 为坐标原点，以 x_1表示 $F=1$ 至原点 D 的距离，且令 x_1在 D 以左时取正值。取截面 D 以左部分为隔离体，考虑其平衡条件可得：

当 $F=1$ 作用在 D 截面以左(即 $F=1$ 在 DE 段)时，得 $M_D=-x_1$，$V_D=-1$；

当 $F=1$ 作用在 D 截面以右(即 $F=1$ 在 DF 段)时，得 $M_D=0$，$V_D=0$。

据此，可作出 M_D和 V_D的影响线如图 13.7(f)、(g)所示。

13.3 用机动法作影响线

用机动法作影响线是以刚体虚位移原理为依据。现以绘制图 13.8(a)所示梁 AB 的反力 F_A影响线为例，说明这一方法。

为了求出反力 F_A，应将与它相应的约束去掉而以力 X 代替其作用，如图 13.8(b)所示。这样，原结构便成为具有一个自由度的机构。当该机构发生微小的虚位移时，以 δ_X和 δ_F分别表示力 X 和 F 的作用点沿力的作用方向的虚位移，则根据虚位移原理有

$$X\delta_X + F\delta_F = 0$$

作影响线时，取 $F=1$，故得

$$X = -\frac{\delta_F}{\delta_X}$$

式中：δ_X即为 X 作用点沿其方向的位移，故在给定虚位移的情况下它是不变的；但 δ_F却随荷载 $F=1$ 的位置变化而变化。于是，比值 δ_F/δ_X的变化规律恰反映出 $F=1$ 移动时 X 的变化规律。考虑到体系只有一个自由度，不论虚位移 δ_X为何值，比值恒为一定值。为了计算简便，令 $\delta_X=1$，则上式变为

$$X = -\delta_F \tag{13.1}$$

由此可知，使 $\delta_X=1$ 时的虚位移图 δ_F就代表 X 的影响线，只是符号相反。由于规定 δ_F以与力 F 的方向一致者为正，即 δ_F图以向下为正，而 X 与 δ_F反号，故 X 的影响线应以向上为正。据此，可作出 F_A影响线如图 13.8(c)所示。

综上所述，可得用机动法作影响线的步骤如下。

①撤去与 X 相应的约束，代之以未知力 X。

②使体系沿 X 的方向发生位移，作出荷载作用点的竖向位移图(δ_F图)，由此可定出影响线的轮廓。

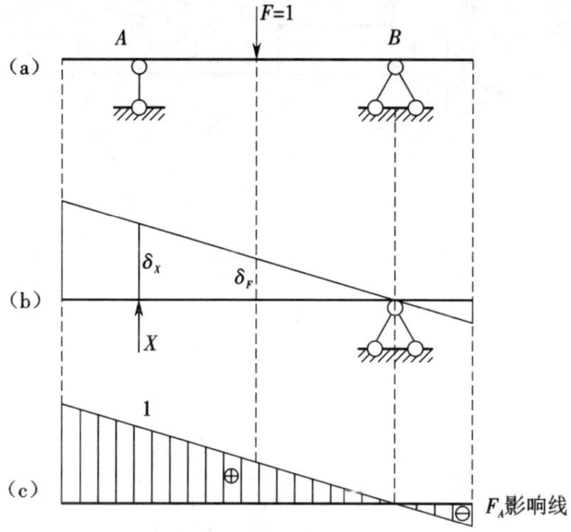

图 13.8

③再令 $\delta_X=1$，可进一步定出影响线各竖标的数值。

④横坐标以上的图形，影响系数取正号；横坐标以下的图形，影响系数取负号。

【例 13.2】用机动法作图 13.9(a)所示简支梁截面 C 的弯矩和剪力影响线。

解 ①弯矩 M_C的影响线。

撤去截面 C 处与弯矩 M_C相应的约束(即在截面 C 处改刚接为铰接)，代之以一对大小相等、方向相反的使下边受拉的力偶 m_C。这时铰 C 两侧的刚体可以转动。

给体系沿 m_C的方向以虚位移，如图 13.9(b)所示。写出虚功方程如下：

$$M_C\delta_X+F\delta_F=0$$

这里，δ_X 就是与 m_C 相应的铰 C 左右两侧截面的相对转角。利用 δ_X可以确定位移图中的纵坐标。因 δ_X是微小转角，可求得 $BB_1=\delta_X b$。由几何关系得，C 点竖向位移为$\dfrac{ab}{l}\delta_X$。

图 13.9(b)所示的位移图即代表 M_C影响线的形状。

将图 13.9(b)所示的位移图除以 δ_X，或令位移图中的纵坐标 $\delta_X=1$，可求得 M_C影响线纵坐标的数值。M_C影响线如图 13.9(c)所示，C 点的纵坐标为$\dfrac{ab}{l}$。

②剪力 V_C的影响线。

在截面 C 处撤去与剪力 V_C相应的约束(即将截面 C 左、右侧改为用两个平行于杆轴的平行链杆连接)，代之以一对大小相等、方向相反的正剪力 V_C，得图 13.9(d)所示有一个自由度的机构。这时在截面 C 处可以发生相对的竖向位移，而不能发生相对转动和水平位移。

给体系沿 V_C方向以虚位移。由于 AC 和 BC 两刚片使用两根水平的平行链杆相连，因此 AC 和 BC 只能在竖直方向作相对平行移动。如先给 AC 段虚位移移动到 AC_1，则 BC 段虚位移移动到 BC_2，且 $BC_2/\!/AC_1$，位移图如图 13.9(d)所示。切口处相对竖向位移即 δ_X。图 13.9(d)所示即 V_C影响线的形状。

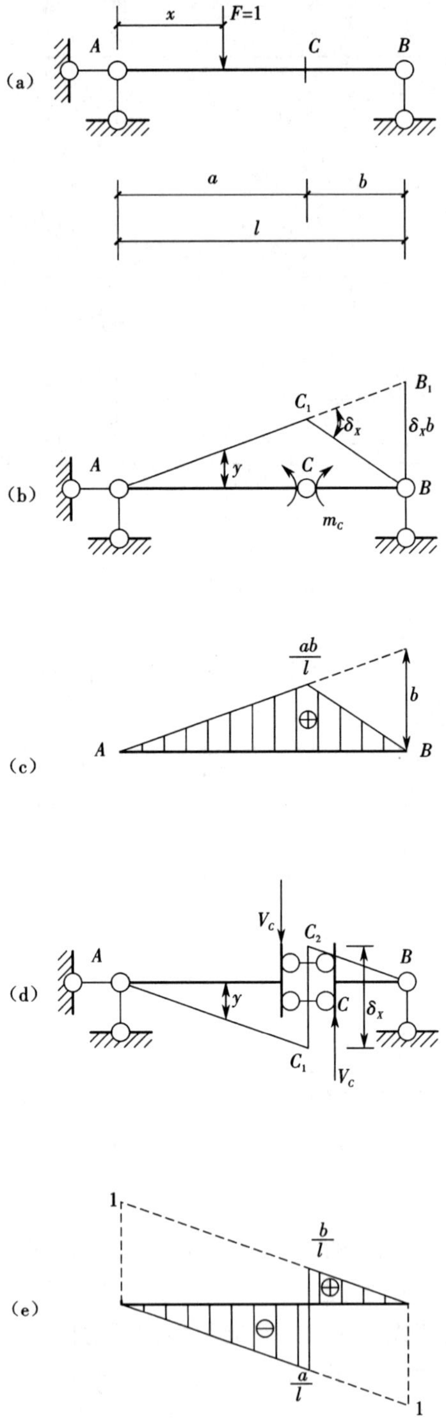
(a)
x
F=1
A
C
B
a
b
l
(b)
C_1
B_1
δ_x
$\delta_x b$
A
y
C
B
m_C
(c)
$\frac{ab}{l}$
b
A
B
(d)
V_C
C_2
A
B
y
C
δ_x
C_1
V_C
(e)
1
$\frac{b}{l}$
$\frac{a}{l}$
1

图 13.9

令 $\delta_X=1$，即得 V_C的影响线，如图13.9(e)所示。显然，V_C影响线由左、右两条平行线组成。由几何关系可得各控制点的纵坐标值。V_C影响线在坐标轴以上取正号，在坐标轴以下取负号。

13.4 利用影响线求影响量值

从前几章我们知道，静定结构在固定荷载作用下，可用静力平衡条件和截面法求出反力和内力。现在有了影响线，我们也可以根据叠加原理，利用影响线求固定荷载作用下的反力和内力，并为确定移动荷载作用下的最不利荷载位置奠定基础。

13.4.1 集中荷载作用

设结构承受一组作用位置不变的集中力系 $F_1, F_2, F_3, \cdots, F_n$的作用，先要利用影响线求其中某截面某项内力 S 的值。为此，先将该截面内力 S 的影响线画出，设如图13.10所示。

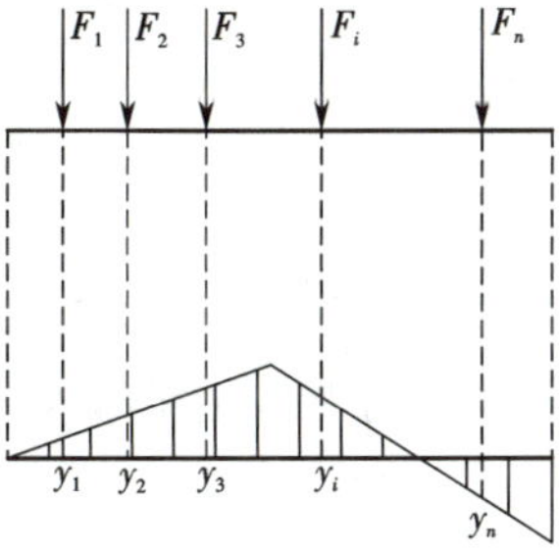

图13.10

从影响线的定义可知，F_1 作用点处影响线的竖标 y_1 表示单位荷载 $F=1$ 作用于该点时所产生的 S 值。现在 F_1 是任意值，所以 F_1 所产生的 S 值应为 y_1 的 F_1 倍，即等于 F_1y_1；同理，$F_2, F_3, \cdots, F_n$ 所产生的 S 值应分别为 $F_2y_2, F_3y_3, \cdots, F_ny_n$，其中 $y_1, y_2, y_3, \cdots, y_n$ 分别为 $F_1, F_2, F_3, \cdots, F_n$作用点处 S 影响线的竖标。根据叠加原理，结构在 $F_1, F_2, F_3, \cdots, F_n$共同作用下，指定截面的内力 S 值应为

$$S=F_1y_1+F_2y_2+\cdots+F_ny_n=\sum_{i=1}^{n}F_iy_i \tag{13.2}$$

由此可知，在固定集中荷载作用下，欲求某截面中某项内力 S 值，首先应画出该截面内力 S 的影响线，然后利用式(13.2)，即可求出 S 值。注意：乘积 F_iy_i 本身带正负号，如果 F_i 的指向与单位移动荷载同向，则乘积的正负号与 y_i 的正负号相同。如图13.10中，由于在 F_n 作用点处的 y_n 为负值，故该项乘积 F_ny_n 应取负值。

13.4.2 均布荷载作用

如图13.11(a)所示，结构受作用位置不变的均布荷载 q 作用，现计算某截面中某项内力

S。同样首先画出 S 的影响线如图 13.11(b)所示。可设想均布荷载分为无穷多的微分段，每段视作一个微小集中力 $q\mathrm{d}x$，每一个微小集中力引起的 S 值为 $yq\mathrm{d}x$，于是整段均布荷载所产生的 S 值为

$$S=\int_c^d yq\mathrm{d}x=q\int_c^d y\mathrm{d}x=q\omega$$

其中，ω 为均布荷载段所对应的影响线面积。

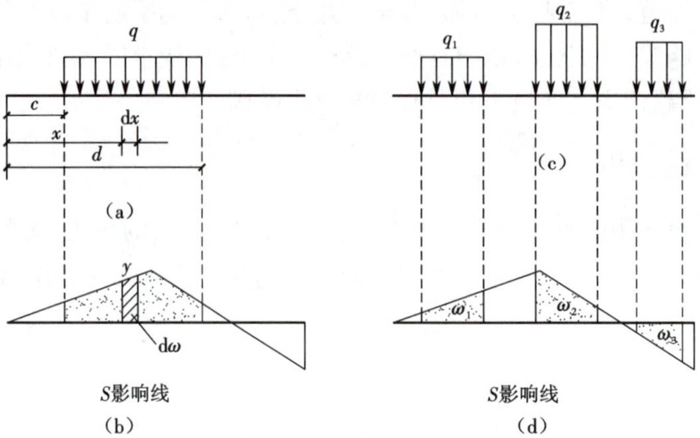

图 13.11

如果结构受几段位置不变的均布荷载 q 作用[图 13.11(c)]，设 q_1、q_2、q_3 所对应的影响线面积分别为 ω_1、ω_2 和 ω_3，则

$$S=q_1\omega_1+q_2\omega_2-q_3\omega_3$$

写成一般的形式为

$$S=\sum_{i=1}^{n}q_i\omega_i \tag{13.3}$$

其中，ω_i 为 q_i 作用段所对应的影响线面积，如图 13.11(d)所示。ω_i 的正负号与该段影响线竖距的正负号相同。

【例 13.3】利用影响线求图 13.12(a)所示简支梁在固定荷载作用下的 M_C、V_C。已知：$F_1=32\ \mathrm{kN}$，$F_2=24\ \mathrm{kN}$，$q=10\ \mathrm{kN/m}$。

解 根据题意，应先分别画出 C 截面的弯矩和剪力影响线，如图 13.12(b)、(c)所示。本例中既有集中荷载又有均布荷载，故内力应用式(13.2)和式(13.3)联合计算，即

$$\begin{aligned}M_C&=F_1y_1+F_2y_2+q\omega\\&=32\times1.875+24\times0.75+10\times\left(\frac{1}{2}\times1.875\times8\right)\\&=60+18+75=153\ \mathrm{kN\cdot m}\end{aligned}$$

计算 C 点左右两截面的剪力时，因均布荷载作用段内，V_C 影响线有正负两块面积，所以均布荷载段对应的影响线面积应是此两块面积的代数和($\omega=\omega_2-\omega_1$)。

此外，F_1 正好作用在 C 点上，y_1 要根据剪力影响线中左、右直线所表示的物理意义来确

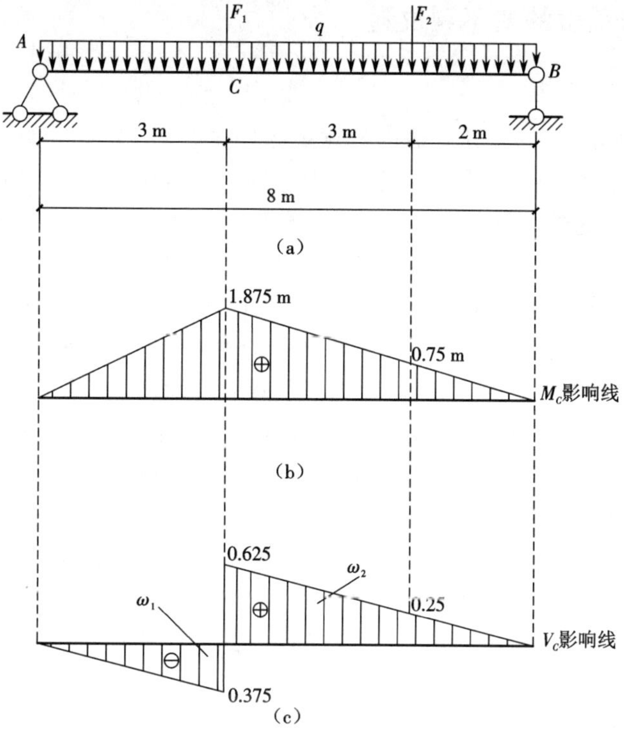

图 13.12

定：求 $V_{C左}$时，F_1在截面的右侧，所以 y_1 应取自右直线，即 $y_1 = 0.625$；计算 $V_{C右}$时，F_1在截面的左侧，所以 y_1 应取自左直线，即 $y_1 = -0.375$。

$$\begin{aligned}V_{C左} &= F_1y_1 + F_2y_2 + q(\omega_2 - \omega_1)\\&= 32 \times 0.625 + 24 \times 0.25 + 10 \times \left(\frac{1}{2} \times 0.625 \times 5 - \frac{1}{2} \times 0.375 \times 3\right)\\&= 20 + 6 + 10 = 36\ \text{kN}\end{aligned}$$

$$\begin{aligned}V_{C右} &= F_1y_1 + F_2y_2 + q(\omega_2 - \omega_1)\\&= 32 \times (-0.375) + 24 \times 0.25 + 10 \times \left(\frac{1}{2} \times 0.625 \times 5 - \frac{1}{2} \times 0.375 \times 3\right)\\&= -12 + 6 + 10 = 4\ \text{kN}\end{aligned}$$

13.5 最不利荷载位置的确定

结构设计中，我们需要求出移动荷载作用下量值 S 的最大值 S_{max}（包括最大止值和最大负值，最大负值也称为最小值 S_{min}）作为设计依据，而要解决这个问题，必须先确定使其发生最大值的荷载位置即最不利荷载位置。只要所求量值的最不利荷载位置一经确定，其最大值即不难求得。影响线的最重要作用就是用来判定最不利荷载位置。

13.5.1 移动集中荷载的最不利位置

1. 通过观察直接确定

如图 13.13(a)所示伸臂梁,其 C 截面的弯矩影响线如图 13.13(b)所示。如果移动荷载只有一个集中力 F,当把 F 放在影响线正竖标最大的 C 点处时[图 13.13(c)],M_C产生最大值;当把 F 放在负竖标绝对值最大的 D 点处时[图 13.13(d)],M_C产生最小值。所以,F 在 C 点和 D 点都是截面 C 弯矩的最不利位置。如果移动荷载有两个集中力,并设 $F_1>F_2$,两力之间的距离 $d=1.2$ m,且两力可以调换位置(如车辆可以由左驶向右,也可以由右驶向左)。由 $M_C=F_1y_1+F_2y_2$ 可知,欲使 M_C 最大,应把其中较大的力 F_1 放在影响线正竖标最大的 C 点处,而把 F_2 放在影响线斜率较小的直线上,如图 13.13(e)所示,则 M_C 产生最大值;同理,图 13.13(f)所示荷载位置能使 M_C 产生最小值(注意使用两荷载位置可调换的条件)。图 13.13(e)、(f)分别使截面 C 的弯矩产生最大值和最小值,所以这两个荷载位置都是两个移动集中力作用情况下,C 截面弯矩的最不利荷载位置。

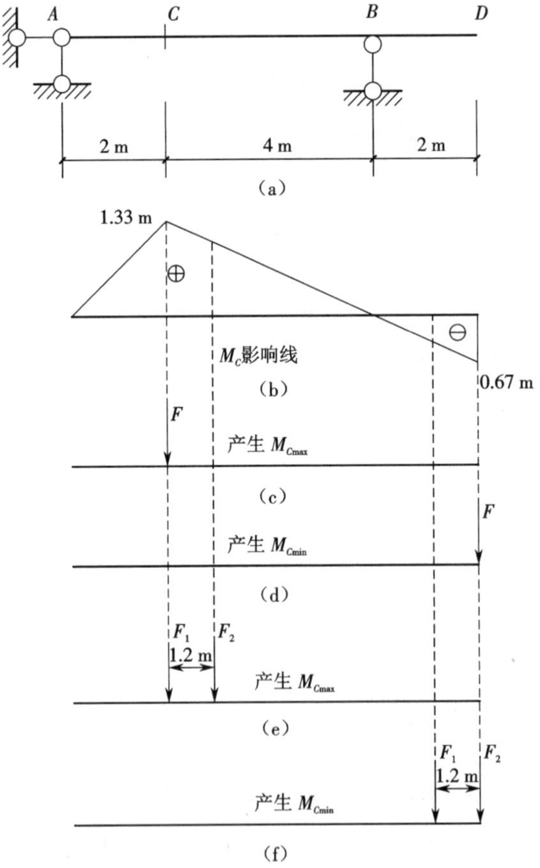

图 13.13

2. 通过判别式确定

当移动荷载是一组间距不变的集中力系时，其最不利荷载位置不容易通过观察法直接确定。下面仅就影响线为三角形的情况进行讨论。

图 13.14(a)、(b)分别表示一组间距不变的移动集中荷载和某量值 S 的影响线。现在研究在什么情况下，荷载位置是最不利的，亦即荷载处于什么位置时，S 将达到最大值 S_{max}。设荷载组处于图示位置时，各集中荷载对应的影响线的竖标分别为 $y_1, y_2, \cdots, y_i, \cdots, y_n$。此时，量值 S 的相应值(以 S_1 表示)为

$$S_1 = F_1 y_1 + F_2 y_2 + \cdots + F_i y_i + \cdots + F_n y_n$$

当荷载向右移动一距离 Δx 时，则 S 值将变为

$$S_2 = F_1(y_1 + \Delta y_1) + F_2(y_2 + \Delta y_2) + \cdots + F_i(y_i + \Delta y_i) + \cdots + F_n(y_n + \Delta y_n)$$

式中：Δy_i 代表 F_i 所对应的影响线竖标增量。

由上列两式之差可得出量值 S 的增量为

$$\Delta S = S_2 - S_1 = F_1 \Delta y_1 + F_2 \Delta y_2 + \cdots + F_i \Delta y_i + \cdots + F_n \Delta y_n$$

在影响线为同一直线的部分，各竖标的增量都是相等的，对于图 13.14 所示的情况则有

$$\Delta y_1 = \Delta y_2 = \cdots = \Delta y_i = \Delta x \tan\alpha = \Delta x \frac{h}{a}$$

$$\Delta y_{i+1} = \cdots = \Delta y_n = -\Delta x \frac{h}{b}$$

在上列两式中规定 Δx 恒取正值，当荷载向右移动时，$\tan\alpha$ 对应于竖标增大故为正，而 $\tan\beta$ 对应于竖标减小故为负。于是 S 的增量可写为

$$\Delta S = (F_1 + F_2 + \cdots + F_i)\frac{h}{a}\Delta x - (F_{i+1} + \cdots + F_n)\frac{h}{b}\Delta x \tag{13.4}$$

根据上式即可研究最不利荷载位置。由高等数学知：函数的极值，或发生在 $\frac{dS}{dx} = 0$ 处，或发生在 $\frac{dS}{dx}$ 变号的尖点处。在我们所讨论的问题中，因荷载为集中力，而影响线又是由 x 的一次函数表示的折线图形，故由 $S = \sum F y_i$ 可知，量值 S 与荷载位置 x 之间的关系曲线为一折线。于是 S 的极值应发生在 $\frac{dS}{dx}$ 改变符号的尖点处。这一极值条件可用增量 ΔS 是否改变符号来判定，即当 ΔS 变号时，则 S 有极值。

现在来讨论当荷载处于什么位置时，有可能使 ΔS 变号。从式(13.4)可知，当没有集中荷载经过影响线的顶点时，ΔS 是一个不变的常数值，因此要使 ΔS 变号，就必须有某个集中荷载由影响线的左边过渡到右边。换句话说，只有当一个集中荷载位于影响线顶点时，才有可能使 ΔS 变号而使 S 有极值。由此可知，集中荷载位于影响线的顶点是最不利荷载位置的一个必要条件，然而它并不是充分条件。因为荷载经过影响线的顶点虽使 ΔS 的大小发生了变化，但并不一定就能使 ΔS 改变符号。只有那种既通过影响线顶点又能使 ΔS 改变符号的荷载(设以 F_{cr} 表示)才会使 S 产生极值。我们称这一荷载 F_{cr} 为临界荷载。与此相应的荷载位置称为临

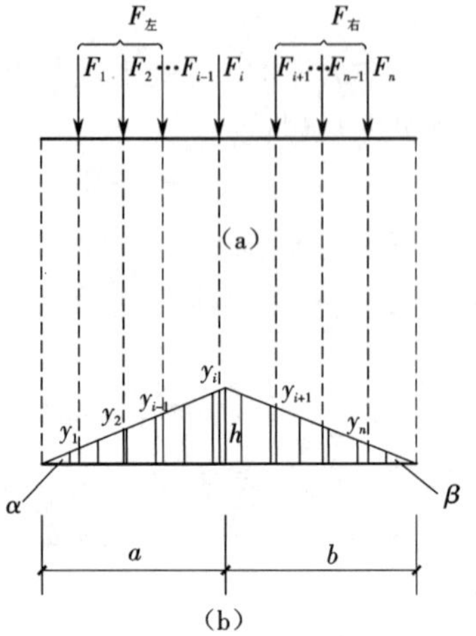

图 13.14

界位置。显然,当 F_{cr} 位于影响线顶点时,应满足如下极值条件。

①当 S 为极大值时,则 ΔS 由大于零变为小于零;有时也可能发生 ΔS 由大于零变为等于零或由等于零变为小于零的情况。

②当 S 为极小值时,则 ΔS 由小于零变为大于零;有时也可能发生 ΔS 由小于零变为等于零或由等于零变为大于零的情况。

对于寻求极大值来说,根据式(13.4),可将上述极值条件表示为

$$(F_1 + F_2 + \cdots + F_{i-1} + F_{cr})\frac{h}{a}\Delta x - (F_{i+1} + \cdots + F_n)\frac{h}{b}\Delta x \geqslant 0$$

$$(F_1 + F_2 + \cdots + F_{i-1})\frac{h}{a}\Delta x - (F_{cr} + F_{i+1} + \cdots + F_n)\frac{h}{b}\Delta x \leqslant 0$$

令 $\sum F_左$ 和 $\sum F_右$ 分别代表 F_{cr} 以左和 F_{cr} 以右荷载之和,并考虑到 $h\Delta x$ 为正值,则以上两个不等式可改写为

$$\left.\begin{aligned}\frac{\sum F_左 + F_{cr}}{a} \geqslant \frac{\sum F_右}{b}\\ \frac{\sum F_左}{a} \leqslant \frac{F_{cr} + \sum F_右}{b}\end{aligned}\right\} \tag{13.5}$$

式(13.5)就是三角形影响线在寻求极大值时,临界荷载必须符合的条件,称为三角形影响线临界荷载判别式。对此,可以这样理解:把不等式的每一方均看作一个平均荷载,则 F_{cr} 算在影响线顶点的某一边,这一边的平均荷载就将大于或等于另一边。至于 ΔS 由小于零变为大于零的情况,其判别式也可仿此推出。

必须指出:上述判别式是假定荷载自左向右移动而推得的,如荷载自右向左移动,也将得到同样的判别式,故它与实际荷载移动的方向无关。

按判别式(13.5)即可确定临界荷载,但有时临界荷载可能不止一个,这时可将相应的极

值分别算出，看哪一个为最大值。产生最大值的那个荷载位置就是最不利荷载位置，此极值即为我们所求量值 S 的最大值(或最小值)。

【例 13.4】试求图 13.15(a)所示多跨静定梁在图示吊车荷载作用下 B 支座的最大反力。已知：$F_1=F_2=478.5\ \text{kN}$，$F_3=F_4=324.5\ \text{kN}$。

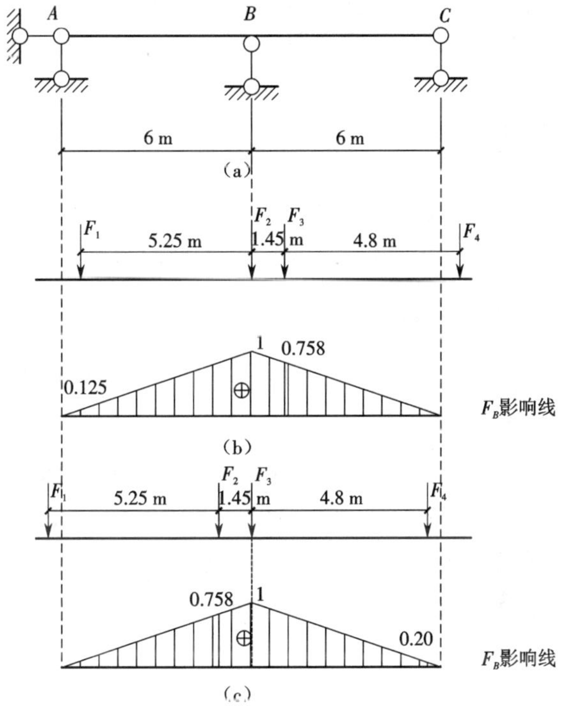

图 13.15

解 先作出 F_D影响线，然后根据式(13.5)判别荷载。在图示 4 个集中荷载作用下，究竟哪些荷载是临界荷载呢？由 $S=\sum Fy_i$ 可以看出，欲使 S 值为最大值，则需 $\sum Fy_i$ 具有较大值，这就要求在影响线顶点附近有较大的或较密集的集中荷载。由此可知，临界荷载必然是 F_2 和 F_3。现分别按判别式(13.5)进行验算。

首先，考虑 F_2 在 B 点的情况[图 13.5(b)]，有

$$\frac{2\times478.5}{6}>\frac{324.5}{6}$$

$$\frac{478.5}{6}<\frac{478.5+324.5}{6}$$

故 F_2 为临界荷载。

其次，考虑 F_3 在 B 点的情况[图 13.5(c)]，有

$$\frac{478.5+324.5}{6}>\frac{324.5}{6}$$

$$\frac{478.5}{6}<\frac{2\times 324.5}{6}$$

故 F_3 为临界荷载。

以上情况说明荷载有两个临界位置。究竟哪一个为最不利荷载位置呢？在难以直观确定的情况下，应按 $S=\sum Fy_i$ 计算，再作比较。这时应先分别算出与各荷载位置相应的影响线竖标。

当 F_2 在 B 点时，

$$F_B=478.5\times(0.125+1)+324.5\times 0.758=784.3\ \text{kN}$$

当 F_3 在 B 点时，

$$F_B=478.5\times 0.758+324.5\times(1+0.2)=752.1\ \text{kN}$$

比较两者可知，当 F_2 在 B 点时为最不利荷载位置，此时有 $F_{B(\max)}=784.3$ kN。

13.5.2 移动均布荷载的最不利位置

工程中会遇到移动的均布荷载，例如人群、履带式起重机和拖拉机等，这种荷载可有两种分布形式，下面分别进行讨论。

1. 可任意分布的、长度不限的均布荷载（又称可动均布荷载）的最不利位置

对于可以任意分布的均布荷载，由式(13.3)知，对图 13.16(a)所示 S 影响线，最不利布置为：求最大正值 $S_{\max}$时，应在影响线正号部分布满荷载，如图 13.16(b)所示；求最大负值 $S_{\min}$时，应在影响线负号部分布满荷载，如图 13.16(c)所示。

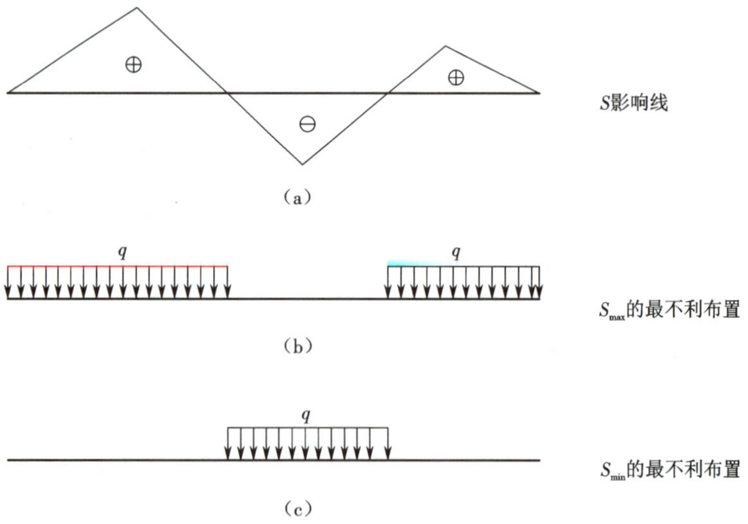

图 13.16

2. 分布长度固定不变的均布荷载的最不利位置

这种移动荷载的特点是：其分布长度固定不变，而且分布长度 d 可能小于影响范围，例如

只有一部履带式机车行驶时，就属于这种荷载。

如果某量值 S 的影响线是直角三角形，则把均布荷载的一端放在影响线正（或负）竖标最大的顶点上，这时的荷载位置就是其最不利位置。图 13.17（a）是简支梁 V_C 的影响线，图 13.17（b）和（c）就是与 $V_{C\max}$、$V_{C\min}$ 值相应的最不利荷载位置。

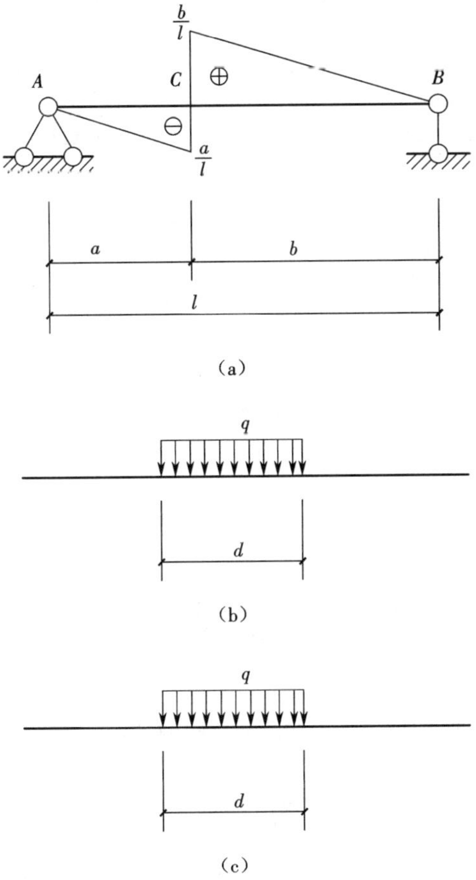

图 13.17

如果某量值 S 的影响线是一般三角形，荷载分布长度为 d，如图 13.18（a）所示。为了确定最不利荷载位置，由式（13.3）知，q 是常数，要使 S 产生最大值，必须使均布荷载作用范围所对应的影响线面积 ω 为最大，即 q 必须作用在影响线竖标最大的位置上。设某瞬时均布荷载位于图 13.18（a）所示位置，然后令荷载向右移动一微小距离 $\mathrm{d}x$，这时荷载位置所对应的影响线面积增加了 $y_j\mathrm{d}x$，而减少了 $y_i\mathrm{d}x$［图 13.18（a）中带阴影线部分］，于是 S 的增量 $\mathrm{d}S$ 为

$$\mathrm{d}S = q(y_j\mathrm{d}x - y_i\mathrm{d}x) = q(y_j - y_i)\mathrm{d}x$$

当 S 为最大值时，应满足 $\dfrac{\mathrm{d}S}{\mathrm{d}x} = q(y_j - y_i) = 0$ 而 q 不等于零，故必须使 $y_j - y_i = 0$，即

$$y_j = y_i$$

上式表明，当荷载左右两端所对应的影响线纵坐标相等（即 ij 直线平行于基线）时，此荷

载位置就是最不利荷载位置。

根据上式，很容易用图解法确定荷载的最不利位置，方法如图 13.18(b)所示：从 A 点量取线段 $AD=d$，由 D 点作 AC 的平行线交 CB 于 j 点，再由 j 点作基线的平行线交 AC 于 i 点，从平行四边形 $ADji$ 知，$ij=d$，而荷载作用于 ij 线上时，就是最不利荷载位置。利用几何关系，很容易求出相应的数值，从而算出 S 的最大值。

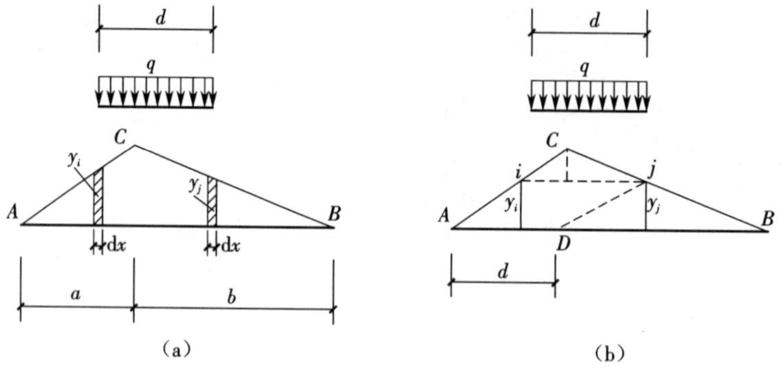

图 13.18

思 考 题

13.1 影响线是什么？影响线上任意一点的横坐标和纵坐标各代表什么意义？

13.2 用静力法做某内力的影响线与在固定荷载作用下求该内力有何异同？

13.3 用机动法作影响线的基本原理是什么？

13.4 什么是荷载的最不利位置？其临界荷载和临界位置又是指什么？

习 题

13.1 试用静力法作如图所示悬臂梁的支座反力(F_A、M_A)和指定截面 C 的内力(M_C、V_C)的影响线。

13.2 试用静力法作如图所示伸臂梁的支座反力(F_A、F_B)和指定截面 C 和 A 的内力(M_C、V_C、M_A、$V_{A左}$、$V_{A右}$)的影响线。

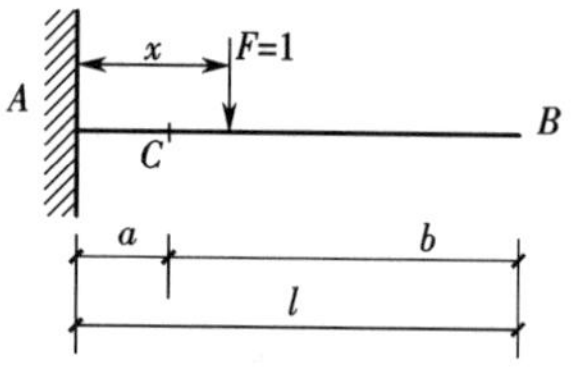

习题 13.1 图

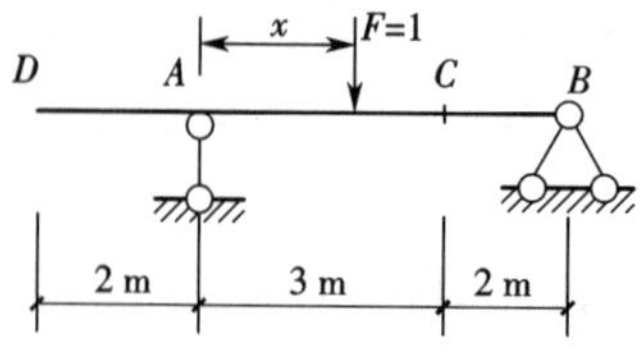

习题 13.2 图

13.3 试用静力法作如图所示斜梁的支座反力(F_A、F_B)和指定截面 C 的内力(M_C、V_C、N_C)的影响线。

13.4 试作图示梁 M_C、V_C的影响线。

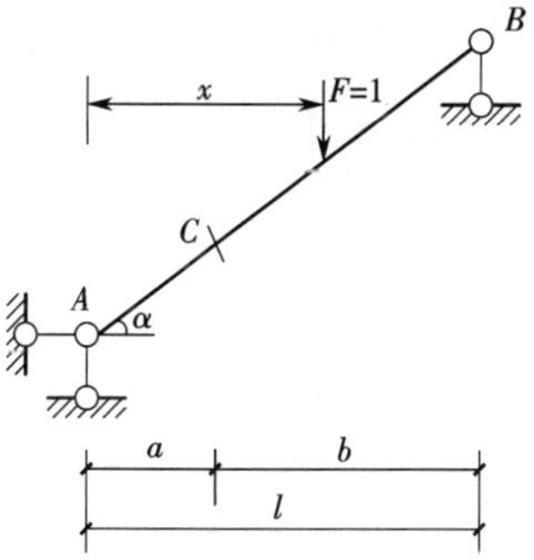

习题 13.3 图

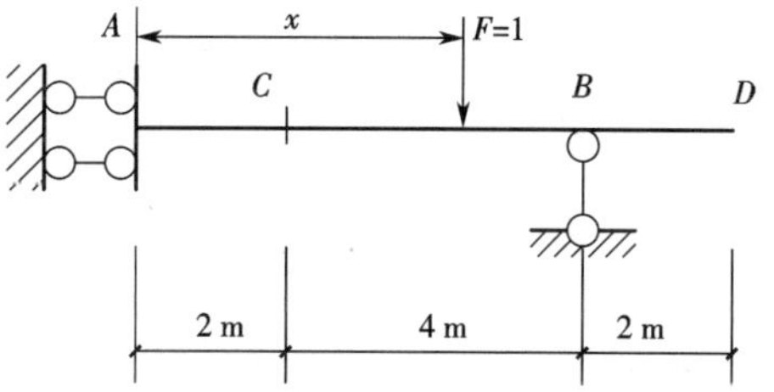

习题 13.4 图

13.5 试作图示结构中 M_K、M_C、$V_{C左}$、$V_{C右}$的影响线。

13.6 试用机动法作如图所示指定量 F_A、F_B、M_E、$V_{E左}$、$V_{E右}$的影响线。

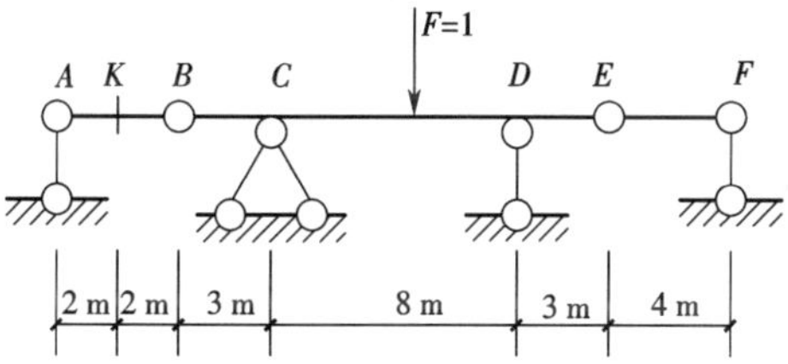

习题 13.5 图

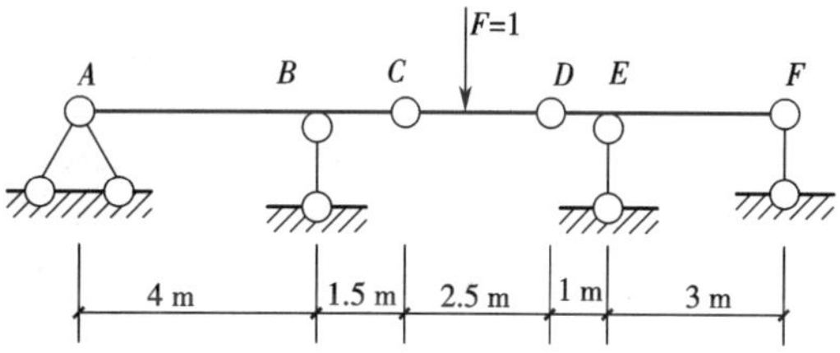

习题 13.6 图

13.7 利用影响线计算在图示荷载作用下指定量值 M_E、$V_{D左}$。

13.8 利用影响线计算在图示荷载作用下指定量值 M_E、V_D。

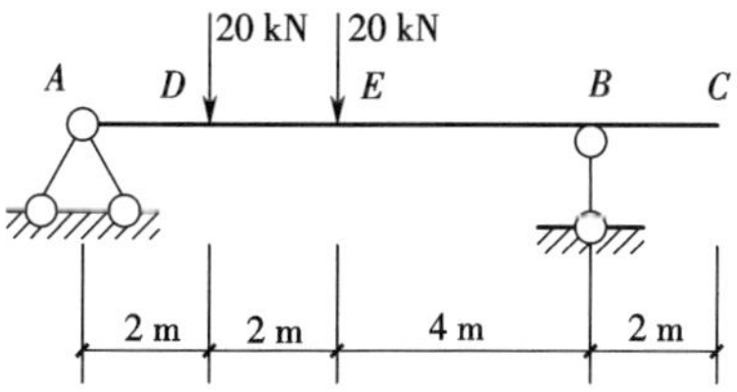

习题 13.7 图

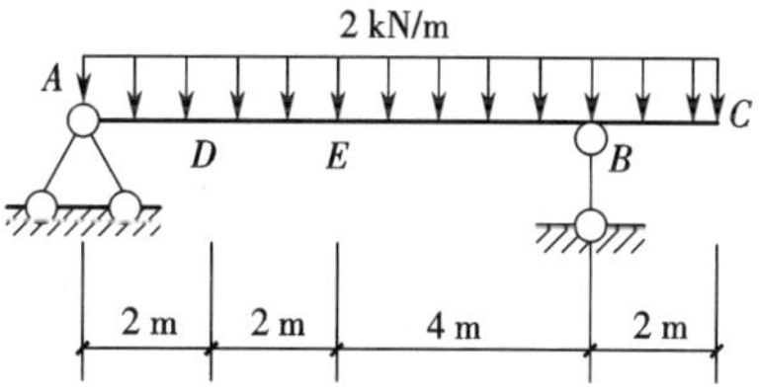

习题 13.8 图

13.9 利用影响线计算在图示荷载作用下指定量值 M_C、V_C。

13.10 利用影响线计算在图示荷载作用下指定量值 M_E、F_B、$V_{B左}$。

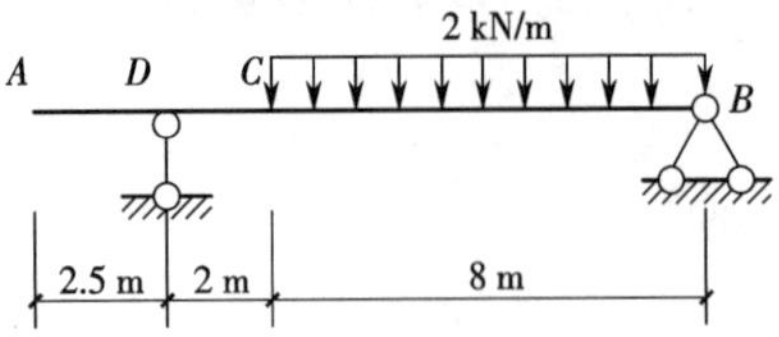

习题 13. 9 图

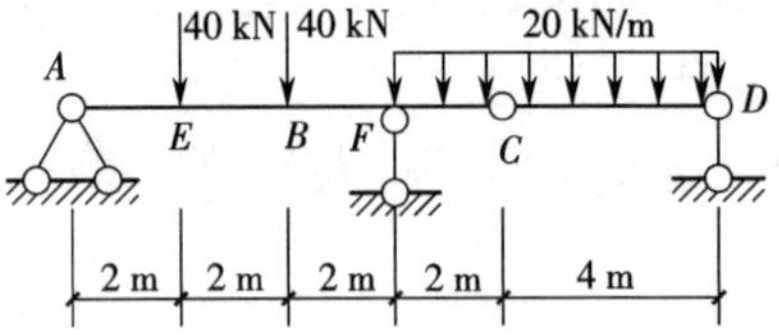

习题 13. 10 图

13. 11　如图所示吊车梁，试求在两个垂直的吊车轮压荷载作用下 C 截面的最大弯矩和最大及最小剪力。

13. 12　试求图示吊车梁在两个垂直的吊车轮压荷载作用下，支座 B 的最大反力。

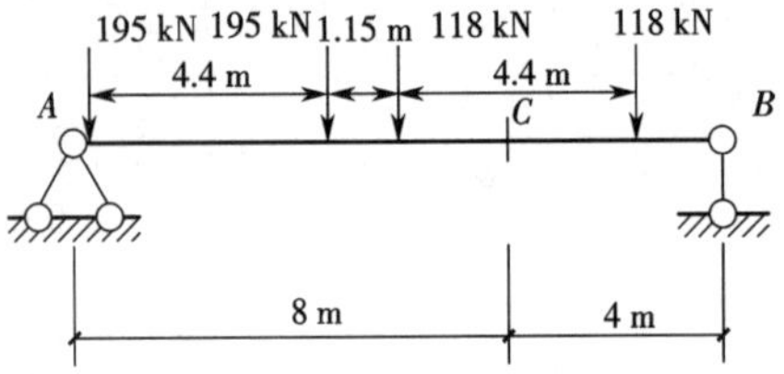

习题 13. 11 图

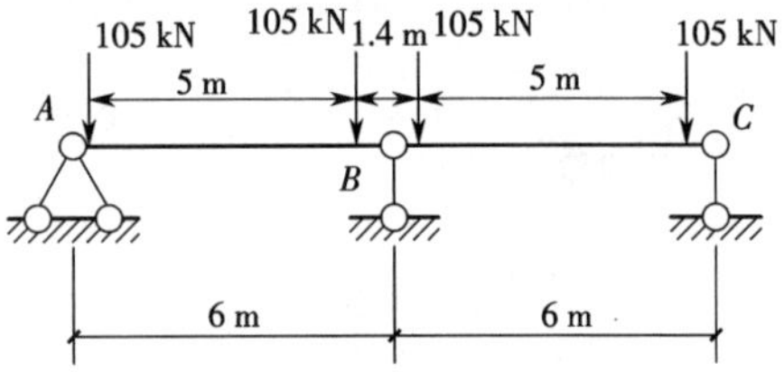

题 13. 12 图

超静定部分综合
测试试卷及答案

附录　电子资源

附录 1　课后典型习题讲解(部分)

习题 2. 6　习题 2. 7　习题 3. 2　习题 3. 3

习题 4. 1　习题 4. 2　习题 4. 4　习题 5. 2

习题 5. 4　习题 5. 7　习题 6. 1　习题 6. 3

习题 7. 1　习题 8. 1　习题 8. 2　习题 8. 3

习题 8.4　　习题 8.5　　习题 9.4　　习题 9.7

习题 10.1　　习题 10.2　　习题 10.3　　习题 11.2

习题 11.4　　习题 12.1　　习题 12.2　　习题 13.2

习题 13.4　　习题 13.6　　习题 13.10　　习题 13.11

附录 2　章节测试及答案(部分)

第 3 章测试题及解析　　第 5 章测试题及解析　　第 7 章测试题及解析　　第 8 章测试题及解析

第 9 章测试题
及解析

第 10 章测试题
及解析

第 11 章测试题
及解析

第 12 章测试题
及解析

第 13 章测试题
及解析

参考文献

[1] 游普元. 建筑力学与结构[M]. 北京:化学工业出版社,2014.
[2] 赵志平. 建筑力学[M]. 重庆:重庆大学出版社,2004.
[3] 萧允徽,张来仪. 结构力学[M]. 北京:机械工业出版社,2013.
[4] 李廉锟. 结构力学[M]. 北京:高等教育出版社,2013.
[5] 张流芳. 材料力学[M]. 武汉:武汉理工大学出版社,2004.
[6] 张流芳,胡兴国. 建筑力学[M]. 2 版. 武汉:武汉理工大学出版社,2004.
[7] 胡兴国,吴莹. 结构力学[M]. 3 版. 武汉:武汉理工大学出版社,2006.
[8] 胡兴福. 建筑结构及受力分析[M]. 武汉:武汉理工大学出版社,2004.
[9] 孙元桃. 结构设计原理[M]. 北京:人民交通出版社,2002.
[10] 汪菁. 工程力学[M]. 北京:化学工业出版社,2001.
[11] 吴大炜. 结构力学[M]. 北京:化学工业出版社,2001.
[12] 杜绍堂,赵萍. 工程力学与建筑结构[M]. 北京:科学出版社,2006.
[13] 胡兴福. 结构设计原理[M]. 北京:机械工业出版社,2002.
[14] 中华人民共和国住房和城乡建设部. GB 50007—2011 建筑地基基础设计规范[S]. 北京:中国计划出版社,2012.
[15] 中华人民共和国住房和城乡建设部. GB 50009—2012 建筑结构荷载规范[S]. 北京:中国建筑工业出版社,2012.
[16] 中华人民共和国住房和城乡建设部. GB 50010—2010 混凝土结构设计规范[S]. 北京:中国建筑工业出版社,2011.
[17] 中华人民共和国住房和城乡建设部. GB 50003—2011 砌体结构设计规范[S]. 北京:中国计划出版社,2012.
[18] 中华人民共和国住房和城乡建设部. JGJ 3—2010 高层建筑混凝土结构技术规程[S]. 北京:中国建筑工业出版社,2011.
[19] 中华人民共和国住房和城乡建设部. GB/T 50083—2014 工程结构设计基本术语标准[S]. 北京:中国建筑工业出版社,2015.